Fundamentals of Physics

物理学の基礎

[1]

力学

D. ハリディ / R. レスニック / J. ウォーカー

［共著］

野﨑光昭

［監訳］

培風館

訳　者

章	訳者	所属
1～3章：	野﨑光昭（のざき みつあき）	高エネルギー加速器研究機構素粒子原子核研究所教授
4～6章：	川越清以（かわごえ きよとも）	九州大学理学研究院教授（物理学部門）
7～8章：	浦野俊夫（うらの としお）	神戸大学工学研究科准教授（電気電子工学専攻）
9章：	鏑木　誠（かぶらぎ まこと）	神戸大学国際文化学研究科教授（グローバル文化専攻）
10章：	野﨑光昭	
11章：	蛯名邦禎（えびな くによし）	神戸大学人間発達環境学研究科教授（人間環境学専攻）
12章：	國友正和（くにとも まさかず）	神戸大学名誉教授
13章：	伊藤真之（いとう まさゆき）	神戸大学人間発達環境学研究科教授（人間環境学専攻）

FUNDAMENTALS OF PHYSICS
6th edition
by
David Halliday
Robert Resnick
Jearl Walker

Copyright © 2002 by Baifukan Co., Ltd, All Rights Reserved. Authorized translation from English language edition published by John Wiley & Sons, Inc., Copyright © 2001 by John Wiley & Sons, Inc. All Rights Reserved.

本書は株式会社培風館がジョン・ワイリー・アンド・サンズ社と直接の契約により，その英語版原著を翻訳したものである．日本語版「© 2002」は培風館がその著作権を登録し，かつこれに付随するすべての権利を保有する．
原著「© 2001」の著作権ならびにこれに付随する一切の権利はジョン・ワイリー・アンド・サンズ社が保有する．

本書の無断複写は，著作権法上での例外を除き，禁じられています．
本書を複写される場合は，その都度当社の許諾を得てください．

訳者序文

本書はHalliday, Resnik, Walker著のFundamentals of Physics第6版の日本語訳である．物理学の教科書・参考書は数多く存在するが，わかりやすく丁寧な記述という観点で見ると，本書は群を抜いている．基礎となる考え方が，平易な文章で，時にはくどいと感じられるくらい，丁寧に説明されているばかりでなく，随所にチェックポイントや例題が数多く盛り込まれているので，正しく理解しているかどうかを確認しながら読み進むことができる．身近な例，学生が興味をもつであろう風変わりな例，現代の科学技術に関わる例，さらにはきれいなカラー図版と写真が豊富に取り入れられており，少しでも多くの学生に物理を学んで欲しいという原著者の意気込みが感じられる．必然的に本書は厚い（原書は全章で1100ページを超える）．厚い教科書は敬遠されるという経験則があるそうだが，初学者が自分で勉強できるような，言葉で丁寧に物理が語られている教科書は貴重である．"わび・さび"の文化をもつ日本人にとって（おそらく多くの物理学者にとっても），ごてごてした記述を一切取り払った簡潔な教科書も魅力的ではあるが，最近の読者層にマッチしているかどうかは疑問である．

本書は大学初年次向けの入門書として書かれたものであり，訳者の所属する大学では物理を専門としない学生のための教科書として用いられる予定であるが，物理学科の学生または物理を必須の道具として使う理工系の学生にも，まず本書で基礎概念の理解を固めた上でさらに高度な学習をして欲しいと願っている．多くの大学から教養課程が姿を消し，物理を2度学ぶチャンスが減った現状では，高校物理からの橋渡しとして，本書のような自習（予習）書として使える教科書が必要なのではないだろうか．

一方，本書は物理に興味を持つ高校生でも読みこなせるのではないかと思う．本屋に並んでいる多くの高校生向けの参考書を見ても，問題集と見間違うようなものが多く，物理を丁寧に記述しているものは少ないように見受けられる．試験対策ではなく本当に"物理"に興味をもつ高校生に読んでいただければ幸いである．

文章が多く，また米国の生活に密着したような例も多く出てくることから，翻訳には苦労した．厳密な訳を多少犠牲にしても，わかりやすく表現することに努めたつもりではあるが，不十分な点も多いかと思う．読者諸氏からのご批判を仰ぎたい．

最後になったが，本書を翻訳する機会を与えていただいた培風館の松本和宣氏に感謝するとともに，監訳者として，教育・研究・学務で忙しい中，翻訳を分担してくださった諸先生方に謝意を表したい．

2001年12月

野﨑光昭

目　次

第1巻

第1章
測　　定　　　　　　　　　　　　1
どうして日没から地球の大きさを知ることができるのか？
- **1-1** 測　　定　　1
- **1-2** 国際単位系　2
- **1-3** 単位の変換　2
- **1-4** 長　　さ　　4
- **1-5** 時　　間　　5
- **1-6** 質　　量　　7
- まとめ　8

第2章
直 線 運 動　　　　　　　　　　　　9
ナイアガラの滝を落ちるカプセルの落下時間は？
- **2-1** 運　　動　　9
- **2-2** 位置と変位　10
- **2-3** 平均速度と平均スピード　10
- **2-4** 瞬間速度と瞬間スピード　13
- **2-5** 加　速　度　14
- **2-6** 等加速度運動（特別な場合）　17
- **2-7** 等加速度運動（積分を用いる方法）　19
- **2-8** 自由落下の加速度　20
- まとめ　23
- 問　題　24

第3章

ベクトル　25
洞窟探検におけるベクトルの効用は？
- 3-1　ベクトルとスカラー　25
- 3-2　ベクトルの加法（幾何学的方法）　26
- 3-3　ベクトルの成分　28
- 3-4　単位ベクトル　31
- 3-5　成分によるベクトルの足し算　32
- 3-6　ベクトルと物理法則　34
- 3-7　ベクトルの乗法　34
- まとめ　38
- 問題　39

第4章

2次元と3次元の運動　40
人間砲弾の着地網をおく場所を決める方法は？
- 4-1　2次元と3次元の運動　40
- 4-2　位置と変位　40
- 4-3　平均速度と瞬間速度　42
- 4-4　平均加速度と瞬間加速度　44
- 4-5　放物運動　46
- 4-6　放物運動の解析　48
- 4-7　等速円運動　53
- 4-8　1次元の相対運動　54
- 4-9　2次元の相対運動　56
- まとめ　58
- 問題　59

第5章

力と運動 I　61
人間の歯で2台の客車を引っ張ることはできるのか？
- 5-1　何が加速度を引き起こすのか？　61
- 5-2　ニュートンの第1法則　62
- 5-3　力　62
- 5-4　質量　64
- 5-5　ニュートンの第2法則　65
- 5-6　いろいろな力　70
- 5-7　ニュートンの第3法則　74
- 5-8　ニュートンの法則の応用　76
- まとめ　81
- 問題　82

第6章

力と運動 II　85
高いところから落ちた猫が助かる理由は？
- 6-1　摩擦　85
- 6-2　摩擦の性質　87
- 6-3　抵抗力と終端速度　91
- 6-4　等速円運動　93
- まとめ　98
- 問題　99

第7章

運動エネルギーと仕事　101
重量物を持ち上げるのに必要なエネルギーは？
- 7-1　エネルギー　101
- 7-2　仕事　103
- 7-3　仕事と運動エネルギー　103
- 7-4　重力による仕事　107
- 7-5　ばねの力がする仕事　111
- 7-6　変化する力がする仕事　114
- 7-7　仕事率　117
- まとめ　119
- 問題　120

第8章

ポテンシャルエネルギーと
エネルギー保存　123
イースター島の巨像を運ぶのに必要なエネルギーは？
- 8-1　ポテンシャルエネルギー　123
- 8-2　保存力の経路への非依存性　125
- 8-3　ポテンシャルエネルギーの求め方　127

- 8-4 力学的エネルギーの保存　130
- 8-5 ポテンシャルエネルギー曲線　134
- 8-6 外力が系に対してする仕事　137
- 8-7 エネルギー保存則　140
- まとめ　143
- 問題　144

第9章

粒 子 系　146

バレリーナが重力を"消した"ように見えるのはなぜか？

- 9-1 特別な点　146
- 9-2 質量中心　147
- 9-3 粒子系に対するニュートンの第2法則　151
- 9-4 運動量　154
- 9-5 粒子系の運動量　155
- 9-6 運動量の保存　156
- 9-7 質量が変化する系：ロケット　159
- 9-8 外部と内部エネルギー変化　162
- まとめ　164
- 問題　165

第10章

衝　突　167

空手で割るには、木とコンクリートブロックのどちらが簡単か？

- 10-1 衝突とは何か？　167
- 10-2 力積と運動量　168
- 10-3 衝突における運動量と運動エネルギー　172
- 10-4 1次元の非弾性衝突　173
- 10-5 1次元の弾性衝突　176
- 10-6 2次元の衝突　179
- まとめ　181
- 問題　182

第11章

回　転　184

柔道における物理学の効用は？

- 11-1 併進と回転　184
- 11-2 回転運動の変数　184
- 11-3 回転変数はベクトルか？　189
- 11-4 角加速度一定の回転　190
- 11-5 併進変数と回転変数の関係　192
- 11-6 回転の運動エネルギー　195
- 11-7 慣性モーメントの計算　196
- 11-8 トルク　199
- 11-9 回転に関するニュートンの第2法則　200
- 11-10 仕事と回転運動エネルギー　203
- まとめ　207
- 問題　209

第12章

転がり，トルク，角運動量　211

空中ブランコで4回宙返りが難しいわけは？

- 12-1 転がり　211
- 12-2 転がりの運動エネルギー　213
- 12-3 転がる物体に働く力　214
- 12-4 ヨーヨー　217
- 12-5 トルク再考　217
- 12-6 角運動量　219
- 12-7 回転に対するニュートンの第2法則　221
- 12-8 粒子系の角運動量　223
- 12-9 固定軸のまわりを回転する剛体の角運動量　224
- 12-10 角運動量の保存　227
- まとめ　232
- 問題　233

第13章

重 力　235

ブラックホールを見つける方法は？

- **13-1** 宇宙と重力　235
- **13-2** ニュートンの重力の法則　236
- **13-3** 重力と重ね合わせの原理　237
- **13-4** 地表近くの重力　240
- **13-5** 地球内部の重力　243
- **13-6** 重力ポテンシャルエネルギー　244
- **13-7** 惑星と衛星：ケプラーの法則　248
- **13-8** 人工衛星：軌道とエネルギー　252
- **13-9** アインシュタインと重力　254
- ま と め　256
- 問　　題　257

付　録

- A　基礎物理定数　259
- B　天文データ　260
- C　数学公式　261
- D　元素の特性　264

解　答

- CHECKPOINTS　267
- 問　　題　268

索　引　271

全巻の目次

第1巻

- 1章　測　定
- 2章　直線運動
- 3章　ベクトル
- 4章　2次元と3次元の運動
- 5章　力と運動 I
- 6章　力と運動 II
- 7章　運動エネルギーと仕事
- 8章　ポテンシャルエネルギーとエネルギー保存
- 9章　粒　子　系
- 10章　衝　突
- 11章　回　転
- 12章　転がり，トルク，角運動量
- 13章　重　力

第2巻

- 14章　平衡と弾性
- 15章　流　体
- 16章　振　動
- 17章　波　動 I
- 18章　波　動 II
- 19章　温度，熱，熱力学第1法則
- 20章　気体分子運動論
- 21章　エントロピーと熱力学第2法則

第3巻

- 22章　電　荷
- 23章　電　場
- 24章　ガウスの法則
- 25章　電　位
- 26章　電気容量
- 27章　電流と抵抗
- 28章　回　路
- 29章　磁　場
- 30章　電流がつくる磁場
- 31章　誘導とインダクタンス
- 32章　物質の磁性：マクスウェル方程式
- 33章　電磁振動と交流
- 34章　電磁波

1　測　　定

あなたは浜辺に寝そべって静かな海の向こうに沈む太陽を眺めている。日没後すぐに立ち上がると，太陽が沈むところをもう一度見ることができる。驚くべきことに，2回の日没時刻から地球のおおよその半径を求めることができる。

なぜこんな簡単な測定で地球の大きさを知ることができるのだろうか。

答えは本章で明らかになる。

1-1　測　　定

物理学は測定を基礎としている。さまざまな物理量（長さ，時間，質量，温度，圧力，電流等）の測定方法を学べば，物理の理解を深めることができる。

　物理量の測定をするときは，その物理量固有の**単位**（unit）を用いて**標準値**（standard）と比較する。例えばメートル（m）は長さの単位で，1単位分が標準値となる。あとで学ぶように，長さの標準値（きっかり1.0m）は定められた時間に光の進む距離である。単位と標準値は好きなように定義することができるが，その定義が思慮深くかつ実用的であると，世界中の科学者が合意しなければならない。

　いったん標準値を決めたなら，例えば長さについては，水素原子の半径であろうとスケートボードのホイールベース（前後の車軸間隔）であろうと星までの距離であろうと，メートルで表すことができなければならない。物差しは，長さの近似的な標準として長さを測る手段となっている。しかし，原子の半径や星までの距離を物差しで測ることができないように，多くの場合間接的な比較とならざるをえない。

　多くの物理量を系統だてることはたいへん難しい問題である。しかし幸

いにも，速さが長さと時間の比であるように，すべての物理量は無関係ではない．したがって，国際的な合意の基に長さや時間といった少数の物理量を選び，その標準値を決めればよい．これらの基本量とその標準値（基本標準値）の組み合わせで，その他すべての物理量を表す：速さは長さと時間という2つの基本量とその標準値を使って定義される．

基本標準値は実用的かつ不変でなければならない．誰かが腕を伸ばして鼻と人差し指の間の距離を長さの標準と定義すると，それは確かに実用的ではあるが，人によって異なってしまう．科学や工学の分野で要求される高い精度を得るために，まずは不変性が追求された．次に，必要とする人が利用できるように，基本標準値の複製に大変な努力が払われてきた．

1-2 国際単位系

1971年に開かれた第14回国際度量衡総会において，国際単位系（フランス語名Système InternationalからSIと略す；メートル法）の基礎となる7つの物理量が基本量として選ばれた．表1-1に，本書の最初の方で使うことになる3つの基本量である長さ，質量，時間の単位を示した．これらはいずれも"人間の尺度"で定義されている．

多くのSI誘導単位はこれらの基本単位を組み合わせて得られる．例えば電力の単位（**ワット**，W）は，第7章で学ぶように質量，長さ，時間の基本単位で表される．

$$1\,\text{watt} = 1\,\text{W} = 1\,\text{kg}\cdot\text{m}^2/\text{s}^3 \tag{1-1}$$

物理学で頻繁に登場する巨大な量または微小量を表すために，次式のような科学表記が用いられる．

$$3\,560\,000\,000\,\text{m} = 3.56\times 10^9\,\text{m} \tag{1-2}$$

$$0.000\,000\,492\,\text{s} = 4.92\times 10^{-7}\,\text{s} \tag{1-3}$$

コンピュータではべき指数（exponent）をEで表し，3.56 E9や4.92 E−7のように簡略化することがある．電卓によってはEをスペースで置き換えることもある．

表1-2に列記した接頭辞を使うとさらに便利である．各接頭辞は，ある決められた10の累乗を表す係数である．

$$1.27\times 10^9\,\text{watts} = 1.27\,\text{gigawatts} = 1.27\,\text{GW} \tag{1-4}$$

$$2.35\times 10^{-9}\,\text{s} = 2.35\,\text{nanoseconds} = 2.35\,\text{ns} \tag{1-5}$$

接頭辞の中にはミリメートル，センチメートル，キログラム，メガバイトなどで日頃使われているなじみ深いものも多い．

1-3 単位の変換

物理量の単位変換がしばしば必要となる．この場合，値が1となるような**変換係数**を元の測定量にかけるという連鎖変換法を使う．例えば，1分と

表1-1　いくつかの基本単位

物理量	単位名	単位記号
長さ	メートル	m
時間	秒	s
質量	キログラム	kg

表1-2　SI単位の接頭辞

Factor	接頭辞[a]	記号
10^{24}	yotta-	Y
10^{21}	zetta-	Z
10^{18}	exa-	E
10^{15}	peta-	P
10^{12}	tera-	T
10^{9}	**giga-**	**G**
10^{6}	**mega-**	**M**
10^{3}	**kilo-**	**k**
10^{2}	hecto-	h
10^{1}	deka-	da
10^{-1}	deci-	d
10^{-2}	**centi-**	**c**
10^{-3}	**milli-**	**m**
10^{-6}	**micro-**	**μ**
10^{-9}	**nano-**	**n**
10^{-12}	**pico-**	**p**
10^{-15}	femto-	f
10^{-18}	atto-	a
10^{-21}	zepto-	z
10^{-24}	yocto-	y

a：よく使われる接頭辞を太字で示した．

60秒は同じ時間間隔であるから，次式の比を変換係数として用いる。

$$\frac{1\,\text{min}}{60\,\text{s}} = 1 \quad \text{または} \quad \frac{60\,\text{s}}{1\,\text{min}} = 1$$

これらの関係式は決して$1/60 = 1$または$60 = 1$を意味するものでない（数値だけでなく単位も一緒に考えること）。

どんな量に1をかけても元の値は変わらないので，連鎖変換法では不要な単位を消すように変換係数かけていく。例えば，2分を秒に変換するには次のようにする。

$$2\,\text{min} = (2\,\text{min})(1) = (2\,\text{min})\left(\frac{60\,\text{s}}{1\,\text{min}}\right) = 120\,\text{s} \qquad (1\text{-}6)$$

不要な単位をうまく消せない場合は，変換係数の逆数を取ってみると良い。単位は変数や数字と同じような代数計算規則に従う。

次の例題で変換係数の使い方を示そう。

例題 1-1

紀元前490年，ペルシャ戦争におけるギリシャ軍の勝利を伝えるためにPheidipidesは時速23 ridesでアテネからマラソンまで走った。rideは古代ギリシャの長さの単位で，1 rideは4 stadia，1 stadiumは6 plethraと決められていた。現在の単位でいえば1 plethronは30.8 mである。Pheidippidesの走った速さは毎秒何キロメートルであったか？（rides, stadia, plethraはそれぞれride, stadium, plethronの複数形である）

解法： **Key Idea**：連鎖変換法により不要な単位を消す。

$$23\,\text{rides/h} = \left(23\,\frac{\text{rides}}{\text{h}}\right)\left(\frac{4\,\text{stadia}}{1\,\text{ride}}\right)\left(\frac{6\,\text{plethra}}{1\,\text{stadium}}\right)$$
$$\times \left(\frac{30.8\,\text{m}}{1\,\text{plethron}}\right)\left(\frac{1\,\text{km}}{1000\,\text{m}}\right)\left(\frac{1\,\text{h}}{3600\,\text{s}}\right)$$
$$= 4.7227 \times 10^{-3}\,\text{km/s}$$
$$\approx 4.7 \times 10^{-3}\,\text{km/s} \qquad \text{（答）}$$

例題 1-2

英国で使われているcranは，獲れたてのニシンの体積を図る単位である。$1\,\text{cran} = 170.474\,\ell$で，ニシン約750匹に相当する。サウジアラビアの税関を通るために1255 cranを立方covidosに直して申告しなければならない。covidoはアラビアの長さの単位であり，$1\,\text{covido} = 48.26\,\text{cm}$である。どのように申告したらよいか？。

解法： $1\,\ell$は$1000\,\text{cm}^3$に等しい。立方cmから立方covidosに変換するためには，変換係数を3乗する。

$$1255\,\text{cran}$$
$$= (1255\,\text{cran})\left(\frac{170.474\,\ell}{1\,\text{cran}}\right)\left(\frac{1000\,\text{cm}^3}{1\,\ell}\right)\left(\frac{1\,\text{covido}}{48.26\,\text{cm}}\right)^3$$
$$= 1.903 \times 10^3\,\text{covidos}^3$$

PROBLEM-SOLVING TACTICS

Tactic 1： *有効数字と小数位*
例題1-1の答えを電卓で計算すると（四捨五入の設定していなければ）表示パネルに$4.722\,666\,666\,67 \times 10^{-3}$のような数字が現れるだろう。この数字の持つ精度は無意味である。答の精度が与えられたデータより良くならないように，答は4.7×10^{-3}と丸めた。23 rides/hの**有効数字**（significant figures）は2桁であるから，答えも有効数字2桁に合わせた。本書では与えられた数字の中で最も少ない有効桁数に合わせる（しかし場合によってはもう一桁残す場合もある）。

3.15や3.15×10^3のような数の場合，有効数字は明らかであるが，3000のような場合は1桁の精度（3×10^3）なのかそれとも4桁の精度をもっているのか（3.000×10^3）わからない。本書では3000のゼロはすべて有効数字と考えることにするが，他で通用するとは限らない。

有効数字と小数位を混同してはならない。35.6 mm，3.56 m，0.003 56 mは，どれも3桁の有効数字であるが，それぞれ小数1位，2位，5位の数である。

1-4 長　　さ

　1792年，新生フランス共和国は新しい度量衡を確立した。その第一歩がメートルであり，北極から赤道までの距離の1000万分の1と決められた。その後，実用上の理由から地球を基準とする単位は棄てられ，プラチナ－イリジウム合金の棒（**メートル原器**，standard meter bar）に刻まれた2本の細線の間隔が1メートルと定義された。メートル原器はパリ郊外にある国際度量衡局に保管されている。正確な複製（**2次原器**，secondary standard）が各国の度量衡研究所に配布され，それを基に利用しやすい原器が作られる。こうしてすべての測定器は，複雑な比較の連鎖によりメートル原器に準拠することになる。

　現代の科学技術は，金属棒に刻まれた2本の細線の間隔より高精度の標準を必要とするようになった。1960年には光の波長に基づいた新たな標準が採用され，1メートルはクリプトン86原子（クリプトンの同位体）が放出する赤橙色の光の波長の1650763.73倍と再定義された。この半端な数字は，これまでのメートル原器の値にできるだけ近づけるためである。

　さらなる高精度の必要性が年々高まり，クリプトン86の精度でも不十分となった。1983年には大胆な一歩が踏み出され，1メートルはある定められた時間に光の進む距離として再定義された。第17回国際度量衡総会では次のような決定がなされた。

▶ 光が1/299 792 458秒間に真空中を伝わる距離を1メートルとする。

この時間間隔は，光速が以下の値をもつように選ばれた。

$$c = 299\,792\,458 \text{ m/s}$$

光速の測定精度が極めて高いことから，光速をメートルの再定義に用いることは当然であろう。

　表1-3には，宇宙の大きさから極めて小さな物体に至るまで，さまざまな長さを示した。

表 1-3　さまざまな長さ

測定量	長さ（メートル単位）
最初に形成された銀河までの距離	2×10^{26}
アンドロメダ銀河までの距離	2×10^{22}
最も近い恒星までの距離 (Proxima Centauri)	4×10^{16}
冥王星までの距離	6×10^{12}
地球の半径	6×10^{6}
エベレストの高さ	9×10^{3}
このページの厚さ	1×10^{-4}
典型的なウィルスの長さ	1×10^{-8}
水素原子の半径	5×10^{-11}
陽子の半径	1×10^{-15}

PROBLEM-SOLVING TACTICS

Tactic 2: *大きさの程度*(*order of magnitude*)
ある数の order of magnitude とは，その数を科学表記したときの 10 のべき指数を指す。例えば $A = 2.3 \times 10^4$，$B = 7.8 \times 10^4$ の場合，order of magnitude はどちらも 4 である。

理工学の専門家は，計算結果を見積もる際に，最も近い order of magnitude を求めることがある。上の例で，A については 4，B については 5 となる。計算の基となる正確な数字がわかっていないときに，このような見積方法は一般的である。

例題 1-3

組み紐を丸めて作った玉で，世界最大のものは半径は約 2 m である。紐の全長の order of magnitude はいくらか？

解法： 紐をほどいて長さを測ればよいのだが，大変な手間がかかるし，玉の製作者は決して喜ばないだろう。
Key Idea： 最も近い order of magnitude を求めればよいのだから，計算に必要な量を適当に見積もる。

玉の半径は $R = 2$ m とする。紐の間には計算不能な隙間があり，ぎっしりとは詰まっていないので，隙間を考慮して紐の断面積を過大評価することにしよう。紐の断面は 1 辺が $d = 4$ mm の四角であると仮定する。紐が占める体積は断面積 d^2，長さ L だから，
$$V = (断面積) \times (長さ) = d^2 L$$
この体積が玉の体積にほぼ等しいので，$d^2 L = (4/3)\pi R^3$。π は約 3 だから $d^2 L = 4R^3$。または
$$L = \frac{4R^3}{d^2} = \frac{4(2\,\text{m})^3}{(4 \times 10^{-3}\,\text{m})^2}$$
$$= 2 \times 10^6\,\text{m} \approx 10^6\,\text{m} = 10^3\,\text{km}$$
(このような簡略化した計算に電卓は必要ない。) 最も近い order of magnitude は 1000 km となる。

1-5 時 間

時間には 2 つの側面がある。日常生活において，また一部の科学分野においても，時刻を知ることにより出来事を順序づけることができる。一方，多くの科学分野では，ある出来事がどれほど続いたかが重要となる。したがって，時間標準は"いつ起きたか"と"どれだけ続いたか"を表すことができなくてはならない。表 1-4 にいくつかの時間間隔を示した。

周期的に繰り返される現象は，時間の標準として利用することができる。地球の自転は何世紀もわたって 1 日の長さを決める時間の標準であった。

表 1-4 さまざまな時間間隔

測定量	時間間隔(秒単位)
陽子の寿命(観測による下限値)	1×10^{39}*
宇宙の年齢	5×10^{17}
クフ王のピラミッドの築年数	1×10^{11}
人間の寿命	2×10^{9}
1 日の長さ	9×10^{4}
心臓の鼓動の間隔	8×10^{-1}
ミューオンの寿命	2×10^{-6}
最短光パルスの幅	6×10^{-15}
最も不安定な粒子の寿命	1×10^{-23}
プランク時間[a]	1×10^{-43}

[a]：ビッグバン後にプランク時間だけ経過すると，その後は我々の知っている物理法則が適用できると考えられている。
(*訳注：崩壊モードによる)

図1-1には，地球の自転に基づいて作られた風変わりな時計の例を示す。クォーツ時計の中では水晶（クォーツ）の輪が連続的に振動しており，天文学的観測に基づいた地球の自転に対して較正され，実験室で時間間隔を測定するのに用いられる。しかし較正精度は現代の科学技術が要求する精度には不十分である。

より高精度の時間標準を得るために原子時計が開発された。コロラド州BoulderのNIST（国立計量研究所）にある原子時計が，協定世界時の米国標準となっており（訳注：日本では産業技術総合研究所 計量標準総合センターの原子時計が標準），時間信号は短波と電話を通して得られる。時間信号と関連情報は海軍天文台のwebサイト（http://tycho.usno.navy.mil/time.html）からも入手できる（極めて正確な時間を知りたければ，信号が届くのにかかる時間も考慮する必要がある）。

セシウム原子時計で計った1日の長さの変動（4年分）を図1-2に示した。この図に見られるように，原子時計と地球の自転の間には季節変動や周期的変動があるため，地球の自転を計時に用いるのは考えものである。変動は月による潮汐の影響と大規模な気流によるものと考えられている。

1967年に開かれた第13回国際度量衡総会においてセシウム原子時計に基づいた1秒が定められた。

▶ セシウム133原子が放出する特定の波長をもつ光が9 192 631 770回振動するのにかかる時間を1秒とする。

原子時計は6 000年に1秒程度しか狂わない。しかしこの精度も，現在開発されている最高の時計の精度（10^{18}秒＝300億年に1秒しか狂わない）には遠く及ばない。

図1-1 1792年にメートル法が提案されたとき，最初10時間が1日と決められたが，この案は結局受け入れられることはなかった。写真の10時間時計を作った時計職人は，賢明にも12時間用の小さな目盛を用意しておいた。これら2つの時計は同じ時刻を示しているのだろうか？

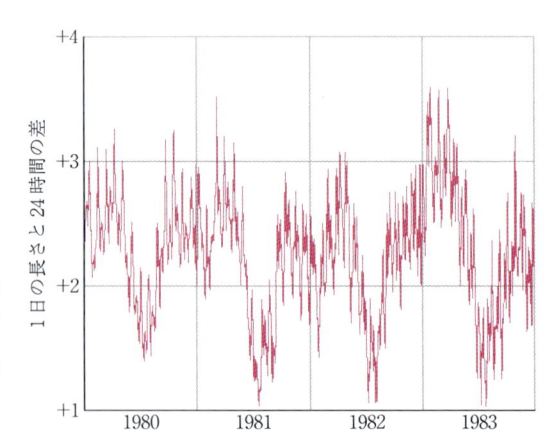

図1-2 1980年から1983年までの4年間の1日の長さの変動。縦軸のスケールは全体でたったの3 ms（3ミリ秒＝0.003 s）である。

例題1-4

（Dennis Rawlins著, *American Journal of Physics*, 1979年2月号掲載「2回の日没；物差しと腕時計で地球の半径を測る」より）

あなたは浜辺に寝そべり，静かな海の向こうに沈む太陽を眺めている。太陽の上端が見えなくなった時にストップウォッチをスタートさせ，すぐに立ち上がり再び太陽の上端が見えなくなった時にストップウォッチを止める。このときの目の高さは1.7 mとする。経過時間が11.1秒だったとすると，地球の半径はいくらか。

解法: **Key Idea**: 太陽が見えなくなるときの視線は地球に対する接線となる。

2通りの視線を図1-3に示した。横になったときの目の位置をAとし，立っている時はAから高さhにある。後者では視線はBで地球と接する。dは立った姿勢の目の位置とBの距離である。地球の半径rを図のように描くと，ピタゴラスの定理により

$$d^2 + r^2 = (r+h)^2 = r^2 + 2rh + h^2$$

または

$$d^2 = 2rh + h^2 \tag{1-7}$$

高さhは地球の半径rに比べて十分に小さいので，h^2は$2rh$に比べて無視できる。式(1-7)を書き換えると

$$d^2 = 2rh \tag{1-8}$$

地球の中心からAとBに向かう半径の間の角がθであり，$t = 11.1$秒の間に太陽が移動した角でもある。1日約24時間の間に太陽は360°動くから

$$\frac{\theta}{360°} = \frac{t}{24\,\text{h}}$$

これより

$$\theta = \frac{(360°)(11.1\,\text{s})}{(24\,\text{h})(60\,\text{min/h})(60\,\text{s/min})} = 0.046\,25°$$

また$d = r\tan\theta$だから

$$r^2 \tan^2\theta = 2rh$$

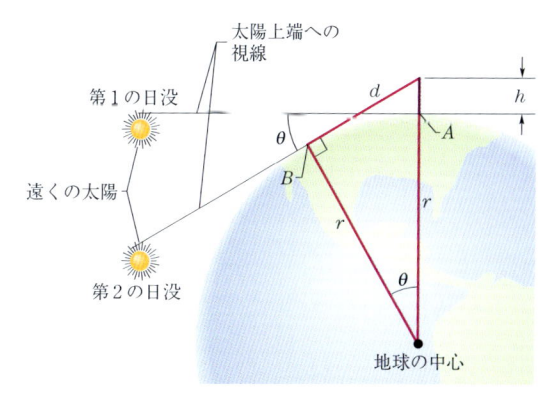

図1-3 例題-4。立ち上がると目の位置が点Aから高さhまで移動する。このとき沈んでいく太陽の上端へ向かう視線はθだけ回転する（わかりやすくするために角θと距離hは誇張されている）。

$$r = \frac{2h}{\tan^2\theta}$$

$\theta = 0.046\,25°$と$h = 1.7$を代入して

$$r = \frac{(2)(1.7\,\text{m})}{\tan^2 0.046\,25°} = 5.22 \times 10^6\,\text{m}$$

これは認められている地球の半径と20％しか違わない。この測定方法は赤道で行うと最も精度が良い。

1-6 質量

キログラム原器

SI単位の質量標準は，パリ郊外の国際度量衡局に保管されているプラチナ−イリジウム合金の円柱（図1-4）で，国際的合意により1キログラムと定められている。正確な複製が世界中の計量研究所へ送られ，その他の物体の質量はこの複製と比較される。表1-5は最大83桁も異なるさまざまな物質の質量をキログラム単位で表したものである。

米国の複製はNISTの保管庫に納められており（訳注：日本のキログラム原器は産業技術総合研究所 計量標準総合センターに保管されている），時折，他で使われる複製を検査するために持ち出される。また1889年以後2回ほど，フランスにある1次原器と再比較されている。

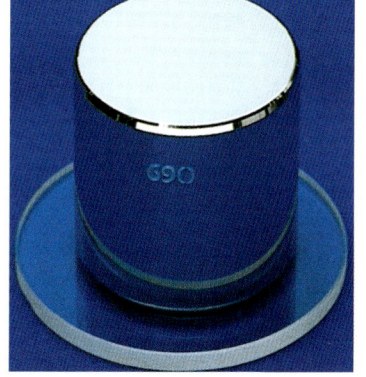

図1-4 キログラム原器。直径，高さともに3.9 cmのプラチナ−イリジウム合金の円筒。

第2の質量標準

原子どうしの質量の比較は，原子とキログラム原器の質量の比較よりはるかに正確に行うことできる。そこで国際的合意のもとに，炭素12が12 **原子質量単位**(atomic mass unit, u)をもつと定める第2の質量標準が作られた。2つの単位は次のような関係にある。

$$1\,\text{u} = 1.660\,5402 \times 10^{-27}\,\text{kg} \tag{1-9}$$

最後の2桁が±10だけの誤差をもっている。炭素12との比較により，他

の原子の質量を十分な精度で実験的に決めることはできる。しかし原子質量の測定を，我々がなじんでいるキログラムと高い精度で結びつける信頼できる方法が見つかっていない。

表 1-5 さまざまな質量

物体	質量 (kg 単位)
宇宙全体 (観測可能な範囲)	1×10^{53}
我々の銀河	2×10^{41}
太陽	2×10^{30}
月	7×10^{22}
小惑星エロス	5×10^{15}
小さな山	1×10^{12}
客船	7×10^{7}
象	5×10^{3}
ぶどう	3×10^{-3}
塵	7×10^{-10}
ペニシリン分子	5×10^{-17}
ウラン原子	4×10^{-25}
陽子	2×10^{-27}
電子	9×10^{-31}

ま と め

物理学における測定 物理学は物理量の測定を基礎としている。長さ，時間，質量のようないくつかの物理量が基本量として選ばれている。それぞれの物理量に対して標準値と単位（例えば，メートル，秒，キログラム）が定義されている。他の物理量は，基本量とそれらの標準値と単位を用いて定義される。

SI 単位 本書では SI 単位系を用いる。本書の最初の方では表 1-1 に示された 3 つの基本物理量が使われる。不変かつ実用的でなければならないこれらの基本物理量の標準値は，国際的合意のもとに定められた。標準値は基本量であろうと誘導量であろうとすべての物理測定に用いられる。測定結果の表記を簡単にするために，表 1-2 にまとめた科学表記と接頭辞がよく使われる。

単位の変換 ある単位系から別の単位系へ（例えば，毎時何マイルから毎秒何メートルへ）変換するときは連鎖変換法を用いるとよい。連鎖変換法では値が 1 となるような変換係数を，求めたい単位が残るまで，次々とかけ算していく。このとき，単位についても普通の代数計算を行う。

長さ 長さの単位－メートル－は定められた時間間隔に光が進む距離として定義される。

時間 時間の単位－秒－は，以前は地球の自転をもとに定められていた。現在はセシウム 133 が発する光の振動数をもとに定められている。原子時計に準拠した正確な時間信号が，各国の度量衡機関から短波で世界へ発信されている。

質量 質量の単位－キログラム－は，パリに保管されているプラチナ-イリジウム合金の原器をもとに定められている。原子スケールでの測定には炭素 12 の質量をもとにした原子質量単位が用いられる。

2 直線運動

1993年9月26日，ディーゼル技術者 Dave Munday 氏は，空気孔付きの鋼鉄製カプセルに乗り込み，ナイアガラ瀑布のカナダ側滝口から48m下の滝壺に向かって2度目の自由落下を敢行した。これまでに4人のスタントマンが命を落としたこの挑戦を成功させるために，彼は物理学的，工学的な研究を積み重ねた。

彼はどれだけ落下し，どのようなスピードで渦巻く滝壺に落下したか？

答えは本章で明らかになる。

2-1 運 動

万物は運動している。例えば道路のように一見止まっているように見えるものでも地球と共に回転しているし，その地球は太陽の周りを回り，太陽もまた銀河系の中心の周りを回っている。銀河系もまた他の銀河に対して運動している。このように**運動学**(kinematics)とよばれる運動の分類と比較は決して簡単ではない。いったい何を測定しているのだろうか？どのように比較したらよいのだろうか？

これに答える前に，まず次の3条件を満たす運動について運動の一般的な性質を調べてみよう。

1. 運動は直線運動に限る。この直線は落下する石のように垂直でも，平らなハイウエイを走る車のように水平でも，傾いていても，とにかく真っすぐならばかまわない。
2. 力は運動を引き起こすが，力については第5章まで触れない。この章では運動そのものや運動の変化（加速，減速，停止，方向転換）と変化にかかる時間について学ぶ。
3. 運動する物体は**粒子**（電子のような点状の物体，particle）または粒子状の物体（すべての部分が同じ向きに同じスピードで動くようなもの）に限る。公園の滑り台を真っすぐに落ちていく恐怖でこわばった豚も

粒子だと考えることができる。しかし荒野を転がる枯れ草は，異なる点が別の向きに運動しているので粒子とは考えない。

2-2 位置と変位

物体の位置を示すには，座標軸（例えば図2-1の x 軸）上で，**原点**(origin)に対する相対的な位置を指定すればよい。座標軸の**正の向き**とは，数（座標）が大きくなる向き（図2-1では右向き）であり，反対向きを**負の向き**という。

例えば，"粒子の位置が $x=5$ m である"は，粒子が原点から正の向きに5m離れた位置にあることを意味する。$x=-5$ m は反対向きに同じ距離だけ離れた位置を表す。座標軸上で -5 m という座標は -1 m より小さく，どちらの座標も5mより小さい。正符号は省略できるが負符号は省略できない。

ある位置 x_1 から別の位置 x_2 への変化を**変位**(displacement)という。

$$\Delta x = x_2 - x_1 \tag{2-1}$$

Δ（ギリシャ文字デルタの大文字）は変化量を表し，最後の値から最初の値を引いたものである。x_1 と x_2 に数値を代入すると，正の向き（図2-1で右向き）への変位は正の数となり，反対向き（図2-1で左向き）は負の数となる。例えば，粒子が $x_1=5$ m から $x_2=12$ m へ移動すると，$\Delta x = (12\text{m})-(5\text{m})=+7$ m となる。正の数は正の向きへの運動を表す。粒子が元の $x=5$ m へ戻ると全行程の変位はゼロになる。実際の移動量とは関係なく，変位は最初と最後の位置だけで決まる量である。

変位の正符号は省略できるが，負符号は省略できない。もし変位の符号（向き）を無視すれば，変位の**大きさ**（絶対値）が残る。前の例では，Δx の大きさは7mである。

変位は**ベクトル量**（大きさと向きをもつ量）の一例である。もう既に読んでしまった読者がいるかもしれないが，ベクトルについては第3章で詳しく学ぶ。ここでは変位が次の2つの特徴をもつことだけを念頭において欲しい。(1) 変位の大きさは始点と終点の間の距離である。(2) 始点から終点への変位の向きは（直線運動に限っているので）正か負である。

CHECKPOINT は本書にしばしば現れる。それぞれいくつかの質問があり，推論と暗算によりあなたの理解度をチェックする。本書の最後に答を載せる。

> ✓ **CHECKPOINT 1:** x 軸上に始点と終点の組が3組あるが，負の変位となるのはどの組か？ (a) -3 m，$+5$ m，(b) -3 m，-7 m，(c) 7m，-3 m

2-3 平均速度と平均スピード

位置 x を時刻 t の関数 $x(t)$ としてグラフにするとわかりやすい。$x(t)$ は x かける t ではなく，x が t の関数であることを表す。簡単な例として，$x=-2$ m にじっとしているアルマジロを粒子とみなし，その位置関数 $x(t)$ を図2-2に示す。

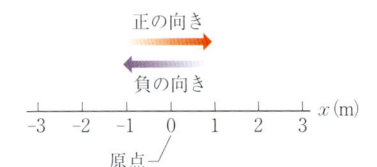

図 2-1 位置は，単位（ここではメートル）が刻まれた両方向に無限に伸びる座標軸の上に決められる。軸の名前（ここでは x）は原点に対して正の向きに記される。

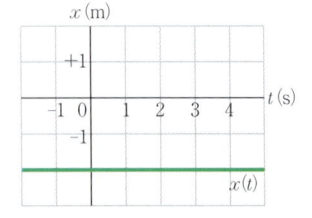

図 2-2 $x=-2$ m に止まっているアルマジロの位置を表す $x(t)$ のグラフ。x の値は常に -2 m である。

2-3 平均速度と平均スピード

図2-3(a)は動いているアルマジロの位置を表している。アルマジロは $t=0$ に $x=-5\,\text{m}$ の位置に登場し，$x=0$ に向かって動き，$t=3\,\text{s}$ に $x=0$ を通過，その後も x の値が増える向きに進み続ける。

図2-3(b)はアルマジロが直線上を実際に動いた様子を表している。図2-3(a)のグラフは抽象的で実際に見える動きとは異なるが，より多くの情報を含んでおり，例えば，アルマジロの動きの速さを知ることができる。

動きの速さを示す量のひとつは**平均速度**（v_{avg}, average velocity）である。平均速度は変位 Δx とその変位が生じた時間 Δt の比である。

$$v_{\text{avg}} = \frac{\Delta x}{\Delta t} = \frac{x_2 - x_1}{t_2 - t_1} \tag{2-2}$$

時刻 t_1 での位置が x_1，t_2 のとき x_2 であり，v_{avg} の単位はメートル/秒（m/s）である。問題の中には他の単位も出てくるが，常に"長さ/時間"の形をしている。

$x(t)$ のグラフにおいて，v_{avg} は曲線 $x(t)$ 上の2点，(t_1, x_1) と (t_2, x_2) を結ぶ直線の**傾き**を表す。変位と同様に v_{avg} は大きさと向きの両方を持つベクトル量である。その大きさは直線の傾きの絶対値である。正の v_{avg}，すなわち正の傾きは右上がりの線を，負の v_{avg} は右下がりの線を表す。Δt は常に正にとるので，平均速度は変位 Δx と同じ符号をもつ。

$t=1\,\text{s}$ と $t=4\,\text{s}$ の間のアルマジロの v_{avg} を図2-4で求めてみよう。位置を表す曲線上に始点と終点をとり，それらを結ぶ直線を引く。これから傾き $\Delta x/\Delta t$ が得られる。図中で与えられた時間に対して平均速度は次のようになる。

$$v_{\text{avg}} = \frac{6\,\text{m}}{3\,\text{s}} = 2\,\text{m/s}$$

平均スピード（s_{avg}, average speed）は粒子の動く速さを表すもうひとつの量である。平均速度が粒子の変位と関係しているのと違い，平均スピードは向きには関係なく，何メートル動いたかという移動距離に関係する量である。

$$s_{\text{avg}} = \frac{\text{全行程}}{\Delta t} \tag{2-3}$$

平均スピードは運動方向には無関係だから正負の符号はつかない。s_{avg} と v_{avg} が同じになる場合もあるが，例題2-1のように物体が逆戻りするような場合は大きく違ってくる。

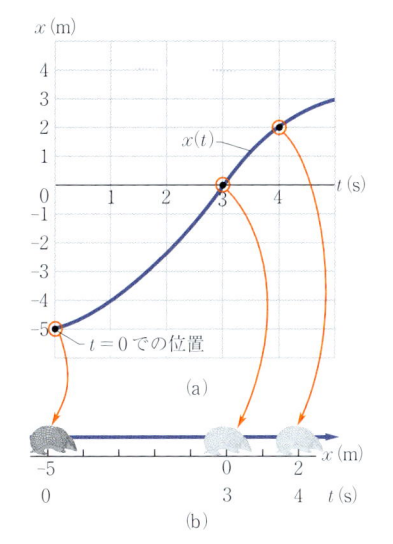

図 2-3 (a)動いているアルマジロの位置を表す $x(t)$ のグラフ。(b)アルマジロの動き。x 軸の下にその地点の通過時刻を示した。

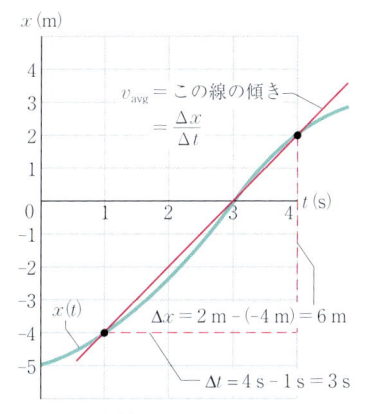

図 2-4 時刻 $t=1\,\text{s}$ と $t=4\,\text{s}$ の間の平均速度を，曲線 $x(t)$ 上の2点を結ぶ直線の傾きとして求める。

例題 2-1

おんぼろトラックに乗り，まっすぐな道を時速70kmで走っているとしよう。8.4km走ったところでガソリンが切れたので，2.0km先のガソリンスタンドまで30分かけて歩いた。

(a) 出発点からガソリンスタンドまでの変位はいくらか？

解法： x 軸上を正の向きに進んでいるとする。出発点を x_1，ガソリンスタンドを x_2 とすると $x_2 = 8.4\,\text{km} + 2.0\,\text{km}$。**Key Idea**： 変位 Δx はガソリンスタンドの位置から出発点の位置を引いたものである。

$$\Delta x = x_2 - x_1 = 10.4\,\text{km} - 0 = 10.4\,\text{km} \quad \text{（答）}$$

したがって，全行程の変位は x 軸の正の向きに10.4kmである。

(b) 出発点からガソリンスタンドに到着するまでにかかった時間はいくらか？

解法: 歩いた時間 Δt_{wlk} ($= 0.50\,\text{h}$) はわかっているので，車に乗っていた時間を求める。Δx_{dr} は $8.4\,\text{km}$ で平均速度は $v_{\text{avg, dr}} = 70\,\text{km/h}$ である。**Key Idea**: 平均速度は変位の時間に対する比である（式2-2）。

$$v_{\text{avg, dr}} = \frac{\Delta x_{\text{dr}}}{\Delta t_{\text{dr}}}$$

式を変形して数値を代入すると

$$\Delta t_{\text{dr}} = \frac{\Delta x_{\text{dr}}}{v_{\text{avg, dr}}} = \frac{8.4\,\text{km}}{70\,\text{km/h}} = 0.12\,\text{h}$$

したがって，

$$\Delta t = \Delta t_{\text{dr}} + \Delta t_{\text{wlk}}$$
$$= 0.12\,\text{h} + 0.50\,\text{h} = 0.62\,\text{h} \quad (\text{答})$$

(c) 出発点からガソリンスタンドまでの平均速度はいくらか？ 数値的に解く方法とグラフを用いる方法の両方で解いてみよう。

解法: **Key Idea**: 再び式(2-2)を用いる。全行程の v_{avg} は全行程の変位 $10.4\,\text{km}$ と全行程の時間 $0.62\,\text{h}$ の比である。式(2-2)から

$$v_{\text{avg}} = \frac{\Delta x}{\Delta t} = \frac{10.4\,\text{km}}{0.62\,\text{h}}$$
$$= 16.8\,\text{km/h} \approx 17\,\text{km/h} \quad (\text{答})$$

グラフを使って解くためには，まず図2-5のように $x(t)$ をグラフに表す。出発点を原点として，到着点は図中で"ガソリンスタンド"と書かれた点である。

Key Idea: 平均速度はこれらの2点を結ぶ直線の傾きである。0.62 時間の間に $10.4\,\text{km}$ 進んだから，$v_{\text{avg}} = 16.8\,\text{km/h}$ となる。

(d) ガソリンを容器に入れて，支払いを済ませ，トラ

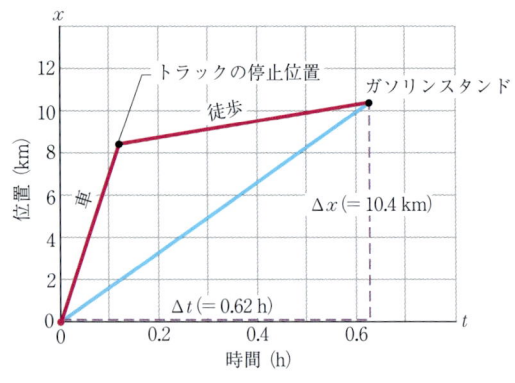

図 2-5 例題 2-1．"車"，"徒歩" と書かれた線は，車または徒歩で移動中の位置–時刻の関係を表すプロットである。（歩くスピードは一定であると仮定している）原点と"ガソリンスタンド"と書かれた点を結ぶ直線の傾きは全行程の平均速度を表している。

ックの位置まで戻るのに 45 分かかった。出発点からトラックに戻るまでの平均スピードはいくらか？

解法: **Key Idea**: 平均スピードは全行程の移動量と移動するのにかかった時間の比である。

移動量は $8.4\,\text{km} + 2.0\,\text{km} + 2.0\,\text{km} = 12.4\,\text{km}$。かかった時間は $0.12\,\text{h} + 0.50\,\text{h} + 0.75\,\text{h} = 1.37\,\text{h}$。式(2-3)より

$$s_{\text{avg}} = \frac{12.4\,\text{km}}{1.37\,\text{h}} = 9.1\,\text{km/h} \quad (\text{答})$$

✓ **CHECKPOINT 2**: 例題2-1の続き。トラックにガソリンを入れたあとすぐに引き返し，時速 $35\,\text{km}$ で出発点に戻った。全行程の平均速度はいくらか？

PROBLEM-SOLVING TACTICS

Tactic 1: *問題を正しく理解しているか？*
多くの初学者にとって，問題を正しく理解していないことが，問題を解けない最大の理由である。理解度を測る最適の方法は，自分の言葉で問題を説明できるかどうかである。

与えられたデータに単位をつけて本章で用いる記号を使って書く。（例題2-1の(a)では与えられたデータから Δx を求め，(b)では Δt を求める。求める量と記号を特定する。（例題2-1(c)では求める量は平均速度であり記号 v_{avg} で表される。）最後に，求める量とデータの関係（例題では平均速度の定義）を見いだす。

Tactic 2: *単位は正しいか？*
式に数値を代入するときに，単位が正しいことを確認しよう。例題2-1では長さの単位に km を，時間の単位に 時間(h)・を，速度の単位に (km/h) を用いた。問題によっては変換が必要になるかもしれない。

Tactic 3: *答はもっともらしいか？*
答がもっともらしいか，余りに大きすぎたり，小さすぎたりしないか，符号は正しいか，単位は適当か？ 例題2-1(c)の正答は $17\,\text{km/h}$ だが，もし答が $0.00017\,\text{km/h}$ とか，$-17\,\text{km/h}$ とか，$17\,\text{km/s}$ とか，$17{,}000\,\text{km/h}$ になったらすぐに何かおかしいと気がつくだろう。やり方，計算，電卓のキーの打ち間違いが考えられる。

Tactic 4: *グラフを読む*
図2-2，2-3(a)，2-4，2-5の図を楽に読みとれなくてはならない。それぞれの図中の横軸は変数 t で右へ行くほど増える。縦軸の変数 x は上向きに増える。変数の単位（秒，分；メートル，キロメートル）に気をつけよう。

2-4 瞬間速度と瞬間スピード

前節で"速さ"を表す量として平均速度と平均スピードを学んだ．どちらも時間間隔 Δt の間に測定される量である．しかし"速さ"は運動している粒子の**瞬間速度**，または単に**速度**(velocity, v) という意味でよく用いられる．

瞬間速度は，平均速度の時間間隔を限りなくゼロに近づけることにより求めることができる．Δt が小さくなるにつれて平均速度はある極限値に近づく．

$$v = \lim_{\Delta t \to 0} \frac{\Delta x}{\Delta t} = \frac{dx}{dt} \tag{2-4}$$

この式は瞬間速度 v の2つ特徴を示す．(1) v は時間とともに変化する粒子の位置 x の，ある瞬間における変化率，すなわち v は t に関する x の導関数(derivative)である．(2) v はある瞬間における位置−時刻曲線の傾きを表す．速度はベクトル量で向きを持つ量である．

速さ(**スピード**, speed)は速度の大きさ，すなわち速度から向きの情報を取り除いた量である(スピードと平均スピードは違うものであることに注意しよう)．速度が $+5\,\mathrm{m/s}$ または $-5\,\mathrm{m/s}$ であるとき，速さはどちらも $5\,\mathrm{m/s}$ である．自動車の速度計(speed meter)は速度ではなく速さを示すもので，向きを知ることはできない．

例題 2-2

図2-6aはエレベータの $x(t)$ を表す．最初止まっていたエレベータが上向きに(正の向きとする)動いた後，再び停止した．v を t の関数として図示しなさい．

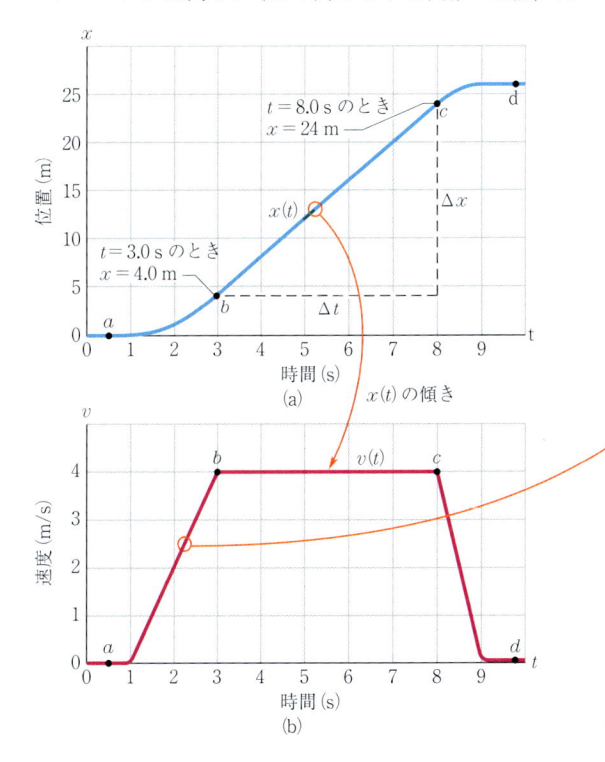

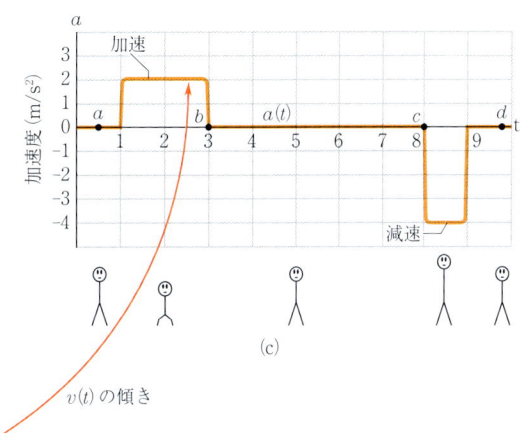

図 2-6 例題2-2．(a) x 軸に沿って上向きに移動するエレベータの位置を表す $x(t)$．(b)エレベータの速度を表す $v(t)$．曲線 $x(t)$ の導関数($v = dx/dt$)になっていることに注意．(c)エレベータの加速度を表す $a(t)$．曲線 $v(t)$ の導関数($a = dv/dt$)になっていることに注意．加速度を感じている人の様子を下に示した．

解法: **Key Idea**: ある瞬間の速度はその時の $x(t)$ の傾きである。0 から 1s の間と 9s 以後の $x(t)$ の傾き（速度）はゼロであり，エレベータは止まっている。bc 間の傾きは一定でゼロではない。したがって，エレベータは一定の速度で上昇する。傾きを計算すると

$$\frac{\Delta x}{\Delta t} = v = \frac{24\,\text{m} - 4.0\,\text{m}}{8.0\,\text{s} - 3.0\,\text{s}} = +4.0\,\text{m/s}$$

正符号はエレベータが x の正の向きに動いたことを示す。$v = 0$ と $v = 4\,\text{m/s}$ である時間を図 2-6b に示した。エレベータが動き出すとき（$t = 1\,\text{s}$ から $t = 3\,\text{s}$）と止まるとき（$t = 8\,\text{s}$ から $t = 9\,\text{s}$），v は示されたような速度になる。図 2-6b が求める図である（図 2-6c については 2.5 節で考察する）。

図 2-6b のように $v(t)$ が得られたら，逆に $x(t)$ の図を作ることができる。しかし v は x の変化を表すだけなので，ある時刻における x の値を知ることはできない。任意の時間間隔の x の変化量は，$v(t)$ 図の曲線の下の面積を求めればよい。例えば，3s から 8s までのエレベータの速度は $4.0\,\text{m/s}$ だから，x の変化量は

$$\Delta x = (4.0\,\text{m/s})(8.0\,\text{s} - 3.0\,\text{s}) = +20\,\text{m}$$

例題 2-3

x 軸上を運動する粒子の位置が式 (2-5) で与えられるとする。

$$x = 7.8 + 9.2t - 2.1t^3 \qquad (2\text{-}5)$$

x はメートルで，t は秒で計られる。$t = 3.5\,\text{s}$ での速度はいくらか？ 速度は一定か，それとも変化し続けるか？

解法: 簡単のために式 (2-5) では単位を省いているが，単位を付けたければ，係数を $7.8\,\text{m}$, $9.2\,\text{m/s}$, $2.1\,\text{m/s}^3$ に換えればよい。**Key Idea**: 速度は位置関数 $x(t)$ の時間に関する 1 次導関数である。したがって，速度は次式で表される。

$$v = \frac{dx}{dt} = \frac{d}{dt}(7.8 + 9.2t - 2.1t^3)$$

微分を計算して次式を得る。

$$v = 0 + 9.2 - (3)(2.1)t^2 = 9.2 - 6.3t^2 \qquad (2\text{-}6)$$

$t = 3.5\,\text{s}$ を代入すると

$$v = 9.2 - (6.3)(3.5)^2 = -68\,\text{m/s} \qquad \text{(答)}$$

$t = 3.5\,\text{s}$ において，この粒子は x の負の向きに $68\,\text{m/s}$ という速さで動いている。時間 t が式 (2-6) の中にあるので，速度 v は t とともに変化し続ける。

> ✓ **CHECKPOINT 3**: 次の式は粒子の位置 $x(t)$ を表している。x はメートルで，t は秒で計る。$t > 0$ とする。(1) $x = 3t - 2$, (2) $x = -4t^2 - 2$, (3) $x = 2/t^2$, (4) $x = -2$。(a) 速度が一定の粒子はどれか？ (b) v が x の負の向きであるのはどれか？

2-5 加 速 度

粒子の速度が変化するとき，粒子は**加速度**(acceleration)を与えられた（または単に加速した）という。直線運動の場合，時間 Δt の間の**平均加速度** a_avg は，時刻 t_1 での速度を v_1, t_2 の速度を v_2 とすると次式で表される。

$$a_\text{avg} = \frac{v_2 - v_1}{t_2 - t_1} = \frac{\Delta v}{\Delta t} \qquad (2\text{-}7)$$

瞬間加速度，または単に**加速度**，は時間に関する速度の導関数である。

$$a = \frac{dv}{dt} \qquad (2\text{-}8)$$

言葉で表せば，ある瞬間の加速度はその瞬間の速度の変化率である。図で表せば，ある点での加速度は曲線 $v(t)$ のその点での傾きである。

式 (2-8) と (2-4) を組み合わせると

$$a = \frac{dv}{dt} = \frac{d}{dt}\left(\frac{dx}{dt}\right) = \frac{d^2x}{dt^2} \qquad (2\text{-}9)$$

この式を言葉で表せば，ある瞬間の加速度は位置 $x(t)$ の時間に関する 2 次の導関数となる。

加速度の単位は，普通メートル毎秒毎秒を用い，$\text{m}/(\text{s}\cdot\text{s})$ または m/s^2 と書く。問題では他の単位も用いられるが，いずれも 長さ/(時間・時間)

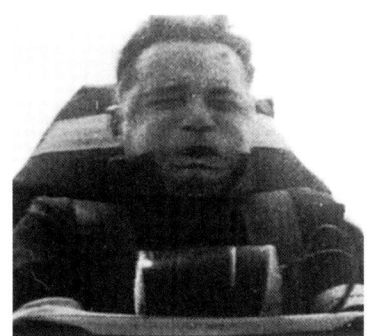

図2-7 ロケットそりに乗って急加速(紙面から手前向き)と急減速(紙面から奥向き)を体験したJ. P. Stapp大佐の表情。

または 長さ/(時間)^2 の形をしている。加速度は大きさと向きをもつベクトル量である。加速度につく符号は変位や速度と同じく，座標軸上の向きを表す。加速度が正の値ならば正の向きの加速度を，負の値は負の向きの加速度を表す。

図2-6cは例題2-2のエレベータの加速度を図示したものである。曲線 $a(t)$ と曲線 $v(t)$ を比べてみよう。$a(t)$ 上の各点は同じ時刻での $v(t)$ の微分係数(傾き)を表す。v が0または4m/sで一定なら，微分係数，すなわち加速度はゼロである。エレベータが最初に動き出すとき，$v(t)$ は正の微分係数(傾き)をもつ，すなわち加速度は正である。エレベータが速度を落として止まるとき，$v(t)$ の微分係数(傾き)，すなわち加速度は負になる。

加速中の $v(t)$ の傾きを比べてみよう。加速には減速の2倍の時間がかかっているので，減速時の傾きの方が急である。このことは図2-6cに示されるように，減速の大きさ(絶対値)は加速の大きさ(絶対値)より大きいことを意味している。

エレベータに乗っているときの感覚が図2-6に描かれている。初めにエレベータが加速されると下向きに押されるように，また減速して止まるときは上に引っ張られるように感じるであろう。しかしその間では特に何も感じない。あなたの体は加速度計として加速度に反応するが，速度に対しては反応しないので速度計としては機能しない。90km/hで走る車に乗っていても，900km/hで飛ぶ飛行機に乗っていても，あなたの体が運動を感じることはない。しかし，車や飛行機が急に速度を変えると，その変化を鋭く感じ取り，時には恐怖感をいだくことさえある。速度の急激な変化のおかげで，遊園地の乗り物でスリルを味わうことができるのだ(あなた

は速度ではなく，加速度に対してお金を払っている）。図2-7の写真で極端な例を見ることができる。この写真はロケットそりが線路上をまず急加速し，その後急減速したときのようすを写したものである。

大きな加速度を g という単位で表すことがある。

$$1g = 9.8\,\text{m/s}^2 \quad (g\,単位) \tag{2-10}$$

(2-8節で学ぶが，g は地球表面に近い場所で物体が落下するときの加速度の大きさである。）ジェットコースターでは短時間ではあるが料金に見合うであろう $3g\,(3\times 9.8\,\text{m/s}^2 \sim 29\,\text{m/s}^2)$ 程度の加速度を感じることができる。

PROBLEM-SOLVING TACTICS

Tactic 5：加速度の符号
日常会話で用いられる加速度の符号は科学的な意味をもたない。普通は物体の速さが増加するときに正の加速度であると言い，物体の速さが減少する（減速する）ときに負の加速度であると言う。しかし本書では，加速度の符号は向きを示すものであり，物体の速さが増加するか減少するかには関係ない。

$v = -25\,\text{m/s}$ で走っていた自動車が，ブレーキをかけて5秒後に停止したとしよう。この時の加速度，$a_{\text{avg}} = +5.0\,\text{m/s}^2$，は正であるのに，自動車のスピードは遅くなった。速度と加速度が逆向きなのでこのような結果になる。符号について正しく表現すると，

> 速度と加速度の符号が同じならば粒子の速さは増し，符号が逆ならば速さは減る。

✓ **CHECKPOINT 4**：ウォンバット（訳注：穴掘りが得意なコアラに似た小動物）が x 軸上を動いている。次の場合の加速度の符号を答えなさい？(a)正の向きにスピードを増しながら移動，(b)正の向きにスピードを落としながら移動，(c)負の向きにスピードを増しながら移動，(d)負の向きにスピードを落としながら移動。

例題 2-4

粒子の x 軸上（図2-1参照）の位置が次式で与えられているとする。
$$x = 4 - 27t + t^3$$
x はメートル，t は秒で計る。

(a) 粒子の速度 $v(t)$ と加速度 $a(t)$ を求めなさい。

解法： **Key Idea**：$x(t)$ を微分すると $v(t)$ が得られる；
$$v = -27 + 3t^2 \qquad (答)$$
このとき v の単位はメートル/秒である。

Key Idea：$v(t)$ を微分すると $a(t)$ が得られる；
$$a = +6t \qquad (答)$$
このとき a の単位はメートル毎秒毎秒である。

(b) $v = 0$ となる時刻 t を求めなさい。

解法： $v(t) = 0$ とおいて，
$$0 = -27 + 3t^2$$
これを解いて，

$$t = \pm 3\,\text{s} \qquad (答)$$
時計がゼロを指す時刻の3秒前と3秒後に速度がゼロになる。

(c) $t \geq 0$ における粒子の運動を述べなさい。

解法： **Key Idea**：$x(t)$，$v(t)$，$a(t)$ をよく調べること。

粒子は $t = 0$ に $x(0) = +4\,\text{m}$ にあり，$v(0) = -27\,\text{m/s}$ で x の負の向きに運動している。$a(0) = 0$ なので，その瞬間の加速度はゼロである。

$0 < t < 3\,\text{s}$ では粒子の速度は負なので負の向きに進み続ける。しかし加速度は正で増加している。速度と加速度の符号が逆なので粒子の速さは減る。

粒子が $t = 3\,\text{s}$ で停止することはわかっている。このとき粒子は最も左にいる。$t = 3\,\text{s}$ を $x(t)$ に代入すると，$x = -50\,\text{m}$。そのときの加速度はまだ正である。

$t > 3\,\text{s}$ では粒子は右向きに運動する。加速度は依然として正で徐々に大きくなる。速度も正で徐々に大きくなる。

2-6 等加速度運動（特別な場合）

加速度が一定，またはほぼ一定であるような運動の例は多い．例えば，信号が赤から青に変わり，アクセルを踏んだときの車の加速度はほぼ一定である．この時，位置，速度，加速度は図2-8のようになるだろう．図2-8c の $a(t)$ は一定なので，図2-8b の $v(t)$ の傾きは一定となる．

このような加速度が一定であるような状況にしばしばお目にかかるので，等加速度運動のための特別な式が用意されている．本節ではあるひとつの方法で導き，次節では別の導出方法を学ぶ．これらの式を適用できるのは，加速度が一定，またはほぼ一定と近似できる場合だけである，ということを忘れないで欲しい．

加速度が一定の場合，平均加速度と瞬間加速度は等しいので，式(2-7)を書き換えて，

$$a = a_{\text{avg}} = \frac{v - v_0}{t - 0}$$

v_0 は $t = 0$ での速度，v はその後の任意の時刻 t における速度を表す．この式を書き直して，

$$v = v_0 + at \tag{2-11}$$

チェックのためこの式に $t = 0$ を代入すると，当然のことながら $v = v_0$ となる．さらなるチェックのため式(2-11)を微分すると，$dv/dt = a$ となり，これはまさに a の定義となっている．図2-8b は式(2-11)を図示したもので速度 $v(t)$ を表す．この関数は線形（1次関数）であり，グラフは直線となる．

式(2-2)を書き換えて，表記を若干変更すると，

$$v_{\text{avg}} = \frac{x - x_0}{t - 0}$$

時刻 $t = 0$ の位置を x_0，v_{avg} を時刻 $t = 0$ と任意の時刻 t の間の平均速度とした．これより，

$$x = x_0 + v_{\text{avg}} t \tag{2-12}$$

式(2-11)の速度は1次関数だから，$t = 0$ と任意の時刻 t の間の平均速度は，初速度 v_0 と時刻 t の速度 v の平均値である．

$$v_{\text{avg}} = \frac{1}{2}(v_0 + v) \tag{2-13}$$

式(2-11)の右辺を v に代入して若干の計算をすると

$$v_{\text{avg}} = v_0 + \frac{1}{2}at \tag{2-14}$$

最後に式(2-14)を(2-12)に代入して

$$x - x_0 = v_0 t + \frac{1}{2}at^2 \tag{2-15}$$

チェックのため $t = 0$ を代入すると，当然のことながら $x = x_0$ を得る．さらなるチェックのために，式(2-15)を微分すると式(2-11)を得る．

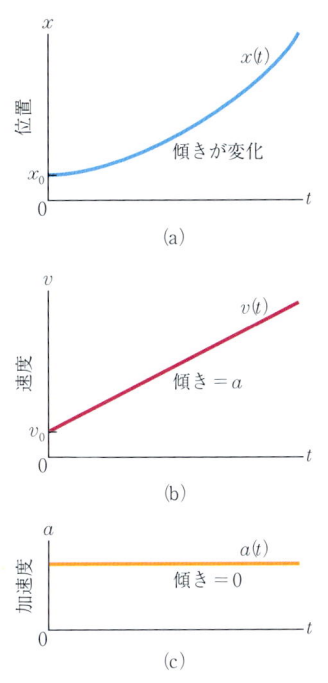

図 2-8 (a)等加速度運動する粒子の位置 $x(t)$．(b)粒子の速度：各点での $x(t)$ の傾きとして与えられる．(c)粒子の(等)加速度：$v(t)$ の(一定の)傾きとして与えられる．

図2-8aは式(2-15)を図示したものである。関数は2次関数となり，グラフは曲線となる。

式(2-11)と(2-15)は等加速度の場合の基本公式であり，本書の等加速度に関する問題を解くのに用いることができる。しかし，状況によってはもっと便利な関係式を導くこともできる。まず等加速度の場合は，$x - x_0, v, t, a, v_0$の5つの物理量が関係してくることに注目しよう。多くの場合，このうちの1変数は問題に直接関係ない変数であり，与えられているか未知数である。そこで残りのうち3つの量を指定して4番目の量を求めるとしよう。

式(2-11)と(2-15)はそれぞれ4つの物理量を含んでいるが，4変数の中味は異なる。式(2-11)には$x - x_0$が含まれていない。式(2-15)には速度vが含まれていない。これらの2式は3通りのやり方で組み合わされ，それぞれ異なる"隠れた変数(missing variable)"を含む3つの式となる。最初にまずtを消去すると次式を得る；

$$v^2 = v_0^2 + 2a(x - x_0) \tag{2-16}$$

この式はtがわからないとき，または必要としないときに便利である。次に式(2-11)と(2-15)からaを消去して，aが現れない式を作る；

$$x - x_0 = \frac{1}{2}(v_0 + v)t \tag{2-17}$$

最後にv_0を消去して次式を得る；

$$x - x_0 = vt - \frac{1}{2}at^2 \tag{2-18}$$

この式は式(2-15)と少しだけ異なる。式(2-15)は初速度v_0を含み，式(2-18)は時刻tの速度vを含む。

表2-1に等加速度運動の基本公式(式(2-11)と(2-15))と今導いた特別な場合の式をまとめた。簡単な等加速度の問題を解くためには，問題で求めるべき変数が未知数となっているような式を選んで適用すればよい。しかし最も簡単な方法は，式(2-11)と(2-15)を覚えて，必要に応じて連立方程式を解くことである。例題2-5に例を示す。

表2-1 等加速度運動の公式[a]

式の番号	公式	隠れた変数
2-11	$v = v_0 + at$	$x - x_0$
2-15	$x - x_0 = v_0 t + \frac{1}{2}at^2$	v
2-16	$v^2 = v_0^2 + 2a(x - x_0)$	t
2-17	$x - x_0 = \frac{1}{2}(v_0 + v)t$	a
2-18	$x - x_0 = vt - \frac{1}{2}at^2$	v_0

a：これらの公式を適用する前に加速度が本当に一定かどうか確かめよう。

✔ **CHECKPOINT 5：** 粒子の位置$x(t)$が式(1)〜(4)で表されている。このうち表2-1を適用できるのはどれか？
(1) $x = 3t - 4$, (2) $x = -5t^3 + 4t^2 + 6$, (3) $x = 2/t^2 - 4/t$, (4) $x = 5t^2 - 3$

例題 2-5

パトカーを見つけたポルシェは，88.0 m 走る間に 100 km/h から 80 km/h まで一定の加速度でスピードを落とした．

(a) 加速度はいくらか？

解法：運動は x 軸の正の向きとする．簡単のためにブレーキをかけ始めた時刻を $t = 0$，その位置を x_0 とする．

Key Idea：加速度が一定なので，等加速度の基本公式（式(2-11)と(2-15)）を用いて車の加速度を速度や変位と関係づけることができる．初速度は $v_0 = 100$ km/h $= 27.78$ m/s，変位は $x - x_0 = 88.0$ m，最終速度は $v = 80.0$ km/h $= 22.22$ m/s である．しかし基本公式に現れる加速度 a と時間 t がわからない．そこでこれらの2式を連立させて解くことにする．

未知変数 t を消去するために，式(2-11)を次式のように変形する．

$$t = \frac{v - v_0}{a} \quad (2\text{-}19)$$

これを式(2-15)に代入して次式を得る；

$$x - x_0 = v_0 \left(\frac{v - v_0}{a}\right) + \frac{1}{2} a \left(\frac{v - v_0}{a}\right)^2$$

a について解いて，数値を代入すると，

$$a = \frac{v^2 - v_0^2}{2(x - x_0)} = \frac{(22.22\,\text{m/s})^2 - (27.78\,\text{m/s})^2}{2(88.0\,\text{m})}$$
$$= -1.58\,\text{m/s}^2 \quad (\text{答})$$

式(2-16)では未知数である t が隠れた変数となっているので，この式を用いてもよい．

(b) 減速にかかった時間はいくらか？

解法：a がわかったので，式(2-19)を用いて t を求めることができる；

$$t = \frac{v - v_0}{a} = \frac{22.22\,\text{m/s} - 27.78\,\text{m/s}}{-1.58\,\text{m/s}^2}$$
$$= 3.519\,\text{s} \approx 3.52\,\text{s} \quad (\text{答})$$

これは警官が速度を計測するのに十分な時間である．

PROBLEM-SOLVING TACTICS

Tactic 6：次元の確認

速度の次元（dimension）はL/T（長さL割る時間T）で，加速度の次元はL/T^{2}である．各項の次元は皆同じでなければならない．式(2-15) ($x - x_0 = v_0 t + \frac{1}{2} a t^2$) の次元をチェックしてみよう．$x$ および x_0 は長さだから各項は長さの次元をもたなければならない．$v_0 t$ の次元は(L/T)(T)，すなわちLとなる．$\frac{1}{2} a t^2$ の次元は(L/T^2)(T^2)で，これもLとなる．これで次元は確認できた．

2-7 等加速度運動（積分を用いる方法）

表2-1の中で最初の2式が基本となる公式で，他の式はこの2式から導くことができる．これらの2式は加速度が一定という条件のもとに a を積分して得られる．式(2-11)を導くために加速度の定義式である式(2-8)を次式のように書き換えてみる；

$$dv = a\,dt$$

両辺の不定積分して，

$$\int dv = \int a\,dt$$

加速度 a は一定だから，積分記号の外に出すことができる；

$$\int dv = a \int dt \quad \text{または}$$
$$v = at + C \quad (2\text{-}20)$$

$t = 0$ のとき $v = v_0$ だから，式(2-20)に $t = 0$ を代入して積分定数 C を求め

ることができる；

$$v_0 = a \cdot 0 + C = C$$

この関係は $t=0$ だけでなく任意の t について成り立つ。これより式 (2-11) が得られる。

式 (2-15) を導くためには，速度の定義式 (2-4) を次のように書き直す；

$$dx = v\,dt$$

両辺の不定積分して

$$\int dx = \int v\,dt$$

一般に v は定数ではないので，積分の外に出すことはできない。v を式 (2-11) で置き換えると，

$$\int dx = \int (v_0 + at)\,dt$$

v_0 と a は定数だから積分記号の外に出すことができるので，

$$\int dx = v_0 \int dt + a \int t\,dt$$

これを積分して，

$$x = v_0 t + \frac{1}{2} at^2 + C' \tag{2-21}$$

C' は先ほどの C とは別の積分定数である。$t=0$ のとき $x=x_0$ だから，これを式 (2-21) に代入すると $x_0 = C'$ となる。C' を x_0 で置き換えれば式 (2-15) が得られる。

2-8 自由落下の加速度

物体を上向きにでも下向きにでも放り投げると，空気抵抗が小さければ，物体は下向きに一定の加速を受ける。この時の加速度は，**自由落下の加速度** (free-fall acceleration) と呼ばれ，g と記される。加速度は物体の性質 (質量，密度，形状) によらず，どんな物体でも同じである。

図 2-9 は，羽とリンゴが自由落下するようすをストロボ写真で撮ったものである。2 つの物体の下向きの加速度はどちらも g であり，速さは同じ割合で速くなる。

g の値は緯度や高度により若干異なる。中緯度地域の海面高度では 9.8 m/s^2 であり，本章の問題ではこの値を用いる。

表 2-1 にまとめた等加速度運動の公式は，地球表面近くの自由落下，空気の影響を無視できるときの鉛直運動 (上向きでも下向きでも) にも適用することができる。ただし，公式を用いるときに次の 2 点に注意せよ。(1) 運動は鉛直方向であり，x 軸ではなく y 軸 (上向きを正の向きとする) に沿った運動である (後の章で水平運動と鉛直運動の両方を考えるときに重要である)。(2) 自由落下の加速度は負の値 ($-g$) となる (y 軸の下向きで地球の中心へ向かう)。

図 2-9 真空中を自由落下する羽とりんごは，同じ加速度 g で下向きに運動する。加速度があるので連続画像の間隔は徐々に増していく。真空中なので各時間間隔での羽とりんごの落下距離は等しい。

2-8 自由落下の加速度 21

> 地球表面付近の自由落下の加速度は $a = -g = -9.8\,\mathrm{m/s^2}$ であり，加速度の大きさは $g = 9.8\,\mathrm{m/s^2}$ である。g の値として $-9.8\,\mathrm{m/s^2}$ を用いないこと。

　トマトを初速度 v_0 で真上に投げ上げて，同じ場所で受け止めたとしよう。"自由落下" する間（投げ上げから受け止めまで）の運動は表2-1の式で表される。加速度は常に $a = -g = -9.8\,\mathrm{m/s^2}$（負の値で下向き）である。しかし速度は式(2-11)や式(2-16)で表されるように変化する。上昇中の速度は正で，その大きさがゼロになるまで減少する。トマトは最高到達点で一瞬静止する。下降中の速度は負になり，その大きさは徐々に大きくなる。

例題 2-6

さて，鋼鉄製カプセルに乗り込んだDave Munday氏がナイアガラ瀑布で試みた自由落下に話を戻そう。彼の初速度はゼロであり，落下中の空気の影響は無視できると仮定する。

(a) 滝壺に到達するまでの時間はいくらか？

解法： **Key Idea**：Munday氏の落下は自由落下なので，表2-1の公式を適用できる。Munday氏の落下経路に沿って y 軸を取り，滝口を $y = 0$，上向きを正とする（図2-10）。加速度は y 軸に沿って $a = -g$，水面の位置は $y = -48\,\mathrm{m}$（滝口より下なので負の値）である。$t = 0$ に初速度 $v_0 = 0$ で落下し始めたとする。

　表2-1の中の式(2-15)は，求めたい t を含み，その他の変数が既知なので，この式を用いよう（ただし変数を y に置き換える）；

$$y - y_0 = v_0 t - \frac{1}{2} g t^2$$

$$-48\,\mathrm{m} - 0 = 0t - \frac{1}{2}(9.8\,\mathrm{m/s^2})t^2$$

$$t^2 = 48/4.9$$

これより，

$$t = 3.1\,\mathrm{s} \qquad (答)$$

Munday氏の変位 $y - y_0$ は負の値であることに注意しよう。彼は y 軸の負の向きに落下したのであり，上向きに落ちたのではない。48/4.9 は2つの平方根（3.1 と −3.1）をもつことにも注意しよう。Munday氏が滝壺に達したのは明らかに落下を始めた後だから，正の根を選んだ。

(b) Munday氏は1秒ずつ3秒までカウントすることができたが，1秒毎の位置を知ることはできなかった。1秒毎の彼の位置を求めなさい。

解法： ここでも式(2-15)を用いるが，今度は $t = 1.0\,\mathrm{s}$，$2.0\,\mathrm{s}$，$3.0\,\mathrm{s}$ を代入して，Munday氏の位置 y を求める。

t (s)	y (m)	v (m/s)	a (m/s^2)
0	0	0	−9.8
1	−4.9	−9.8	−9.8
2	−19.6	−19.6	−9.8
3	−44.1	−29.4	−9.8
	−48.0		−9.8

図 2-10 例題2-6。自由落下する物体（Dave Munday氏を乗せナイアガラ瀑布を自由落下する鋼鉄製カプセル）の位置，速度，加速度を示す。

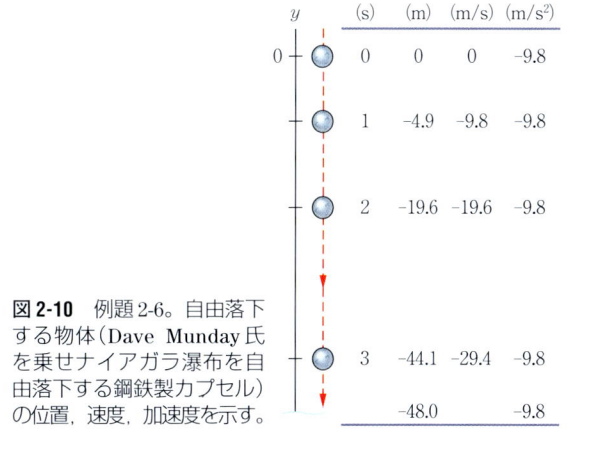

結果は図2-10に示されている。

(c) Munday氏が滝壺に到着したときの速度はいくらか？

解法： (a)で求めた落下時間を使わずに，元のデータから速度を求めるには，式(2-16)の x を y に書き換えればよい。

$$v^2 = v_0^2 - 2g(y - y_0) = 0 - (2)(9.8\,\mathrm{m/s^2})(-48\,\mathrm{m})$$

これより

$$v = -30.67\,\mathrm{m/s} \approx -31\,\mathrm{m/s}$$
$$= -110\,\mathrm{km/h} \qquad (答)$$

速度は負の向きなので，ここでは負の根を選んだ。

(d) 1秒毎のMunday氏の速度はいくらか？彼は増加する速度の値そのものを感知できただろうか？

解法： (b)で求めた落下距離を使わずに，元のデータから速度を求めるには，式(2-11)で $a = -g$ として，

$t = 1.0\,\text{s}$, $2.0\,\text{s}$, $3.0\,\text{s}$ を代入すればよい。例えば，
$$v = v_0 - gt = 0 - (9.8\,\text{m/s}^2)(1.0\,\text{s}) \quad \text{(答)}$$
他の結果は図2-10に示されている。

一度自由落下状態になると，図2-10の右端の列に示されるように，加速度は常に$-9.8\,\text{m/s}$だから，Munday氏は増加する速度を感知できない。しかし加速度が急激に変化する着水の瞬間を知ることはできたであろう（生き延びたMunday氏は，向こう見ずな行動に対する法的な罰を受けることとなった）。

例題 2-7

ピッチャーが野球のボールを初速度$12\,\text{m/s}$でy軸に沿って上向きに投げ上げた（図2-11）。

(a) ボールが最高点に到達するまでの時間はいくらか？

解法： **Key Idea 1**： 一度投げ上げられたボールの加速度は元に戻ってくるまで$a = -g$である。この値は一定なので表2-1を適用できる。**Key Idea 2**： 最高点での速度はゼロである。v，a，$v_0 = 12\,\text{m/s}$がわかっている状況でtを求める問題である。式(2-11)はこれら4つの変数を含んでいるので，この式を用いる。式を変形して
$$t = \frac{v - v_0}{a} = \frac{0 - (12\,\text{m/s})}{-9.8\,\text{m/s}^2} = 1.2\,\text{s} \quad \text{(答)}$$

(b) 投げ上げた位置から最高点までの距離はいくらか？

解法： 投げ上げ位置を$y_0 = 0$とする。式(2-16)のxをyに書き換えて，最高点での値$y - y_0 = y$，$v = 0$を代入してyについて解くと，
$$y = \frac{v^2 - v_0^2}{2a} = \frac{0 - (12\,\text{m/s})^2}{2(-9.8\,\text{m/s}^2)} = 7.3\,\text{m} \quad \text{(答)}$$

(c) 投げ上げ位置から$5.0\,\text{m}$の高さに達するのにかかる時間はいくらか？

解法： v_0，$a = -g$，$y - y_0 = 5.0\,\text{m}$がわかっている状況でtを求める問題である。式(2-15)を用いる。xをyに書き換えて，$y_0 = 0$を代入すると
$$y = v_0 t - \frac{1}{2} g t^2$$
または数値を代入して
$$5.0\,\text{m} = (12\,\text{m/s})t - \frac{1}{2}(9.8\,\text{m/s}^2)t^2$$

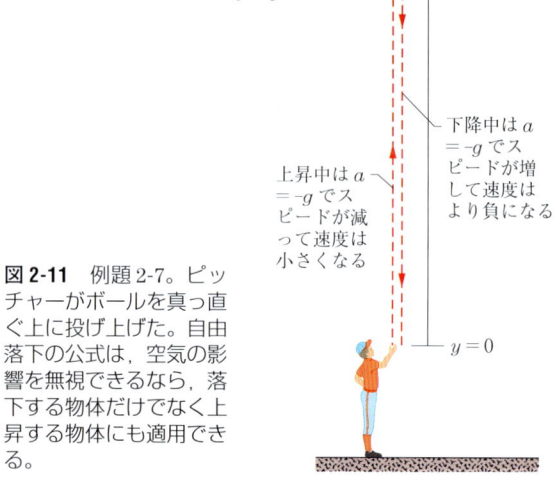

図 **2-11** 例題2-7。ピッチャーがボールを真っ直ぐ上に投げ上げた。自由落下の公式は，空気の影響を無視できるなら，落下する物体だけでなく上昇する物体にも適用できる。

単位を省略して書き直すと
$$4.9t^2 - 12t + 5.0 = 0$$
この2次方程式を解くと
$$t = 0.53\,\text{s} \quad \text{および} \quad t = 1.9\,\text{s} \quad \text{(答)}$$
解が2つも出てきたが，びっくりすることはない。上昇中と落下中の2回，$y = 5.0\,\text{m}$を通過するから解も2つ出てきたのだ。

✓ **CHECKPOINT 6**： (a) この例題で，投げ上げた位置から最高点に達するまでの上昇中のボールの変位の符号は何か？ (b) 最高点から投げ上げた位置に戻るまでの落下中の変位の符号は何か？ (c) 最高点でのボールの加速度はいくらか？

PROBLEM-SOLVING TACTICS

Tactic 7： 負符号の意味
例題2-6と2-7において，多くの解に自動的に負符号がついた。これらの符号の持つ意味を考えることは重要である。2つの例題では垂直の座標軸（y軸）を設定し，勝手に上向きを正の向きと決めた。

y軸の原点（$y = 0$となる位置）は，問題を解くのに便

利なように定めた．例題2-6では滝口を，例題2-7ではピッチャーの手の位置を原点とした．負の y は，物体が原点より下にあることを示す．また負の速度は，物体が y 軸の負の向き，すなわち下向き，に動いていることを示す．これは物体の位置に関係なく成り立つ．

落下する物体を扱う例題では，加速度は負の値（－9.8 m/s²）を取るものとした．負の加速度は，時間とともに，上向きの速さが減るか，下向きの速さが増えることを意味する．これは物体の位置，速さ，運動の向きに関係なくに成り立つ．例題2-7では，上昇中か落下中かに関係なく，加速度はいつも負（下向き）である．

Tactic 8: 予期せぬ答

例題2-7(c)のように，数学は時に予期せぬ答を出すことがある．もし予想より多くの答が出てきて，題意に合わないようにみえても，何も考えずに捨ててしまってはいけない．物理的な意味をよく考えてみることだ．もし時間が変数ならば，負の値も何かを意味しているはずである．負の時間は $t=0$（勝手に決めた時間の原点）以前を表しているにすぎない．

まとめ

位置 x 軸上にある粒子の場所を特定するには，座標軸の**原点**に対する粒子の位置 x を示せばよい．粒子が原点のどちら側にあるかによって，位置は正にも負にもなる．原点上にあればゼロである．座標軸の**正の向き**とは，正の数が大きくなる向きで，逆向きが**負の向き**である．

変位 粒子の変位 Δx は位置の変化量である．
$$\Delta x = x_2 - x_1 \quad (2\text{-}1)$$
変位はベクトル量である．粒子が x 軸の正の向きに動けば変位は正，負の向きに動けば変位は負となる．

平均速度 粒子が $\Delta t = t_2 - t_1$ の間に x_1 から x_2 へ移動するとき，この間の平均速度は
$$v_{\text{avg}} = \frac{\Delta x}{\Delta t} = \frac{x_2 - x_1}{t_2 - t_1} \quad (2\text{-}2)$$
v_{avg} の符号は運動の向きを表している（v_{avg} はベクトル量である）．平均速度は粒子の始点と終点の位置によるのであって，実際の移動経路にはよらない．

x-t 図において，時間 Δt の間の平均速度は，Δt の両端に対応する曲線上の2点を結ぶ直線の傾きとして示される．

平均スピード 時間 Δt の間の平均スピード s_{avg} は，粒子がその時間内に動いた経路の全長による．
$$s_{\text{avg}} = \frac{\text{全行程}}{\Delta t} \quad (2\text{-}3)$$

瞬間速度 粒子の瞬間速度（または単に**速度**）は，式(2-2)で定義された Δx，Δt を用いると
$$v = \lim_{\Delta t \to 0} \frac{\Delta x}{\Delta t} = \frac{dx}{dt} \quad (2\text{-}4)$$
ある時刻の瞬間速度は，その時刻における x-t 図の傾きとして示される．速さ（スピード）は瞬間速度の大きさである．

平均加速度 時間 Δt の間の速度の変化量 Δv とその時間間隔の比を平均加速度という．
$$a_{\text{avg}} = \frac{\Delta v}{\Delta t} \quad (2\text{-}7)$$
a_{avg} の符号は加速度の向きを表す．

瞬間加速度 瞬間加速度（または単に**加速度**）は速度の時間に対する変化率であり，位置 $x(t)$ の時間に対する2次の導関数である．
$$a = \frac{dv}{dt} = \frac{d^2x}{dt^2} \quad (2\text{-}8,\ 2\text{-}9)$$
v-t 図において，時刻 t での加速度 a はその点での曲線の傾きとして示される．

等加速度運動 粒子の等加速度運動は表2-1の5式で記述される．
$$v = v_0 + at \quad (2\text{-}11)$$
$$x - x_0 = v_0 t + \frac{1}{2} at^2 \quad (2\text{-}15)$$
$$v^2 = v_0^2 + 2a(x - x_0) \quad (2\text{-}16)$$
$$x - x_0 = \frac{1}{2}(v_0 + v)t \quad (2\text{-}17)$$
$$x - x_0 = vt - \frac{1}{2} at^2 \quad (2\text{-}18)$$
これらの公式は加速度が一定でなければ適用できない．

自由落下の加速度 直線上の等加速度運動の最も重要な例は，地球表面近くでの物体の自由な上昇と落下である．等加速度の公式を適用することができるが，注意が必要である．(1)運動は鉛直方向で $+y$ を上向きとする．(2)加速度 a を $-g$ で置き換える．g は自由落下加速度の大きさで，地球表面近くでは $g = 9.8\,\text{m/s}^2$ という値をもつ．

問題

1. 図2-12は，同じ時間内に始点から終点まで移動した物体の4通りの経路を示している。縦線の間隔はすべて等しい。(a) 4経路を平均速度の大きい順に並べなさい。(b) 平均スピードの大きい順に並べなさい。

図 2-12 問題1

2. 図2-13はx軸上を動いている粒子の速度を示している。(a) 最初の運動の向きは？ (b) 最後の運動の向きは？ (c) 粒子が瞬間的に止まることがあるか？ (d) 加速度は正か負か？ (e) 加速度は一定か変化しているか？

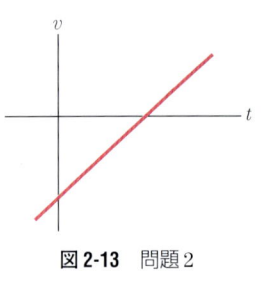

図 2-13 問題2

3. 図2-14はシェパードを追いかけているチワワの加速度$a(t)$を示している。チワワが一定の速度で動いているのはどの時間間隔か？

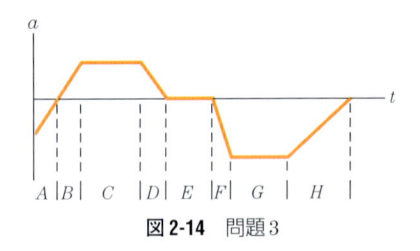

図 2-14 問題3

4. x軸上を運動している粒子が，$t=0$のとき$x_0=-20$ mにいる。初速度（$t=0$での速度）と一定の加速度aの符号が，それぞれ次の4つの組合せであるとしよう。(1) +，+；(2) +，−；(3) −，+；(4) −，−。(a) 粒子が一瞬止まるのはどの場合か？ (b) 粒子が原点を必ず通過するのはどの場合か？（時間は十分にあるとする）(c) 粒子が原点を絶対に通らないのはどの場合か？

5. 次の4式は粒子の速度$v(t)$を表している。(a) $v=3$；(b) $v=4t^2+2t-6$；(c) $v=3t-4$；(d) $v=5t^2-3$。表2-1を適用できるのはどの場合か？

6. 時速80 kmで走行中の青い車のドライバーが，時速60 kmで前方を走っている赤い車に追突しそうであることに気がついた。衝突をぎりぎりで避けるために，青い車が赤い車に最接近するときの最大スピードはいくらか？

7. 最初$x=0$に止まっていた青い車が，$t=0$に一定の加速度$2.0\,\mathrm{m/s^2}$で$+x$の向きに加速を始めた。隣の車線を走っている赤い車は，$t=2$ sに$x=0$を$8.0\,\mathrm{m/s}$のスピード，一定の加速度$3.0\,\mathrm{m/s^2}$で通過した。赤い車が青い車を追い越す時刻を求めるためには，どんな連立方程式を解いたらよいか？

8. 真上に投げ上げられたクリームタンジェリンが，同じ高さ，同じ間隔の3つの窓を通過した（図2-15）。窓1～3を，(a) 窓を通過するときの平均スピードが大きい順に並べなさい，(b) クリームタンジェリンが通過するのにかかる時間の順に並べなさい，(c) 窓を通過するときの加速度の大きい順に並べなさい，(d) 窓を通過する間のスピードの変化量Δvが大きい順に並べなさい。

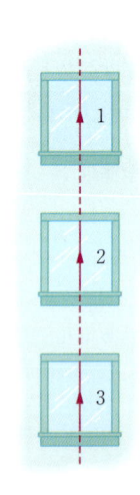

図 2-15 問題8

9. 絶壁の上から真上に投げ上げられたボールが，崖下の地面に落ちた。もし絶壁の上から同じスピードで真下に投げたら，ボールが地面に落ちるときのスピードは速くなるか，遅くなるか，変わらないか？

3 ベクトル

アメリカ・ケンタッキー州 Mammoth Cave 国立公園にある 200km におよぶ Mammoth Cave 洞窟と Flint Ridge 洞窟の間の接続ルートを探し求めて，アマチュア洞窟探険隊が 20 年間にわたり洞窟の探査を行った。写真は探険隊の Richard Zopf 氏が Flint Ridge 洞窟の狭い穴の中で荷物を押し出しているところである。迷宮のようなルートを 12 時間あまり探査した後，Zopf 氏と 6 人のチームは凍てつく水路をわたって Mammoth Cave 洞窟にたどりついた。彼らの成功により世界一長い Mammoth-Flint 洞窟系の存在が明らかとなった。

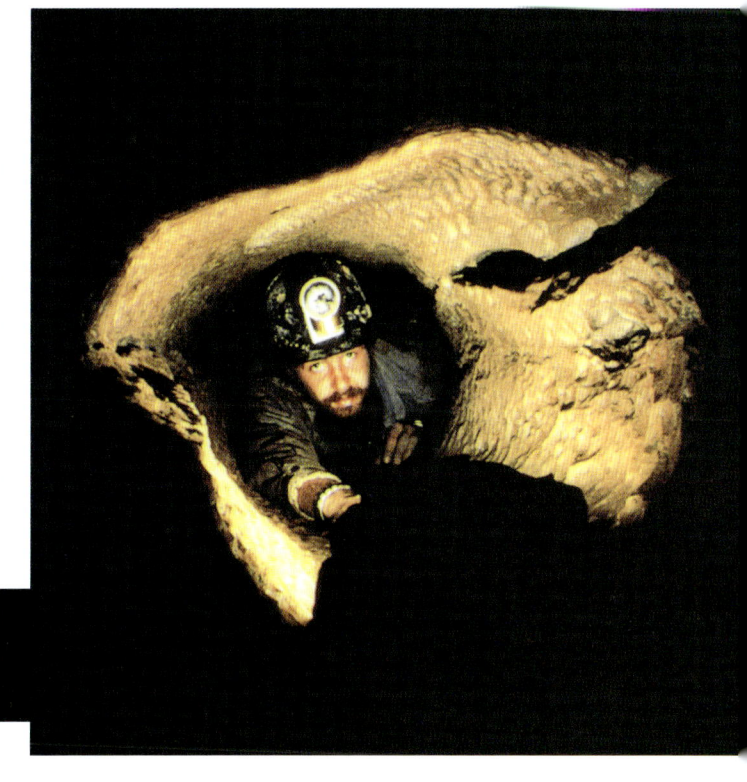

探検隊が実際に通った曲がりくねった経路ではなく，最終到達点の位置を出発点と関係づけるにはどのような方法があるだろうか？

答えは本章で明らかになる。

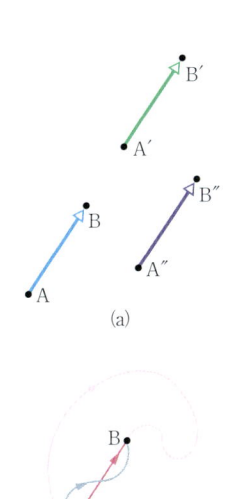

図 3-1 (a) 3 本の矢印はいずれも同じ大きさと向きをもっており，同じ変位を表す。(b) 2 点を結ぶ 3 つの経路はいずれも同じ変位に対応している。

3-1 ベクトルとスカラー

直線上を運動する粒子は 2 方向にしか動くことができない。一方が正の向き，もう一方が負の向きである。しかし，3 次元的に運動する粒子の向きを表すためには，正の向きと負の向きだけでは不十分であり，正負の代わりにベクトルを用いなければならない。

ベクトル(vector)は大きさと向きをもっており，本章で学ぶ計算規則に従う。大きさと向きをもった量を**ベクトル量**とよび，ベクトルを用いて表す。変位，速度，加速度といった物理量はベクトル量である。本書では他にもさまざまなベクトル量が登場する。本章でベクトルの計算規則を身につけておけば，後の章を学ぶ際に大いに役に立つであろう。

すべての物理量が向きをもっているわけではない。温度，圧力，エネルギー，質量，時間などは空間的方向性をもった量ではない。このような量は**スカラー量**(scalar)とよばれ，普通の代数計算規則に従う。スカラーは温度 $-20°$ のように数値と正負の符号により表される。

最も簡単なベクトル量は変位，位置の変化，である。変位を表すベクトルを**変位ベクトル**とよぶ。同様に速度を表すベクトルを速度ベクトル，加速度を表すベクトルを加速度ベクトルとよぶ。図 3-1a に示されるように粒子が A から B へ移動したとき，粒子は A から B へ変位したといい，その

変位をAからBへ向かう矢印で表す。矢印はベクトルを視覚的に表現する。ベクトルを他の矢印と区別するために，本書では白抜きの三角を矢印の先端につけてベクトルを表す。

図3-1aでAからBへ向かう矢印は，A′からB′へ向かう矢印およびA″からB″へ向かう矢印と同じ大きさと向きをもつ。これらはみな同じ変位ベクトルであり，同じ変位を表す。大きさ（矢印の長さ）と向きを変えずにベクトルを平行移動してもベクトルの値は変化しない。

粒子の実際の経路について変位ベクトルはなにも教えてくれない。例えば，図3-1bに示されているようなAからBへ向かう3通りの経路は，すべて同じ変位ベクトル（図3-1aのAからBへ向かうベクトル）に対応している。変位ベクトルは運動そのものではなく，最終的な結果を表すものである。

3-2 ベクトルの加法（幾何学的方法）

図3-2aの赤線は粒子がAからBへ移動し，さらにBからCへと移動したようすを示している。変位ベクトルABとBCはAからB，BからCへの変位（実際の経路ではない）を表す。これら2つの変位の和はAからCへの変位となる。ACをベクトルABとベクトルBCの**ベクトル和**とよぶ。この"和"は普通の代数和とは異なる。

図3-2bではベクトル記号を用いて図3-2aを描きかえた。本書では$\vec{a}$のように斜体文字の上に矢印をつけた記号でベクトルを表す。ベクトルの大きさ（正負の符号や向きをもっていない）を表すときはa, b, sのような矢印のついていない斜体文字を使う。上に矢印のついた記号は，大きさと向きというベクトルの両方の性質を表す。

図3-2bの3つのベクトルの関係は次のベクトル方程式で表される；

$$\vec{s} = \vec{a} + \vec{b} \tag{3-1}$$

この式はベクトル$\vec{s}$がベクトル$\vec{a}$と$\vec{b}$のベクトル和であることを意味する。ベクトルは大きさと向きの両方の性質をもっているので，式(3-1)の"+"記号，"和"や"足す"という言葉は普通の代数計算で使われるものとは異なる意味をもっている。

図3-2を見れば，2次元的なベクトル$\vec{a}$と$\vec{b}$を幾何学的に足す方法を推測できるだろう。(1) ベクトル$\vec{a}$を正しい向きに適当な尺度で紙の上に描く。(2) ベクトル$\vec{b}$を同じ尺度で正しい向きに描く。ただしベクトル$\vec{a}$の終点（矢印の先端, head）にベクトル$\vec{b}$の始点（矢印の根元, tail）がくるようにする。(3) ベクトル和$\vec{s}$はベクトル$\vec{a}$の始点からベクトル$\vec{b}$の終点へ向かうベクトルとなる。

このように定義されたベクトルの加法は，2つの重要な性質をもつ。第1は"和は足す順序によらない"である。$\vec{a}$に$\vec{b}$を足した結果と$\vec{b}$に$\vec{a}$を足した結果は等しい（図3-3）；

$$\vec{a} + \vec{b} = \vec{b} + \vec{a} \quad \text{（交換法則）} \tag{3-2}$$

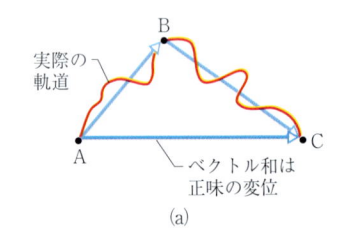

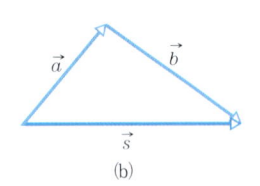

図 3-2 (a) ACはベクトルABとBCのベクトル和である。(b) 同じベクトルを別表記で表す。

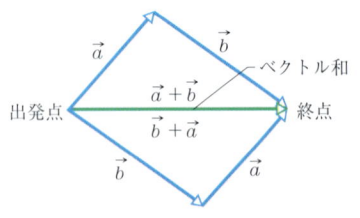

図 3-3 $\vec{a}$と$\vec{b}$の足し算はどちらを先にしてもかまわない（式3-2を参照）。

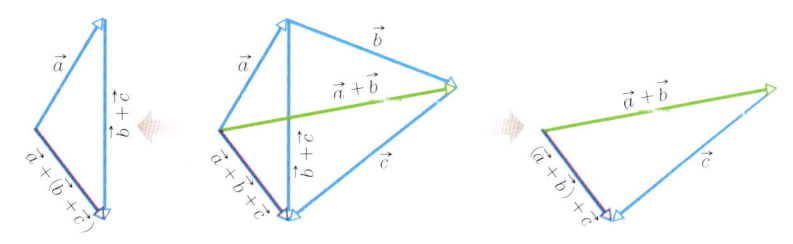

図 3-4 $\vec{a}, \vec{b}, \vec{c}$ を足し算するとき，どのようにグループ化してもかまわない（式(3-3)を参照）。

第2は"3つ以上のベクトルを足す場合，好きな順序で足してよい"である。$\vec{a}, \vec{b}, \vec{c}$ の3つのベクトルを足す場合を考えよう。$\vec{a}$ と $\vec{b}$ をまず足してからそれらの和と $\vec{c}$ を足してもよいし，$\vec{b}$ と $\vec{c}$ をまず足してからそれらの和と $\vec{a}$ を足してもよい。2つの足し方は図3-4から明らかなように同じ結果となる；

$$(\vec{a}+\vec{b})+\vec{c} = \vec{a}+(\vec{b}+\vec{c}) \quad \text{(結合法則)} \quad (3\text{-}3)$$

ベクトル $-\vec{b}$ はベクトル $\vec{b}$ と同じ大きさをもち，逆向きである（図3-5）。これら2つのベクトルを足すと，

$$\vec{b}+(-\vec{b}) = 0$$

すなわち，$-\vec{b}$ を足すことと $\vec{b}$ を引くことは同じになる。この性質を使って2つのベクトルの差 $(\vec{d}=\vec{a}-\vec{b})$ を次式により定義することができる；

$$\vec{d} = \vec{a}-\vec{b} = \vec{a}+(-\vec{b}) \quad \text{(ベクトルの減法)} \quad (3\text{-}4)$$

$\vec{a}$ と $\vec{b}$ の差 $\vec{d}$ は $\vec{a}$ に $-\vec{b}$ を足して得られる。幾何学的な方法で引き算する方法を図3-6に示した。

普通の代数計算と同じようにベクトル記号を含む項を移項する（式の左辺から右辺へ，または右辺から左辺へ符号を変えて項を移す）ことができる。式(3-4)では，$\vec{b}$ を移項し $\vec{d}+\vec{b}=\vec{a}$ または $\vec{a}=\vec{d}+\vec{b}$ として，$\vec{a}$ を求めることができる。

ここで学んだベクトルの足し算と引き算の計算規則は，変位ベクトルだけでなく速度や加速度等どんなベクトルにも適用できる。ただし，同種のベクトルどうしの足し算または引き算しか行うことができない。例えば，2つの変位ベクトルや2つの速度ベクトルを足すことはできるが，変位ベクトルと速度ベクトルの足し算は無意味である。これは代数計算においても同様で，21秒と12メートルを足すことはできない。

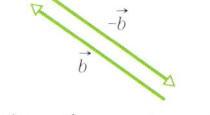

図 3-5 $\vec{b}$ と $-\vec{b}$ は同じ大きさをもち，逆向きである。

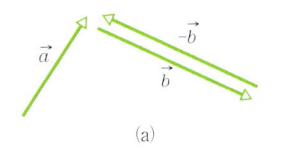

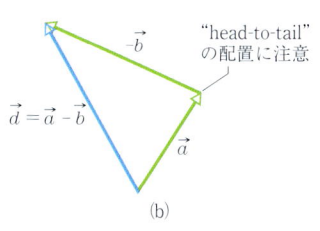

図 3-6 (a)ベクトル $\vec{a}, \vec{b}, -\vec{b}$。(b) $\vec{a}$ から $\vec{b}$ を引くには，$\vec{a}$ に $-\vec{b}$ を足せばよい。

> ✓ **CHECKPOINT 1:** 変位ベクトル $\vec{a}$ と $\vec{b}$ の大きさがそれぞれ3mと4mであり，$\vec{c}=\vec{a}+\vec{b}$ という関係が成り立っているとしよう。$\vec{a}$ と $\vec{b}$ の向きをいろいろ変えたとき，(a) $\vec{c}$ の大きさの最大値はいくらか？ (b)最小値はいくらか？

例題 3-1

オリエンテーリングに参加しているとしよう。次の3つの直線的移動を好きな順序に組み合わせて，ベースキャンプからできるだけ遠くへ行くことが目標である。(a) $\vec{a}$；東へ 2.0 km，(b) $\vec{b}$；東向きから 30° 北へ 2.0 km，(c) $\vec{c}$；西へ 1.0 km。ただし $\vec{b}$ の代わりに $-\vec{b}$，$\vec{c}$ の代わりに $-\vec{c}$ の移動をしてもよい。最終的にベースキャンプから最も離れるように3つの移動を組み合わせた場合，ベースキャンプからの距離はいくらになるか？

解法： 図 3-7a で示すように適当な尺度で $\vec{a}, \vec{b}, \vec{c}, -\vec{b}, -\vec{c}$ を描く。これらのベクトルを平行移動させて3つのベクトルの始点と終点を次々とつなげて，ベクトル和 をつくる。最初のベクトルの始点がベースキャンプを示し，3番目のベクトルの終点が到達地点を示す。ベクトル和 $\vec{d}$ は1番目のベクトルの始点から3番目のベクトルの終点へ伸びる。$\vec{d}$ の大きさがベースキャンプからの距離となる。

いろいろな組み合わせを試してみると $\vec{a}, \vec{b}, -\vec{c}$ の組み合わせが最大距離になることがわかるだろう。ベクト

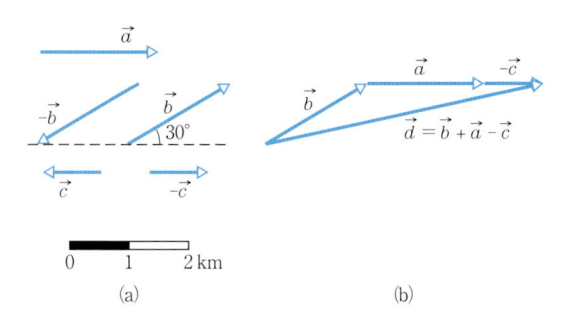

図 3-7 例題 3-1。(a) 変位ベクトル；3つを組み合わせる。(b) $\vec{a}, \vec{b}, -\vec{c}$ の移動を好きな順序で行えば，ベースキャンプから最も遠くまで行くことができる。移動順の選択肢のひとつは図示されるように $\vec{d} = \vec{b} + \vec{a} + (-\vec{c})$ である。

ルの和は足す順序によらないので，3つのベクトルはどんな順序に並べてもよい。図 3-7b に示した順序は $\vec{d} = \vec{b} + \vec{a} + (-\vec{c})$ である。図 3-7a の尺度を使って $\vec{d}$ の長さを測ると 4.8 km となる。

3-3 ベクトルの成分

幾何学的方法でベクトルを足すのは面倒くさいかも知れない。もっと簡単でうまいやり方は，ベクトルを直交座標系に置いて代数計算を用いる方法である。普通は図 3-8a のように紙面上に x 軸と y 軸をとり，z 軸は原点を通り紙面から手前に向かう向きにとる。当面 z 軸を無視して2次元のベクトルだけを考える。

ベクトルを座標軸に射影したものをベクトルの**成分**(component) という。図 3-8a においては a_x がベクトル $\vec{a}$ の x 軸に沿った成分であり，a_y が y 軸に沿った成分である。ベクトルの両端から座標軸へ垂線を降ろすと，座標軸への射影を求めることができる。ベクトルの x 軸への射影がそのベクトルの x 成分であり，同様に y 軸への射影が y 成分となる。ベクトルの各成分を求めることを**ベクトルを分解する**という。

ベクトルの成分と元のベクトルは座標軸に沿って同じ向きを向いている。図 3-8 のベクトル $\vec{a}$ は x 方向にも y 方向にも正の向きに伸びており，a_x と a_y はともに正である（成分につけられた小さな矢印は向きを表す）。ベクトル $\vec{a}$ を反転させると両成分ともに負になり，矢印は反対向きになる。図 3-9 ではベクトル $\vec{b}$ を分解しており b_x は正，b_y は負である。

一般に，ベクトルは3つの成分をもつ（図 3-8a ではベクトルの z 成分はゼロ）。また図 3-8a, b で示されるように，ベクトルを平行移動しても成分は変化しない。

直角三角形の幾何学を使って，図 3-8a に示された $\vec{a}$ の成分を求めることができる。$\vec{a}$ と $+x$ 方向のなす角を θ，$\vec{a}$ の大きさを a で表すと，

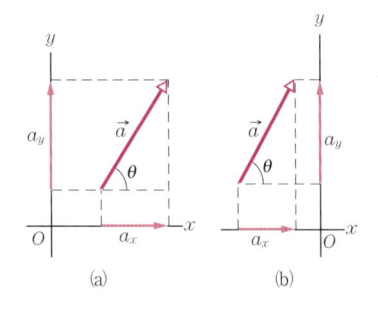

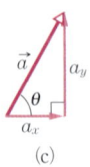

図 3-8 (a) ベクトル $\vec{a}$ の成分 a_x と a_y。(b) 大きさと向きを保ったままベクトルを移動しても成分は変わらない。(c) 直角三角形の直角をはさむ2辺が成分に対応し，斜辺の長さがベクトルの長さを表す。

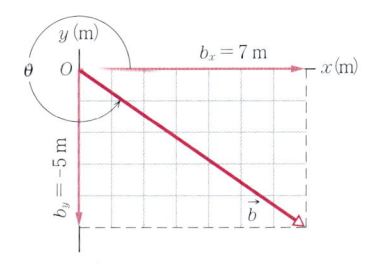

図 3-9 $\vec{b}$ の x 成分は正，y 成分は負である。

$$a_x = a \cos\theta \quad \text{および} \quad a_y = a \sin\theta \quad (3\text{-}5)$$

図3-8cに$\vec{a}$とそのx成分，y成分が直角三角形を作ることを図示した。a_yの始点（tail）をa_xの終点（head）に一致させる（head-to-tail）と，対角線が元のベクトルとなる。

ベクトルを座標軸に沿った成分に分解できることがわかれば，ベクトルの成分をベクトルそのものの代わりに使うことができる。図3-8aのベクトル$\vec{a}$はaとθにより一意に決めることができるが，a_xとa_yを使って決めることもできる。どちらの組（aとθまたはa_xとa_y）も同じベクトルを表す。ベクトル$\vec{a}$の成分表記(a_x, a_y)を 大きさ-角表記(a, θ)に変換するためには以下の公式を用いる；

$$a = \sqrt{a_x^2 + a_y^2} \quad \text{および} \quad \tan\theta = \frac{a_y}{a_x} \quad (3\text{-}6)$$

より一般的な3次元のベクトルを表すためには，大きさと2つの角(a, θ, ϕ)，または3つの成分(a_x, a_y, a_z)を用いる。

✓ **CHECKPOINT 2:** 次の図の中で正しく$\vec{a}$を成分に分解しているのはどれか？

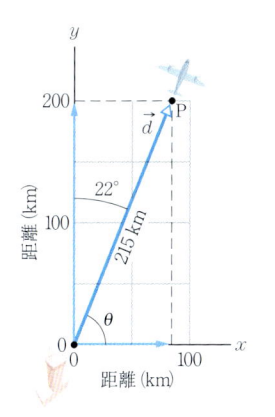

図 3-10 例題 3-2。飛行機は座標原点にある空港を離陸し，点Pに現れた。

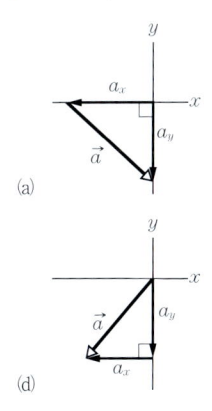

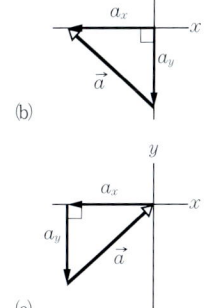

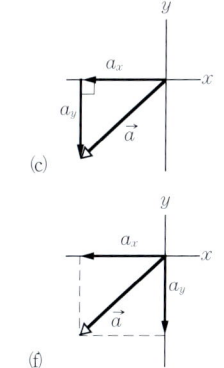

例題 3-2

小型飛行機が視界の悪い日に空港を出発した。離陸後，真北から東へ22°の方向へ向かい，215km飛行した地点で視界が開けた。このとき飛行機は空港からどれだけ北および東へ離れているか？

解法： **Key Idea**：大きさ（215km）と向き（真北から東へ22°）が与えられたベクトルの成分を求める。空港を原点として，x軸を東向きに，y軸を北向きにとる（図3-10）。飛行機の変位ベクトル$\vec{d}$は原点から視界が開けた地点を指す。式(3-5)を用いて成分を求める。θは68°（= 90° − 22°）なので，

$$d_x = d\cos\theta = (215\,\text{km})(\cos 68°)$$
$$= 81\,\text{km} \quad \text{（答）}$$
$$d_y = d\sin\theta = (215\,\text{km})(\sin 68°)$$
$$= 199\,\text{km} \quad \text{（答）}$$

これより，飛行機の位置は空港から東へ81km，北へ199kmである。

例題 3-3

Mammoth-Flint 洞窟系の繋がりを明らかにした1972年の洞窟探検隊は，Flint Ridge 洞窟の Austin 口を出発し，Mammoth Cave 洞窟の Echo River に到達した。彼らの正味の移動量は西へ2.6km，南へ3.9km，そして上に

25 m であった．出発点から最終到達点までの変位ベクトル（大きさと向き）を求めなさい．

解法： **Key Idea**：成分が与えられた3次元ベクトルの大きさと向きを求める．まず図3-11bのように各成分を描く．水平成分（西へ2.6 km，南へ3.9 km）は水平面内の直角三角形の2辺である．三角形の斜辺が探検隊の水平変位であり，その大きさ d_h はピタゴラスの定理から求めることができる；
$$d_h = \sqrt{(2.6\,\text{km})^2 + (3.9\,\text{km})^2} = 4.69\,\text{km}$$
水平変位は南西方向を向いており，角度 θ_h は次式で求められる；
$$\tan\theta_h = \frac{3.9\,\text{km}}{2.6\,\text{km}} \quad\text{したがって}$$
$$\theta_h = \tan^{-1}\frac{3.9\,\text{km}}{2.6\,\text{km}} = 56° \quad\text{（答）}$$
これは求めたい2角のうちの1角である．

次に図3-11bを北西方向から見た側面図を使って垂直成分（25 m＝0.025 km）を考える．図3-11cでは垂直成分と水平成分 d_h が直角三角形の2辺となる．探険隊の全変位量が長さ d の斜辺となる；
$$d = \sqrt{(4.69\,\text{km})^2 + (0.025\,\text{km})^2}$$
$$= 4.69\,\text{km} \approx 4.7\,\text{km} \quad\text{（答）}$$
この変位は水平面より上向きで，その角度は次式で求められる；
$$\theta_v = \tan^{-1}\frac{0.025\,\text{km}}{4.69\,\text{km}} = 0.3° \quad\text{（答）}$$

これより，探険隊の変位ベクトルは，大きさが4.7 km，真西から56°南へ，上向きに0.3°である．正味の垂直移動量は水平移動量に比べて小さいが，出口へ到達するまでに数多くの上り下りを繰り返した探険隊にとっては，決して楽なものではなかったろう．彼らが実際に通った経路は，単に出発点と到達点を直線で結んだだけの変位ベクトルは全く違ったものであった．

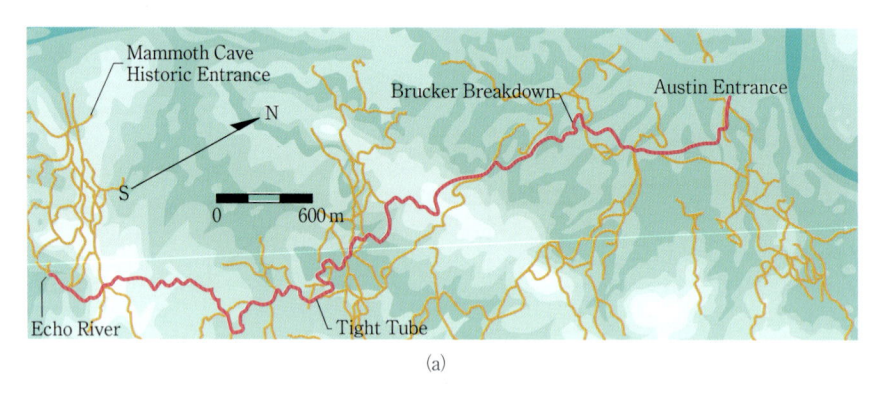

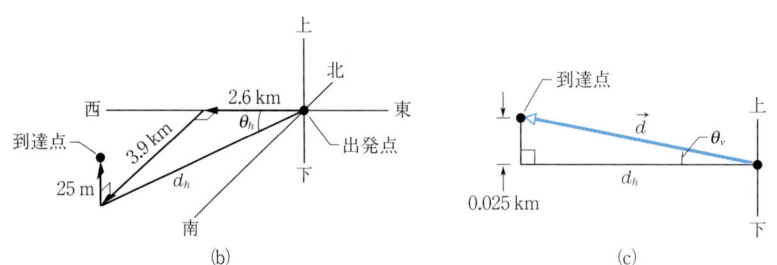

図 3-11 例題3-3．(a) Mammoth-Flint 洞窟系の一部で，Austin 口から Echo River までの探検隊のルートを赤で示す．(b) 探検隊の正味の変位と水平成分 d_h を示す．(c) 側面図により d_h と全変位ベクトル $\vec{d}$ を示す．（Cave Research Foundation の地図を改編）

PROBLEM-SOLVING TACTICS

Tactic 1： 角度――度とラジアン
x 軸の正の向きを基準として計る角度は，反時計回りを正，時計回りを負とする．例えば＋210°と－150°は同じ角を表す．

角度は度またはラジアン（rad）で計る．1周360°が 2π rad に等しいことから，これら2つの尺度の間の関係が得られる．例えば40°をラジアンで表すと，
$$40°\frac{2\pi\,\text{rad}}{360°} = 0.70\,\text{rad}$$

Tactic 2： 三角関数
三角関数（sine, cosine, tangent）は科学や工学の分野

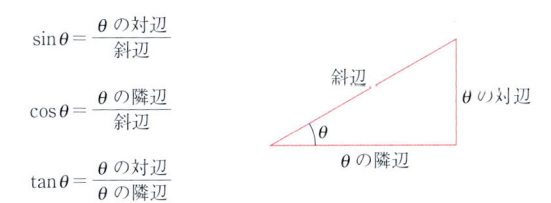

$$\sin\theta = \frac{\theta の対辺}{斜辺}$$

$$\cos\theta = \frac{\theta の隣辺}{斜辺}$$

$$\tan\theta = \frac{\theta の対辺}{\theta の隣辺}$$

図 3-12 三角関数の定義に用いられる直角三角形（付録 C を参照）

で使う"言葉"の一部となっている。まずそれらの定義を覚えておこう。図 3-12 では，記号ではなく言葉を使って三角関数の定義を示した。

三角関数が角度とともにどのように変化するか（図 3-13）の概略を頭に入れておけば，電卓の計算結果がもっともらしいかどうかを判断できる。また各象限での関数の符号を知っておくと便利である。

Tactic 3：逆三角関数

電卓で $\sin^{-1}$, $\cos^{-1}$, $\tan^{-1}$ のような逆三角関数を使う場合は，電卓の答が本当にあなたが求めている角度であるかどうかを判断しなければならない。というのは電卓が出す答の他にも解があるからである。電卓が計算する逆三角関数は，図 3-13 の太線で示された範囲に限られる。例えば $\sin^{-1} 0.5$ の解は 30° と 150° であるが，電卓は 30° のみを示す。両方の解は図 3-13a で 0.5 を通る水平線を引いて sine 曲線と交わる点から求めることができる。

どうやって正しい答かどうか判断するのだろうか？これには与えられた条件を吟味しなければならない。例題 3-3 で θ_h を求める計算を見直してみよう。$\tan\theta_h = 3.9/2.6 = 1.5$ となった。電卓で $\tan^{-1} 1.5$ を計算すると $\theta_h = 56°$ と出てくるが，$\theta_h = 236°(= 180°+56°)$ の tangent もやはり 1.5 となる。どちらが正しいのだろうか？ 図 3-11b の問題設定では 56° が正しく，236° ではないことは明らかである。

Tactic 4：ベクトルの角度

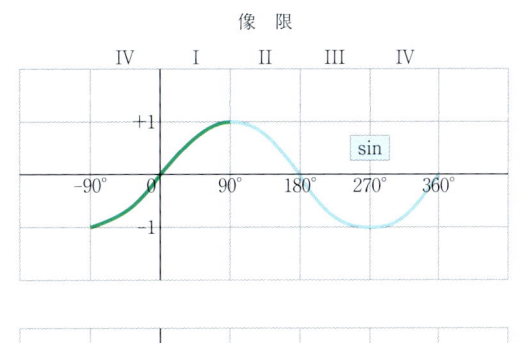

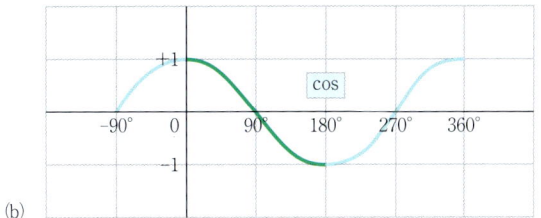

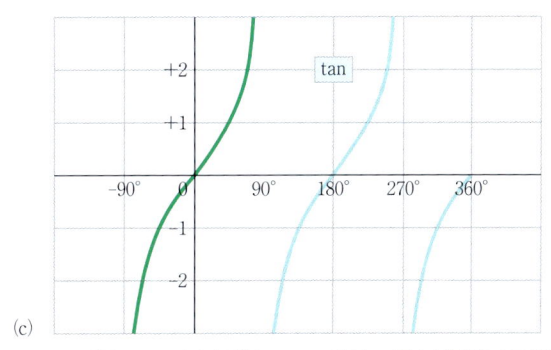

式 (3-5) の $\cos\theta$ や $\sin\theta$，式 (3-6) の $\tan\theta$ の関係は，角

図 3-13 覚えておくと便利な 3 つの曲線。電卓が計算する逆三角関数の領域を曲線の濃い部分で表す。

度を x 軸の正の向きから計った場合に成り立つ。他の向きから角度を計ると，式 (3-5) の中の三角関数を入れ替えたり，式 (3-6) の比を逆数にする必要があるかもしれない。安全な方法は，与えられた角度をいつも $+x$ 軸方向を基準として計る角度に変換しておくことである。

3-4　単位ベクトル

単位ベクトル（unit vector）は大きさが 1 で，ある決まった向きをもったベクトルである。単位ベクトルは次元も単位ももっておらず，単に方向を示すために用いられる。本書では x 軸，y 軸，z 軸の正の向きの単位ベクトルを $\hat{i}$, $\hat{j}$, $\hat{k}$ と表す。単位ベクトルの場合は文字の上に矢印を書く代わりに ^ を用いる（図 3-14）。図 3-14 に示された座標軸の決め方を**右手座標系**（**右手系**，right-handed coordinate system）という。右手系は座標系全体を回転しても右手系のままである。本書では一貫して右手系を用いる。

図 3-14 単位ベクトル $\hat{i}$, $\hat{j}$, $\hat{k}$ が右手系の座標軸の向きを決める。

単位ベクトルは他のベクトルを表すのに便利である．例えば図3-8や図3-9の$\vec{a}$や$\vec{b}$を次式のように表すことができる（図3-15）；

$$\vec{a} = a_x \hat{i} + a_y \hat{j} \tag{3-7}$$

$$\vec{b} = b_x \hat{i} + b_y \hat{j} \tag{3-8}$$

$a_x \hat{i}$と$a_y \hat{j}$はベクトルであり，$\vec{a}$の**ベクトル成分**とよぶ．a_xとa_yはスカラーであり，**スカラー成分**または単に**成分**とよぶ．

洞窟探険隊の例題3-3にでてきた変位ベクトル$\vec{d}$を単位ベクトルを用いて表してみよう．まず図3-14の座標系を図3-11bに重ねてみる．，$\hat{i}$，$\hat{j}$，$\hat{k}$の方向はそれぞれ東，上，南に対応する．出発点から到着点へ向かう変位は単位ベクトル表示により次式で表される；

$$\vec{d} = -(2.6\,\mathrm{km})\hat{i} + (0.025\,\mathrm{km})\hat{j} + (3.9\,\mathrm{km})\hat{k} \tag{3-9}$$

$-(2.6\,\mathrm{km})\hat{i}$は$x$軸方向のベクトル成分$d_x \hat{i}$であり，$-(2.6\,\mathrm{km})$は$x$成分$d_x$である．

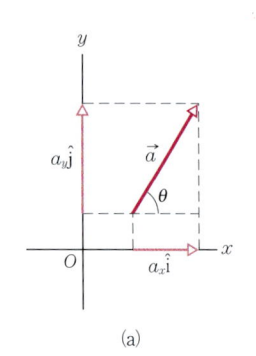

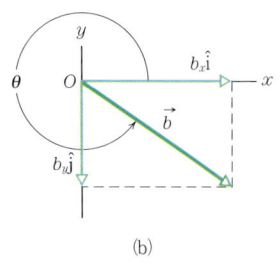

図3-15 (a)$\vec{a}$のベクトル成分．(b)$\vec{b}$のベクトル成分．

3-5　成分によるベクトルの足し算

ベクトルの足し算は，作図によって幾何学的に行うことができるし，ベクトル演算機能付き電卓を使ってディスプレイ上で行うこともできる．第3の方法は，座標軸ごとに成分を足し算する方法である．次式はベクトル$\vec{r}$がベクトル$(\vec{a}+\vec{b})$に等しいことを表している；

$$\vec{r} = \vec{a} + \vec{b} \tag{3-10}$$

この式は$\vec{r}$の各成分が$(\vec{a}+\vec{b})$の各成分に等しいことを意味しているので次式が成り立つ；

$$r_x = a_x + b_x \tag{3-11}$$

$$r_y = a_y + b_y \tag{3-12}$$

$$r_z = a_z + b_z \tag{3-13}$$

逆に，対応する成分が同じならば，2つのベクトルは等しくなるはずである．式(3-10)～(3-13)より，ベクトル$\vec{a}$と$\vec{b}$の足し算を次のようにする．(1)まずベクトル$\vec{a}$と$\vec{b}$をスカラー成分に分解する，(2)次に座標軸ごとにスカラー成分を足して$\vec{r}$の成分を求める，(3)最後に各成分をまとめてベクトル$\vec{r}$を得る．最後のステップでは2つの選択肢がある．ベクトル$\vec{r}$は式(3-9)のように単位ベクトルを用いて表すこともできるし，または例題3-3の解法にあるような 大きさ-角表記で表してもよい．

成分の足し算でベクトルを足す方法は，ベクトルの引き算にも適用できる．ベクトルの引き算$\vec{d}=\vec{a}-\vec{b}$は$\vec{d}=\vec{a}+(-\vec{b})$という足し算に置き換えることができるので，引き算をするためには$\vec{a}$の成分に$-\vec{b}$の成分を足せばよい；

$$d_x = a_x - b_x, \quad d_y = a_y - b_y, \quad d_z = a_z - b_z$$

$$\vec{d} = d_x \hat{i} + d_y \hat{j} + d_z \hat{k}$$

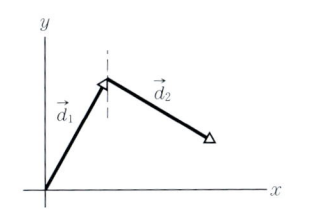

✓ **CHECKPOINT 3:** (a) 左図の $\vec{d}_1$ と $\vec{d}_2$ の x 成分の符号は何か？ (b) $\vec{d}_1$ と $\vec{d}_2$ の y 成分の符号は何か？ (c) $\vec{d}_1+\vec{d}_2$ の x 成分と y 成分の符号は何か？

例題 3-4

次の3つのベクトル（図3-16a）の和 $\vec{r}$ を求めなさい。

$$\vec{a} = (4.2\,\mathrm{m})\hat{\mathrm{i}} - (1.5\,\mathrm{m})\hat{\mathrm{j}}$$
$$\vec{b} = (-1.6\,\mathrm{m})\hat{\mathrm{i}} + (2.9\,\mathrm{m})\hat{\mathrm{j}}$$
$$\vec{c} = (-3.7\,\mathrm{m})\hat{\mathrm{j}}$$

解法：**Key Idea**：3つのベクトルの各成分を座標軸ごとに足す。x 軸については $\vec{a}, \vec{b}, \vec{c}$ の x 成分を足して $\vec{r}$ の x 成分を得る；

$$r_x = a_x + b_x + c_x$$
$$= 4.2\,\mathrm{m} - 1.6\,\mathrm{m} + 0 = 2.6\,\mathrm{m}$$

同様に y 成分が得られる；

$$r_y = a_y + b_y + c_y$$
$$= -1.5\,\mathrm{m} + 2.9\,\mathrm{m} - 3.7\,\mathrm{m} = -2.3\,\mathrm{m}$$

Key Idea：得られた成分をまとめて単位ベクトル表記で表す；

$$\vec{r} = (2.6\,\mathrm{m})\hat{\mathrm{i}} - (2.3\,\mathrm{m})\hat{\mathrm{j}} \quad (\text{答})$$

$(2.6\,\mathrm{m})\hat{\mathrm{i}}$ は x 方向のベクトル成分であり，$-(2.3\,\mathrm{m})\hat{\mathrm{j}}$ は y 方向のベクトル成分である。図3-16bは2つのベクトル成分をまとめて $\vec{r}$ を得る方法のひとつを示した（他の方法も考えてみよう）。

Key Idea：$\vec{r}$ の大きさと向きを求める。式(3-6)より，大きさは，

$$r = \sqrt{(2.6\,\mathrm{m})^2 + (-2.3\,\mathrm{m})^2} \approx 3.5\,\mathrm{m} \quad (\text{答})$$

($+x$ 方向から測った）角度は，

$$\theta = \tan^{-1}\left(\frac{-2.3\,\mathrm{m}}{2.6\,\mathrm{m}}\right) = -41° \quad (\text{答})$$

角度が負になるのは $+x$ 方向から時計回りに測ったためである。

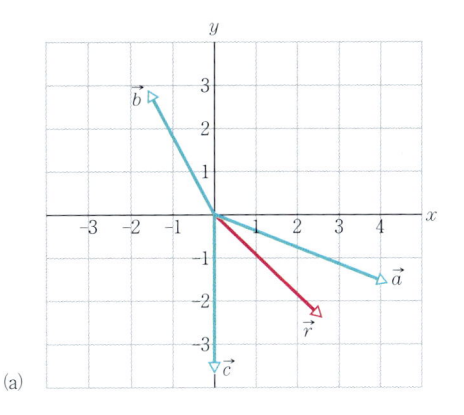

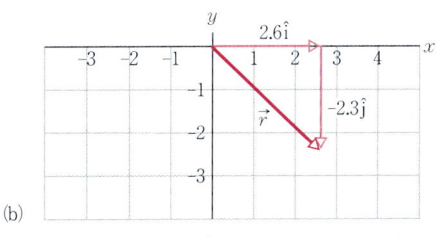

図 3-16 例題3-4。ベクトル $\vec{r}$ は3つのベクトルの和である。

例題 3-5

図3-17はラリー競技に用いる地図だが，不完全なものである。原点から出発点し，適当な道路を通って次の変位を実現しなければならない。
(1) $\vec{a}$：チェックポイント "Able" へ，距離36km，真東へ。
(2) $\vec{b}$：チェックポイント "Baker" へ，真北へ。
(3) $\vec{c}$：チェックポイント "Charlie" へ，距離25km，図に示す方向。

最終的な変位 $\vec{d}$ の大きさは出発点から62.0kmであった。$\vec{b}$ の大きさ b はいくらか？

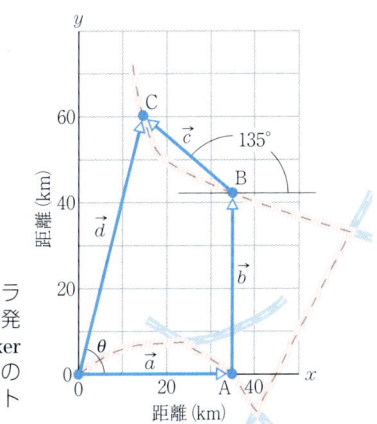

図 3-17 例題3-5。ラリーのルート。出発点，Able (A)，Baker (B)，Charlie (C) の各チェックポイントと道路を示す。

解法：**Key Idea**：$\vec{d}$ は個々の変位の和（$\vec{d} = \vec{a} + \vec{b} + \vec{c}$）であるから次式が得られる；

$$\vec{b} = \vec{d} - \vec{a} - \vec{c} \quad (3\text{-}14)$$

$\vec{a}$ と $\vec{c}$ については大きさと向きの両方がわかっているが，$\vec{d}$ については片方しかわかっていないので $\vec{b}$ を直接求めることはできない。しかし式 (3-14) は成分に分解して表すことができる。$\vec{b}$ は y 軸に平行なので b_y が $\vec{b}$ の大きさに等しい；

$$b_y = d_y - a_y - c_y \quad (3\text{-}15)$$

既知のデータを式 (3-5) に代入して $b = b_y$ を用いると次式を得る；

$$b = (62\,\text{km})\sin\theta - 0 - (25\,\text{km})\sin 135° \quad (3\text{-}16)$$

残念ながら θ の値がわかっていない。θ を求めるために x 成分を考える；

$$b_x = d_x - a_x - c_x \quad (3\text{-}17)$$

これより

$$0 = (62\,\text{km})\cos\theta - 36\,\text{km} - (25\,\text{km})\cos 135°$$

$$\theta = \cos^{-1}\frac{36 + (25)(\cos 135°)}{62}$$

これを式 (3-16) に代入して，

$$b \approx 42\,\text{km} \qquad (答)$$

3-6 ベクトルと物理法則

これまでに本書に登場したは座標系では，x 軸と y 軸は常に紙面の辺に平行であった。また図 3-18a の $\vec{a}$ の成分 a_x や a_y のように，ベクトルの成分もページに平行になっている。これは単にきちんとしているように見えるからであり，深い意味はない。図 3-18b のように $\vec{a}$ はそのままにして座標軸を角 ϕ だけ回転してもかまわない。この場合，ベクトルの成分は値が変化するので，a'_x, a'_y と表す。角 ϕ の選び方は無数にあるので $\vec{a}$ の成分の組も無数に存在する。

それではどの成分の組が正しいのだろうか？ 実はどの組も同じように正しく，それぞれの成分の組と対応する座標軸は，同一のベクトル $\vec{a}$ を表す異なった方法であるにすぎない。どの組も同じ大きさと向きを表している。図 3-18 では次式のようになる。

$$a = \sqrt{a_x^2 + a_y^2} = \sqrt{a'^2_x + a'^2_y} \quad (3\text{-}18)$$

$$\theta = \theta' + \phi \quad (3\text{-}19)$$

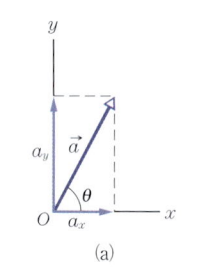

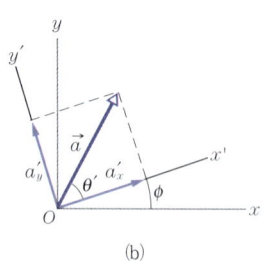

図 3-18 (a) ベクトルとその成分．(b) 同じベクトルに対して座標軸を ϕ だけ回転したもの

ベクトルの間の関係 (例えば式 (3-1) の足し算) は，座標系の原点の選び方や座標軸の向きには関係しないので，座標系の選び方にはいろいろな自由度があるということが重要である。このことは物理法則についてもいえる。どのような物理法則も座標系の選び方にはよらない。このようなベクトル表現の単純さ，意味深さのために物理法則はしばしばベクトルを用いて表現される。例えば式 (3-10) はひとつの式で式 (3-11)，(3-12)，(3-13) という 3 式と同じ内容を表す。

3-7 ベクトルの乗法

ベクトルのかけ算には 3 種類あるが，どれも普通のかけ算とは異なる。

ベクトルのスカラー倍

ベクトル $\vec{a}$ にスカラー s をかけると新たなベクトルが得られる。その大きさは $\vec{a}$ の大きさと s の絶対値の積となる。その向きは s が正の場合はベクトル $\vec{a}$ と同じ向き，負の場合は反対向きとなる。$\vec{a}$ を s で割るときは $\vec{a}$ に

$1/s$ をかければよい。

ベクトルとベクトルの乗法

ベクトルどうしのかけ算には2種類ある。ひとつは演算結果がスカラーとなるので，スカラー積（内積）とよばれる。もうひとつは演算結果がベクトルとなるのでベクトル積（外積）とよばれる。この2つはしばしば混同されるので注意が必要である。

スカラー積

ベクトル $\vec{a}$ と $\vec{b}$ のスカラー積 (scalar product) を次式で定義し，$\vec{a} \cdot \vec{b}$ と記す（図3-19a参照）；

$$\vec{a} \cdot \vec{b} = ab \cos\phi \tag{3-20}$$

a，b はそれぞれ $\vec{a}$，$\vec{b}$ の大きさ，ϕ は $\vec{a}$ の向きと $\vec{b}$ の向きの間の角である。このような角は実は2通り（ϕ と $360°-\phi$）あるが，コサインをとると値が等しいので，式(3-20)ではどちらの角を使ってもよい。

式(3-20)の右辺には $\cos\phi$ も含めてスカラーしかないので，左辺の $\vec{a} \cdot \vec{b}$ はスカラー量である。表記の仕方から $\vec{a} \cdot \vec{b}$ を **dot product** とよぶこともある。

スカラー積は次の2つの量の積と考えることもできる。(1) 片方のベクトルの大きさと (2) もう一方のベクトルの最初のベクトル方向のスカラー成分。例えば図3-19aで $\vec{a}$ は $\vec{b}$ 方向に $a\cos\phi$ というスカラー成分（$\vec{a}$ の先端から $\vec{b}$ へ垂線を降ろして決まる）をもち，同様に $\vec{b}$ は $\vec{a}$ 方向に $b\cos\phi$ という成分をもつ。

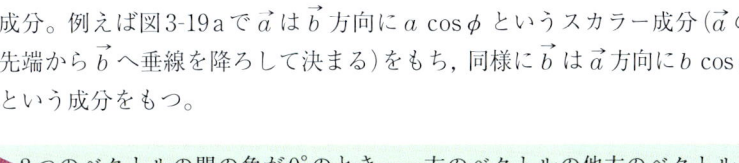

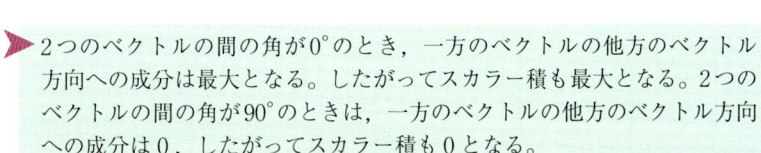

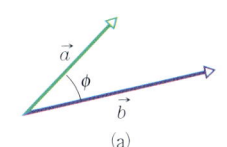

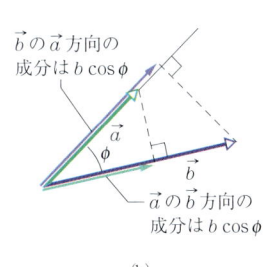

図3-19 (a) ベクトル $\vec{a}$ と $\vec{b}$，間の角を ϕ とする。(b) どちらのベクトルももう一方のベクトルの向きの成分をもつ。

▶ 2つのベクトルの間の角が $0°$ のとき，一方のベクトルの他方のベクトル方向への成分は最大となる。したがってスカラー積も最大となる。2つのベクトルの間の角が $90°$ のときは，一方のベクトルの他方のベクトル方向への成分は0，したがってスカラー積も0となる。

成分を強調すると式(3-20)は次式のように書き直すことができる；

$$\vec{a} \cdot \vec{b} = (a\cos\phi)(b) = (a)(b\cos\phi) \tag{3-21}$$

スカラー積では交換法則が成り立つ；

$$\vec{a} \cdot \vec{b} = \vec{b} \cdot \vec{a}$$

2つのベクトルを単位ベクトルを用いて表すと，スカラー積は次のように表される；

$$\vec{a} \cdot \vec{b} = (a_x\hat{i} + a_y\hat{j} + a_z\hat{k}) \cdot (b_x\hat{i} + b_y\hat{j} + b_z\hat{k}) \tag{3-22}$$

これを分配法則を用いて計算すると，すなわち $\vec{a}$ の各ベクトル成分と $\vec{b}$ の各ベクトル成分のスカラー積を取ると次式が得られる；

$$\vec{a} \cdot \vec{b} = a_x b_x + a_y b_y + a_z b_z \tag{3-23}$$

> **CHECKPOINT 4:** ベクトル $\vec{C}$ と $\vec{D}$ の大きさはそれぞれ 3 と 4 である。次の場合について $\vec{C}$ と $\vec{D}$ の間の角度を求めなさい。(a) $\vec{C}\cdot\vec{D}=0$, (b) $\vec{C}\cdot\vec{D}=12$, (c) $\vec{C}\cdot\vec{D}=-12$

例題 3-6

$\vec{a}=3.0\hat{i}-4.0\hat{j}$ と $\vec{b}=-2.0\hat{i}+3.0\hat{k}$ の間の角を求めなさい。

解法: 注意:ベクトル演算機能付き電卓を使えば以下の計算のかなりの部分は省略できるが,以下の解法に従えばスカラー積の理解を深めることができる。

Key Idea 1: 2 つのベクトルのなす角はスカラー積の定義式 (式 3-20) に現れる;

$$\vec{a}\cdot\vec{b}=ab\cos\phi \qquad (3\text{-}24)$$

ここで, a と b はそれぞれ $\vec{a}$ と $\vec{b}$ の大きさである;

$$a=\sqrt{(3.0)^2+(-4.0)^2}=5.00 \qquad (3\text{-}25)$$
$$b=\sqrt{(-2.0)^2+(3.0)^2}=3.61 \qquad (3\text{-}26)$$

Key Idea 2: 式 (3-24) の左辺は,単位ベクトル表記と分配法則を用いて計算できる。

$$\begin{aligned}\vec{a}\cdot\vec{b}&=(3.0\hat{i}-4.0\hat{j})\cdot(-2.0\hat{i}+3.0\hat{k})\\&=(3.0\hat{i})\cdot(-2.0\hat{i})+(3.0\hat{i})\cdot(3.0\hat{k})\\&\quad+(-4.0\hat{j})\cdot(-2.0\hat{i})+(-4.0\hat{j})\cdot(3.0\hat{k})\end{aligned}$$

次に,各項に式 (3-20) を適用する。最初の項の 3.0 と -2.0 の間の角度は $0°$ で,その他の角度は $90°$ だから,

$$\vec{a}\cdot\vec{b}=-(6.0)\cdot(1)+(9.0)\cdot(0)+(8.0)\cdot(0)-(12)\cdot(0)$$
$$=-6.0$$

式 (3-25) と (3-26) を式 (3-24) に代入すると,

$$-6.0=(5.00)(3.61)\cos\phi$$
$$\phi=\cos^{-1}\frac{-6.0}{(5.00)(3.61)}=109°\approx 110° \qquad (答)$$

ベクトル積

ベクトル $\vec{a}$ と $\vec{b}$ の**ベクトル積** (vector product) は第 3 のベクトル $\vec{c}$ となり,$\vec{a}\times\vec{b}$ と記す。$\vec{c}$ の大きさは

$$c=ab\sin\phi \qquad (3\text{-}27)$$

ϕ は $\vec{a}$ と $\vec{b}$ のなす角のうち小さい方の角をとる ($\sin\phi$ と $\sin(360°-\phi)$ は符号が逆になる)。表記の仕方から $\vec{a}\times\vec{b}$ を **cross product** とよぶこともある。

▶ $\vec{a}$ と $\vec{b}$ が平行または反平行の場合は $\vec{a}\times\vec{b}=0$ となる。$\vec{a}\times\vec{b}$ の大きさは $|\vec{a}\times\vec{b}|$ と表し,$\vec{a}$ と $\vec{b}$ が直交するときに最大となる。

$\vec{c}$ の向きは $\vec{a}$ と $\vec{b}$ を含む面に対して垂直である。**右手ルール** (right-hand rule) による $\vec{c}=\vec{a}\times\vec{b}$ の向きの決め方を図 3-20a に示した。まずベクトル $\vec{a}$ と $\vec{b}$ を向きを変えずに平行移動して始点どうしを一致させる。次に右手の指 (親指をのぞく 4 本) を $\vec{a}$ から $\vec{b}$ へ向かって小さい角を通って掃くように動かす。そのとき伸ばした右手親指の向きが $\vec{c}$ の向きを示す。

ベクトル積においては,かけ算の順序が大切である。図 3-20b に $\vec{c}'=\vec{b}\times\vec{a}$ の向きを示す。この場合は,$\vec{b}$ から $\vec{a}$ へ右手の指で小さい方の角へ掃くと,親指の向きは前とは逆になる;$\vec{c}'=-\vec{c}$。すなわち,

$$\vec{b}\times\vec{a}=-(\vec{a}\times\vec{b}) \qquad (3\text{-}28)$$

ベクトル積では交換法則は成り立たない。

単位ベクトル表記を使うと,次のように書くことができる;

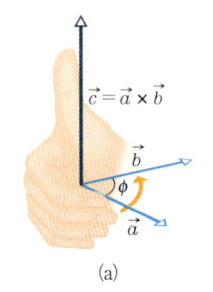

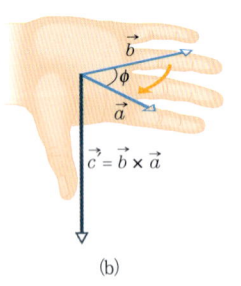

図 3-20 ベクトル積の右手ルールを示す。(a) 右手の指を $\vec{a}$ から $\vec{b}$ へ掃くように動かす。このとき伸ばした親指の向きが $\vec{c}=\vec{a}\times\vec{b}$ の向きとなる。(b) $\vec{a}\times\vec{b}$ の向きと $\vec{b}\times\vec{a}$ の向きは逆向きである。

$$\vec{a} \times \vec{b} = (a_x\hat{i} + a_y\hat{j} + a_z\hat{k}) \times (b_x\hat{i} + b_y\hat{j} + b_z\hat{k}) \qquad (3\text{-}29)$$

この式を分配法則を使って展開し，$\vec{a}$ の各ベクトル成分と $\vec{b}$ の各ベクトル成分のベクトル積を計算する．単位ベクトルのベクトル積については，付録C（ベクトルの積の項）を参照のこと．

例えば，式(3-29)の展開に現れる次の項は，$\hat{i}$ と $\hat{i}$ が平行なのでベクトル積は0となる；

$$a_x\hat{i} \times b_x\hat{i} = a_xb_x(\hat{i} \times \hat{i}) = 0$$

同様に次式が得られる；

$$a_x\hat{i} \times b_y\hat{j} = a_xb_y(\hat{i} \times \hat{j}) = a_xb_y\hat{k}$$

ただし最後の式変形では，$\hat{i} \times \hat{j}$ の大きさが1であることを用いた（単位ベクトル $\hat{i}$ と $\hat{j}$ は共に大きさ1で互いに直交しているので，式(3-27)から明らかであろう）．また右手ルールにより $\hat{i} \times \hat{j}$ の向きは z 軸の正の向きであることがわかる．

式(3-29)を計算して次式が得られる；

$$\vec{a} \times \vec{b} = (a_yb_z - b_ya_z)\hat{i} + (a_zb_x - b_za_x)\hat{j} + (a_xb_y - b_xa_y)\hat{k} \qquad (3\text{-}30)$$

ベクトル積は，付録Cにあるように行列式を用いて表すこともできる．

xyz 座標系が，右手系になっているかどうかをチェックするためには $\hat{i} \times \hat{j} = \hat{k}$ が右手ルールに従っているかどうかをチェックすればよい．$\hat{i}$（$+x$ 方向）から $\hat{j}$（$+y$ 方向）へ右手の指で掃いて伸ばした親指の方向が $+z$ 方向ならその座標系は右手系である．

> ✓ **CHECKPOINT 5:** ベクトル $\vec{C}$ と $\vec{D}$ の大きさはそれぞれ3と4である．次の場合について $\vec{C}$ と $\vec{D}$ のなす角はいくらか？ (a) $\vec{C} \times \vec{D}$ の大きさが0，(b) $\vec{C} \times \vec{D}$ の大きさが12

例題 3-7

図3-21に示されるように，ベクトル $\vec{a}$ は xy 平面内にあり，大きさが18で，$+x$ から250°の方向を向いている．ベクトル $\vec{b}$ は大きさ12で $+z$ の方向を向いている．ベクトル積 $\vec{c} = \vec{a} \times \vec{b}$ を求めなさい．

解法： **Key Idea 1**： 2つのベクトルが 大きさ-角表記でわかっているとき，ベクトル積の大きさは式(3-27)で与えられる；

$$c = ab\sin\phi = (18)(12)(\sin 90°) = 216 \quad (答)$$

Key Idea 2： 2つのベクトルが 大きさ-角表記でわかっているとき，ベクトル積の向きは図3-20の右手ルールで与えられる．右手の指で $\vec{a}$ から $\vec{b}$ へ掃くとき，伸ばした親指の向きが $\vec{c}$ の向きとなる．図3-21に示される

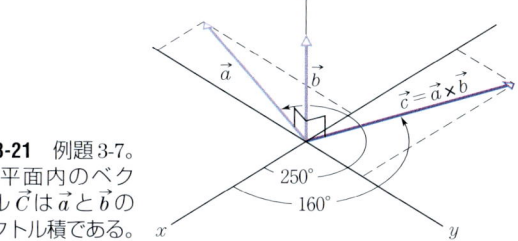

図 3-21 例題3-7。xy 平面内のベクトル $\vec{c}$ は $\vec{a}$ と $\vec{b}$ のベクトル積である。

ように，$\vec{c}$ は xy 平面内にあり，$\vec{a}$ に垂直であるから，$+x$ 方向から

$$250° - 90° = 160° \quad (答)$$

例題 3-8

$\vec{a} = 3\hat{i} - 4\hat{j}$, $\vec{b} = -2\hat{i} + 3\hat{k}$ のとき, $\vec{c} = \vec{a} \times \vec{b}$ を求めなさい。

解法： **Key Idea：** 2つのベクトルが単位ベクトル表記で表されているときは，分配法則を用いてベクトル積を求める。

$$\vec{c} = (3\hat{i} - 4\hat{j}) \times (-2\hat{i} + 3\hat{k})$$
$$= 3\hat{i} \times (-2\hat{i}) + 3\hat{i} \times 3\hat{k}$$
$$+ (-4\hat{j}) \times (-2\hat{i}) + (-4.0\hat{j}) \times (3\hat{k})$$

各項の大きさは式(3-27)を用い，向きは右手ルールを用いる。第1項の角 ϕ は 0 でその他の項の角 ϕ は 90° だから；

$$\vec{c} = 6(0) + 9(-\hat{j}) + 8(-\hat{k}) - 12\hat{i}$$
$$= -12\hat{i} - 9\hat{j} - 8\hat{k} \qquad \text{(答)}$$

$\vec{c} \cdot \vec{a} = 0$, $\vec{c} \cdot \vec{b} = 0$ となることを示せば，$\vec{c}$ と $\vec{a}$, $\vec{c}$ と $\vec{b}$ が直交することが確かめられる。このとき $\vec{c}$ は $\vec{a}$ 方向の成分も $\vec{b}$ 方向の成分も持たない。

PROBLEM-SOLVING TACTICS

Tactic 5： ベクトル積についてよくある誤り

ベクトル積を求めるときによくある間違いは，(1) 2つのベクトルが始点と終点を一致させて(head-to-tail)で描かれているとき，しばしばこれを始点と始点が一致している(tail-to-tail)と勘違いすることである。向きを変えないようにベクトルを平行移動して描き直すとよい。(2) 右手で鉛筆を持ったり電卓をたたいていると，右手ルールを適用するときに左手を使ってしまう。(3) 第1のベクトルから第2のベクトルへ右手で掃くとき，ベクトルの向きによっては右手がねじれてしまうことがある。場合によっては頭の中で掃く方がよいこともある。(4) 右手座標系の取り方を間違える。

まとめ

スカラーとベクトル　スカラー(例えば温度)は大きさのみをもち，10℃のように単位付きの数値で表される。普通の計算規則と代数法則に従う。ベクトル(例えば変位)は "北へ5m" のように大きさと向きをもち，特別なベクトル計算規則に従う。

ベクトル和(幾何学的方法)　2つのベクトル $\vec{a}$ と $\vec{b}$ の和は，両者を同じスケールで，互いの始点と終点を一致させて描くことにより，幾何学的に求めることができる。一方のベクトルの始点から他方のベクトルの終点までがベクトル和 $\vec{s}$ となる。$\vec{a}$ から $\vec{b}$ を引くには，$\vec{b}$ の向きを変えた $-\vec{b}$ を $\vec{a}$ に加える。ベクトルの加法では交換法則と結合法則が成り立つ。

ベクトルの成分　2次元ベクトル $\vec{a}$ のスカラー成分は，$\vec{a}$ の両端から座標軸に垂線をおろして求めることができる。角 θ を $\vec{a}$ と $+x$ 方向の間の角とすると，成分は

$$a_x = a\cos\theta \quad \text{および} \quad a_y = a\sin\theta \qquad (3\text{-}5)$$

で与えられる。成分の符号は座標軸に対する向きを示している。成分がわかれば，$\vec{a}$ の大きさと向きは次式で与えられる。

$$a = \sqrt{a_x^2 + a_y^2} \quad \text{および} \quad \tan\theta = \frac{a_y}{a_x} \qquad (3\text{-}6)$$

単位ベクトル表記　単位ベクトル $\hat{i}$, $\hat{j}$, $\hat{k}$ は大きさ 1 をもち，右手系においてそれぞれ $+x$, $+y$, $+z$ 方向を向いている。ベクトル $\vec{a}$ は単位ベクトルを用いて

$$\vec{a} = a_x\hat{i} + a_y\hat{j} + a_z\hat{k} \qquad (3\text{-}7)$$

のように表される。このとき $\vec{a}$ の**ベクトル成分**は $a_x\hat{i}$, $a_y\hat{j}$, $a_z\hat{k}$ であり，$\vec{a}$ の**スカラー成分**は a_x, a_y, a_z である。

成分表記によるベクトルの加法　成分表記を用いて $\vec{a}$ と $\vec{b}$ の和 $\vec{r}$ を求めるときは次の式に従う。

$$r_x = a_x + b_x$$
$$r_y = a_y + b_y \qquad (3\text{-}11 \sim 3\text{-}13)$$
$$r_z = a_z + b_z$$

ベクトルと物理法則　ベクトルが関係する物理的な状態を表すとき，座標系の選び方には多くの選択肢がある。ベクトルの関係式は座標系の選び方によらないので，状態を最も簡単に表せる座標系を用いるのが普通である。物理法則もまたは座標系の取り方によらない。

スカラーとベクトルの積　スカラー s とベクトル $\vec{v}$ の積は，大きさが sv のベクトルとなる。向きは，s が正の場合は $\vec{v}$ の向き，s が負の場合は $\vec{v}$ と逆向きとなる。$\vec{v}$ を s で割るときは，$1/s$ をかける。

スカラー積 2つのベクトル $\vec{a}$ と $\vec{b}$ のスカラー積は $\vec{a}\cdot\vec{b}$ と書かれ，次式で与えられるスカラー量を持つ．

$$\vec{a}\cdot\vec{b} = ab\cos\phi \quad (3\text{-}20)$$

a, b はそれぞれ $\vec{a}, \vec{b}$ の大きさ，ϕ は $\vec{a}$ の向きと $\vec{b}$ の向きの間の角である．角 ϕ の大きさにより，スカラー積は正，ゼロ，負の値をとる．スカラー積は $\vec{a}$ の大きさと $\vec{b}$ の $\vec{a}$ 方向の成分の積である．

単位ベクトル表記では

$$\vec{a}\cdot\vec{b} = (a_x\hat{i} + a_y\hat{j} + a_z\hat{k})\cdot(b_x\hat{i} + b_y\hat{j} + b_z\hat{k}) \quad (3\text{-}22)$$

と表されるが，さらに分配法則を使って展開することができる．また $\vec{a}\cdot\vec{b} = \vec{b}\cdot\vec{a}$ が成り立つ．

ベクトル積 2つのベクトル $\vec{a}$ と $\vec{b}$ のベクトル積は $\vec{a}\times\vec{b}$ と書かれ，ベクトル $\vec{c}$ となる．$\vec{a}$ と $\vec{b}$ の間の角のうち小さい方の角を ϕ とすると，$\vec{c}$ の大きさは次式で与えられる．

$$c = ab\sin\phi \quad (3\text{-}27)$$

$\vec{c}$ の向きは $\vec{a}$ と $\vec{b}$ で決まる平面に垂直で，図3-20に示されるように右手ルールで与えられる．$\vec{b}\times\vec{a} = -(\vec{a}\times\vec{b})$ となることに注意しよう．単位ベクトル表記では

$$\vec{a}\times\vec{b} = (a_x\hat{i} + a_y\hat{j} + a_z\hat{k})\times(b_x\hat{i} + b_y\hat{j} + b_z\hat{k}) \quad (3\text{-}29)$$

と表されるが，さらに分配法則を使って展開することができる．

問題

1. $\vec{D}$ は xy 平面上の座標 $(5\,\text{m}, 3\,\text{m})$ から $(7\,\text{m}, 6\,\text{m})$ へ向かう変位ベクトルである．次の変位ベクトルの中で $\vec{D}$ と等しいものはどれか．$(-6\,\text{m}, -5\,\text{m})$ から $(-4\,\text{m}, -2\,\text{m})$ へ向かうベクトル $\vec{A}$，$(-6\,\text{m}, 1\,\text{m})$ から $(-4\,\text{m}, 4\,\text{m})$ へ向かうベクトル $\vec{B}$，$(-8\,\text{m}, -6\,\text{m})$ から $(-10\,\text{m}, -9\,\text{m})$ へ向かうベクトル $\vec{C}$．

2. 2つのベクトルの差の大きさは，(a) どちらかのベクトルの大きさより大きくなることがあるか？ (b) 両方のベクトルの大きさより大きくなることがあるか？ (c) ベクトルの和の大きさより大きくなることがあるか？

3. 式(3-2)は，ベクトル $\vec{a}$ と $\vec{b}$ の足し算が交換法則に従うことを示している．これは引き算もついても成り立つか，すなわち $\vec{a} - \vec{b} = \vec{b} - \vec{a}$ は正しいか？

4. $\vec{d} = \vec{a} + \vec{b} + (-\vec{c})$ のとき，次の等式は正しいか？
(a) $\vec{a} + (-\vec{d}) = \vec{c} + (-\vec{b})$，(b) $\vec{a} = (-\vec{b}) + \vec{d} + \vec{c}$，
(c) $\vec{c} + (-\vec{d}) = \vec{a} + \vec{b}$

5. 次の関係が成り立つようなベクトル $\vec{a}$ と $\vec{b}$ はどのようなベクトルか？ (a) $\vec{a} + \vec{b} = \vec{c}$ かつ $a + b = c$，(b) $\vec{a} + \vec{b} = \vec{a} - \vec{b}$，(c) $\vec{a} + \vec{b} = \vec{c}$ かつ $a^2 + b^2 = c^2$．

6. 図3-22において，(a) $\vec{A}$ の x 成分は正か負か？ (b) $\vec{A}$ の y 成分は正か負か？ (c) $\vec{A} - \vec{B}$ の x 成分は正か負か？ (d) $\vec{A} - \vec{B}$ の y 成分は正か負か？

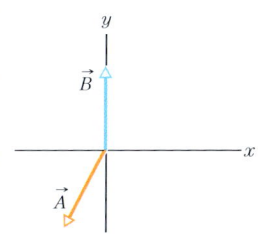

図 **3-22** 問題6

7. 図3-23の中で右手系はどれか？ いつものように各軸

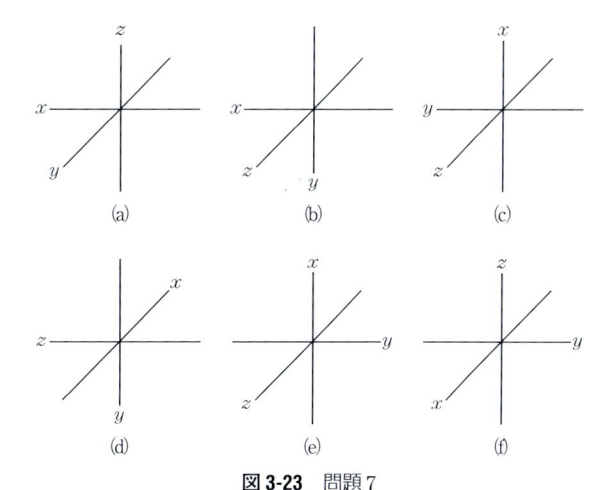

図 **3-23** 問題7

のラベルは正の側に書かれている．

8. $\vec{a}\cdot\vec{b} = \vec{a}\cdot\vec{c}$ ならば $\vec{b}$ と $\vec{c}$ は等しいか？

9. 次の場合について計算をしないで $\vec{A}\times\vec{B}$ を求めなさい．$\vec{A} = 2\hat{i} + 4\hat{j}$ かつ，(a) $\vec{B} = 8\hat{i} + 16\hat{j}$ のとき，(b) $\vec{B} = -8\hat{i} - 16\hat{j}$ のとき．

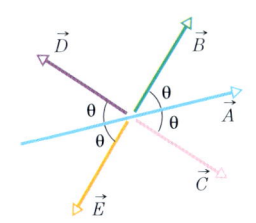

10. 図3-24は $\vec{A}$ および $\vec{A}$ と大きさは同じで向きが異なる4つのベクトルを示している．(a) これら4ベクトルのうち，$\vec{A}$ とのスカラー積が等しいベクトルはどれか？ (b) $\vec{A}$ とのスカラー積が負になるのはどれか？

図 **3-24** 問題10

4　2次元と3次元の運動

サーカス一座として有名な Zacchini 家の一員が世界初の人間砲弾として発射され，舞台を越えて着地網に飛込んだのは 1922 年のことであった。興奮の度合をさらに高めるため，この一家は人間砲弾の高さと飛距離を徐々に増やしていった。そして 1939 年もしくは 1940 年に，Emanuell Zacchinis が高く舞い上がって 3 つの観覧車を飛び越え，水平到達距離 69 m を達成した。

どうやって着地網を置くべき位置がわかったのだろうか。また，どうして観覧車を越えられると確信できたのだろうか。

答えは本章で明らかになる。

4-1　2次元と3次元の運動

この章では前の 2 章の内容を 2 次元と 3 次元に拡張する。位置，速度，加速度という第 2 章に出てきた考え方の多くが ここでも使われるが，次元が増えたせいで少しだけ複雑になる。また，運動をきちんと記述するために，第 3 章のベクトル代数を用いる。前章の記憶を呼び起こすため，第 2 章と第 3 章を読み返したくなるかもしれない。

4-2　位置と変位

粒子（もしくは粒子状の物体）の位置を表す一般的な方法の一つは，**位置ベクトル**（position vector）$\vec{r}$ を使うことである。位置ベクトルとは，ある基準点（普通は座標の原点）からその粒子まで伸びるベクトルである。3-4 節で用いた単位ベクトル表記を使えば $\vec{r}$ を次のように書くことができる。

$$\vec{r} = x\hat{i} + y\hat{j} + z\hat{k} \tag{4-1}$$

ここで，$x\hat{i}, y\hat{j}, z\hat{k}$ は $\vec{r}$ のベクトル成分であり，係数 x, y, z はそのスカラー成分である。

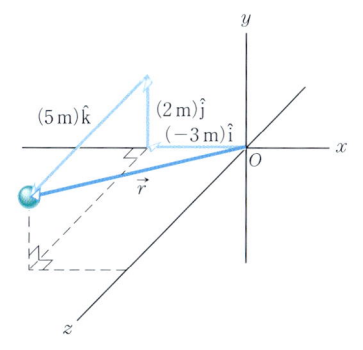

図 4-1 粒子の位置ベクトル $\vec{r}$ はそのベクトル成分のベクトル和になっている。

係数 x, y, z は，原点から各座標軸に沿った相対的な位置を表している；この粒子の直交座標は (x, y, z) である．例えば，図4-1の粒子の位置ベクトルは，

$$\vec{r} = (-3\,\text{m})\hat{i} + (2\,\text{m})\hat{j} + (5\,\text{m})\hat{k}$$

直交座標は $(-3\,\text{m}, 2\,\text{m}, 5\,\text{m})$ である．この粒子は x 軸に沿って原点から $-\hat{i}$ の向きに3m，y 軸に沿って原点から $+\hat{j}$ の向きに2m，z 軸に沿って原点から $+\hat{k}$ の向きに5mの位置にある．位置ベクトルは，常に基準点（原点）からその粒子まで伸びるベクトルであるから，粒子が移動すれば，その位置ベクトルも変化する．位置ベクトルが $\vec{r}_1$ から $\vec{r}_2$ まで，ある時間間隔で変化したとすると，その時間間隔における**変位**（displacement）$\Delta \vec{r}$ は，

$$\Delta \vec{r} = \vec{r}_2 - \vec{r}_1 \tag{4-2}$$

式(4-1)の単位ベクトル表記を使えば，

$$\Delta \vec{r} = (x_2 \hat{i} + y_2 \hat{j} + z_2 \hat{k}) - (x_1 \hat{i} + y_1 \hat{j} + z_1 \hat{k})$$

または

$$\Delta \vec{r} = (x_2 - x_1)\hat{i} + (y_2 - y_1)\hat{j} + (z_2 - z_1)\hat{k} \tag{4-3}$$

座標 (x_1, y_1, z_1) は位置ベクトル $\vec{r}_1$ に対応し，座標 (x_2, y_2, z_2) は位置ベクトル $\vec{r}_2$ に対応している．$x_2 - x_1$ を Δx で，$y_2 - y_1$ を Δy で，$z_2 - z_1$ を Δz で，それぞれ置き換えれば，変位を次のように書き直すこともできる；

$$\Delta \vec{r} = \Delta x \hat{i} + \Delta y \hat{j} + \Delta z \hat{k} \tag{4-4}$$

例題 4-1

図4-2において，粒子の最初の位置ベクトルは，
$$\vec{r}_1 = (-3.0\,\text{m})\hat{i} + (2.0\,\text{m})\hat{j} + (5.0\,\text{m})\hat{k}$$
その後の位置ベクトルは，
$$\vec{r}_2 = (9.0\,\text{m})\hat{i} + (2.0\,\text{m})\hat{j} + (8.0\,\text{m})\hat{k}$$
$\vec{r}_1$ から $\vec{r}_2$ への粒子の変位 $\Delta \vec{r}$ はいくらか．

解法： **Key Idea**：変位 $\Delta \vec{r}$ を求めるには，最終位置ベクトル $\vec{r}_2$ から初期位置ベクトル $\vec{r}_1$ を差し引けばよい．成分ごとに引き算をすれば簡単に求めることができる；

$\Delta \vec{r} = \vec{r}_2 - \vec{r}_1$
$= [9.0 - (-3.0)]\hat{i} + [2.0 - 2.0]\hat{j} + [8.0 - 5.0]\hat{k}$
$= (12\,\text{m})\hat{i} + (3.0\,\text{m})\hat{k}$ （答）

この変位ベクトルは y 成分をもたないので，xz 平面に平行である．このことは図4-2を見るより，計算結果を見る方が簡単にわかる．

✓ **CHECKPOINT 1**： (a) こうもりが xyz 座標系で $(-2\,\text{m}, 4\,\text{m}, -3\,\text{m})$ から $(6\,\text{m}, -2\,\text{m}, -3\,\text{m})$ へ飛ぶとき，変位 $\Delta \vec{r}$ を単位ベクトル表記で表すとどうなるか．(b) 3つの座標平面で $\Delta \vec{r}$ と平行なものがあるだろうか．もしあるなら，どの平面か．

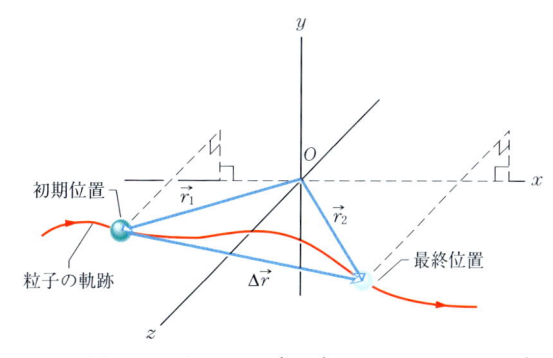

図 4-2 例題4-1．変位 $\Delta \vec{r} = \vec{r}_2 - \vec{r}_1$ は初期位置ベクトル $\vec{r}_1$ の先端から最終位置ベクトル $\vec{r}_2$ の先端まで延びている．

例題 4-2

兎が駐車場を走っている。その駐車場には，不思議なことに，座標軸が描かれている。この兎の位置は時刻 t の関数として以下のように与えられる；

$$x = -0.31 t^2 + 7.2 t + 28 \qquad (4\text{-}5)$$
$$y = 0.22 t^2 - 9.1 t + 30 \qquad (4\text{-}6)$$

t の単位は秒，x と y の単位はメートルである。

(a) 時刻 $t = 15\,\mathrm{s}$ における兎の位置ベクトルを単位ベクトル表記で表しなさい。また，その大きさと角も求めなさい。

解法： Key Idea： 式(4-5)と(4-6)の x 座標と y 座標は兎の位置ベクトル $\vec{r}$ のスカラー成分だから，

$$\vec{r}(t) = x(t)\hat{\mathrm{i}} + y(t)\hat{\mathrm{j}} \qquad (4\text{-}7)$$

($\vec{r}$ の成分が t の関数であることから $\vec{r}(t)$ と書いている。) $t = 15\,\mathrm{s}$ のとき，スカラー成分は，

$$x = (-0.31)(15)^2 + (7.2)(15) + 28 = 66\,\mathrm{m}$$
$$y = (0.22)(15)^2 - (9.1)(15) + 30 = -57\,\mathrm{m}$$

したがって $t = 15\,\mathrm{s}$ では，

$$\vec{r} = (66\,\mathrm{m})\hat{\mathrm{i}} + (-57\,\mathrm{m})\hat{\mathrm{j}} \qquad (答)$$

この結果を図4-3に描いた。$\vec{r}$ の大きさと角を求めるには，式(3-6)より，

$$r = \sqrt{x^2 + y^2} = \sqrt{(66\,\mathrm{m})^2 + (-57\,\mathrm{m})^2}$$
$$= 87\,\mathrm{m}$$

$$\theta = \tan^{-1}\frac{y}{x} = \tan^{-1}\left(\frac{-57\,\mathrm{m}}{66\,\mathrm{m}}\right) = -41° \qquad (答)$$

($\theta = 139°$ も $-41°$ と同じ傾きを与えるが，$\vec{r}$ の成分の符合を考えると139°という解は除外される。)

(b) 時刻 $t = 0$ から $t = 25\,\mathrm{s}$ までの兎の軌道をグラフにしなさい。

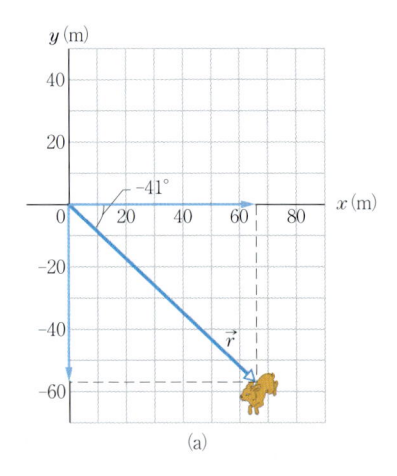

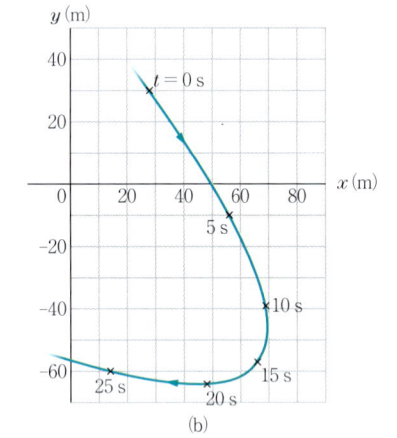

図 4-3 例題 4-2。(a) $t = 15\,\mathrm{s}$ における兎の位置ベクトル $\vec{r}$。$\vec{r}$ のスカラー成分が図に示されている。(b) 兎の軌道と5つの t における兎の位置

解法： (a)でやったことをいくつかの時刻 t の値について繰り返し，その結果をプロットすればよい。図4-3(b)は5つの t について位置を計算してプロットし，それをつなぎ合わせて描いたグラフである。

4-3 平均速度と瞬間速度

粒子が時間 Δt の間に変位 $\Delta \vec{r}$ だけ動いたとすると，その **平均速度** $\vec{v}_{\mathrm{avg}}$ は以下のようになる；

$$平均速度 = \frac{変位}{時間}$$

$$\vec{v}_{\mathrm{avg}} = \frac{\Delta \vec{r}}{\Delta t} \qquad (4\text{-}8)$$

この式から，$\vec{v}_{\mathrm{avg}}$ (式(4-8)左辺のベクトル)の向きは変位ベクトル $\Delta \vec{r}$ (右辺のベクトル)の向きと一致することがわかる。式(4-4)を使って式(4-8)をベクトル成分で書き直すと，

4-3 平均速度と瞬間速度

$$\vec{v}_{\text{avg}} = \frac{\Delta x \hat{\text{i}} + \Delta y \hat{\text{j}} + \Delta z \hat{\text{k}}}{\Delta t} = \frac{\Delta x}{\Delta t}\hat{\text{i}} + \frac{\Delta y}{\Delta t}\hat{\text{j}} + \frac{\Delta z}{\Delta t}\hat{\text{k}} \tag{4-9}$$

例題4-1の粒子が，初期位置から最終位置まで2秒間で移動するとき，この運動の平均速度は，

$$\vec{v}_{\text{avg}} = \frac{\Delta \vec{r}}{\Delta t} = \frac{(12\,\text{m})\hat{\text{i}} + (3.0\,\text{m})\hat{\text{k}}}{2.0\,\text{s}} = (6.0\,\text{m/s})\hat{\text{i}} + (1.5\,\text{m/s})\hat{\text{k}}$$

普通，粒子の**速度**(velocity)という言葉はある時刻における**瞬間速度** $\vec{v}$ を意味している。この $\vec{v}$ は，その時刻で時間 Δt を0に縮めるときの $\vec{v}_{\text{avg}}$ の極限である。微積分学の言葉を使えば，$\vec{v}$ は導関数で表される。

$$\vec{v} = \frac{d\vec{r}}{dt} \tag{4-10}$$

図4-4は xy 平面内に束縛された粒子の経路を示している。粒子がこの曲線に沿って右向きに運動するとき，粒子の位置ベクトルも右側に移動していく。時間 Δt の間に位置ベクトルは $\vec{r}_1$ から $\vec{r}_2$ に変化し，変位ベクトルは $\Delta \vec{r}$ である。時刻 t_1 (粒子が位置1にいるときの時刻)での粒子の瞬間速度を求めるには，t_1 で時間 Δt を0に縮めればよい。このとき，3つのことが起きる。(1) $\Delta \vec{r}$ が0に近づくので，$\vec{r}_2$ は $\vec{r}_1$ に向かって近づいていく。(2) $\Delta \vec{r}/\Delta t$ (すなわち $\vec{v}_{\text{avg}}$)の向きは，粒子の経路の位置1における接線の向きに近づいていく。(3) 平均速度 $\vec{v}_{\text{avg}}$ は時刻 t_1 における瞬間速度 $\vec{v}$ に近づいていく。

$\Delta t \to 0$ の極限で，$\vec{v}_{\text{avg}} \to \vec{v}$ になる。ここで最も重要なことは，$\vec{v}_{\text{avg}}$ が接線の方向を向いていることである。したがって $\vec{v}$ も同じ向きを持つ。

▶ 粒子の瞬間速度 $\vec{v}$ の向きは，粒子の位置における経路の接線の向きである。

この結果は，3次元空間でも同じである：$\vec{v}$ は常に粒子の経路に接している。式(4-10)を単位ベクトルを使って表すには，式(4-1)を使って $\vec{v}$ を書き直せばよい；

$$\vec{v} = \frac{d}{dt}(x\hat{\text{i}} + y\hat{\text{j}} + z\hat{\text{k}}) = \frac{dx}{dt}\hat{\text{i}} + \frac{dy}{dt}\hat{\text{j}} + \frac{dz}{dt}\hat{\text{k}}$$

この式は次のようにいくらか簡単に書くこともできる；

$$\vec{v} = v_x\hat{\text{i}} + v_y\hat{\text{j}} + v_z\hat{\text{k}} \tag{4-11}$$

$\vec{v}$ のスカラー成分は，

$$v_x = \frac{dx}{dt}, \quad v_y = \frac{dy}{dt}, \quad v_z = \frac{dz}{dt} \tag{4-12}$$

dx/dt は $\vec{v}$ の x 方向のスカラー成分である。$\vec{v}$ のスカラー成分は $\vec{r}$ の各スカラー成分を微分して求めることができる。図4-5は速度ベクトル $\vec{v}$ とその x 方向，y 方向のスカラー成分を示している。$\vec{v}$ は粒子のある位置で常に粒子の経路に接していることに注意しよう。

注意： 図4-1から図4-4において，位置ベクトルは，ある点("ここ")からもうひとつの点("あそこ")まで伸びる矢印として描かれた。しかし，図4-5のような速度ベクトルを描くとき，その矢印はある点からもうひと

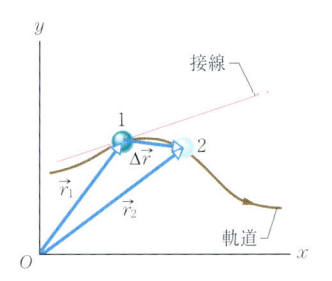

図 4-4 時間 Δt における粒子の変位 $\Delta \vec{r}$。時刻 t_1 で $\vec{r}_1$ の位置にあり，時刻 t_2 で $\vec{r}_2$ 位置にある。位置1における粒子の軌道の接線が示してある。

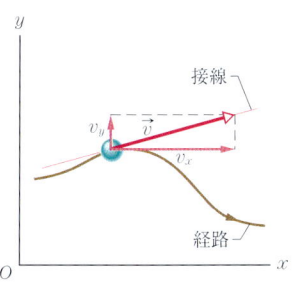

図 4-5 粒子の速度 $\vec{v}$ と $\vec{v}$ のスカラー成分。

つの点に伸びているのではない。むしろ，その矢印は，矢印の根元に位置する粒子の運動の方向を示しているのであり，（速さを表す）矢印の長さは自由な尺度で描くことができる。

> ✓ **CHECKPOINT 2:** この図は，ある粒子がたどる円軌道を表している。ある瞬間の速度が $\vec{v} = (2\,\text{m/s})\hat{i} - (2\,\text{m/s})\hat{j}$ だとすると，この粒子はどの象限を運動しているか。円周に沿って (a) 時計回り，(b) 反時計回りの運動をしている場合について，それぞれ答えなさい。それぞれの場合について，$\vec{v}$ を図に描き込みなさい。

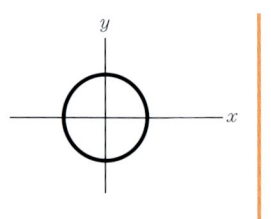

例題 4-3

例題 4-2 の兎について，時刻 $t = 15\,\text{s}$ における速度 $\vec{v}$ を単位ベクトル表記で求めなさい。また，その大きさと角度も求めなさい。

解法： Key Idea 1: 兎の速度 $\vec{v}$ を求めるには，速度の各成分を求めればよい。**Key Idea 2:** 速度の成分を求めるには，兎の位置ベクトルの成分を微分すればよい。式 (4-12) の第 1 式を式 (4-5) に適用すると，$\vec{v}$ の x 成分が求められる；

$$v_x = \frac{dx}{dt} = \frac{d}{dt}(-0.31t^2 + 7.2t + 28)$$
$$= -0.62t + 7.2 \qquad (4\text{-}13)$$

$t = 15\,\text{s}$ では，$v_x = -2.1\,\text{m/s}$ となる。同様に，式 (4-12) の第 2 式を式 (4-6) に適用すると，y 成分が求められる；

$$v_y = \frac{dy}{dt} = \frac{d}{dt}(0.22t^2 - 9.1t + 30)$$
$$= 0.44t - 9.1 \qquad (4\text{-}14)$$

$t = 15\,\text{s}$ では，$v_y = -2.5\,\text{m/s}$ となる。ここで，式 (4-11) を使うと，

$$\vec{v} = (-2.1\,\text{m/s})\hat{i} - (2.5\,\text{m/s})\hat{j}$$

この速度ベクトルを図 4-6 に示した。このベクトルは時刻 $t = 15\,\text{s}$ で兎の経路に接しており，兎の走る向きを向いている。$\vec{v}$ の大きさと角度を求めるには，式 (3-6) に従って計算すればよい；

$$v = \sqrt{v_x^2 + v_y^2} = \sqrt{(-2.1\,\text{m/s})^2 + (-2.5\,\text{m/s})^2}$$
$$= 3.3\,\text{m/s} \qquad (答)$$

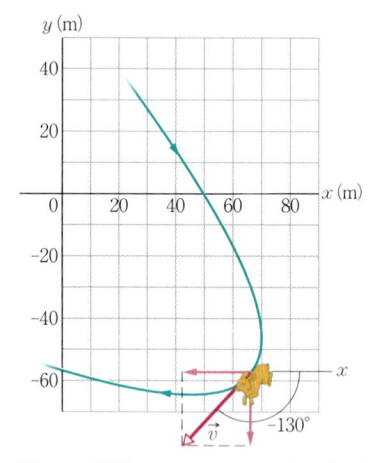

図 4-6 例題 4-3。$t = 15\,\text{s}$ における兎の速度 $\vec{v}$。速度ベクトルはその瞬間の兎の位置で軌道に接している。$\vec{v}$ のスカラー成分を示してある。

および

$$\theta = \tan^{-1}\frac{v_y}{v_x} = \tan^{-1}\left(\frac{-2.5\,\text{m/s}}{-2.1\,\text{m/s}}\right)$$
$$= \tan^{-1} 1.19 = -130° \qquad (答)$$

($50°$ も $-130°$ と同じ傾きであるが，速度ベクトルの成分の符号から求める角度は第 3 象限にあることがわかるので，$50° - 180° = -130°$ となる。)

4-4 平均加速度と瞬間加速度

粒子の速度が時間 Δt で $\vec{v}_1$ から $\vec{v}_2$ に変化するとき，この時間 Δt における **平均加速度** $\vec{a}_{\text{avg}}$ は，

$$平均加速度 = \frac{速度変化}{時間間隔}$$

または
$$\vec{a}_{\text{avg}} = \frac{\vec{v}_2 - \vec{v}_1}{\Delta t} = \frac{\Delta \vec{v}}{\Delta t} \tag{4-15}$$

ある瞬間において Δt をゼロに縮めれば，$\vec{a}_{\text{avg}}$ の極限はその瞬間の**瞬間加速度**，あるいは単に**加速度** (acceleration)，$\vec{a}$ になる；
$$\vec{a} = \frac{d\vec{v}}{dt} \tag{4-16}$$

速度の大きさか方向が（あるいはその両方が）変化すれば，粒子は必ず加速度をもつことになる。式 (4-16) の $\vec{v}$ を式 (4-11) で置き換えると，単位ベクトル表記に書き表すことができる；
$$\vec{a} = \frac{d}{dt}(v_x \hat{\mathrm{i}} + v_y \hat{\mathrm{j}} + v_z \hat{\mathrm{k}}) = \frac{dv_x}{dt}\hat{\mathrm{i}} + \frac{dv_y}{dt}\hat{\mathrm{j}} + \frac{dv_z}{dt}\hat{\mathrm{k}}$$

これは次のように書き換えられる；
$$\vec{a} = a_x \hat{\mathrm{i}} + a_y \hat{\mathrm{j}} + a_z \hat{\mathrm{k}} \tag{4-17}$$

このとき，$\vec{a}$ のスカラー成分は次のようになる；
$$a_x = \frac{dv_x}{dt}, \quad a_y = \frac{dv_y}{dt}, \quad a_z = \frac{dv_z}{dt}, \tag{4-18}$$

すなわち $\vec{a}$ のスカラー成分は $\vec{v}$ のスカラー成分を微分すれば求められる。図 4-7 は 2 次元運動する粒子の加速度 $\vec{a}$ とそのスカラー成分を示している。

注意： 加速度ベクトルを図 4-7 のように描くとき，そのベクトルはある位置から別の位置に伸びているわけではない。そうではなくて，このベクトルはその根元に位置する粒子の加速度の向きを表しており，その長さ（加速度の大きさ）は自由な尺度で描いてよい。

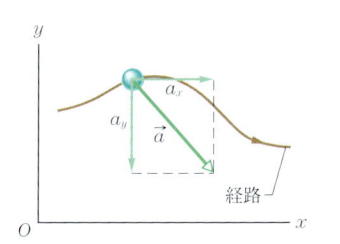

図 4-7 粒子の加速度 $\vec{a}$ と $\vec{a}$ のスカラー成分。

例題 4-4

例題 4-2 と例題 4-3 に登場した兎について，時刻 $t = 15\,\mathrm{s}$ における加速度 $\vec{a}$ を求めなさい。また，その大きさと角度も求めなさい。

解法： **Key Idea 1**： 兎の加速度 $\vec{a}$ を求めるには，まず加速度の成分を求めればよい。**Key Idea 2**： 加速度の成分を求めるには，兎の速度の成分を微分すればよい。式 (4-18) の第 1 式を式 (4-13) に適用すると，$\vec{a}$ の x 成分が求められる；
$$a_x = \frac{dv_x}{dt} = \frac{d}{dt}(-0.62t + 7.2) = -0.62\,\mathrm{m/s^2}$$

同様に，式 (4-18) の第 2 式を式 (4-14) に適用すると，y 成分が求められる；
$$a_y = \frac{dv_y}{dt} = \frac{d}{dt}(0.44t - 9.1) = 0.44\,\mathrm{m/s^2}$$

どちらの加速度成分にも時間変数 t は現れないので，加速度は時間とともに変化しない（一定である）ことがわかる。式 (4-17) は次のようになる；
$$\vec{a} = (-0.62\,\mathrm{m/s^2})\hat{\mathrm{i}} + (0.44\,\mathrm{m/s^2})\hat{\mathrm{j}} \quad (答)$$

図 4-8 に，この結果を兎の経路と重ねて描いた。

$\vec{a}$ の大きさと角度を求めるには式 (3-6) に従えばよい。大きさは次のようになる；
$$a = \sqrt{a_x^2 + a_y^2} = \sqrt{(-0.62\,\mathrm{m/s^2})^2 + (0.44\,\mathrm{m/s^2})^2}$$
$$= 0.76\,\mathrm{m/s^2}$$

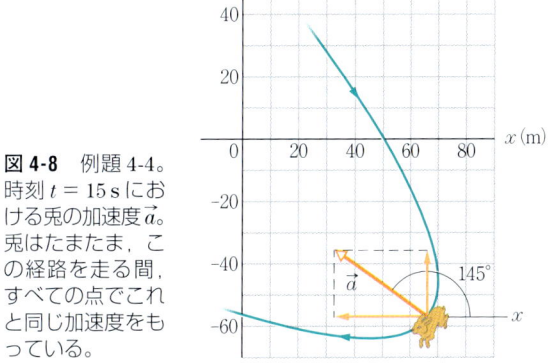

図 4-8 例題 4-4。時刻 $t = 15\,\mathrm{s}$ における兎の加速度 $\vec{a}$。兎はたまたま，この経路を走る間，すべての点でこれと同じ加速度をもっている。

角度は次のように求められる；
$$\theta = \tan^{-1}\frac{a_y}{a_x} = \tan^{-1}\left(\frac{0.44\,\text{m/s}^2}{-0.62\,\text{m/s}^2}\right) = -35°$$
この最後の結果は，$\vec{a}$ が図4-8で右下を向いていることを示しているが，上で計算した加速度の成分をみれば，$\vec{a}$ は左上を向くべきだということがわかる．$-35°$ と等しい傾きを与えるもうひとつの角度を求めるには，$180°$ を足してやればよい；
$$-35° + 180° = 145° \qquad (答)$$
この角度は $\vec{a}$ の成分とうまく合っている．前にも注意したように，兎が走っている間，その加速度は一定なので，$\vec{a}$ は常に同じ大きさと角度をもっている．

✓ **CHECKPOINT 3：** xy 平面で運動するアイスホッケーのパックを考える．その位置を（メートル単位で）以下の4例のように書けるとしよう．
(1) $x = -3t^2 + 4t - 2,\ y = 6t^2 - 4t$
(2) $x = -3t^3 - 4t,\ y = -5t^2 + 6$
(3) $\vec{r} = 2t^2\hat{i} - (4t+3)\hat{j}$
(4) $\vec{r} = (4t^3 - 2t)\hat{i} + 3\hat{j}$
それぞれの場合について，パックの加速度の x 成分と y 成分が一定かどうか判断しなさい．また，加速度 $\vec{a}$ が一定かどうか判断しなさい．

例題 4-5

時刻 $t=0$ において速度 $\vec{v}_0 = -2.0\hat{i} + 4.0\hat{j}$（単位は m/s）で運動している粒子の加速度 $\vec{a}$ が一定で，その大きさは $a = 3.0\,\text{m/s}^2$，角度は x 軸の正の向きから $\theta = 130°$ であるとする．$t = 5.0\,\text{s}$ におけるこの粒子の速度を単位ベクトル表記で求めなさい．また，その大きさと角度を求めなさい．

解法： まず，これが xy 平面上の2次元運動であることを頭に入れておこう．**Key Idea 1：** 加速度が一定なので，式(2-11) $(v = v_0 + at)$ が使える．**Key Idea 2：** 式(2-11)は直線運動にしか適用できないので，x 軸に平行な運動と y 軸に平行な運動について，この式を別々に適用しなければならない．速度の成分 v_x と v_y は次のように求められる；
$$v_x = v_{0x} + a_x t \qquad および \qquad v_y = v_{0y} + a_y t$$
これらの式で，v_{0x} と v_{0y} は $\vec{v}_0$ の x 成分と y 成分であり，a_{0x} と a_{0y} は $\vec{a}$ の x 成分と y 成分である．$\vec{a}$ は式(3-5)を使って求めることができる；
$$a_x = a\cos\theta = (3.0\,\text{m/s}^2)(\cos 130°) = -1.93\,\text{m/s}^2$$
$$a_y = a\sin\theta = (3.0\,\text{m/s}^2)(\sin 130°) = +2.30\,\text{m/s}^2$$

これらの値を v_x と v_y の式に代入すると，時刻 $t = 5.0\,\text{s}$ では，
$$v_x = -2.0\,\text{m/s} + (-1.93\,\text{m/s}^2)(5.0\,\text{s}) = -11.65\,\text{m/s}$$
$$v_y = 4.0\,\text{m/s} + (2.30\,\text{m/s}^2)(5.0\,\text{s}) = 15.50\,\text{m/s}$$
数字を丸めると，$t = 5.0\,\text{s}$ における速度ベクトルは，
$$\vec{v} = (-12\,\text{m/s})\hat{i} + (16\,\text{m/s})\hat{j} \qquad (答)$$
式(3-6)を使って $\vec{v}$ の大きさと角度を求めることができる；
$$v = \sqrt{v_x^2 + v_y^2} = 19.4 \approx 19\,\text{m/s} \qquad (答)$$
$$\theta = \tan^{-1}\frac{v_y}{v_x} = 127° \approx 130° \qquad (答)$$
最後の式を電卓で確かめてみよう．電卓には $127°$ と表示されるか，それとも $-53°$ だろうか．

ベクトル $\vec{v}$ とその成分を描き，角度が正しいかどうか確かめなさい．

✓ **CHECKPOINT 4：** ビー玉の位置が $\vec{r} = (4t^3 - 2t)\hat{i} + 3\hat{j}$ で与えられるとする．$\vec{r}$ の単位がメートル，t の単位が秒であるとすると，係数 4，-2，3 の単位は何だろうか？

4-5 放物運動

次に，2次元運動の特別な場合を考えてみよう．粒子がある鉛直な平面内で運動している．その初速度は $\vec{v}_0$ であり，加速度は常に自由落下の下向き加速度 $\vec{g}$ である．このような粒子を**放物体**（発射される，または打ち上げられるもの，projectile）とよび，その運動のことを**放物運動**という．飛んでいるゴルフボールや野球のボール（図4-9）は放物体であるが，飛行機や鴨のように飛ぶものは放物体とは言わない．ここでの目的は，4-2節から4-4節で学習した2次元運動に関する道具を使い，放物運動を解析することである．ただし，放物体に対する空気の影響は小さいとする．

図4-10は，空気がない場合に放物体がたどる経路を示している（この運

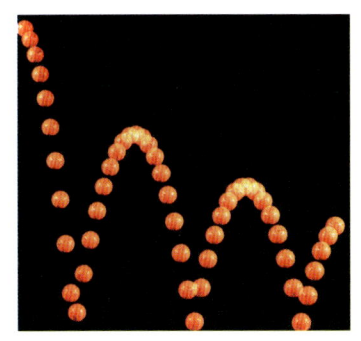

図 4-9 オレンジ色のゴルフボールが固い床の上で跳ねるのをストロボ写真で撮った．ある衝突から次の衝突までの間，ボールは放物運動を行う．

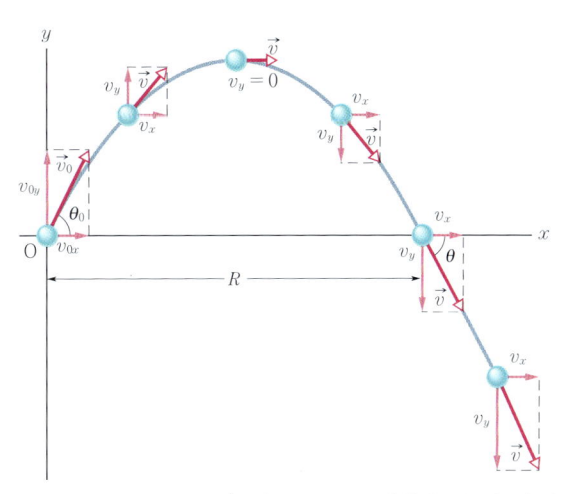

図 4-10 $x_0 = 0$, $y_0 = 0$ から初速度 $\vec{v}_0$ で打ち出された放物体の経路．初速度と，軌道に沿った各点での速度およびその成分を示す．水平方向の速度成分が常に一定であるのに対し，鉛直方向の速度成分が連続的に変化していることに注意せよ．R は放物体が打ち上げ時の高さまで戻るまでに水平方向に運動した距離である．

動は次節で解析する）．放物体は初速度 $\vec{v}_0$ で打ち上げられる．その初速度を次のように表す；

$$\vec{v}_0 = v_{0x}\hat{i} + v_{0y}\hat{j} \tag{4-19}$$

成分 v_x と v_y は，$\vec{v}_0$ と x 軸の正方向とのなす角 θ がわかっていれば，次のように表せる；

$$v_{0x} = v_0 \cos\theta \quad \text{および} \quad v_{0y} = v_0 \sin\theta \tag{4-20}$$

放物体がこの 2 次元運動をする間，その位置ベクトル $\vec{r}$ と速度ベクトル $\vec{v}$ は連続的に変化する．しかし，加速度ベクトル $\vec{g}$ は一定であり，常に鉛直下方を向いている．放物体は水平方向には加速されない．

図 4-9 や図 4-10 のような放物運動は一見複雑に見えるが，以下に示す単純な性質をもっている（それは実験により確かめられている）．

▶ 放物運動では，水平方向の運動と鉛直方向の運動は互いに独立であり，互いに影響し合うことはない．

この性質によって，2 次元運動を含む問題を 2 つのより簡単な 1 次元の問題に分解することができる：水平方向の運動（加速度ゼロ）と鉛直方向の運動（一定の下向き加速度）に分解できる．ここで，水平運動と鉛直運動が独立であることを示す実験を 2 つ紹介しよう．

2 つのゴルフボール

図 4-11 は，ストロボを使って撮影した 2 つのゴルフボールの写真である．ひとつはそのまま下に落とし，もうひとつはバネを使って水平方向に打ち出す．2 つのボールは鉛直方向に同じ運動をする；同じ時間に同じ距離だけ鉛直方向に落ちる．片方のボールが水平方向に運動していることが，鉛直方向の運動に全く影響していない；水平運動と鉛直運動は独立であ

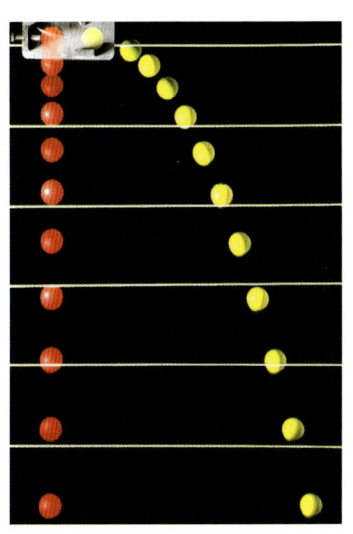

図 4-11 ボールが静止した状態から自然落下し，それと同時にもうひとつのボールが水平方向右に打ち出される．鉛直方向の運動は等しい．

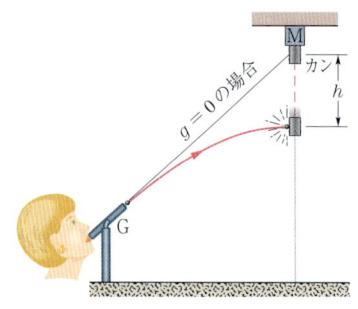

図 4-12 放物体のボールは常に落下する空き缶に当る。どちらも，自由落下の加速度がなかった場合の位置からの距離 h だけ落ちているからだ。

学生の眠気覚まし

図 4-12 は，物理の講義を活気づけるための実演を示している。この装置には吹き鉄砲 G がついていて，放物体としてはボールを使う。標的は磁石 M にぶら下がった空き缶で，吹き鉄砲の管はまっすぐ空き缶の方向を向いている。この実験では，ボールが筒から飛び出すと同時に磁石が空き缶を解放するように設定されている。

g（自由落下の加速度の大きさ）がゼロであれば，ボールは図 4-12 に示した直線に沿って進むだろう。一方，空き缶は磁石から解放されてもその場所に浮いているだろう。そして，おそらくボールは空き缶に当る。

しかし，g はゼロではない。それでもボールは空き缶に当るのだ！ 図 4-12 に示すように，ボールが飛んでいる間，ボールも空き缶も加速度がゼロだった場合の位置から同じ h の距離だけ落下する。より強く息を吹くとボールの初速度は大きくなるが，飛行時間は短くなり，h の値は小さくなる。

4-6 放物運動の解析

これで，放物運動を水平方向と鉛直方向に分解して解析するための準備が整った。

水平方向の運動

水平方向には加速度がないので，放物体の速度の水平成分 v_x は放物運動の間ずっと変化せず，初期値 v_{0x} のままである。一例を図 4-13 に示した。任意の時刻 t において，放物体の最初の位置 x_0 から測った水平方向の変位 $x - x_0$ は式 (2-15) において $a = 0$ とすれば得られる；

$$x - x_0 = v_{0x} t$$

$v_{0x} = v_0 \cos \theta_0$ を代入して，

$$x - x_0 = (v_0 \cos \theta_0) t \tag{4-21}$$

鉛直方向の運動

鉛直方向の運動は，2-8 節で議論した粒子の自由落下と同じである。最も重要なことは，加速度が一定であるということだ。したがって，a を $-g$ で置き換え，位置変数を y とすれば，表 2-1 にある式を適用できる。式 (2-15) を使うと，

$$y - y_0 = v_{0y} t - \frac{1}{2} g t^2 = (v_0 \sin \theta_0) t - \frac{1}{2} g t^2 \tag{4-22}$$

この式では，初速度の鉛直成分 v_{0y} を $v_0 \sin \theta_0$ で置き換えた。同様に，式 (2-11) と (2-16) は以下のようになる；

$$v_y = v_0 \sin \theta_0 - gt \tag{4-23}$$

図 4-13 スケートボードをする人の速度の鉛直成分は変化する。しかし，速度の水平成分はスケートボードの速さのまま変化しない。結果としてスケードボードは彼の真下にあり続け，その上にうまく着地することができる。

および
$$v_y^2 = (v_0 \sin \theta_0)^2 - 2g(y - y_0) \tag{4-24}$$

図 4-10 と式 (4-23) からわかるように，鉛直方向の速度成分は真上に投げ上げられたボールと全く同じように振る舞う．最初は上向であるが，徐々にその大きさはゼロに近づき，ゼロになったところで経路の最高点に達する．その後，鉛直方向の速度成分はその向きを変え，その大きさは時間とともに大きくなる．

軌道の方程式

式 (4-21) と (4-22) から t を消去することで，放物体の経路 (**軌道**, trajectory) を求めることができる．式 (4-21) を t について解き，式 (4-22) に代入して，少し整理すると，

$$y = (\tan \theta_0)x - \frac{gx^2}{2(v_0 \cos \theta_0)^2} \quad \text{(軌道)} \tag{4-25}$$

これは図 4-10 に示した軌道の方程式である．この式を導くとき，簡単のため，式 (4-21) と (4-22) で，それぞれ $x_0 = 0$, $y_0 = 0$ とした．g, θ_0, v_0 は定数なので，式 (4-25) は $y = ax + bx^2$ の形をしている (a, b は定数)．これは放物線の方程式だから，この軌道は放物線である．

水平到達距離

図 4-10 に示した放物体の水平到達距離 R は，放物体が最初の (打ち上げたときの) 高さに戻ってくるまでの水平移動距離である．この距離 R を求めるには，式 (4-21) で $x - x_0 = R$ とし，式 (4-22) で $y - y_0 = 0$ とすればよい；

$$R = (v_0 \cos \theta_0) t$$

および

$$0 = (v_0 \sin \theta_0) t - \frac{1}{2} g t^2$$

この 2 つの方程式から t を消去して，

$$R = \frac{2 v_0^2}{g} \sin \theta_0 \cos \theta_0$$

$\sin 2\theta_0 = 2 \sin \theta_0 \cos \theta_0$ の関係を使うと，

$$R = \frac{v_0^2}{g} \sin 2\theta_0 \tag{4-26}$$

注意：最終到達点の高さが発射点の高さと異なるときは，この式は放物体の水平移動距離を表さない．

式 (4-26) の R は $\sin 2\theta_0 = 1$ のときに最大になる．これは $2\theta_0 = 90°$，すなわち $\theta_0 = 45°$ に対応している．

▶ 水平到達距離 R は打ち上げ角が 45° のときに最大になる．

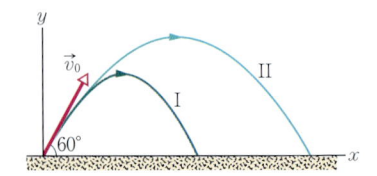

図 4-14 (I)空気の抵抗を考慮にいれて計算した飛球の軌道。(II)この節の方法を用いて計算した、真空中で成り立つはずの飛球の軌道。対応するデータは表 4-1 を見よ。

空気の効果

放物体が運動するとき，これまでは放物体が通過する空気の影響はないものとしてきた。しかし多くの場合，そのように計算した結果と実際の放物体の運動は大きく異なっている。それは，空気が放物体の運動に抵抗する（邪魔をする）からである。例として，水平からの仰角 $60°$，初速度 44.7 m/s をもつようにバットで打ったボールの軌道を 2 通り図 4-14 に示した。軌道 I（野球選手のフライ）は実際の状態を近似して計算したものであり，軌道 II（物理学教授のフライ）はボールが真空中を運動すると仮定して計算したものである。

表 4-1 2 つのフライ[a]

	軌道 I（空気）	軌道 II（真空）
飛距離	98.5 m	177 m
最高点の高さ	53.0 m	76.8 m
飛行時間	6.6 s	7.9 s

a：図 4-14 を参照。打ち出しの仰角は $60°$，初速度 44.7 m/s である。

✓ **CHECKPOINT 5:** フライが外野に落ちた。ボールが飛んでいる間（空気の影響を無視して），速度の，(a) 水平成分と，(b) 鉛直成分に何が起きるだろうか。ボールが上昇するとき，下降するとき，最高点にあるときの，加速度の，(c) 水平成分と，(d) 鉛直成分はいくらか。

例題 4-6

図 4-15 の救難飛行機は，ボート事故にあって水中でもがいている犠牲者を目指して，速さ 198 km/h $(= 55.0$ m/s$)$，一定の高度 500 m で，真っ直ぐに飛んでいる。飛行機のパイロットは救助カプセルを飛行機から切り放して，犠牲者のすぐ近くに落ちるようにしたい。

(a) パイロットから見て，犠牲者がどの角度 ϕ に見えるときに切り放すべきだろうか。

解法： **Key Idea：** カプセルは，いったん解放されてしまうと放物体となるので，水平方向と鉛直方向の運動を独立に考えることができる（実際にカプセルがたどる曲がった軌道を考える必要はない）。図 4-15 には，カプセルが切り放された点を原点とする座標系を示してある。この図では ϕ は以下のように与えられる；

$$\phi = \tan^{-1}\frac{x}{h} \quad (4\text{-}27)$$

x は被害者の水平方向の座標であり（カプセルが着水するべき座標でもある），h は飛行機の高度である。高度は 500 m であるから，ϕ を求めるには x だけわかればよい。x を求めるに式 (4-21) を用いる；

$$x - x_0 = (v_0 \cos\theta_0)t \quad (4\text{-}28)$$

座標原点をカプセルの解放点としたので，$x_0 = 0$ である。カプセルは解放されたのであり，発射されたのではないから，その初速度 $\vec{v}_0$ は飛行機の速度に等しい。初速度の大きさは 55.0 m/s，角度は $\theta_0 = 0°$（x 軸の正の向きから測った角度）であることがわかっている。しかし，飛行機を離れてからカプセルが被害者のところに到着するまで，どれだけの時間 t かかるかがわからない。t を求めるため，次に鉛直方向の運動，具体的には式 (4-22) を考える；

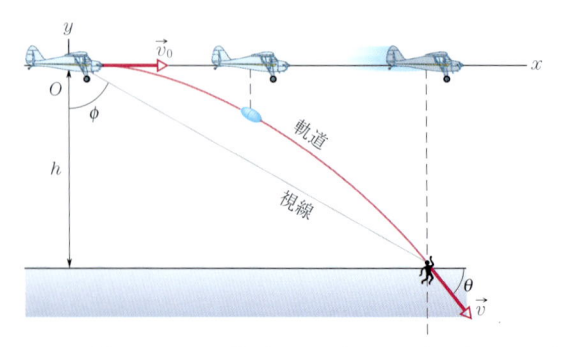

図 4-15 例題 4-6。飛行機が一定の速度，一定の高さで飛びながら，救助カプセルを落とす。カプセルが落ちるとき，その速度の水平成分はずっと飛行機の速度のままであり続ける。

$$y - y_0 = v_{0y}t - \frac{1}{2}gt^2 \quad (4\text{-}29)$$

ここで，カプセルの鉛直方向の変位 $y - y_0$ は $-500\,\text{m}$ である（この負の値はカプセルが下向きに移動するということを示す）．この値と他にわかっている値を式(4-29)に入れると，

$$-500\,\text{m} = (55.0\,\text{m/s})(\sin 0°)t - \frac{1}{2}(9.8\,\text{m/s}^2)t^2$$

これを t について解くと，$t = 10.1\,\text{s}$ となる．この値を式(4-28)に代入して，

$$x - 0 = (55.0\,\text{m/s})(\cos 0°)(10.1\,\text{s})$$

または，

$$x = 555.5\,\text{m}$$

式(4-27)を使って，

$$\phi = \tan^{-1}\frac{555.5\,\text{m}}{500\,\text{m}} = 48° \quad \text{(答)}$$

(b) カプセルが着水したときの速度 $\vec{v}$ を単位ベクトル表記で示しなさい．また，その大きさと角度を求めなさい．

解法: **Key Idea 1**: 落下中のカプセルの水平運動と鉛直運動はそれぞれ独立である．ここでは特に，カプセルの速度ベクトルの水平成分と鉛直成分が互いに独立であることに注意しよう．**Key Idea 2**: 水平方向の加速度がないので，速度ベクトルの水平成分はその初期値から変化しない．したがって，カプセルが着水するときの水平速度は，

$$v_x = v_0 \cos\theta_0 = (55.0\,\text{m/s})(\cos 0°) = 55.0\,\text{m/s}$$

Key Idea 3: 鉛直方向の加速度があるので，鉛直方向の速度 v_y はその初期値 $v_{0x} = v_0\sin\theta_0$ から変化する．式(4-23)とカプセルの到着時間 $t = 10.1\,\text{s}$ を使えば，カプセルが着水するときの鉛直速度は，

$$\begin{aligned}v_y &= v_0\sin\theta_0 - gt \\ &= (55.0\,\text{m/s})(\sin 0°) - (9.8\,\text{m/s}^2)(10.1\,\text{s}) \\ &= -99.0\,\text{m/s}\end{aligned}$$

これらの結果から，カプセルが着水したときの速度は，
$$\vec{v} = (55.0\,\text{m/s})\hat{i} - (99.0\,\text{m/s})\hat{j}$$

式(3-6)を用いて $\vec{v}$ の大きさと角度を求めると，

$$v = 113\,\text{m/s} \quad \text{および} \quad \theta = -61° \quad \text{(答)}$$

例題 4-7

図4-16は，ある島の港の入り口にある砦から560m離れたところに停泊中の海賊船を表している．海面と同じ高さにある大砲は初速 $v_0 = 82\,\text{m/s}$ で砲弾を発射する．

(a) 海賊船に砲弾を命中させるには，どの角度で砲弾を発射するべきか？

解法: **Key Idea 1**: 発射された砲弾は明らかに放物体だから，放物運動の式を適用できる．発射角 θ_0 と大砲から海賊船までの水平方向の変位との関係式が必要になる．

Key Idea 2: 大砲と海賊船が同じ高さにあるので，水平方向の変位は水平到達距離で置き換えることができる．式(4-26)を用いて，発射角 θ_0 と水平到達距離 R を関係付けることができる；

$$R = \frac{v_0^2}{g}\sin 2\theta_0 \quad (4\text{-}30)$$

これより，

$$\begin{aligned}2\theta_0 &= \sin^{-1}\frac{gR}{v_0^2} = \sin^{-1}\frac{(9.8\,\text{m/s}^2)(560\,\text{m})}{(82\,\text{m/s})^2} \\ &= \sin^{-1} 0.816 \quad (4\text{-}31)\end{aligned}$$

逆関数 $\sin^{-1}$ には，常に2つの可能な解がある．ひとつの解（ここでは54.7°）を電卓で計算できたら，もうひとつの解は180°からこの値を差し引くことで求められる（ここでは125.3°）．式(4-31)から，

$$\theta_0 = \frac{1}{2}(54.7°) \approx 27° \quad \text{(答)}$$

および，

$$\theta_0 = \frac{1}{2}(125.3°) \approx 63° \quad \text{(答)}$$

砦の兵士たちは，どちらかの角度に大砲を向けることで海賊船に命中させることができるだろう（ただし空気抵抗がない場合だけである）．

(b) 海賊船が大砲の最大射程距離の外側にいるためには，大砲からどれだけ離れているべきだろうか．

解法: 水平到達距離の最大値は発射角 $\theta_0 = 45°$ に対応しているということがわかっている．式(4-30)に $\theta_0 = 45°$ を代入して，

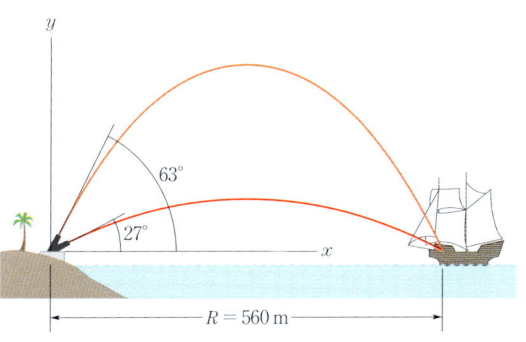

図 4-16 例題4-7．この射程距離の場合，大砲は2つの発射角のとき海賊船に命中する．

$$R = \frac{v_0^2}{g}\sin 2\theta_0 = \frac{(82\,\text{m/s})^2}{9.8\,\text{m/s}^2}\sin(2\times 45°)$$
$$= 686\,\text{m} \approx 690\,\text{m} \qquad\qquad (\text{答})$$

海賊船が遠ざかるとき，海賊船に命中する2つの発射角は互いに近づいていき，海賊船が690m離れたときにどちらも45°となり一致する．この距離を越えれば海賊船は安全である．

例題 4-8

図4-17はEmanuel Zacchiniが3台の観覧車を飛び越える様子を描いたものである．観覧車は高さ18mで，図のように並んでいる．Zacchiniは速さ $v_0 = 26.5\,\text{m/s}$，水平からの角度 $\theta_0=53°$ で，地上からの高さ3mの位置から発射される．

(a) 彼は最初の観覧車を越えることができるだろうか？

解法： **Key Idea**：Zacchiniは人間放物体であり，放物運動の式を適用できる．xy座標の原点を大砲の砲口に置くことにすると，$x_0=0$, $y_0=0$ となり，$x=23\,\text{m}$ のときの高さ y が求めたい値となる．しかし，その高さに到達する時刻 t はまだわからない．t と関係なく x と y を関係づけるには，式(4-25)を使って，

$$y = (\tan\theta_0)x - \frac{gx^2}{2(v_0\cos\theta_0)^2}$$
$$= (\tan 53°)(23\,\text{m}) - \frac{(9.8\,\text{m/s}^2)(23\,\text{m})^2}{2(26.5\,\text{m/s})^2(\cos 53°)^2}$$
$$= 20.3\,\text{m}$$

彼は地上からの高さ3.0mから発射されるのだから，最初の観覧車を約5.3mの差で越えることになる．

(b) もし真ん中の観覧車の上で最高点に達したとすると，どれだけの余裕をもってその観覧車を越えることになるか．

解法： **Key Idea**：最高点で速度の鉛直成分 v_y はゼロである．式(4-24)は v_y と高さ y を関係づけているので，
$$v_y^2 = (v_0\sin\theta_0)^2 - 2gy = 0$$
これを y について解くと，
$$y = \frac{(v_0\sin\theta_0)^2}{2g} = \frac{(26.5\,\text{m/s})^2(\sin 53°)^2}{(2)(9.8\,\text{m/s}^2)}$$
$$= 22.9\,\text{m}$$

これは真ん中の観覧車を7.9mの差で越えることを意味している．

(c) 着地用の網は大砲からどれだけ離して置くべきか？

解法： **Key Idea**：Zacchiniの発射点と着地点の高さが

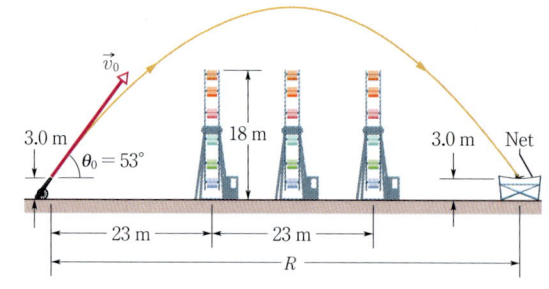

図 4-17 例題4-8．人間砲弾が3つの観覧車を飛び越し，着地網へと飛行する．

同じなので，大砲の砲口から着地網までの水平方向の変位が水平到達距離となる．式(4-26)を用いて，
$$R = \frac{v_0^2}{g}\sin 2\theta_0 = \frac{(26.5\,\text{m/s})^2}{9.8\,\text{m/s}^2}\sin 2(53°)$$
$$= 69\,\text{m} \qquad\qquad (\text{答})$$

ここで，この章の幕開けとなった質問に答えることができる．Zacchiniはどうやって着地網を置くべき場所がわかったのか，そして，どうして観覧車を越えられることを確信できたのだろうか？ 彼（もしくは他の誰か）は，我々がここで行ったのと同じ計算をしたのだ．彼は飛行中の空気による複雑な効果を考慮にいれることはできなかったけれど，空気が飛行速度を遅くし，水平到達距離が計算よりも小さくなるだろうということを知っていたので，広い着地網を使い，その網を大砲に幾分近づけて置いた．これで，飛行中の空気による減速の効果が大きかろうが，無視できるほど小さかろうが，相対的に安全になったわけである．しかし空気の効果という不確定要素は，飛ぶ前の彼をいつも悩ませたに違いない．

実は厄介な問題が他にもあった．たとえもっと短い飛行だったとしても，大砲から与えられる推進力がとても強いために，一時的に意識を失ってしまうのである．意識を失ったまま着地すると，首の骨を折りかねない．これを避けるため，彼は即座に意識を回復するように訓練していた．実際のところ，着地するまで気を失ったままであることが，今でも人間砲弾にとっての唯一現実的な危険となっている．

4-7 等速円運動

等速円運動(uniform circular motion)とは，粒子が一定の(変わらない)速さで円または円弧に沿って運動することである。このとき粒子の速さは変化しないが加速度はある。加速度(速度の変化)は速さの増加もしくは減少であると考えがちなので驚くかもしれない。しかし，速度はスカラーではなくベクトルであり，速度の向きが変わるだけでも加速度が生じる。等速円運動ではまさにこれが起きている。

図4-18は，円運動の各段階での速度ベクトルと加速度ベクトルの関係を示している。どちらのベクトルも運動する間ずっと大きさは変化しないが，その向きは連続的に変化している。速度は常に円に接し運動の向きを指している。加速度は常に円の中心を向いている。このことから，等速円運動の加速度のことを**向心加速度**(中心を向いているという意味，centripetal acceleration)という。後で示すように，加速度 $\vec{a}$ の大きさは，

$$a = \frac{v^2}{r} \quad \text{(向心加速度)} \quad (4\text{-}32)$$

r は円の半径，v は粒子の速さである。粒子は一定の速さを保ち，加速されながら円(周長 $2\pi r$)を周回する。

$$T = \frac{2\pi r}{v} \quad \text{(周期)} \quad (4\text{-}33)$$

T は運動の回転周期，または単に*周期*(period)と呼ばれる。周期とは，一般的に粒子がある閉じた軌道を一周するのに要する時間のことである。

式(4-32)の証明

等速円運動の加速度の大きさとその方向を求めるには，図4-19を考えればよい。図4-19aで，粒子 p が一定の速さ v で半径 r の円に沿って運動している。図に示した瞬間に p は座標 (x_p, y_p) にある。

4-3節で学んだように，運動する粒子の速度 $\vec{v}$ は常に軌道の接線方向を向いているということを思い出そう。図4-19aでは，$\vec{v}$ は半径 r (円の中心から粒子の位置に向かっている)に対して垂直である。したがって，p において $\vec{v}$ が垂線となす角 θ は，半径 r が x 軸となす角 θ に等しい。

$\vec{v}$ のスカラー成分を図4-19bに示す。この成分を使って，速度 $\vec{v}$ は次のように書ける；

$$\vec{v} = v_x\hat{i} + v_y\hat{j} = (-v\sin\theta)\hat{i} + (v\cos\theta)\hat{j} \quad (4\text{-}34)$$

図4-19aの右側の三角形を考えると，$\sin\theta$ を y_p/r で，$\cos\theta$ を x_p/r で，それぞれ置き換えることができるので，

$$\vec{v} = \left(-\frac{vy_p}{r}\right)\hat{i} + \left(\frac{vx_p}{r}\right)\hat{j} \quad (4\text{-}35)$$

加速度 $\vec{a}$ を求めるには，この式の時間微分をとらなくてはならない。速さ v と半径 r が時間によらず一定であることを使うと，

$$\vec{a} = \frac{d\vec{v}}{dt} = \left(-\frac{v}{r}\frac{dy_p}{dt}\right)\hat{i} + \left(\frac{v}{r}\frac{dx_p}{dt}\right)\hat{j} \quad (4\text{-}36)$$

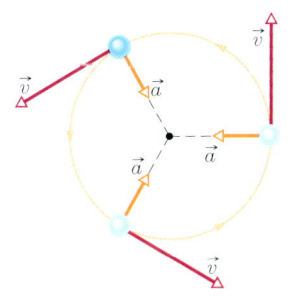

図 4-18 反時計回りに等速円運動する粒子の速度と加速度。どちらも一定の大きさであるが，向きは連続的に変化する。

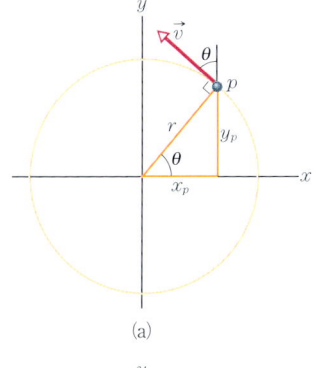

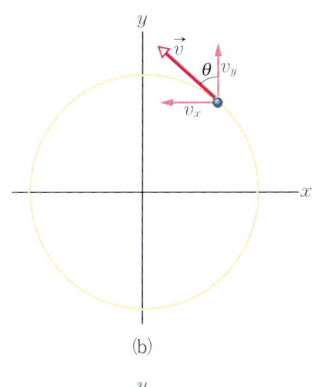

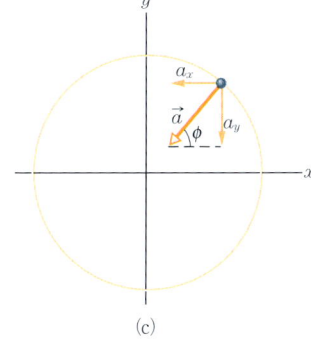

図 4-19 粒子 p が反時計回りに等速円運動している。(a)ある瞬間の位置と速度 $\vec{v}$ 。(b)速度 $\vec{v}$ とその成分。(c)粒子の加速度 $\vec{a}$ とその成分。

y_p の時間変化率 dy_p/dt は速度成分 v_y に等しいことに注意せよ。同様に $dx_p/dt = v_x$ である。また，図 4-19b から $v_x = -v \sin\theta$, $v_y = \cos\theta$ であることがわかる。式(4-36)にこれらを代入して，

$$\vec{a} = \left(-\frac{v^2}{r}\cos\theta\right)\hat{i} + \left(-\frac{v^2}{r}\sin\theta\right)\hat{j} \qquad (4\text{-}37)$$

このベクトルとその成分を図 4-19c に示した。式(3-6)に従えば，$\vec{a}$ の大きさは，

$$a = \sqrt{a_x^2 + a_y^2} = \frac{v^2}{r}\sqrt{(\cos\theta)^2 + (\sin\theta)^2} = \frac{v^2}{r}$$

これが証明したかったことである。$\vec{a}$ の向きは，図 4-19c に示す角 ϕ から求められる；

$$\tan\phi = \frac{a_y}{a_x} = \frac{-(v^2/r)\sin\theta}{-(v^2/r)\cos\theta} = \tan\theta$$

$\phi = \theta$ となるので，$\vec{a}$ は図 4-19a の半径 r に沿って，円の中心を向いていることがわかる。これが証明したかったことである。

> ✓ **CHECKPOINT 6:** ある物体が水平な xy 面上で原点を中心とする円軌道上を等速で運動している。この物体が $x = -2\,\mathrm{m}$ にあったとき，その速度は $-4\,\mathrm{(m/s)}\hat{j}$ であった。この物体の $y = 2\,\mathrm{m}$ の位置における (a) 速度と (b) 加速度を求めなさい。

例題 4-9

"トップガン"のパイロット達にとって，戦闘機の急旋回は悩みの種である。パイロットが頭を回転中心に向けた姿勢で向心加速度を受けると，脳内の血圧が低下して脳の機能を失うのだ。

いくつかの危険な兆候がパイロットへの警告となるので，不安も多少は和らげられる：向心加速度が $2g$ か $3g$ のときは体が重く感じられ，$4g$ くらいになるとパイロットの視界から色彩がなくなり視野が狭くなる（トンネルビジョン）。加速の状態が続くか，加速度がもっと大きくなると，視界が消え意識を失ってしまう（この状態を g-LOC (g-induced Loss Of Consciousness) とよぶ）。

F-22 戦闘機のパイロットが速さ $v = 2500\,\mathrm{km/h}$ (694 m/s)，回転半径 $r = 5.80\,\mathrm{km}$ で旋回飛行するとき，その向心加速度は g を単位にして表すといくらになるか。

解法： Key Idea： パイロットの速さが一定であっても，円軌道を運動するには式(4-32)の(向心)加速度が必要である。

$$a = \frac{v^2}{r} = \frac{(694\,\mathrm{m/s})^2}{5800\,\mathrm{m}} = 83.0\,\mathrm{m/s^2} = 8.5g \quad (答)$$

もし激しい空中戦を繰り広げるパイロットがそのような急転回を行えば，パイロットは危険信号を感じることもなく，即座に g-LOC に陥る。

4-8　1次元の相対運動

一羽の鶯鳥が北に向かって時速 30 km で飛んでいる。並んで飛んでいるもう一羽の鶯鳥から見ると，最初の鶯鳥は止まっているように見える。鶯鳥を粒子に置き換えれば，粒子の速度は観察者や測定者がどのような**基準系** (reference frame) にいるかに依存している。運動を考えるときは，ある物理的な物体を基準にとり，その物体に座標系を貼り付ける。日常生活では地面が基準になっている。例えば，スピード違反の切符に記録される速さは，地面に対する速さである。もし速さを測定する警察官自身が運動し

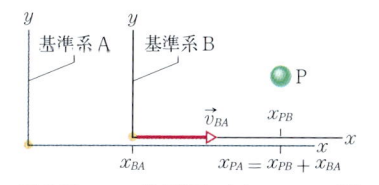

図 4-20 Alex(基準系 A)と Barbara(基準系 B)が車 P を見ている。B と P は 2 つの基準系が共有する x 軸に沿って異なる速度で運動している。図に示した瞬間に，基準系 A でみた B の座標は x_{BA} である。また，基準系 B において x_{PB} の座標をもつ P は 基準系 A では $x_{PA} = x_{PB} + x_{BA}$ という座標をもつ。

ていれば，警察官に対する相対的な速さは違ったものになる。

Alex(基準系 A の原点にいる)が高速道路の側道に駐車し，車 P(粒子)が走り去るのを見ているとしよう。Barbara(座標系 B の原点にいる)は高速道路を一定の速さで走行中に同じ車 P を見ている。図 4-20 に示すように，ふたりがそれぞれある瞬間の車の位置を測定したとする。この図から以下のことがわかる；

$$x_{PA} = x_{PB} + x_{BA} \tag{4-38}$$

この式は，"A から測った P の座標 x_{PA} は，B から測った P の座標 x_{PB} と A から測った B の座標 x_{BA} の和に等しい" と読む。下付添字の順番に注意すること。式 (4-38) を時間で微分すると，

$$\frac{d}{dt}(x_{PA}) = \frac{d}{dt}(x_{PB}) + \frac{d}{dt}(x_{BA})$$

または ($v = dx/dt$ だから)

$$v_{PA} = v_{PB} + v_{BA} \tag{4-39}$$

この式は，"A で測った P の速度 v_{PA} は，B で測った P の速度 v_{PB} と A で測った B の速度 v_{BA} の和に等しい" と読む。v_{BA} という項は基準系 A に対する基準系 B の相対速度である (この運動はあるひとつの座標軸に沿った運動なので，式 (4-39) ではその軸に沿った成分を使い，ベクトル表記は使っていない)。

ここでは，ある基準系に対して一定の速度で運動する基準系だけを考えている。この例では，Barbara(基準系 B)は Alex(基準系 A)に対して常に一定の速度で運動している。車 P(運動する粒子)は，しかしながら，速くなったり，遅くなったり，止まったり，向きを変えたりする (すなわち，加速する)。Barbara と Alex が測る P の加速度の関係を見るために，式 (4-39) を時間で微分する；

$$\frac{d}{dt}(v_{PA}) = \frac{d}{dt}(v_{PB}) + \frac{d}{dt}(v_{BA})$$

v_{BA} は一定なので，最後の項はゼロになり，

$$a_{PA} = a_{PB} \tag{4-40}$$

言い換えると，

▶ 運動している粒子の加速度は，(互いに一定の速度で運動している) 異なる基準系の観測者が測定しても同じである。

✓ **CHECKPOINT 7**: 表に図 4-20 における Barbara と車 P の速度 (km/h) を 3 つの場合について示す。それぞれの場合について欠けている数字を補いなさい。また Barbara と車 P の距離はどのように変化するか答えなさい。

場合	v_{BA}	v_{PA}	v_{PB}
(a)	+50	+50	
(b)	+30		+40
(c)		+60	−20

例題 4-10

この節の図 4-20 の状況で，Barbara の Alex に対する速度は 52 km/h で一定であり，車 P は x 軸に沿って負の速度で走っているとする．

(a) Alex から見た車 P の速度が $v_{PA} = -78$ km/h だとすると，Barbara から見た車の速度はいくらか．

解法: **Key Idea**: Alex に基準系 A を固定し，Barbara にもうひとつの基準系 B を固定する．この 2 つの基準系がひとつの座標軸に沿って一定の相対速度で互いに運動していることから，式 (4-39) を使って v_{PB} と v_{PA} を関係づけることができる；

$$v_{PA} = v_{PB} + v_{BA}$$

または

$$-78 \text{km/h} = v_{PB} + 52 \text{km/h}$$

これより，

$$v_{PB} = -130 \text{km/h} \qquad (答)$$

車 P と Barbara がリールに巻かれたコードで結び付けられていたとすると，コードは時速 130 km でほどけていくだろう．

(b) 車 P にブレーキをかけて 10 秒間一定の加速度で減速し，Alex (そして地面) に対して静止したとする．このときの Alex に対する加速度 a_{PA} はいくらか．

解法: **Key Idea**: Alex に対する車 P の加速度を計算するには，Alex に対する車の速度を使わなくてはならない．加速度が一定なので，P の初速度と最終速度から加速度を求めるために式 (2-11) を使えばよい．P の Alex に対する初速度は -78 km/h であり，最終速度はゼロである．式 (2-11) から次の答えを得る；

$$a_{PA} = \frac{v - v_0}{t} = \frac{0 - (-78 \text{km/h})}{10 \text{s}} \frac{1 \text{m/s}}{3.6 \text{km/h}}$$
$$= 2.2 \text{m/s}^2 \qquad (答)$$

(c) この車にブレーキがかかっている間，Barbara に対する車 P の加速度 a_{PB} はいくらか．

解法: **Key Idea**: Barbara に対する加速度を求めるには，Barbara に対する速度を用いなくてはならない．Barbara に対する車の初速度は (a) でわかっている ($v_{PB} = -130$ km/h)．P の Barbara に対する最終速度は 52 km/h である (これは走っている Barbara に対する停止した車の速度である)．再び式 (2-11) を使うことで，以下の答えを得る；

$$a_{PB} = \frac{v - v_0}{t} = \frac{-52 \text{km/h} - (-130 \text{km/h})}{10 \text{s}} \frac{1 \text{m/s}}{3.6 \text{km/h}}$$
$$= 2.2 \text{m/s}^2 \qquad (答)$$

この結果は予想できたことである．Alex と Barbara は一定の相対速度で運動しているから，どちらから見ても車の加速度は同じである．

4-9 2 次元の相対運動

さて，1 次元の相対運動から 2 次元の (そしてさらに拡張して 3 次元の) 相対運動に移ろう．図 4-21 では，再び基準系 A と B の原点にいる 2 人の観測者が移動する点 P を見ている．ただし基準系 B は基準系 A に対して一定の速度 $\vec{v}_{BA}$ で運動している (2 つの基準系の対応する座標軸はそれぞれ平行だとする)．

図 4-21 に運動のある瞬間を示す．この瞬間，B の A に対する位置ベクトルは $\vec{r}_{BA}$ である．基準系 A における粒子 P の位置ベクトルは $\vec{r}_{PA}$，基準系 B における位置ベクトルは $\vec{r}_{PB}$ である．これら 3 つの位置ベクトルの始点と終点をつなげていくと，これらのベクトルの間に次の関係があることがわかる；

$$\vec{r}_{PA} = \vec{r}_{PB} + \vec{r}_{BA} \qquad (4\text{-}41)$$

この式を時間で微分して，観測者に対する粒子 P の速度 $\vec{v}_{PA}$ と $\vec{v}_{PB}$ を結びつけることができる．

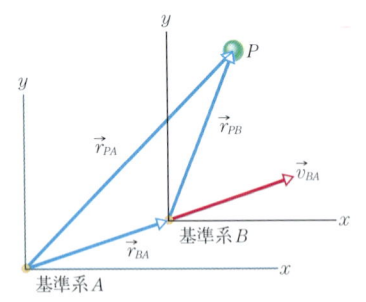

図 4-21 基準系 B は基準系 A に対して一定の 2 次元速度 $\vec{v}_{BA}$ で運動している．粒子 P の位置ベクトルは基準系 A に対して $\vec{r}_{PA}$，基準系 B に対して $\vec{r}_{PB}$ である．

$$\vec{v}_{PA} = \vec{v}_{PB} + \vec{v}_{BA} \quad (4\text{-}42)$$

この関係式をさらに時間で微分すれば,観測者に対する粒子Pの加速度 $\vec{a}_{PA}$ と $\vec{a}_{PB}$ を関係づけることができる。$\vec{v}_{BA}$ が一定なので,その時間微分はゼロであることに注意しよう。こうして次式が得られる:

$$\vec{a}_{PA} = \vec{a}_{PB} \quad (4\text{-}43)$$

1次元の運動の場合と同様に以下の規則がある:互いに一定の速度で運動する基準系で運動する粒子の加速度を測定すると,どちらの基準系でも同じ加速度が得られる。

例題 4-11

図4-22aに真東に向かって飛んでいる飛行機を示す。ただし,一定の風が北東に向かって吹いているので,パイロットは飛行機の機首をいくらか南に向けている。飛行機の対気速度 $\vec{v}_{PW}$(風に対する相対速度)の大きさは215 km/h,角度は東向きから θ だけ南を向いている。風の地面に対する速度 $\vec{v}_{WG}$ の大きさは65.0 km/hであり,真北から東に20.0°を向いている。このときの飛行機の対地速度 $\vec{v}_{PG}$(地面に対する速度)の大きさと角度 θ はいくらか。

解法: **Key Idea**: この状況は図4-21と似たような状況設定である。ここで運動する粒子Pは飛行機であり,基準系Aは地面(ground)に固定されている(Gとよぶ)。基準系Bは風(wind)に固定されている(Wとよぶ)。図4-21と同じようなベクトル図を作る必要があるが,ここでは3つの速度ベクトルが登場する。まず3つのベクトルを関係づける文を作ろう。

飛行機の対地速度=飛行機の対気速度+風速
(PG)　　　　　　(PW)　　　　(WG)

この関係は図4-22のように描くことができる。これをベクトル式で表すと,

$$\vec{v}_{PG} = \vec{v}_{PW} + \vec{v}_{WG} \quad (4\text{-}44)$$

最初のベクトルの大きさと2番目のベクトルの方向を求めるのがこの問題である。2つのベクトルには未知変数があるので,ベクトル演算機能付電卓を使って直接式(4-44)を解くことはできない。ここでは,図4-22bの座標系でベクトルを成分に分解し,式(4-44)を各座標軸ごとに解く(3-5節を参照)。y 成分については,

$$v_{PG,y} = v_{PW,y} + v_{WG,y}$$

または

$$0 = -(215\,\text{km/h})\sin\theta + (65.0\,\text{km/h})(\cos 20.0°)$$

これを θ について解くと,

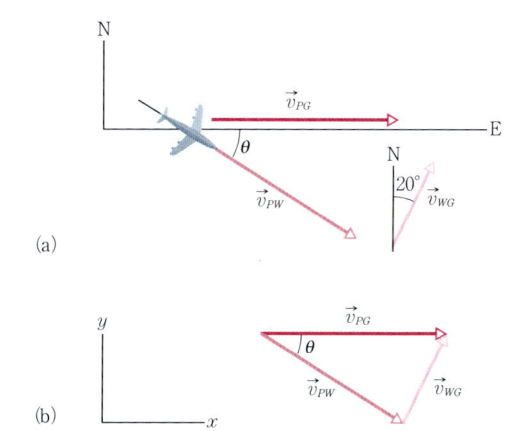

図 4-22 例題4-11。真東に進むためには,飛行機は風に向かっていくらか機首を向ける必要がある。

$$\theta = \sin^{-1}\frac{(65.0\,\text{km/h})(\cos 20.0°)}{215\,\text{km/h}}$$
$$= 16.5° \quad \text{(答)}$$

同様に,x 成分については以下のようになる;

$$v_{PG,x} = v_{PW,x} + v_{WG,x}$$

v_{PG} は x 軸に平行なので,成分 $v_{PG,x}$ は v_{PG} に等しい。これらの結果と $\theta = 16.5°$ を使って,

$$v_{PG} = (215\,\text{km/h})(\cos 16.5°) + (65.0\,\text{km/h})(\sin 20.0°)$$
$$= 228\,\text{km/h} \quad \text{(答)}$$

✓ **CHECKPOINT 8**: この例題で,パイロットが同じ対気速度の大きさで機首を真東に向けたとしよう。以下の量は大きくなるか,小さくなるか,それとも変わらないか。(a) $v_{PG,y}$,(b) $v_{PG,x}$,(c) v_{PG}(計算しなくても答えられるだろう)。

まとめ

位置ベクトル 座標系の原点に対する粒子の相対的な位置は，位置ベクトルで与えられ，単位ベクトルを使って書くと以下のようになる。

$$\vec{r} = x\hat{i} + y\hat{j} + z\hat{k} \quad (4\text{-}1)$$

ここで，$x\hat{i}, y\hat{j}, z\hat{k}$ は位置ベクトル $\vec{r}$ のベクトル成分であり，x, y, z はスカラー成分である（と同時に，粒子の座標でもある）。位置ベクトルは，その大きさと，その方向を示す1ないし2個の角度を使って表すことができるし，ベクトル成分やスカラー成分を使って表すこともできる。

変位 粒子が動いて位置ベクトルが $\vec{r}_1$ から $\vec{r}_2$ に変化したとする。このとき粒子の変位 $\Delta \vec{r}$ は，

$$\Delta \vec{r} = \vec{r}_2 - \vec{r}_1 \quad (4\text{-}2)$$

変位は，次のように書くこともできる。

$$\Delta \vec{r} = (x_2 - x_1)\hat{i} + (y_2 - y_1)\hat{j} + (z_2 - z_1)\hat{k} \quad (4\text{-}3)$$
$$= \Delta x\hat{i} + \Delta y\hat{j} + \Delta z\hat{k} \quad (4\text{-}4)$$

ここで，座標 (x_1, y_1, z_1) は位置ベクトル $\vec{r}_1$ に対応し，座標 (x_2, y_2, z_2) は位置ベクトル $\vec{r}_2$ に対応している。

平均速度と（瞬間）速度 粒子が時間 Δt で変位 $\Delta \vec{r}$ だけ動いたとすると，この時間における粒子の***平均速度*** $\vec{v}_{avg}$ は，

$$\vec{v}_{avg} = \frac{\Delta \vec{r}}{\Delta t} \quad (4\text{-}8)$$

式(4-8)で Δt を0に縮めると，$\vec{v}_{avg}$ は***速度***もしくは***瞬間速度*** $\vec{v}$ と呼ばれる極限の値になる。

$$\vec{v} = \frac{d\vec{r}}{dt} \quad (4\text{-}10)$$

この式を単位ベクトルを使って表すと，

$$\vec{v} = v_x\hat{i} + v_y\hat{j} + v_z\hat{k} \quad (4\text{-}11)$$

ここで，$v_x = dx/dt$, $v_y = dy/dt$, $v_z = dz/dt$ である。粒子の瞬間速度 $\vec{v}$ は常に粒子がいる場所における軌道の接線方向を向いている。

平均加速度と（瞬間）加速度 粒子の速度が時間 Δt で $\vec{v}_1$ から $\vec{v}_2$ に変化したとすると，この時間における***平均加速度***は次のようになる。

$$\vec{a}_{avg} = \frac{\vec{v}_2 - \vec{v}_1}{\Delta t} = \frac{\Delta \vec{v}}{\Delta t} \quad (4\text{-}15)$$

式(4-15)で Δt を0に縮めると，$\vec{a}_{avg}$ は***加速度***もしくは***瞬間加速度*** $\vec{a}$ と呼ばれる極限の値になる。

$$\vec{a} = \frac{d\vec{v}}{dt} \quad (4\text{-}16)$$

単位ベクトルを使って表すと，

$$\vec{a} = a_x\hat{i} + a_y\hat{j} + a_z\hat{k} \quad (4\text{-}17)$$

ここで，$a_x = dv_x/dt$, $a_y = dv_y/dt$, $a_z = dv_z/dt$ である。

放物運動 放物運動とは，初速度 $\vec{v}_0$ で打ち出された粒子の運動である。飛行中，粒子の水平方向の加速度はゼロであり，鉛直方向の加速度は自由落下の加速度 $-g$ である（上向きを正の向きとする）。もし $\vec{v}_0$ をその大きさ（速さ v_0）と角 θ_0 で表すと，粒子の運動を表す式は水平方向と，鉛直方向で，それぞれ次のようになる。

$$x - x_0 = (v_0 \cos \theta_0)t \quad (4\text{-}21)$$
$$y - y_0 = (v_0 \sin \theta_0)t - \frac{1}{2}gt^2 \quad (4\text{-}22)$$
$$v_y = v_0 \sin \theta_0 - gt \quad (4\text{-}23)$$
$$v_y^2 = (v_0 \sin \theta_0)^2 - 2g(y - y_0) \quad (4\text{-}24)$$

放物運動における粒子の***軌道***（経路）は放物線になり，次式で与えられる。

$$y = (\tan \theta_0)x - \frac{gx^2}{2(v_0 \cos \theta_0)^2} \quad (4\text{-}25)$$

ここで，式(4-21)から式(4-24)の x_0 と y_0 がゼロになるように座標原点をとった。粒子の***水平到達距離*** R とは，粒子が打ち上げ地点から，打ち上げ地点と同じ高さに落ちてくるまでに移動した水平方向の距離であり，次のようになる。

$$R = \frac{v_0^2}{g} \sin 2\theta_0 \quad (4\text{-}26)$$

等速円運動 粒子が半径 r の円または円弧に沿って一定の速さで運動するとき，粒子は等速円運動しているといい，その加速度 $\vec{a}$ の大きさは，

$$a = \frac{v^2}{r} \quad (4\text{-}32)$$

$\vec{a}$ の方向は常に円または円弧の中心を向いており，$\vec{a}$ を***向心加速度***という。粒子が円を一周する時間は，

$$T = \frac{2\pi r}{v} \quad (4\text{-}33)$$

T は***回転周期***，または単に***周期***と呼ばれる。

相対運動 2つの基準系AとBが互いに一定の速度で運動しているとき，基準系Aで測定される粒子Pの速度は基準系Bで測定される速度と異なるのが普通である。この2つの速度は以下のように関係づけられる。

$$\vec{v}_{PA} = \vec{v}_{PB} + \vec{v}_{BA} \quad (4\text{-}42)$$

ここで $\vec{v}_{BA}$ はBのAに対する速度である。2つの基準系における観測者は同じ加速度を測定する；

$$\vec{a}_{PA} = \vec{a}_{PB} \quad (4\text{-}43)$$

問題

1. 図4-23は粒子の最初の位置 i と最後の位置 f を示している。(a) 最初の位置ベクトル $\vec{r}_i$，(b) 最後の位置ベクトル $\vec{r}_f$ を単位ベクトルを使って書きなさい。(c) 粒子の変位の x 成分を求めなさい。

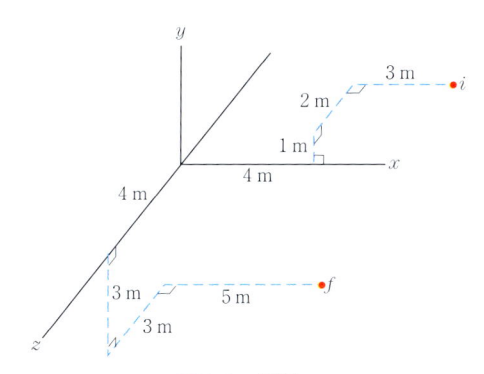

図 4-23 問題 1

2. xy 平面で運動するアイスホッケーのパックの速度を4通り示す。単位はすべてメートル毎秒である。

(1) $v_x = -3t^2 + 4t - 2$, $v_y = 6t - 4$

(2) $v_x = -3$, $v_y = -5t^2 + 6$

(3) $\vec{v} = 2t^2\hat{i} - (4t+3)\hat{j}$

(4) $\vec{v} = -2t\hat{i} + 3\hat{j}$

(a) それぞれの場合，加速度の x 成分と y 成分は一定か，そして加速度 $\vec{a}$ は一定か。(b) (4) で $\vec{v}$ の単位がメートル毎秒，時間 t の単位が秒だとすると，係数 -2 と 3 の単位は何であるべきか。

3. 図4-24は理想的な放物体が地面から（同じ高さから）同じ速さと角度で打ち出された場合を3通り示したものである。しかし，放物体は同じ所に落ちるのではない。放物体が地面に落ちる寸前の速さが大きいものから順に並べなさい。

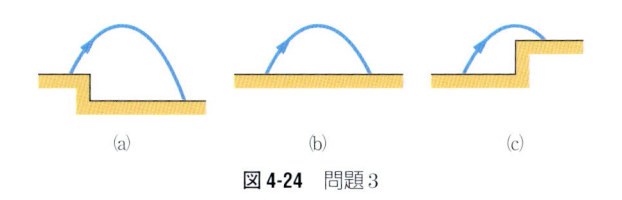

図 4-24 問題 3

4. 飛球のある瞬間の速度が $\vec{v} = 25\hat{i} - 4.9\hat{j}$ であるとする（水平方向を x 軸に，上向きを y 軸にとり，$\vec{v}$ の単位はメートル毎秒である）。飛球は軌道の最高点をすでに通過しているだろうか。

5. 地面より少し高い場所からロケットを打ち上げる。その初速度ベクトルは次のいずれかである。(1) $\vec{v}_0 = 20\hat{i} + 70\hat{j}$, (2) $\vec{v}_0 = -20\hat{i} + 70\hat{j}$, (3) $\vec{v}_0 = 20\hat{i} - 70\hat{j}$, (4) $\vec{v}_0 = -20\hat{i} - 70\hat{j}$。座標系は，$x$ 軸が地面に平行で y 軸が上向きである。(a) この放物体の初速度の大きさが大きいものから順に並べなさい。(b) この放物体の飛行時間が長いものから順に並べなさい。

6. 地上2mの高さから初速度 $\vec{v}_0 = (2\hat{i} + 4\hat{j})$ m/s で粘土玉を投げた。地上2mの高さの面に落ちる直前の速度を求めなさい。

7. 図4-25は，大きさが等しく鉛直方向に等間隔に並んだ窓1, 2, 3を通るようにクリームタンジェリンを投げ上げたところを示している。これらの3つの窓について，(a) クリームタンジェリンが窓を通過するのに要する時間と，(b) クリームタンジェリンが窓を通過するときの平均の速さについて，大きなものから順位を付けなさい。

次に，クリームタンジェリンが，大きさは等しいが水平方向の間隔は不規則な窓4, 5, 6を通過しながら落ちて行く。これらの3つの窓について，(c) クリームタンジェリンが窓を通過するのに要する時間と，(d) クリームタンジェリンが窓を通過するときの平均の速さについて，大きなものから順位を付けなさい。

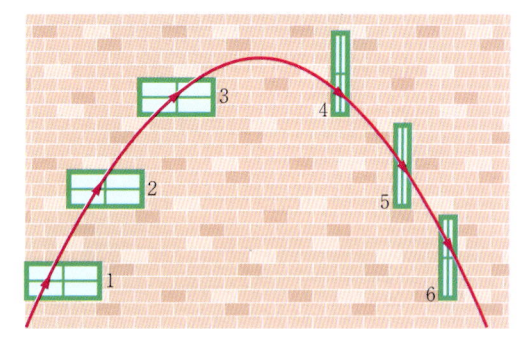

図 4-25 問題 7

8. 水平方向に一定の速さ350 km/s で空を飛ぶ飛行機から食糧の入った包みが落された。包みに対する空気の影響は無視する。包みの初速度の，(a) 鉛直成分と，(b) 水平成分を求めなさい。(c) 包みが地面に落ちる直前の速度の水平成分を求めなさい。(d) 飛行機の速さが450 km/h であったら，落下時間は大きくなるか，小さくなるか，それとも変らないか？

9. あなたがボールを初速度 $\vec{v}_0 = (3 \text{m/s})\hat{i} + (4 \text{m/s})\hat{j}$ で壁に向かって投げると，ボールは投げてから t_1 後に高さ h_1 で壁にぶつかる（図4-26）。次に投げるとき，初速度が $\vec{v}_0 = (5 \text{m/s})\hat{i} + (4 \text{m/s})\hat{j}$ だとする。(a) ボールが

壁にぶつかるまでの時間は t_1 よりも大きくなるか，小さくなるか，変らないか，それとも，もっと情報がないと答えられないだろうか．(b) ボールが壁にぶつかる高さは h_1 よりも大きいか，小さいか，変らないか，それとも答えられないだろうか？

図 4-26 問題 9

こんどは初速度が $\vec{v}_0 = (3\,\mathrm{m/s})\hat{i} + (5\,\mathrm{m/s})\hat{j}$ であるとしよう．(c) ボールが壁にぶつかるまでの時間は t_1 よりも大きくなるか，小さくなるか，変らないか，それとも，もっと情報がないと答えられないだろうか．(d) ボールが壁にぶつかる高さは h_1 よりも大きいか，小さいか，変らないか，それとも答えられないだろうか？

10. 図 4-27 は，地面の高さからサッカーボールを蹴ったときの軌道を 3 通り示したものである．ボールが飛んでいるときの空気の影響を無視して，次の値が大きなものから軌道に順位をつけなさい．(a) 飛行時間，(b) 初速度の鉛直成分，(c) 初速度の水平成分，(d) 初速度の大きさ．

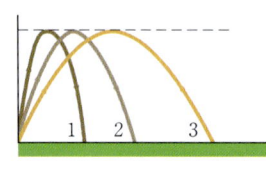

図 4-27 問題 10

11. 図 4-28 は，ある瞬間における粒子の速度と加速度を 3 通り示したものである．(a) 速さが大きくなるものはどれか，(b) 速さが小さくなるものはどれか，(c) 速さが変らないものはどれか，(d) $\vec{v}\cdot\vec{a}$ が正のものはどれか，(e) $\vec{v}\cdot\vec{a}$ が負のものはどれか，(f) $\vec{v}\cdot\vec{a}=0$ のものはどれか．

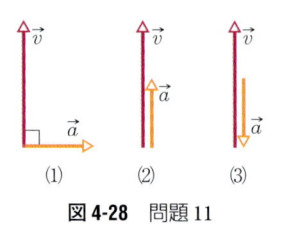

図 4-28 問題 11

12. 図 4-29 は，一定の速さで進む列車の軌道を 4 通り (半円または四分円) 示したものである．カーブの部分での加速度の大きさが大きいものから順に並べなさい．

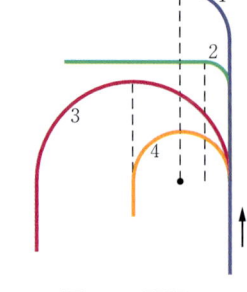

図 4-29 問題 12

13. (a) 一定の速さで運動しているのに加速度があるということはありうるか．カーブを曲がるときに，(b) 加速度がゼロである，(c) 加速度の大きさが一定である，ということはあり得るか．

5 力と運動 I

1974年4月4日，ベルギー人のJohn Massisはニューヨークのロングアイランド鉄道で2台の客車を動かすことに成功した。彼は客車の連結器に結んだロープを歯でくわえ，後ろに反り返り，線路の枕木を踏みしめながら引っ張ったのだ。この2台の客車の重さは合わせて80トンだった。

Massisがこの客車を加速するには超人的な力で引っ張る必要があったのだろうか？

答えは本章で明らかになる。

5-1 何が加速度を引き起こすのか？

粒子状の物体の速度の大きさ，また向きが変化するのを見れば，何かがその変化（加速度）を引き起こしたに違いないと考える。実際我々は，速度の変化は，物体とそのまわりにある何かとの間の相互作用によるものに違いないということを経験的に知っている。例えば，氷の上を滑るアイスホッケーのパックが突然止まったり，進行方向が突然変わったりするのを見れば，パックが氷の表面にある小さな出っ張りにぶつかったと思うだろう。

物体の加速度を引き起こす相互作用を**力**(force)という。力とは，おおざっぱに言えば，物体を押したり引いたりするもののことである——力は物体に**作用する**(act)という（訳注：本書では力が働く，力を及ぼす，力を加える，力を受ける等の言い方をする）。例えば，アイスホッケーのパックが氷の出っ張りにぶつかれば，その出っ張りがパックを押して，加速度を引き起こす。力とその力が引き起こす加速度との関係は，アイザック・ニュートン(Isaac Newton, 1642-1727)によって初めて理解された。力と加速度の関係に関する研究は，ニュートンが発表したので，**ニュートン力学**と呼ばれており，この章の主題である。本章では運動に関するニュートン力学の3つの基本法則に焦点をあてていく。

ニュートン力学は，すべての場合に適用できるわけではない。相互作用

する物体の速さがとても大きければ――光の速さに対して無視できないくらいであれば――ニュートン力学をアインシュタインの特殊相対性理論で置き換えなくてはならない。特殊相対性理論は，速さが光の速度に近い場合も含めて，すべての速さで成立する。相互作用をする物体が原子構造ほどの大きさならば(例えば，原子の中の電子)，ニュートン力学を量子力学で置き換えなくてはならない。今日の物理学者は，ニュートン力学をこれら2つのより包括的な理論の特殊ケースとみなしている。しかし，それはとても重要な特殊ケースである。なぜなら，ニュートン力学はとても小さな物体(ほぼ原子のスケール)から天文学的物体(銀河や銀河団)まで，広い範囲にわたる物体の運動に適用できるからである。

5-2　ニュートンの第1法則

ニュートンが彼の力学を定式化するまで，物体が一定の速度で運動を続けるには，ある効果，すなわち"力"が必要であり，物体は静止しているのが"自然な状態"であると考えられていた。物体を一定の速度で運動させるためには，その物体を押すか引っ張るか，何らかの方法で推進する必要があった。さもなければ，その物体は"自然に"運動を止めるだろう。

　このような考え方ももっともである。アイスホッケーのパックが木の床の上を滑るとき，確かにだんだん遅くなり，やがて止まってしまう。床の上を一定の速度で運動させたければ，パックをずっと押し続けるか，引っ張り続けなくてはならない。

　しかし，スケートリンクの氷の上でパックを滑らせると，パックはもっと遠くまで滑っていく。もっと長くて滑りのよい表面があれば，パックはもっともっと遠くまで滑っていくだろうと想像できる。考えられる限り長く，究極の滑らかさを持つ面(**摩擦のない面**(frictionless surface)という)の上では，パックの速さはほとんど小さくならないだろう(実際に，水平な空気のテーブルを作り，空気の層の上でパックを滑らせることで，これに近い状況を作ることができる)。

　以上の考察から，力が作用していなければ，物体は一定の速度を保ちながら運動を続けるだろうと結論できる。これでニュートンの運動の3法則の最初のものが導かれた。

▶ **ニュートンの第1法則：**　物体に力が作用していなければ，その物体の速度は変化しない；その物体は加速されない。

言い換えると，物体が静止していれば，そのまま静止している。物体が動いていれば，一定の速度(一定の速さ，向き)で運動を続ける。

5-3　力

力の単位を定義しよう。力は物体の加速度を引き起こすということを知っている。そこで，力が標準の物体に与える加速度を使って力の単位を定義する。標準物体としては，図1-4の標準キログラム原器を使おう(という

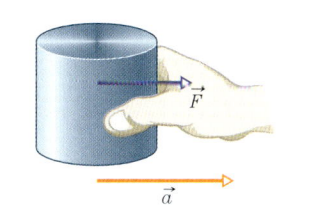

図 5-1 標準キログラム原器に加わる力$\vec{F}$が，加速度$\vec{a}$を与える。

より，使うと想像しよう）。この物体は，定義により正確に1kgの質量をもっている。

この標準物体を摩擦のない水平な台の上に置いて，右向きに引っ張る（図5-1）。試行錯誤の後に，加速度の測定値が$1\,\text{m/s}^2$になるように引っ張ることができたとしよう。このときの標準物体に対する力が1ニュートン（N）の大きさであると定義する。

この物体に2Nの力を与えるには，加速度の測定値が$2\,\text{m/s}^2$になるように引っ張ればよい。一般に1kgの標準物体の加速度の大きさがaであれば，この物体には力Fが作用していて，その値（ニュートン単位）は加速度（単位はメートル毎秒毎秒）の大きさに等しい。

このようにして，力はそれが生み出す加速度により測定することができる。しかし，加速度はベクトル量であり，大きさと向きをもっている。力もやはりベクトル量なのだろうか？ 力の向きは簡単に決めることができる（単純に加速度の向きと決めればよい）が，それだけでは十分でない。力がベクトル量であることを実験的に証明しなくてはならないのだ。実際，その証明はなされている：力は確かにベクトル量である；力は大きさと向きをもっており，第3章のベクトル計算の規則に従って合成できる。

これは，ある物体に複数の力が作用している場合，それらの**合力**（resultant force）または**正味の力**（net force）は，それぞれの力をベクトル的に足し合わせることで得られるということを意味している。合力と同じ大きさと向きをもつひとつの力が，個々の力が同時に作用した場合と同じ効果を発揮する。この事実は，**力の重ねあわせの原理**（principle of superposition of forces）と呼ばれている。あなたが友達と一緒に標準物体をそれぞれ1Nの力で同じ方向に引っ張ったとき，その合力が14Nになったとすれば，世界はとてもおかしなことになるだろう。

この本では，力を$\vec{F}$というベクトル記号，正味の力（合力）を$\vec{F}_{\text{net}}$いうベクトル記号で表すことが多い。他のベクトルと同様に，力や合力は座標軸に沿った成分をもっている。ある座標軸に沿ってのみ力が作用するなら，その力はその座標成分しかもたない。そのときは力の記号から矢印をとって，単に向きを表すための符号をつければよい。前に一度定義したニュートンの第1法則を合力を使ってもう一度正しく表すことにしよう。

▶ **ニュートンの第1法則：** 物体に作用する合力がなければ（$\vec{F}_{\text{net}} = 0$），その物体の速度は変化しない；その物体は加速されない。物体に多くの力が働いていても，その合力がゼロであれば，物体は加速されない。

慣性基準系

ニュートンの第1法則は，すべての基準系で成り立つわけではないが，第1法則（そしてニュートン力学の他の法則）が正しく成立する基準系を必ず見つけることができる。そのような基準系を**慣性基準系**（inertial reference frame），または単に**慣性系**（inertial frame）という。

▶ 慣性系とはニュートンの法則が成り立つ基準系である。

地球の天体運動（自転）を無視すれば，地面は慣性系とみなすことができる．

この仮定は，例えば，摩擦のない氷の上でパックを滑らせるような場合に成り立つ——地面に立っている人には，パックがニュートン力学に従って運動しているように見えるだろう．しかし，この氷を南北にどんどん長く延ばしていくとどうなるだろう．地上にいる人はパックが南に向かって進むにつれ，西向きにほんの少し加速されるように見えるだろう（図5-2a）；しかし，西向きの加速度を引き起こす力を見つけることはできない．この場合，パックの進む長い道のりに対しては地球の自転を無視できないので，地面は**非慣性系**（noninertial frame）なのである．実際，地面に対して滑るパックに働くこの西向きの加速度は，驚くべきことに，パックの下の地面が東向きに回転していることに起因している（図5-2b）．

本書ではほとんどの場合地面を慣性系とみなし，力や加速度の測定はこの基準系で行う．地面に対して加速しているエレベータの中のような非慣性系で測定を行うと，びっくりするような結果が得られるだろう．このような例を例題5-8で示す．

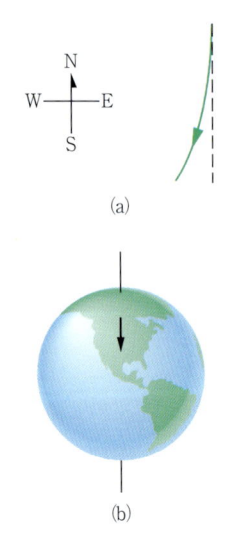

図 5-2 （a）摩擦のない氷の帯に沿って南向きに滑り出したパックを地上にいる人が見る軌道．（b）南向きに滑るパックの下の地面は地球の回転とともに東向きに回転している．

✓ **CHECKPOINT 1**： この図の6つの組み合わせのうち，力 $\vec{F}_1$ と $\vec{F}_2$ のベクトル和で，合力 $\vec{F}_{net}$ をあらわす第3のベクトルを正しく示しているものはどれか？

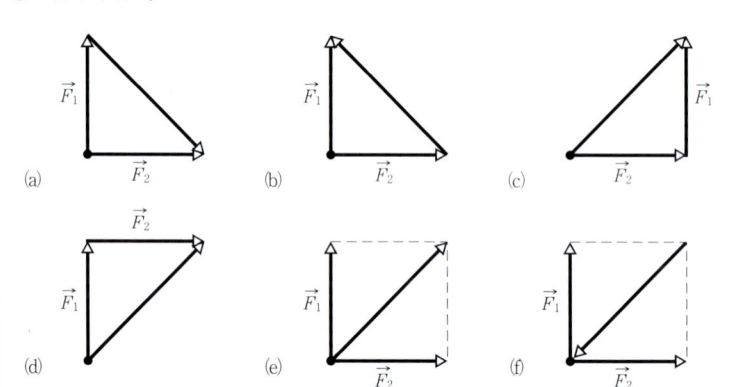

5-4 質　　量

力が同じでも生じる加速度は物体によって異なる，ということは日常でも経験する．野球のボールとボウリングのボールを床におき，両方のボールを同じ強さで蹴飛ばしてみよう．実際にやってみなくても，どういう結果になるかわかるだろう．野球のボールはボウリングのボールよりもはるかに大きな加速度を得る．両者の加速度が異なるのは，野球のボールの質量がボウリングのボールの質量と異なるからである——しかし，質量とは一体何だろうか．

慣性系で行う一連の実験を考えて，質量をどのように測ればよいか説明しよう．まず最初の実験で，質量 m_0 が1kgと定義された標準物体に力を加える．この標準物体の加速度が$1\,\text{m/s}^2$であれば，このとき標準物体に働

いた力は1Nである。

次に，同じ力（同じ力であるということを確かめるには，何らかの手段が必要になるだろう）を質量のわからない物体Xに加えて，その物体の加速度が$0.25\,\mathrm{m/s^2}$になったとする。重いボウリングのボールと，軽い野球のボールに同じ力（ひと蹴り）を加えるとき，野球のボールの加速度のほうが大きいということを我々は知っている。そこで次のような推論をしてみよう：2つの物体の質量比は，同じ力が双方に加わったときの加速度の比の逆数に等しい。物体Xと標準物体について，この関係は次のように表すことができる；

$$\frac{m_X}{m_0} = \frac{a_0}{a_X}$$

これをm_Xについて解くと；

$$m_X = m_0 \frac{a_0}{a_X} = (1.0\,\mathrm{kg})\frac{1.0\,\mathrm{m/s^2}}{0.25\,\mathrm{m/s^2}} = 4.0\,\mathrm{kg}$$

もちろんこの推論は，加える力を変えたときも成立しないと意味がない。例えば，$8.0\,\mathrm{N}$の力を標準物体に加えれば加速度は$8.0\,\mathrm{m/s^2}$になり，$8.0\,\mathrm{N}$の力を物体Xに加えれば加速度は$2.0\,\mathrm{m/s^2}$になる。我々の推論からは，

$$m_X = m_0 \frac{a_0}{a_X} = (1.0\,\mathrm{kg})\frac{8.0\,\mathrm{m/s^2}}{2.0\,\mathrm{m/s^2}} = 4.0\,\mathrm{kg}$$

最初の実験結果と合っている。いくつもの実験が同様の結果を与えるなら，この推論が，あらゆる物体の質量を決めるための矛盾なく信頼できる方法であるということができる。

われわれの測定実験は，質量がその物体がもつ固有の性質であることを示している——物体が存在することで自動的に生じる性質である。また，質量がスカラー量であることも示している。しかし，やっかいな問題が残っている：質量とはいったい何だろう？

質量（mass）という単語は英語で日常的に使われているので，肉体的に感じることのできる何らかのものであろうという直感的な理解はあるに違いない。質量とは物体の大きさ，重さ，それとも密度だろうか？　これらの性質はよく質量と混同されるが，答えはノーである。物体の質量とは，物体に作用する力と，それによって生じる加速度を関係づける性質である。質量には，それ以上親しみやすい定義はない；質量は，野球のボールやボウリングのボールを蹴とばすときのように，物体を加速しようとするときにだけ実感できるものである。

5-5　ニュートンの第2法則

これまでに議論してきたすべての定義，実験，観測を以下のすっきりとした文章にまとめることができる。

▶ **ニュートンの第2法則**：　物体に作用する合力は，物体の質量と物体の加速度の積に等しい。

式で表すと次のようになる；

$$\vec{F}_{\text{net}} = m\vec{a} \quad \text{(ニュートンの第2法則)} \tag{5-1}$$

この式は単純であるが，注意して使う必要がある．第一に，この式を適用する物体をはっきりさせなくてはならない．次に，$\vec{F}_{\text{net}}$ は，その物体に作用するすべての力のベクトル和でなくてはならない．その物体に作用する力だけをベクトル和に含めるのであり，その物体が他の物体に及ぼす力を含めてはいけない．あなたがラグビーのスクラムを組んでいるとするなら，あなたに働く合力は，あなたの体を押したり引いたりするすべての力のベクトル和であり，あなたが他の選手を押したり引いたりする力は含めてはいけない．

他のベクトル式と同様に，式 (5-1) は 3 つの成分の式と同等であり，xyz 座標系の各座標成分について，次のように書ける；

$$F_{\text{net},x} = ma_x, \quad F_{\text{net},y} = ma_y, \quad F_{\text{net},z} = ma_z \tag{5-2}$$

それぞれの式は，各軸に沿った合力の成分と加速度成分の関係を示している．最初の式は，x 軸方向の力の成分の総和が，その物体の加速度の x 成分 a_x を引き起こし，y 方向や z 方向の加速には関係しないということを示している．言い換えれば，加速度の成分 a_x は力の x 成分だけに起因する．一般に，

▶ ある座標軸に沿った加速度成分は，同じ座標軸に沿った力の成分の総和によって生じるが，他の座標軸の成分によっては生じない．

式 (5-1) は，物体に作用する合力がゼロであれば加速度は $\vec{a} = 0$ であることを示している．物体が静止していれば，静止し続ける；物体が運動していれば，一定の速度で運動し続ける．このような場合，その物体に働くすべての力は互いにつり合っている．そして，力も物体もつり合いの状態にあるという．力が互いにキャンセルするという言い方もよくするが，キャンセルという言葉には気をつける必要がある．キャンセルするということは，力がなくなるということを 意味するのではない（力をキャンセルするのは，夕食の予約をキャンセルするようなものではない）．力はやはりその物体に作用しているのだ．

SI 単位系では，式 (5-1) から次のようになることがわかる；

$$1\,\text{N} = (1\,\text{kg})(1\,\text{m/s}^2) = 1\,\text{kg}\cdot\text{m/s}^2$$

非 SI 単位系における力の単位を表 5-1 に示した．

表 5-1　ニュートンの第 2 法則に出てくる単位．式 (5-1) と (5-2)

単位系	力	質量	加速度
SI	newton (N)	kilogram (kg)	m/s²
CGS[a]	dyne	gram (g)	cm/s²
British[b]	pound (lb)	slug	ft/s²

a：$1\,\text{dyne} = 1\,\text{g}\cdot\text{cm/s}^2$.
b：$1\,\text{lb} = 1\,\text{slug}\cdot\text{ft/s}^2$.

ニュートンの第2法則を使って問題を解くには，ある物体に注目して，その物体に作用している力を示す**力の作用図**(free-body diagram)を描くことが多い．物体をどのように描くかは教師によって好みがあるだろうが，本書では場所を節約するため，普通は点で物体を表すことにする．また，その物体に作用する力は，その物体から伸びるベクトルの矢印で描かれる．座標系もその図に含め，物体の加速度も(加速度と明記した)ベクトルの矢印で描くことがある．

複数の物体の集合を**系**(system)と言い，その系の物体に系の外から働く力を**外力**(external force)という．物体が堅く結びついていれば，その系をひとつの複合物体として扱うことができ，それに作用する合力 $\vec{F}_{net}$ はすべての外力のベクトル和になる(**内力**(internal force)―系の中の物体間に働く力―は含めない)．連結された機関車と客車はひとつの系を作る．ロープで機関車を引っ張ると，その力は 機関車-客車系 全体に作用する．ひとつの物体に対するのと全く同じように，この系に対する外力の合力と加速度をニュートンの第2法則，$\vec{F}_{net} = m\vec{a}$ (m は系の全質量)で関係づけることができる．

> ✓ **CHECKPOINT 2:** 左の図は，摩擦のない床に置かれたブロックに作用する2つの水平方向の力を示している．3番目の水平方向の力 $\vec{F}_3$ がこのブロックに作用したとしよう．以下の場合について，$\vec{F}_3$ の大きさと向きを求めなさい．(a) ブロックが静止しているとき．(b) ブロックが一定の速さ5m/sで左向きに運動しているとき．

例題 5-1

摩擦のない氷の上で x 軸方向に1次元運動をしているパックに，1つまたは2つの力が作用しているようすを図5-3a～cに示す．パックの質量は $m = 0.20\,\text{kg}$ である．力 $\vec{F}_1$ と $\vec{F}_2$ の向きは x 軸と平行で，その大きさは $F_1 = 4.0\,\text{N}$，$F_2 = 2.0\,\text{N}$ である．力 $\vec{F}_3$ の向きは $\theta = 30°$ で，その大きさは $F_3 = 1.0\,\text{N}$ である．それぞれの場合，パックの加速度はいくらになるか．

解法: **Key Idea**: 加速度 $\vec{a}$ とパックに作用する合力 $\vec{F}_{net}$ はニュートンの第2法則 $\vec{F}_{net} = m\vec{a}$ で関係づけられる．x 軸に沿った運動に限られているので，第2法則の x 成分の式だけに簡単化できる；

$$F_{net,x} = ma_x \tag{5-4}$$

それぞれの場合の力の作用図を図5-3d～fに示した．図ではパックを点で示してある．図5-3dではひとつの水平方向の力が作用しているだけであり，式(5-4)から，

$$F_1 = ma_x$$

与えられた数値を代入して，

$$a_x = \frac{F_1}{m} = \frac{4.0\,\text{N}}{0.20\,\text{kg}} = 20\,\text{m/s}^2 \quad \text{(答)}$$

答が正であることは，加速度が x 軸の正の向きであることを示している．

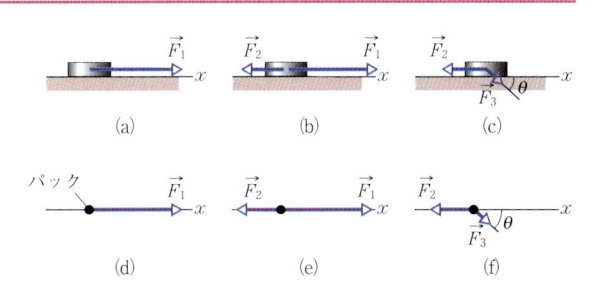

図5-3 例題5-1．(a)-(c)これら3つの場合において，摩擦のない氷の上にあるパックに対して x 軸に沿った力が作用している．(d)-(f) 3つの場合の力の作用図．

図5-3eでは，2つの水平方向の力がパックに作用している．$\vec{F}_1$ は x の正の向きであり，$\vec{F}_2$ は x の負の向きである．式(5-4)から，

$$F_1 - F_2 = ma_x$$

与えられた数値を代入して，

$$a_x = \frac{F_1 - F_2}{m} = \frac{4.0\,\text{N} - 2.0\,\text{N}}{0.20\,\text{kg}} = 10\,\text{m/s}^2 \quad \text{(答)}$$

この結果，合力はパックを x 軸の正の向きに加速する．

図5-3fでは力 $\vec{F}_3$ はパックの加速度の方向を向いていない．$\vec{F}_3$ の x 成分 $\vec{F}_{3,x}$ だけがその方向を向いている(力

$\vec{F}_3$ は 2 次元であるが，運動は 1 次元に限られている）。
したがって，式 (5-4) を次のように書くことができる；
$$F_{3,x} - F_2 = ma_x$$
図から，$F_{3,x} = F_3 \cos\theta$ であることがわかる。この式を加速度について解き，$F_{3,x}$ を代入すると，

$$\begin{aligned}
a_x &= \frac{F_{3,x} - F_2}{m} = \frac{F_3 \cos\theta - F_2}{m} \\
&= \frac{(1.0\,\text{N})(\cos 30°) - 2.0\,\text{N}}{0.20\,\text{kg}} \\
&= -5.7\,\text{m/s}^2 \qquad\qquad\qquad (\text{答})
\end{aligned}$$

この結果，合力はパックを x 軸の負の向きに加速する。

✓ **CHECKPOINT 3:** 以下の 4 つの図は，摩擦のない床の上に置いたブロックに 2 つの力が作用して加速度が生じるところを上から見たものである。(a) ブロックに作用する合力の大きさ，(b) ブロックの加速度の大きさ，に従って順位をつけなさい。

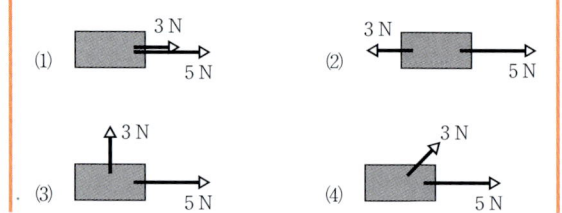

例題 5-2

質量 2.0 kg のクッキーの缶が摩擦のない水平面上にあり，$\vec{a}$ で示す向きに 3.0 m/s² の加速度を持っている（図 5-4a）。加速度は 3 つの水平方向の力によるものであり，そのうちの 2 つ，大きさ 10 N の $\vec{F}_1$ と大きさ 20 N の $\vec{F}_2$ だけが図に示されている。第 3 の力 $\vec{F}_3$ を単位ベクトル表記で表しなさい。また，その大きさと向きを求めなさい。

解法： Key Idea 1： 缶に作用する合力 $\vec{F}_{\text{net}}$ は 3 つの力の和であり，ニュートンの第 2 法則 ($\vec{F}_{\text{net}} = m\vec{a}$) によって缶の加速度と関係づけられている；
$$\vec{F}_1 + \vec{F}_2 + \vec{F}_3 = m\vec{a}$$
これより，
$$\vec{F}_3 = m\vec{a} - \vec{F}_1 - \vec{F}_2 \qquad (5\text{-}5)$$

Key Idea 2： これは 2 次元の問題である；式 (5-5) の右辺にあるベクトル量の大きさを単に代入するだけでは $\vec{F}_3$ を求めることはできない。そうではなく，$m\vec{a}$, $-\vec{F}_1$ ($\vec{F}_1$ の逆ベクトル)，$-\vec{F}_2$ ($\vec{F}_2$ の逆ベクトル) を図 5-4b にあるようにベクトルとして足さなければならない。ここでは，式 (5-5) の右辺を成分を用いて評価しよう。まず x 軸方向の計算を行い，次に y 軸方向の計算を行うことにする。

x 軸方向については，
$$\begin{aligned}
F_{3,x} &= ma_x - F_{1,x} - F_{2,x} \\
&= m(a \cos 50°) - F_1 \cos(-150°) - F_2 \cos(90°)
\end{aligned}$$
与えられた数値を代入すると，
$$\begin{aligned}
F_{3,x} &= (2.0\,\text{kg})(3.0\,\text{m/s}^2) \cos 50° - (10\,\text{N}) \cos(-150°) \\
&\quad - (20\,\text{N}) \cos(90°) \\
&= 12.5\,\text{N}
\end{aligned}$$
同様に y 軸方向については，
$$F_{3,y} = ma_y - F_{1,y} - F_{2,y}$$

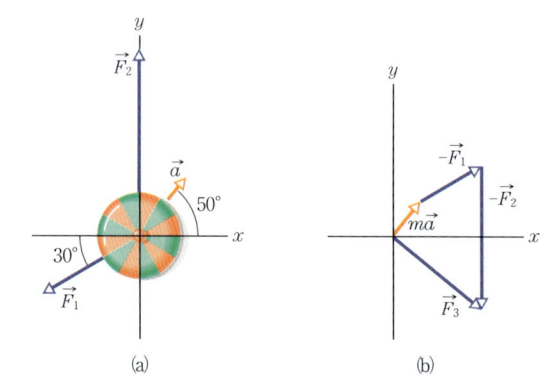

図 5-4 例題 5-2。(a) クッキーの缶に 3 つの水平な力が作用し，加速度 $\vec{a}$ が生じている様子を上から見た図。力のうち 2 つが示されており，$\vec{F}_3$ は示されていない。(b) $\vec{F}_3$ を求めるために $m\vec{a}$, $-\vec{F}_1$, $-\vec{F}_2$ を再配置した図。

$$\begin{aligned}
&= m(a \sin 50°) - F_1 \sin(-150°) - F_2 \sin(90°) \\
&= (2.0\,\text{kg})(3.0\,\text{m/s}^2) \sin 50° - (10\,\text{N}) \sin(-150°) \\
&\quad - (20\,\text{N}) \sin(90°) \\
&= -10.4\,\text{N}
\end{aligned}$$
単位ベクトルを使って $\vec{F}_3$ を表すと，
$$\begin{aligned}
\vec{F}_3 &= F_{3,x}\hat{\text{i}} + F_{3,y}\hat{\text{j}} \\
&= (12.5\,\text{N})\hat{\text{i}} - (10.4\,\text{N})\hat{\text{j}} \approx (13\,\text{N})\hat{\text{i}} - (10\,\text{N})\hat{\text{j}} \quad (\text{答})
\end{aligned}$$
式 (3-6) を使って $\vec{F}_3$ の大きさと (x 軸の正の向きからの) 角度を求めると，
$$F_3 = \sqrt{F_{3,x}^2 + F_{3,y}^2} = 16\,\text{N}$$
および
$$\theta = \tan^{-1} \frac{F_{3,y}}{F_{3,x}} = -40° \qquad\qquad (\text{答})$$

例題 5-3

AlexとBettyとCharlesが車のタイヤを水平方向に引っ張って，2次元の引っ張りあいをしている。図5-5aは上から見たものであり，それぞれが引っ張る向きを示している。タイヤは3人が引っ張っているにもかかわらず静止している。Alexは大きさ220 Nの力 $\vec{F}_A$ で引っ張り，Charlesは大きさ170 Nの力 $\vec{F}_C$ で引っ張っている。$\vec{F}_C$ の方向は与えられていない。Bettyの力 $\vec{F}_B$ の大きさはいくらか。

解法： タイヤを引っ張る3つの力がタイヤを加速していないので，タイヤの加速度は $\vec{a}=0$ である（力はつり合っている）。**Key Idea**: 加速度とタイヤに作用する合力 $\vec{F}_{\text{net}}$ はニュートンの第2法則（$\vec{F}_{\text{net}} = m\vec{a}$）を使って関係づけられる；

$$\vec{F}_A + \vec{F}_B + \vec{F}_C = m(0) = 0$$

または

$$\vec{F}_B = -\vec{F}_A - \vec{F}_C \qquad (5\text{-}6)$$

タイヤの力の作用図を図5-5bに示した。考えやすくするため，この図では座標系の中心にタイヤを置き，$\vec{F}_C$ の角を ϕ とした。

$\vec{F}_B$ の大きさを求めたい。$\vec{F}_A$ については大きさも向きもわかっている。しかし，$\vec{F}_C$ は大きさがわかっているものの角度がわからない。式(5-6)の両辺に未知数が入っているので，ベクトル演算機能付き電卓で直接計算することはできない。その代わりに，式(5-6)を x 成分，y 成分の関係式に書き直す。$\vec{F}_B$ は y 軸の方向を向いているので，まず y 軸方向を選び，

$$F_{By} = -F_{Ay} - F_{Cy}$$

これらの成分を角度を使って表し，$\vec{F}_A$ の角度 $133°$（$= 180° - 47.0°$）を代入して，

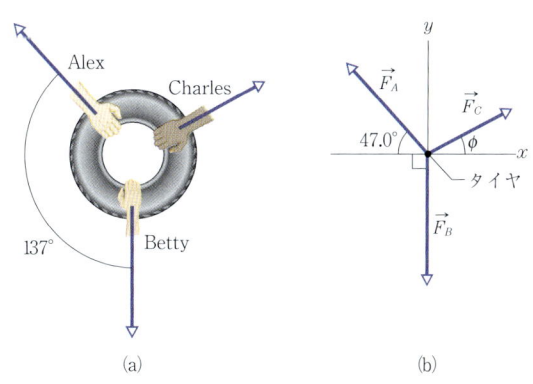

図5-5 例題5-3。(a)タイヤを引っ張る3人の力を上から見た図。(b)タイヤの力の作用図。

$$F_B \sin(-90°) = -F_A \sin(133°) - F_C \sin\phi$$

この式に与えられたデータを代入して，

$$-F_B = -(220\,\text{N})(\sin 133°) - (170\,\text{N}) \sin\phi \qquad (5\text{-}7)$$

しかし，角 ϕ がまだわかっていない。式(5-6)を x 成分について次のように書き直すと角 ϕ を求めることができる。

$$F_{Bx} = -F_{Ax} - F_{Cx}$$

これより，

$$F_B \cos(-90°) = -F_A \cos(133°) - F_C \cos\phi$$

角 ϕ は次のように得られる；

$$0 = -(220\,\text{N})(\cos 133°) - (170\,\text{N}) \cos\phi$$

これより，

$$\phi = \cos^{-1} \frac{-(220\,\text{N})(\cos 133°)}{170\,\text{N}} = 28.04°$$

これを式(5-7)に代入して，答が得られる；

$$F_B = 241\,\text{N} \qquad (答)$$

PROBLEM-SOLVING TACTICS

Tactic 1： *次元とベクトル*
例題5-2の **Key Idea 2** をしっかり理解できない学生が多い。これを理解できないと，これ以降ずっと困ることになる。複数の力の問題を扱うとき，たまたまそれらの力の方向がある共通の軸に沿っていない限り，単純に力の大きさを足したり引いたりして合力の大きさを求めてはならない。例題5-2にあるように，力の方向が同じでなければ各軸の成分を使ってベクトルの足し算をやらなくてはならないのだ。

Tactic 2： *問題をよく理解する*
どんな状況になっているのか，何のデータが与えられているのか，何が求められているのか，頭の中でしっかり思い描けるようになるまで，何度も問題文を読みなさい。

何についての問題かわかっても，次に何をすればわからないときは，問題をひとまず脇において，教科書の本文をもう一度読みなさい。ニュートンの第2法則がまだあやふやであれば，この章を読み直しなさい。例題を勉強しなさい。そして，物理の問題を解くには練習が必要であること（車の修理やコンピュータ素子の設計と同様に）を覚えておこう──生まれながらにその能力が備わっているわけではないのだ。

Tactic 3： *2種類の図を描く*
2つの図が必要になるだろう。ひとつは実際の状況のあらましをスケッチしたものだ。力を描くときは，それぞれの力のベクトルの始点を力を作用させる物体の境界かその物体の中に置く。もうひとつの図は力の作用図で

ある：注目している物体を点またはスケッチで描き，その物体に作用するそれぞれの力のベクトルをその点またはスケッチを始点として描く．

Tactic 4：物体は何か？
ニュートンの第2法則を使おうとするなら，どの物体にその法則を適用しようとしているのか わかっていなければならない．例題5-1ではパックである（氷ではない）．

例題5-2ではクッキーの缶である．例題5-3ではタイヤである（人間ではない）．

Tactic 5：座標軸をうまく選ぶ
例題5-3では，ある座標軸が力のひとつに（y軸が$\vec{F_B}$に）一致するように選ぶことで多くの面倒なことを避けることができた．

5-6　いろいろな力

重　力

ある物体に作用する**重力**(gravitational force) $\vec{F_g}$は，別の物体に向かって引っ張る力である．最初のほうの章ではこの力の性質について議論せず，第2の物体が地球であるとみなしていた．したがって，物体に作用する重力$\vec{F_g}$というときは，その物体を真っ直ぐ地球の中心に向かって引っ張る力——地面に向かって下向きに働く力——のことを意味している．ここでは地面が慣性系であると考えよう．

質量mの物体が大きさgの重力加速度で自由落下するとき，空気の影響を無視するなら，その物体に作用する力は重力$\vec{F_g}$だけである．この下向きの力と下向きの加速度をニュートンの第2法則（$\vec{F}=m\vec{a}$）を使って関係づけることができる．鉛直方向のy軸を物体の軌道に沿うものとし，上向きを正の向きにとると，ニュートンの第2法則は$F_{\text{net},y}=ma_y$と表すことができる．ここでは，

$$-F_g = m(-g)$$

または

$$F_g = mg \tag{5-8}$$

言い換えると，重力の大きさは積mgに等しい．

自由落下以外のときでも，物体がビリヤード台の上に置かれて静止しているときでも，運動しているときでも，同じ大きさの重力が作用している（重力を消すためには，地球を消滅させなければならない）．重力に関するニュートンの第2法則をベクトルで表すと次のようになる；

$$\vec{F_g} = -F_g\hat{j} = -mg\hat{j} = m\vec{g} \tag{5-9}$$

$\hat{j}$はy軸に沿って上向き，地面から遠ざかる向きの単位ベクトルであり，$\vec{g}$は（ベクトルで表した）下向きの重力加速度である．

重　さ

ある物体の**重さ**(weight，重量) Wとは，その物体が自由落下するのを防ぐために必要な合力の大きさを地上で測定したものである．地上にいる人が手に持ったボールを静止させるには，地球がボールに与える重力とつり

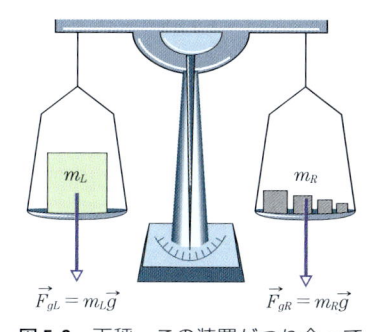

図 5-6 天秤。この装置がつり合っているとき、(左の皿にのっている)測るべき物体に作用する重力の大きさと(右の皿にのっている)分銅全体に作用する重力の大きさは等しい。したがって、この物体の質量は分銅全体の質量に等しい。

合うだけの上向きの力を作用させなくてはならない。その上向きの力の大きさが2.0Nだったとすると、そのボールの重さ W は2.0Nということになる。

3.0Nの重さのボールを支えるには、もっと大きな力(3.0N)の力が必要になるだろう。その理由は、つり合うべき重力の大きさが前より大きいからである。このとき、2番目のボールは最初のボールよりも重いという。

状況を一般化をしてみよう。地面に対する加速度 $\vec{a}$ がゼロである物体を考える。地面は慣性系であるとみなす。この物体には2つの力が働いている;下向きの重力 $\vec{F}_g$ とそれにつり合う上向きで大きさ W の力である。鉛直上向きを y 軸の正の向きにとって、ニュートンの第2法則を書くと;

$$F_{\text{net},y} = ma_y$$

ここでは、

$$W - F_g = m(0) \qquad (5\text{-}10)$$

または

$$W = F_g \quad (\text{地面を慣性系としたときの重さ}) \qquad (5\text{-}11)$$

この式は、(地面を慣性系とみなした場合)次のことを示している。

▶ 物体の重さ W はその物体に作用する重力の大きさ F_g に等しい。

式(5-8)の F_g を mg で置き換えると、

$$W = mg \quad (\text{重さ}) \qquad (5\text{-}12)$$

この式は物体の質量と重さの関係を表している。

物体の重さを測る方法のひとつは、天秤(図5-6)の片方の皿にその物体をのせ、天秤がつり合うまで(両側に作用する重力の大きさが一致するまで)、もう一方の皿に質量のわかっている分銅をのせていく。2つの皿にのった質量が一致したとき、この物体の質量 m がわかる。この天秤が置かれている場所での g の値がわかっていれば、式(5-12)からこの物体の重さを知ることができる。

また、ばね秤(図5-7)を使って重さを測ることもできる。物体がばねを伸ばし、ばねに付いた指針が、あらかじめ質量ないしは重さの単位で較正された目盛に沿って動く(風呂場におかれている体重計やヘルスメータのほとんどはこの方式のものである)。目盛が質量単位で刻まれている場合は、計測場所の g の値が、秤が較正された場所の g の値と同じときだけ計測は正確である。

物体の重さを測るときは、地面に対し鉛直方向の加速度をもたない状態で行わなくてはならない。風呂場や、高速列車のなかで秤を用いて重さを測ることはできる。しかし、加速中のエレベーターの中で同じ秤を用いて測定しなおすと、加速度のせいでその秤は異なる値を示すだろう。そのような測定値を*見かけの重さ*という。

注意: 物体の重さは物体の質量ではない。重さとは力の大きさのこと

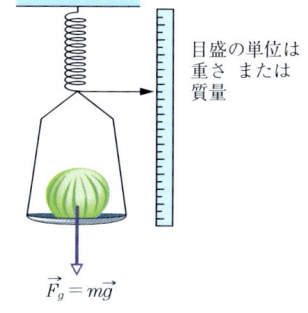

図 5-7 ばね秤。その読みは皿の上に置かれた物体の重さに比例し、物差しの目盛が重さの単位で書かれていれば、重さを示す。目盛が質量の単位で書かれていると、その読みはその物差しが較正された場所の重力加速度と等しい場合だけしか正確ではない。

であり，式(5-12)により質量と関係づけられている．その物体をgの値が異なる場所へ移動させると，(その物体の固有の性質である)質量は変化しないが，重さは変化する．例えば，質量7.2 kgのボウリングのボールの重さは地球では71 Nであるが，月では12 Nである．質量は地球でも月でも同じであるが，月面での重力加速度はたったの1.7 m/s^{2}しかないのだ．

垂直抗力

布団の上に立つと，地球に引っ張られているにもかかわらず，あなたはそのまま動かない．その理由は，布団があなたのせいで下向きに変形し，あなたを押し上げるからである．同様に，床に立ったとすると，床は変形し(わずかながらも，圧縮されるか，曲がるか，反り返るかして)あなたを押し上げる．曲がらないように見えるコンクリートの床でも同じことが起きている(もしその床が直接地面の上にのっていなければ，多くの人がのって壊れてしまうこともある)．布団や床があなたを押す力のことを**垂直抗力**(normal force)といい，通常$\vec{N}$で表す．

▶ 物体がある面を押すとき，その面は(たとえ曲がらないように見える面であっても)変形し，その面に対して垂直な力$\vec{N}$でその物体を押す．

図5-8aに例を示した．水平なテーブルの上に置かれた質量mのブロックは，ブロックに作用する重力$\vec{F}_g$のせいでテーブルを下向きに押し，いくらかテーブルを変形させる．テーブルは垂直抗力$\vec{N}$でブロックを押し上げる．その力の作用図を図5-8bに示した．このブロックに働く力は$\vec{F}_g$と$\vec{N}$だけであり，どちらも鉛直方向である．このブロックに関するニュートンの第2法則を，上向きを正にとったy軸について書くと($F_{\text{net},y} = ma_y$)

$$N - F_g = ma_y$$

式(5-8)を使ってF_gをmgで置き換えると，

$$N - mg = ma_y$$

したがって，垂直抗力の大きさは次のようになる；

$$N = mg + ma_y = m(g + a_y) \tag{5-13}$$

この式はテーブルとブロックがどんな加速度をもっていても適用できる(加速中のエレベーターの中でもよい)．もしテーブルとブロックが地面に対して加速度をもたなければ，$a_y = 0$であり，式(5-13)は，

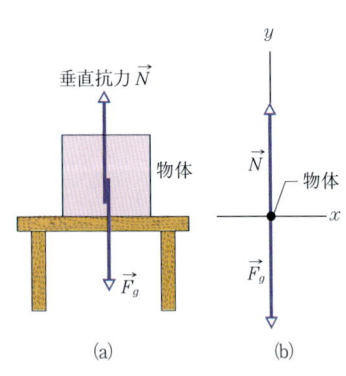

$$N = mg \tag{5-14}$$

図5-8 (a)テーブルの上に置かれた物体はテーブルの表面に垂直な力$\vec{N}$を受ける．(b)対応する力の作用図．

✓ **CHECKPOINT 4**：図5-8のテーブルとブロックがエレベータの中にあるとしよう．エレベータが(a)一定の速度で上昇中のとき，(b)速度が大きくなっているとき，それぞれの場合の垂直抗力$\vec{N}$の大きさはmgよりも大きいか，小さいか，それとも等しいだろうか．

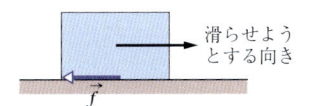

図 5-9 摩擦力 $\vec{f}$ は面上で物体が滑るのを妨げる。

摩 擦

物体を面上で滑らせる，あるいは滑らせようとするとき，その運動は物体と面の間の結合によって抵抗を受ける（この結合に付いては次章で詳しく議論する）。この抵抗をひとつの力 $\vec{f}$ とみなし，**摩擦力**（frictional force），あるいは単に**摩擦**（friction）という。この力は表面に沿っており，動かそうとする向きと逆向きである（図5-9）。状況を単純化するため，摩擦を無視できるとみなすこともよくある（摩擦のない表面）。

張　力

物体にひも（綱，ケーブル等）を結びつけてぴんと張ると，ひもはひもに沿った向きに力 $\vec{T}$ で物体を引っ張る（図5-10a）。ひもはぴんと張られた状態にあるので，この力を**張力**（tension）とよぶ。ひもの張力は物体が受ける力 $\vec{T}$ の大きさである。物体が受ける力の大きさが $T = 50\,\text{N}$ であれば，ひもの張力は50Nである。

　質量がなく（物体の質量に対してひもの質量が無視できることを意味する）伸び縮みしないひもがしばしば登場する。このとき，ひもは2つの物体を結びつけるだけの存在となる。ひもは両方の物体を同じ大きさ T の力で引っ張る；たとえ物体とひもが加速度運動をしていても，またひもが（質量をもたず摩擦のない）滑車に巻きついて運動しているときでも（図5-10b, c）同様である。このような滑車の質量は物体の質量に対して無視することができ，回転を妨げようと中心軸に働く摩擦も無視できる。図5-10cにあるようにひもが滑車を半周しているとき，滑車がひもから受ける合力の大きさは $2T$ になる。

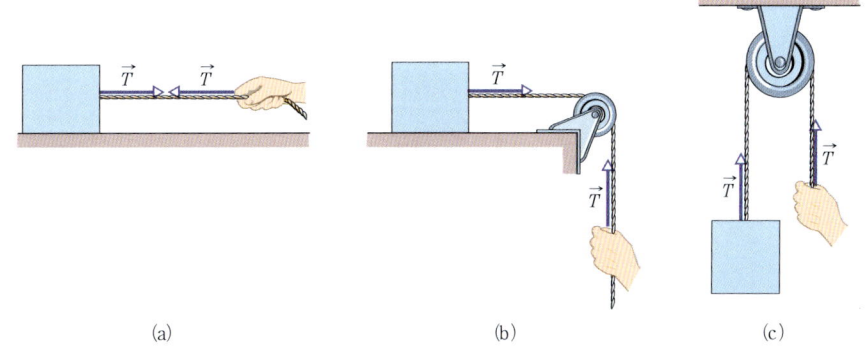

図 5-10 (a) ぴんと張ったひもに張力が働いている。ひもの質量を無視できる場合，ひもはその物体と手を $\vec{T}$ の力で引っ張る。これは，図(b)や(c)のように質量も摩擦もない滑車を使った場合でも同じである。

> ✓ **CHECKPOINT 5：** 図5-10cでロープにつり下げられた物体の重さは75Nである。物体が，(a) 一定の速さで，(b) 加速しながら，(c) 減速しながら，上向きに運動しているとき，T は75Nより大きいか，小さいか，それとも等しいか。

PROBLEM-SOLVING TACTICS

Tactic 6: 垂直抗力

垂直抗力の式(5-14)は $\vec{N}$ が鉛直上向きで，物体の加速度がゼロのときだけ成立する。$\vec{N}$ が他の方向を向いていたり，鉛直方向の加速度がゼロでないときには適用できない。このような場合は，ニュートンの第2法則を用いて $\vec{N}$ に関する別の表現を導かなくてはならない。向きを変えない限り，$\vec{N}$ は図のどこに移動させても良い。例えば，図5-8aでこのベクトルの終点を下にずらして物体とテーブルの境に移動しても構わない。しかし，$\vec{N}$ の始点を物体とテーブルの境い目か，(図に示すように) 物体の中に置く方が誤解を生じない。もっと良いのは図5-8bのような力の作用図を描くことである。この図では，$\vec{N}$ は点で表された物体にその始点を置いている。

例題 5-4

John Massis と鉄道の客車に戻ろう。Massis はロープの一端を歯でくわえ，一定の力(自分の体重の2.5倍の力) で水平から30°の向きに引っ張った。Massis の質量は $m = 80\,\text{kg}$，客車の重さは $W = 700\,\text{kN}$ であり，客車は線路に沿って1.0m動いた。回転する車輪は線路から何の抵抗も受けなかったとしよう。彼が客車を引っ張り終えたときの，客車の速さを求めなさい。

解法: **Key Idea 1**: ニュートンの第2法則から，Massis が客車に及ぼす水平方向の一定の力は客車に一定の加速度を与える。加速度一定の1次元運動だから，表2-1にある式を使って距離 $d = 1.0\,\text{m}$ だけ引っ張ったあとの速度 v を求めることができる。v を含む式が必要になるので式(2-16)を使ってみよう。

$$v^2 = v_0^2 + 2a(x - x_0) \qquad (5\text{-}15)$$

図5-11の力の作用図に示すように，運動の向きを x 軸にとる。初速度 v_0 は 0，変位 $x - x_0$ は $d = 1.0\,\text{m}$ であることがわかっている。しかし，x 軸に沿った加速度 a がまだわかっていない。

Key Idea 2: ニュートンの第2法則を使って a とロープが客車に及ぼす力を関係づけられる。図5-11の x 軸方向についてこの法則を $F_{\text{net},x} = ma_x$ のように書く。または，M を客車の質量として次のように表する；

$$F_{\text{net},x} = Ma \qquad (5\text{-}16)$$

客車に働く x 軸方向の唯一の力は，Massis の引くロープが客車に及ぼす張力 $\vec{T}$ の水平成分 $T\cos\theta$ である。したがって，式(5-16)は，

$$T\cos\theta = Ma \qquad (5\text{-}17)$$

T は Massis の体重の2.5倍であることがわかっている。式(5-12)から，彼の重さは mg に等しいので，次のようになる；

$$T = 2.5mg = (2.5)(80\,\text{kg})(9.8\,\text{m/s}^2) = 1960\,\text{N}$$

この力は，中量級の重量挙げの一流の選手が出すことのできるものであり，超人的な力にはほど遠い。

式(5-17)を使って a を求めるためには，M の値が必要である。M を求めるには，再び式(5-12)を使えばよいが，今度は客車の重さ W から求めなくてはならない。

$$M = \frac{W}{g} = \frac{7.0 \times 10^5\,\text{N}}{9.8\,\text{m/s}^2} = 7.143 \times 10^4\,\text{kg}$$

式(5-17)を書き直して T, M, θ の値を代入すると，

$$a = \frac{T\cos\theta}{M} = \frac{(1960\,\text{N})(\cos 30°)}{7.143 \times 10^4\,\text{kg}} = 0.02376\,\text{m/s}^2$$

この値と他のすでにわかっている値を式(5-15)に代入すると，

$$v^2 = 0 + 2\,(0.02376\,\text{m/s}^2)(1.0\,\text{m})$$

これより，

$$v = 0.22\,\text{m/s} \qquad (答)$$

Massis がロープが水平になるように客車のもっと上の部分に結びつけていたなら，もっとうまくいっただろう。その理由がわかるかな？

図 5-11 例題5-4。Massis に引っ張られる客車の力の作用図。ベクトルは大きさ通りに描かれているわけではない；ロープが客車に及ぼす力 $\vec{T}$ は線路が客車におよぼす垂直抗力 $\vec{N}$ と客車に働く重力 $\vec{F_g}$ に比べるとずっと小さい。

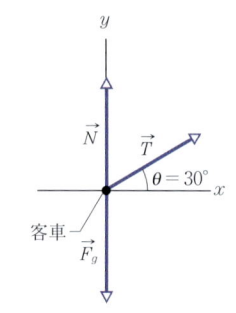

5-7 ニュートンの第3法則

2つの物体が互いに押したり引いたりするとき，これら2つの物体は相互作用をしているという——片方の物体を起源とする力が，もう片方の物体に作用している。本Bを箱Cに立てかけるとしよう(図5-12a)。このとき，

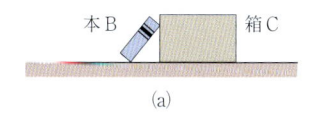

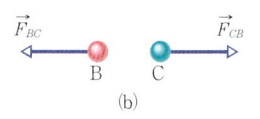

図 5-12 (a)本 B が箱 C に立てかけられている。(b)ニュートンの第 3 法則によれば，箱が本に及ぼす力 $\vec{F}_{BC}$ は本が箱に及ぼす力 $\vec{F}_{CB}$ と大きさが等しく向きが反対である

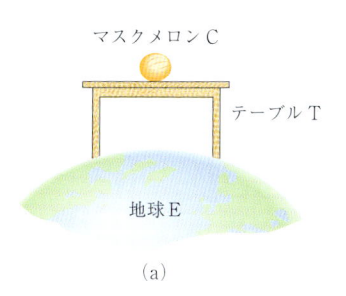

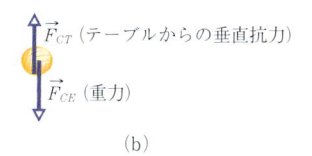

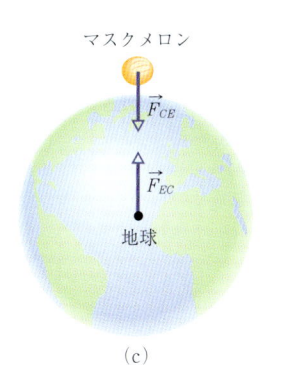

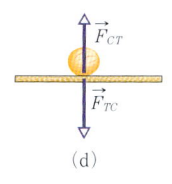

本と箱は相互作用をしている：箱から本への（箱を起源とする）水平な力 $\vec{F}_{BC}$ と本から箱への（本を起源とする）水平な力 $\vec{F}_{CB}$ が存在する。この力の対を図5-12bに示した。ニュートンの第 3 法則は次の通りである。

▶ **ニュートンの第 3 法則**：2 つの物体が相互作用するとき，それぞれの物体が他方の物体に及ぼす力の大きさは等しく，力の向きは反対である。

本と箱の場合，スカラーの関係式でこの法則を書くと，

$$F_{BC} = F_{CB} \quad (力の大きさが等しい)$$

ベクトルの関係式で書けば

$$\vec{F}_{BC} = -\vec{F}_{CB} \quad (大きさが等しく反対向きの力)$$

負符号は 2 つの力が反対向きであることを意味している。相互作用する 2 つの物体に働くこれらの力のことを**作用・反作用の力の対**（third-law force pair）と呼ぶことがある。2 つの物体がどのような状況で相互作用しても，この作用・反作用の力は存在する。図5-12aでは本と箱は静止しているが，第 3 法則は，それらが運動していても加速度をもっていても成り立つ。

別の例として，地球上に置いたテーブルの上にあるマスクメロン（cantaloupe）に関する作用・反作用の力を調べてみよう（図5-13a）。マスクメロンはテーブルと相互作用し，地球とも相互作用している（このとき，相互作用を考えなくてはならない物体が 3 つある）。

まず，マスクメロンだけに焦点を当ててみよう（図5-13b）。力 $\vec{F}_{CT}$ はテーブルがマスクメロンに及ぼす垂直抗力であり，力 $\vec{F}_{CE}$ は地球がマスクメロンに及ぼす重力である。これらは作用・反作用の力だろうか？ いや，これらの力はひとつの物体，すなわちマスクメロンに働いている力であり，相互作用する 2 つの物体の間の力ではない。

作用・反作用の力を見つけるには，マスクメロンだけに着目するのではなく，マスクメロンと残りの 2 つの物体の間の相互作用に着目しなくてはならない。まず，マスクメロン-地球相互作用（図5-13c）では，地球がマスクメロンを力 $\vec{F}_{CE}$ で引っ張り，マスクメロンが地球を力 $\vec{F}_{EC}$ で引っ張っている。これらの 2 つの力は作用・反作用の力だろうか？ その通り，これらは相互作用する 2 つの物体に働く力であり，一方の物体が他方の物体に及ぼす力である。ニュートンの第 3 法則によって；

$$\vec{F}_{CE} = -\vec{F}_{EC} \quad (マスクメロン\text{-}地球相互作用)$$

次に，マスクメロン-テーブル相互作用では，テーブルがマスクメロンに及ぼす力が $\vec{F}_{CT}$ であり，マスクメロンがテーブルに及ぼす力が $\vec{F}_{TC}$ である（図5-13d）。これらの力はやはり作用・反作用の力なので，

$$\vec{F}_{CT} = -\vec{F}_{TC} \quad (マスクメロン\text{-}テーブル相互作用)$$

図 5-13 (a)マスクメロンは地球に立ったテーブルの上に載っている。(b)マスクメロンに働く力は $\vec{F}_{CT}$ と $\vec{F}_{CE}$ である。(c)マスクメロンと地球に関する作用・反作用の力。(d)マスクメロンとテーブルに関する作用・反作用の力。

✓ **CHECKPOINT 6:** 図5-13のマスクメロンとテーブルが上向きに加速を始めるエレベータの中にあったとしよう。(a)力 $\vec{F}_{TC}$ と $\vec{F}_{CT}$ の大きさは大きくなるか，小さくなるか，それとも変化しないか？ (b)これらの2つの力は，やはり大きさが等しく，向きが反対なのだろうか？ (c)力 $\vec{F}_{CE}$ と力 $\vec{F}_{EC}$ の大きさは大きくなるか，小さくなるか，それとも変化しないか？ (d)この2つの力は，やはり大きさが等しく，向きが反対なのだろうか？

5-8　ニュートンの法則の応用

この章の残りの部分は例題で構成されている。単に個々の解法を学ぶのではなく，これらの例題をじっくりと考えることで問題に取り組む手順を学ばなくてはならない。特に重要なことは，ニュートンの法則を適用できるようにするため，問題を適切な座標を用いた力の作用図に翻訳する方法を見つけることである。まず，問答形式を使って徹底的に詳しく例題を解いてみることから始めよう。

例題 5-5

図5-14は質量 $M = 3.3 \text{kg}$ のブロックS（滑りブロック）を示している。このブロックは空気テーブルのような摩擦のない水平面上を自由に運動する。この1つ目のブロックは2つ目の質量 $m = 2.1 \text{kg}$ のブロックH（ぶら下がりブロック）と滑車にかけられた摩擦のないひもで結ばれている。ひもと滑車の質量はブロックの質量に対して無視できる。ぶら下がりブロックHは落下し，滑りブロックSは右方向に加速される。(a)滑りブロックの加速度，(b)ぶら下がりブロックの加速度，(c)ひもの張力，を求めなさい。

問　これは何に関する問題だろうか？
　2つの物体，すなわち滑りブロックとぶら下がりブロックがあり，さらに，これらの物体を引っ張る地球がある（地球がなければ何も起こらないだろう）。2つのブロックには図5-15に示すような合計5個の力が働いている。

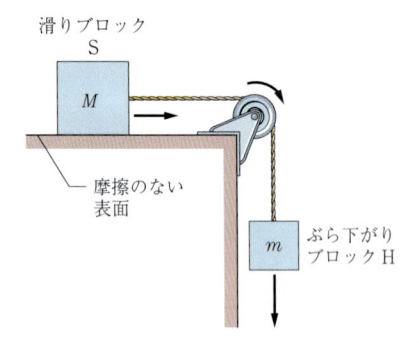

図 5-14　例題5-5。質量 M のブロックSが質量 m のブロックHと滑車にかけられたひもによって結ばれている。

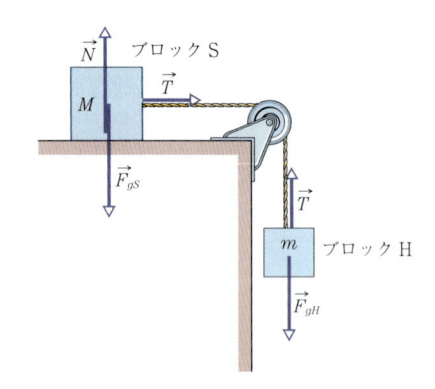

図 5-15　図5-14の2つのブロックに働く力。

1. ひもは滑りブロックSを右向きに大きさ T の力で引っ張る。
2. ひもはぶら下がりブロックHを上向きに同じ大きさ T の力で引っ張る。この上向きの力のせいで，ぶら下がりブロックは自由落下できない。
3. 地球は滑りブロックSを重力 $\vec{F}_{gS}$ で下向きに引っ張り，その力の大きさは Mg に等しい。
4. 地球はぶら下がりブロックHを重力 $\vec{F}_{gH}$ で下向きに引っ張り，その力の大きさは mg に等しい。
5. テーブルは滑りブロックSを垂直抗力 $\vec{N}$ で上向きに押し上げている。

もうひとつ注意しておくべきことがある。ひもは伸び縮みしないと仮定しているので，もしブロックHがある時間内に1mm落ちれば，同じ時間内にブロックSも1mm右向きに移動する。これは，2つのブロックが一緒に動くことを意味しており，2つのブロックの加速度の大きさは等しい。

問 どのような問題として捉えたらよいのだろう。この問題は，何かある物理法則を示唆しているのだろうか？

その通り。力，質量，そして加速度が問題に含まれており，ニュートンの第2法則 $\vec{F}_{net} = m\vec{a}$ を示唆しているに違いない。これが出発点となる **Key Idea** である。

問 この問題にニュートンの法則を適用するとするなら，どの物体に適用するべきだろうか？

この問題では2つの物体，すなわち滑りブロックとぶら下がりブロックに焦点を当てている。これらは広義の物体である（点状ではない）が，そのすべての部分が（すべての原子が）同じように動くので，それぞれのブロックをひとつの粒子として扱ってよい。**Key Idea**：ニュートンの第2法則をそれぞれのブロックに適用する。

問 滑車についてはどうだろう？

滑車の各部分は異なる動き方をするので，滑車を粒子とみなすことはできない。後の章で回転を議論するとき，滑車についてより詳しく扱うことにする。今のところは，滑車の質量はブロックの質量に対して無視できるものとして，考えないことにする。このとき，滑車の役割は，ひもの方向を変えるだけである。

問 OK。では，どうすれば滑りブロックに $\vec{F}_{net} = m\vec{a}$ を適用できるのか？

図5-16aは，ブロックSを質量Mの粒子とみなし，それに働くすべての力を描いたブロックに関する力の作用図である。3つの力がある。次に座標軸を描く。x軸をテーブルと平行に，ブロックSが進む向きに選ぶとよいだろう。

問 ありがとう。でも，$\vec{F}_{net} = m\vec{a}$ をどのように適用すればよいか，まだ教えてもらっていない。教えてもらったのは力の作用図の描き方だけだ。

その通り。**Key Idea**：$\vec{F}_{net} = M\vec{a}$ という表現はベクトル式であり，3成分の式に書き直すことができる。

$$F_{net,x} = Ma_x, \quad F_{net,y} = Ma_y, \quad F_{net,z} = Ma_z \quad (5\text{-}18)$$

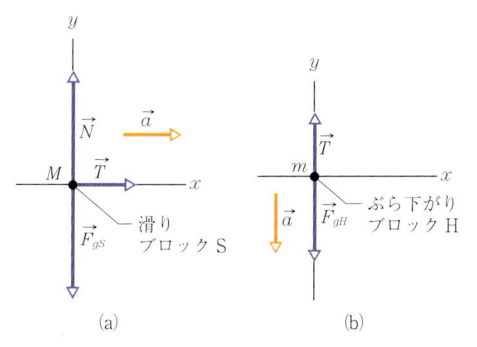

図5-16 (a) 図5-14のブロックSの力の作用図。(b) 図5-14のブロックHの力の作用図。

$F_{net,x}$, $F_{net,y}$, $F_{net,z}$ は3つの座標軸に沿った力の成分である。それぞれの成分の式を対応する方向について適用する。

ブロックSは鉛直方向には加速されないので $F_{net,y} = Ma_y$ は次のようになる；

$$N - F_{gS} = 0 \quad \text{または} \quad N = F_{gS}$$

y方向では，ブロックSに対する垂直抗力の大きさとそのブロックに対する重力の大きさは等しい。紙面に垂直なz方向に力は働いていない。x方向には力Tだけが働いているので $F_{net,x} = Ma_x$ は次のようになる；

$$T = Ma \quad (5\text{-}19)$$

この式は2つの未知変数，Tとa，を含んでいるのでまだ解けない。しかし，ぶら下がりブロックについてまだ何も考えていないということを思い出そう。

問 了解。ぶら下がりブロックにはどのように $\vec{F}_{net} = m\vec{a}$ を適用すればよいのか。

ブロックSに対して適用したのと同じようにやればよい：図5-16bのように，ブロックHに関する力の作用図を描こう。そして，$\vec{F}_{net} = m\vec{a}$ を各成分に適用しよう。今度は加速度がy軸の方向なので，式(5-18)の第2式$(F_{net,y})$を使って，

$$T - F_{gH} = ma_y$$

F_{gH}をmgで，a_yを$-a$で置き換えることができるので（負符号はブロックHが下向き，すなわちy軸の負の向きに加速されるため），

$$T - mg = -ma \quad (5\text{-}20)$$

式(5-19)と(5-20)が共通の2つの未知変数を含む連立方程式であることに注意しよう。この連立方程式をaについて解くと，

$$a = \frac{m}{M+m} g \quad (5\text{-}21)$$

この結果を式(5-19)に代入して，

$$T = \frac{Mm}{M+m} g \quad (5\text{-}22)$$

与えられた数値を使うと，2つの量は以下のようになる；

$$a = \frac{m}{M+m} g = \frac{2.1\,\text{kg}}{3.3\,\text{kg} + 2.1\,\text{kg}} (9.8\,\text{m/s}^2)$$
$$= 3.8\,\text{m/s}^2 \quad \text{（答）}$$

および

$$T = \frac{Mm}{M+m} g = \frac{(3.3\,\text{kg})(2.1\,\text{kg})}{3.3\,\text{kg} + 2.1\,\text{kg}} (9.8\,\text{m/s}^2)$$
$$= 13\,\text{N} \quad \text{（答）}$$

問 これで問題は解けたのだろうか？

これはいい質問だ。しかし，得られた結果がもっともらしいかどうか検証するまで，問題が本当に解けたことにはならない。（もしあなたが仕事でこの計算をやったとして，その計算結果を提出する前に，それがもっとも

らしいかどうか知りたいと思わないか？）

まず，式(5-21)を見てみよう。この式の次元が正しく，加速度 a は必ず g よりも小さいことがわかるだろう。これは，ぶら下がりブロックは自由落下しないので当然である。ひもが上向きに引っ張っているのだ。

次に式(5-22)を見てみよう。この式は次のように書き直せる；

$$T = \frac{M}{M+m} mg \qquad (5\text{-}23)$$

T も mg も力の次元をもっているので，この表現の方が次元が正しいかどうか判断しやすい。式(5-23)から，ひもの張力 T が必ず mg よりも小さいこと，すなわちぶら下がりブロックに働く重力よりも小さいことがわかる

ので，満足できる結果となった。もし T が mg よりも大きければぶら下がりブロックは上向きに加速されてしまう。

答を簡単に予想できる特殊な場合を考えることで，結果をチェックすることもできる。単純な例は，この実験が宇宙空間で行われたかのように，$g = 0$ としてみることである。この場合，ブロックは静止したまま動かず，ひもの両端に力は働かず，その結果ひもの張力はゼロになるだろうということを我々は了解している。得られた式はこれを予言しているだろうか？ 式(5-21)と式(5-22)に $g = 0$ を代入すると $a = 0$ と $T = 0$ を得る。簡単に試すことのできる他の特殊な場合は，$M = 0$ の場合と $m \to \infty$ の場合である。

例題 5-6

図5-17aにあるように，質量 15.0 kg のブロックBが質量 m_K の結び目Kからひもで吊り下げられている。結び目Kは天井から2本のひもで吊り下げられている。ひもの質量は無視してよく，結び目に働く重力もブロックに働く重力に比べて無視してよい。3本のひもの張力はそれぞれいくらか。

解法： まずブロックから始める。ブロックには1本のひもしか繋がっていない。図5-17bに示した力の作用図はブロックに働く力，すなわち重力 $\vec{F_g}$（大きさ Mg）とひもの張力 $\vec{T_3}$，を示している。**Key Idea**：ニュートンの第2法則（$\vec{F}_{net} = m\vec{a}$）を使って，この2つの力とブロックの加速度を関係づける。2つの力はどちらも鉛直方向の力であり，この法則の鉛直成分の式（$F_{net,y} = ma_y$）は次のように書ける；

$$T_3 - F_g = Ma_y$$

F_g を Mg で置き換え，ブロックの加速度 a_y を 0 にすると，

$$T_3 - Mg = M(0) = 0$$

これは，2つの力がつり合っていることを示している。$M(=15.0\,\text{kg})$ と g の値を代入して T_3 を求めると，

$$T_3 = 147\,\text{N} \qquad (答)$$

次に結び目に関する力の作用図（図5-17c）を考える。結び目に働く重力は無視できるのでこの図には描かれていない。**Key Idea**：ニュートンの第2法則（$\vec{F}_{net} = m\vec{a}$）を使って，この結び目に働く3つの力と加速度を関係づけることができる；

$$\vec{T_1} + \vec{T_2} + \vec{T_3} = m_K \vec{a_K}$$

結び目の加速度に 0 を代入すると，

$$\vec{T_1} + \vec{T_2} + \vec{T_3} = 0 \qquad (5\text{-}24)$$

これは，結び目に働く3つの力がつり合っていることを示している。$\vec{T_3}$ は大きさも向きもわかっているが，$\vec{T_2}$ は向きだけがわかっていて大きさはわからないので，ベクトル演算機能付き電卓で直接計算することはできな

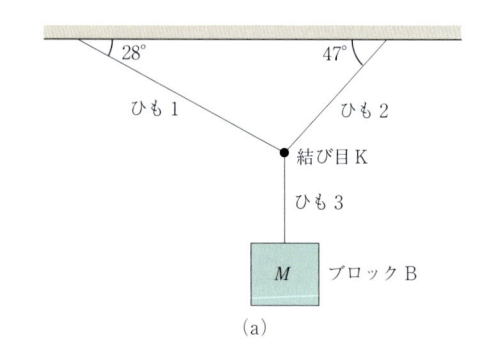

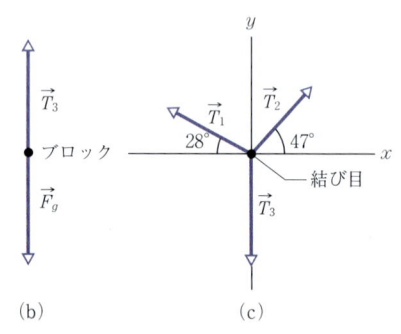

図 5-17 例題 5-6。(a)質量 M のブロックが結び合わせた3本のひもで吊り下げてある。(b)ブロックの力の作用図。(c)結び目の力の作用図。

い。

その代わり，式(5-24)を x 成分と y 成分の式に書き直せばよい。x 成分は，

$$T_{1x} + T_{2x} + T_{3x} = 0$$

与えられた数値を使うと，

$$-T_1 \cos 28° + T_2 \cos 47° + 0 = 0 \qquad (5\text{-}25)$$

（最初の項は上に示した書き方と，x 軸の正の方向から測った角を使って $T_1 \cos 152°$ と書く方法と，2通りが可能である。）

5-8 ニュートンの法則の応用　79

同様に，式(5-24)の y 成分は，
$$T_{1y} + T_{2y} + T_{3y} = 0$$
または
$$T_1 \sin 28° + T_2 \sin 47° - T_3 = 0$$
前に求めたの値を代入すると，
$$T_1 \sin 28° + T_2 \sin 47° - 147\,\text{N} = 0 \quad (5\text{-}26)$$
式(5-25)と(5-26)には，それぞれ2つの未知変数があるので単独で解くことはできないが，これらの未知数は2式で共通だから連立させて解くことができる．(代入法を使うか，適当に式の足し算，引き算をを行うことで)次の結果を得る；
$$T_1 = 104\,\text{N} \quad \text{および} \quad T_2 = 134\,\text{N} \quad (答)$$
ひもの張力はひも1が104N，ひも2が134N，ひも3が147Nである．

例題 5-7

図5-18aにあるように，傾斜角 $\theta = 27°$ の摩擦のない平面上で質量15 kgのブロックがひもを使って固定されている．

(a) ブロックがひもから受ける力 $\vec{T}$ の大きさと，平面から受ける垂直抗力 $\vec{N}$ の大きさを求めなさい．

解法：ブロックに働くこれら2つの力と重力を，図5-18bの力の作用図に示した．このブロックに働く力はこの3つだけである．**Key Idea**：ニュートンの第2法則 ($\vec{F}_{\text{net}} = m\vec{a}$) を使ってこれらの力とブロックの加速度を関係づけられる；
$$\vec{T} + \vec{N} + \vec{F}_g = m\vec{a}$$
ブロックの加速度 $\vec{a}$ に0を代入すると，
$$\vec{T} + \vec{N} + \vec{F}_g = 0 \quad (5\text{-}27)$$
これは3つの力がつり合っていることを示している．

式(5-27)には未知数が2つあるので，ベクトル演算機能付き電卓を用いて直接解くことはできない．そこで式を成分に分けて書き直さなくてはならない．図5-18bに示すように，斜面と平行に x 軸をとることにしよう；2つの力 ($\vec{T}$ と $\vec{N}$) は座標軸の方向を向くことになり，各成分を簡単に求められる．重力 $\vec{F}_g$ の各成分を求めるには，斜面の傾き θ が y 軸と $\vec{F}_g$ のなす角に等しいことに着目しよう．x 成分 F_{gx} は $-F_g \sin \theta$ すなわち $-mg \sin \theta$ であり，y 成分 F_{gy} は $-F_g \cos \theta$ すなわち $-mg \cos \theta$ ある．

式(5-27)の x 成分は，
$$T + 0 - mg \sin \theta = 0$$
これから T が求められる；
$$T = mg \sin \theta = (15\,\text{kg})(9.8\,\text{m/s}^2)(\sin 27°)$$
$$= 67\,\text{N} \quad (答)$$
同様に，式(5-27)の y 成分は，
$$0 + N - mg \cos \theta = 0$$
または
$$N = mg \cos \theta = (15\,\text{kg})(9.8\,\text{m/s}^2)(\cos 27°)$$
$$= 131\,\text{N} \approx 130\,\text{N}$$

(b) ここでひもを切ったとする．ブロックが斜面に沿って滑り落ちるとき，加速度運動をするだろうか？ もしそうなら，加速度はいくらか．

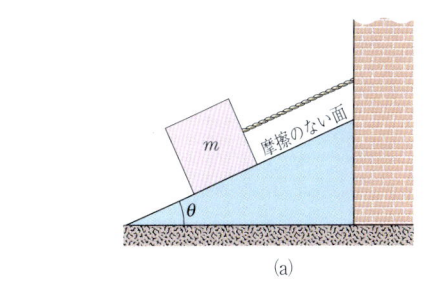

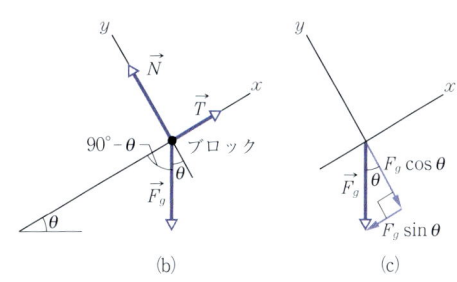

図 5-18 例題5-7。(a)質量 m のブロックがひもで滑り落ちないようになっている。(b)ブロックの力の作用図。(c) $\vec{F}_g$ の x 成分と y 成分。

解法：ひもを切るとひもからの力 $\vec{T}$ がなくなる．y 軸方向で垂直抗力と重力の成分 F_{gy} は依然として釣り合っている．しかし，x 軸方向ではブロックに力 F_{gx} だけが働いている；その力は斜面 (x 軸) に沿って下向きであるので，この力の成分はブロックを平面に沿って下向きに加速させるに違いない．**Key Idea**：F_{gx} とそれがもたらす加速度 a をニュートンの第2法則の x 成分の式 ($F_{\text{net},x} = ma_x$) を使って関係づければよい；
$$F_{gx} = ma$$
または
$$-mg \sin \theta = ma$$
これより，
$$a = -g \sin \theta \quad (5\text{-}28)$$
わかっている数値を代入すると，
$$a = -(9.8\,\text{m/s}^2)(\sin 27°) = -4.4\,\text{m/s}^2 \quad (答)$$
この加速度 a の大きさは，自由落下の加速度の大きさ9.8 m/s² よりも小さい．これは，$\vec{F}_g$ の一部 (斜面に沿った成分) だけが加速度をもたらしているからである．

✓ **CHECKPOINT 7**: 右図では，斜面に置いたブロックに水平方向の力$\vec{F}$を与えている。(a) $\vec{F}$の斜面に垂直な成分は$F\cos\theta$だろうか，$F\sin\theta$だろうか？ (b) $\vec{F}$という力があるせいで，ブロックが斜面から受ける垂直抗力は小さくなるだろうか，大きくなるだろうか。

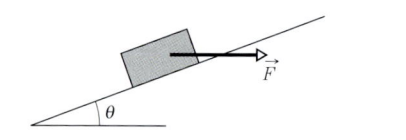

例題 5-8

図5-19aにあるように，質量$m = 72.2\,\mathrm{kg}$の乗客がエレベータの中に置かれた体重計にのっている。エレベータが止まっているときと，上下に動いているときで，体重計がどういう数値を示すか考えてみよう。

(a) 体重計の数値について，エレベーターがどんな動きをしていても通用するような一般的な解を求めなさい。

解法： **Key Idea 1**： 体重計の数値は，乗客が体重計から受ける垂直抗力$\vec{N}$の大きさに等しい。この乗客に働くそれ以外の力は重力$\vec{F_g}$だけである。乗客の力の作用図を図5-19bに示す。**Key Idea 2**： 乗客に働く力と乗客の加速度$\vec{a}$はニュートンの第2法則($\vec{F}_{\mathrm{net}} = m\vec{a}$)を使って関係づけられる。しかし，この法則は慣性系の中だけでしか使えないということを思い出そう。エレベータが加速度運動しているならエレベータは慣性系ではない。したがって，地面を慣性系にとり，常に地面に対する乗客の加速度を測ることにしよう。乗客に働く2つの力と加速度はすべて鉛直方向，すなわち図5-19bのy軸方向であり，ニュートンの第2法則のy成分の式を使って次の関係を得る；

$$N - F_g = ma$$

または

$$N = F_g + ma \quad (5\text{-}29)$$

この式は，体重計の数値(Nに等しい)がエレベーターの鉛直方向の加速度aに依存していることを示している。F_gにmgを代入すると，

$$N = m(g + a) \quad (5\text{-}30)$$

この関係式はどんな加速度aに対しても成り立つ。

(b) エレベーターが止まっているとき，または一定の速さ$0.50\,\mathrm{m/s}$で上昇しているときの体重計の読みはいくらか。

解法： **Key Idea**： 速度が一定(ゼロでも，そうでなくても)のとき，乗客の加速度aはゼロである。これと他の値を式(5-30)に代入して，

$$N = (72.2\,\mathrm{kg})(9.8\,\mathrm{m/s^2} + 0) = 708\,\mathrm{N} \quad \text{(答)}$$

この値は，乗客の重さであり，乗客に働く重力の大きさF_gに等しい。

(c) エレベーターが上向きに$3.20\,\mathrm{m/s^2}$の加速度で運動しているとき，下向きに$3.20\,\mathrm{m/s^2}$の加速度で運動しているとき，体重計の読みはそれぞれいくらになるだろうか。

解法： $a = 3.20\,\mathrm{m/s^2}$のときは，式(5-30)より，

$$N = (72.2\,\mathrm{kg})(9.8\,\mathrm{m/s^2} + 3.20\,\mathrm{m/s^2})$$
$$= 939\,\mathrm{N} \quad \text{(答)}$$

$a = -3.20\,\mathrm{m/s^2}$のときは，

$$N = (72.2\,\mathrm{kg})(9.8\,\mathrm{m/s^2} - 3.20\,\mathrm{m/s^2})$$
$$= 477\,\mathrm{N} \quad \text{(答)}$$

上向きの加速度があるときは(エレベーターの上向きの速さが増していくか，下向きの速さが減っていくとき)，体重計の読みは乗客の重さよりも大きくなる。非慣性系の中で測っているので，この数値は見かけの重さを測ったものである。同様に，下向きの加速度があるときは(エレベーターの上向きの速さが減っていくか，下向きの速さが増えていくとき)，体重計の読みは乗客の重さよりも小さくなる。

(d) 問(c)で上向きの加速度がある場合，乗客に働く合力の大きさF_{net}はいくらか，また，エレベーターに固定した基準系で測った乗客の加速度の大きさ$a_{\mathrm{p,cab}}$はいくらか。$\vec{F}_{\mathrm{net}} = m\vec{a}_{\mathrm{p,cab}}$は成立するか？

解法： **Key Idea**： 乗客に働く重力の大きさF_gは乗客やエレベーターの運動によらず，問(b)により，$F_g = 708\,\mathrm{N}$

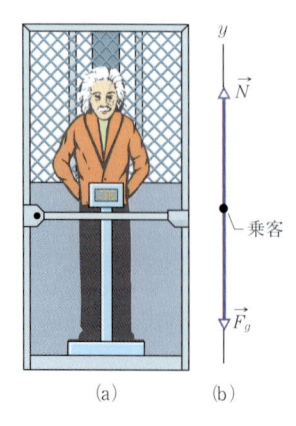

図5-19 例題5-8。(a)乗客が体重計にのっている。体重計は乗客の重さもしくは見かけの重さを表示する。(b)乗客の力の作用図。体重計から受ける垂直抗力$\vec{N}$と重力$\vec{F_g}$を示す。

である。問(c)から、上向きに加速されている間、乗客に働く垂直抗力の大きさ N は体重計の読み 939 N である。したがって、上向きに加速している間に乗客に働く合力は、

$$F_{net} = N - F_g = 939\,\text{N} - 708\,\text{N} = 231\,\text{N} \quad (答)$$

しかし、エレベータ基準系では乗客の加速度 $a_{p,cab}$ はゼロである。加速中のエレベータという非慣性系では、F_{net} と $ma_{p,cab}$ は等しくない；ニュートンの第2法則は成立しない。

> ✓ **CHECKPOINT 8:** この例題で、もしエレベーターのケーブルが切れてエレベーターが自由落下したら、体重計の読みはどうなるだろう；自由落下中の乗客の見かけの重さはいくらになるか。

例題 5-9

図 5-20 a に示すように、質量 $m_A = 4.0\,\text{kg}$ のブロック A に水平方向の一定な力 $\vec{F}_{ap}$ (大きさ 20 N) が加えられていて、このブロックは質量 $m_B = 6.0\,\text{kg}$ のブロック B を押している。これらのブロックは摩擦のない水平面上を x 方向に運動する。

(a) これらのブロックの加速度はいくらか。

解法： まず、明らかに間違った解、次に行き詰まりの解、そして最後に正しい解の順に見て行こう。

明らかな間違い： ブロック A に直接力 $\vec{F}_{ap}$ が働いているから、ニュートンの第2法則を使ってこの力とブロック A の加速度 $\vec{a}$ を関係づける。x 軸方向の運動だから、この法則の x 成分の式 $(F_{net,x} = ma_x)$ を使って、

$$F_{ap} = m_A a$$

しかし、ブロック A に働く力は $\vec{F}_{ap}$ だけではないので、これは明らかに間違っている。(図 5-20 b に示すように) ブロック B からの力 $\vec{F}_{AB}$ もあるのだ。

行き詰まりの解： x 軸方向の式を力 $\vec{F}_{AB}$ を含めて書いてみよう。

$$F_{ap} - F_{AB} = m_A a$$

($\vec{F}_{AB}$ の向きを示すために負符号を使った。) しかし、F_{AB} は2つ目の未知数だから、この式を解いて加速度 a を求めることはできない。

正しい解： **Key Idea**： 力 $\vec{F}_{ap}$ が加えられる向きのおかげで、2つのブロックが固定されたひとつの系になっている。ニュートンの第2法則を使って、この系に働く合力とこの系の加速度を関係づけることができる。ここで、再び x 軸方向に付いてこの法則を書いてみると、

$$F_{ap} = (m_A + m_B)a$$

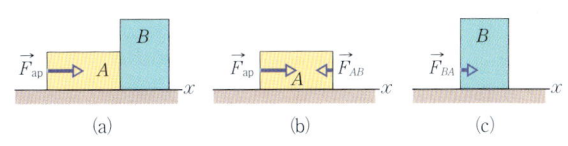

図 5-20 例題 5-9。(a) 一定の水平な力 $\vec{F}_{ap}$ がブロック A に加えられ、ブロック A はブロック B を押している。(b) ブロック A には2つの力が働いている。加えられた力 $\vec{F}_{ap}$ とブロック B からの力 $\vec{F}_{AB}$ である。(c) ブロック B にはひとつの力だけが働いている：ブロック A からの力 $\vec{F}_{AB}$ である。

この式では、全質量 $m_A + m_B$ を持つ系に対して正しく力 F_{ap} を作用させている。数値を代入して a を求めると、

$$a = \frac{F_{ap}}{m_A + m_B} = \frac{20\,\text{N}}{4.0\,\text{kg} + 6.0\,\text{kg}}$$
$$= 2.0\,\text{m/s}^2 \quad (答)$$

この系とそれぞれのブロックは x 軸の正の方向に加速され、その大きさは $2.0\,\text{m/s}^2$ である。

(b) ブロック B がブロック A に及ぼす力 $\vec{F}_{BA}$ を求めなさい (図 5-20 c)。

解法： **Key Idea**： ブロック B に働く合力とブロック B の加速度はニュートンの第2法則を使って関係づけられる。ここで、再び x 軸方向の成分に付いてこの法則を書くと、

$$F_{BA} = m_B a$$

これに数値を代入すると、

$$F_{BA} = (6.0\,\text{kg})(2.0\,\text{m/s}^2) = 12\,\text{N} \quad (答)$$

$\vec{F}_{BA}$ は x 軸の正の向きで、その大きさは 12 N である。

まとめ

ニュートン力学 粒子もしくは粒子状の物体の速度は、他の物体から作用する**力**(押したり引いたりするもの)によって変化(加速)させることができる。ニュートン力学は加速度と力を関連づける。

力 力はベクトル量である。その大きさは標準キログラム原器に与える加速度の大きさを使って定義できる。この標準物体を正確に $1\,\text{m/s}^2$ の大きさで加速する力を 1 N の力と定義する。力の向きはそれが引き起こす加速度の向きに等しい。複数の力はベクトルの演算規則に従

って合成できる．物体に働く正味の力（合力）とはその物体に働く全ての力のベクトル和である．

質量　物体の質量は，その加速度と加速度を引き起こす力（もしくは合力）を関連づける，その物体に固有の性質である．質量はスカラー量である．

ニュートンの第1法則　物体に正味の力が働いてない場合，その物体が静止していればそのまま静止し続け，動いていればそのまま等速直線運動を行う．

慣性系　ニュートン力学が成り立つ基準系のことを慣性基準系または単に慣性系という．地球の運動を無視できる場合は，地面を慣性系と近似することができる．ニュートン力学が成り立たない基準系を非慣性基準系または単に非慣性系という．地面に対して加速度運動をしているエレベーターは非慣性系である．

ニュートンの第2法則　質量 m の物体に働く合力 $\vec{F}_{net}$ とその物体の加速度 $\vec{a}$ には次の関係がある；

$$\vec{F}_{net} = m\vec{a} \tag{5-1}$$

これを各成分に分けて書くと，

$$F_{net,x} = ma_x, \ F_{net,y} = ma_y, \ F_{net,z} = ma_z \tag{5-2}$$

第2法則を使うとSI単位系では，

$$1\,\mathrm{N} = 1\,\mathrm{kg \cdot m/s^2} \tag{5-3}$$

力の作用図は第2法則を使って問題を解くときに便利である：これはひとつの物体にだけに着目し，余分なものをはぎ取った図である．物体はスケッチや点で表す．その物体に働く外力が描かれ，解を単純化する方向を向いた座標系も一緒に描かれる．

いろいろな力　ある物体に働く**重力** $\vec{F}_g$ は他の物体による引力である．この本では多くの場合，他の物体とは地球やその他の天体である．地球の場合，その力は地面に向かっており，その地面は慣性系とみなされる．この仮定のもとで，その力の大きさは

$$F_g = mg \tag{5-8}$$

m は物体の質量で，g は重力加速度の大きさである．

ある物体の**重さ** W とは，地球（またはその他の天体）がその物体に及ぼす重力とつり合うために必要な上向きの力の大きさのことである．重さとその物体の質量には次の関係がある；

$$W = mg \tag{5-12}$$

垂直抗力 $\vec{N}$ は，物体が押している表面からその物体が受ける力のことである．垂直抗力は常に面に対して垂直である．

摩擦力 $\vec{f}$ とは，物体がある面に沿って滑る，あるいは滑ろうとするときに，その物体に働く力のことである．この力は常に面と平行で，その物体の運動を妨げる向きに働く．摩擦のない面では摩擦力を無視することができる．

ひもがぴんと張っているとき，そのひもは両端で物体を引っ張っている．その力（**張力**）はひもが物体に結びつけられた点に作用し，ひもに沿った向きをもつ．質量のないひもの場合，ひもの両端における張力の大きさは等しい．それは質量と摩擦のない滑車（質量を無視することができ，回転を妨げる回転軸の摩擦も無視できる滑車）に巻いたときも成り立つ．

ニュートンの第3法則　物体Cによる力 $\vec{F}_{BC}$ が物体Bに作用しているなら，物体Bによる力 $\vec{F}_{CB}$ が物体Cに作用している．この2つの力の大きさは等しく，向きは反対である．

$$\vec{F}_{BC} = -\vec{F}_{CB}$$

問題

1. 摩擦のないテーブルの上にあるバナナスプリット（デザートの一種）に2つの水平な力
$\vec{F}_1 = (3\,\mathrm{N})\hat{i} - (4\,\mathrm{N})\hat{j}$ と
$\vec{F}_2 = -(1\,\mathrm{N})\hat{i} - (2\,\mathrm{N})\hat{j}$
が加わっている．図5-21に示した力の作用図で，(a) $\vec{F}_1$ と，(b) $\vec{F}_2$ にもっともふさわしいのはどれか．合力の (c) x 方向と (d) y 方向の成分を求めなさい．(e) 合力のベクトルと，(f) 加速度のベクトルはどの象限を指しているか？

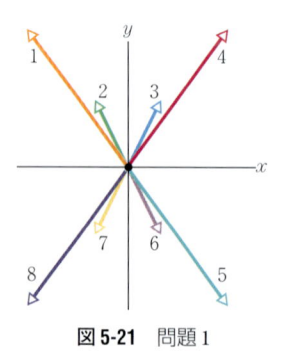

図5-21 問題1

2. 時刻 $t=0$ で，一定の力 $\vec{F}$ が x 軸方向に運動する岩に働き始めた．この岩は x 軸方向の運動を続ける．(a) 時刻 $t>0$ で，この岩の位置を表す関数 $x(t)$ として可能なのは次のうちどれか：(1) $x=4t-3$, (2) $x=-4t^2+6t-3$, (3) $x=4t^2+6t-3$．(b) 岩の初速度と反対の向きに力 $\vec{F}$ が働いているのはどの関数の場合か．

3. 図5-22は，摩擦のない床に置いたブロックに力が働いている4通りの状態を上から見たものである．力の大きさをうまく選ぶことでブロックが，(a) 静止する，(b) 等速運動する，ようにできるのはどの場合だろうか．

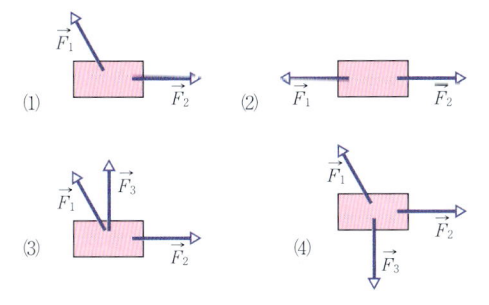

図 5-22 問題3

4. 図 5-23 では Rocky と Bullwinkle（訳注：アニメのキャラクタ）の弁当箱に2つの力 $\vec{F_1}$ と $\vec{F_2}$ が働いていて，食堂の摩擦のない床の上を一定の速度で運動している。ここで，$\vec{F_1}$ の大きさは変えず，$\vec{F_1}$ の角 θ を小さくしたい。弁当箱の速度を保つためには，$\vec{F_2}$ の大きさを，大きくするべきか，小さくするべきか，それともそのままにしておくべきだろうか。

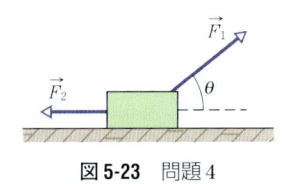

図 5-23 問題4

5. 図 5-24 は摩擦のない床に置いた物体にいくつかの引力が働いている状態を4通り，上から見た力の作用図として描いたものである。物体の加速度が（a）x 成分をもつ（b）y 成分をもつのはどの場合か。(c) それぞれの場合について，$\vec{a}$ の向きがどの象限にあるか，またはどの座標軸にあるか，答えなさい。（この問題はちょっとした暗算で答えられる。）

6. 図 5-25 は，速度成分 $v_x(t)$ と $v_y(t)$ を3通りグラフとして与えたものである。問題5と図5-24の4つの場合それぞれにもっとも良く対応している $v_x(t)$ と $v_y(t)$ のグラフはどれだろう。

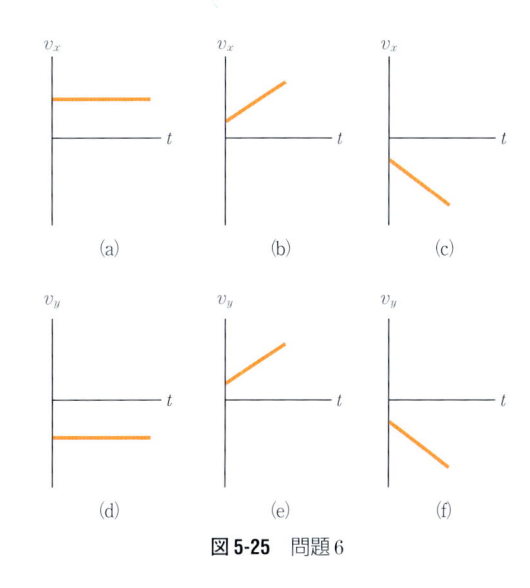

図 5-25 問題6

7. 図 5-10c に示すように重さ 75 N の物体が吊り下げられている。この物体が，(a) 加速しながら，(b) 減速しながら，下向きに運動するとき，張力 T は 75 N と等しいか，大きいか，それとも小さいか。

8. 床に置かれた質量 m のブロックに鉛直方向の力 $\vec{F}$ を加える。$\vec{F}$ が，(a) 下向きの場合，(b) 上向きの場合について，大きさ F をゼロから大きくしていくと，床が物体に及ぼす垂直抗力の大きさはどうなっていくだろうか。

9. 図 5-26 に示すように，4つのブロックがひもで結ばれ，摩擦のない床の上で力 $\vec{F}$ に引っ張られている。(a) 力 $\vec{F}$, (b) ひも3, (c) ひも1, によって右向きに加速される合計の質量はそれぞれどれだけか。(d) ブロックを加速度の大きい順にならべなさい。(e) ひもを張力の大きい順にならべなさい。

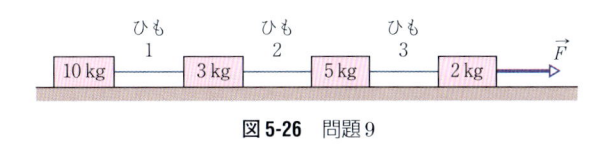

図 5-26 問題9

10. 図 5-27 に示すように，摩擦のない床で3つのブロックに水平方向の力 $\vec{F}$ が加わって押されている。(a) $\vec{F}$,

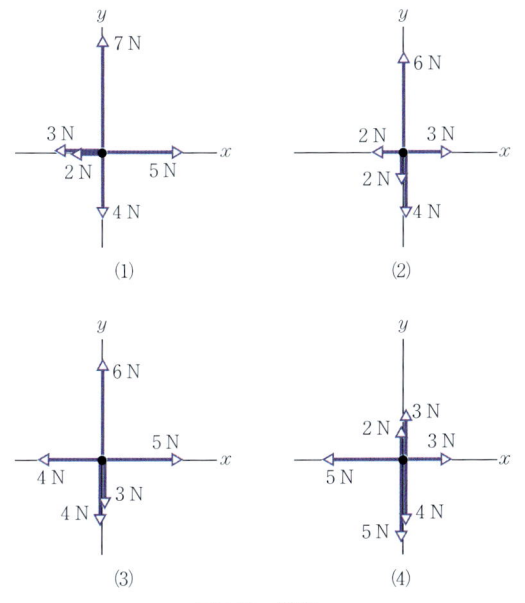

図 5-24 問題5

(b) ブロック 1 がブロック 2 に及ぼす力 $\vec{F}_{21}$，(c) ブロック 2 がブロック 3 に及ぼす力 $\vec{F}_{32}$，によって右向きに加速される合計の質量はそれぞれどれだけか．(d) ブロックを加速度の大きさの順にならべなさい．(e) $\vec{F}, \vec{F}_{21}, \vec{F}_{32}$ を力の大きさの順にならべなさい．

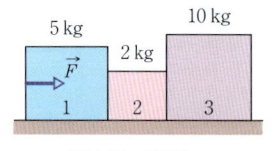

図 5-27 問題 10

11. 図5-28aに示すように，木の床の上に置いた犬小屋の上におもちゃ箱が載っている（犬小屋のほうが重い）．図5-28bではこれらの物体を対応する高さの点で表し，鉛直方向のベクトルを6つ示した（大きさは正確ではない）．(a) 犬小屋に働く重力，(b) おもちゃ箱に働く重力，(c) 犬小屋がおもちゃ箱に及ぼす力，(d) おもちゃ箱が犬小屋に及ぼす力，(e) 床が犬小屋に及ぼす力，(f) 犬小屋が床に及ぼす力，をもっともよく表しているのはそれぞれどのベクトルだろうか．(g) 大きさの等しい力はどれだろうか．大きさが，(h) 最も大きい，(i) 最も小さいのはどれだろうか．

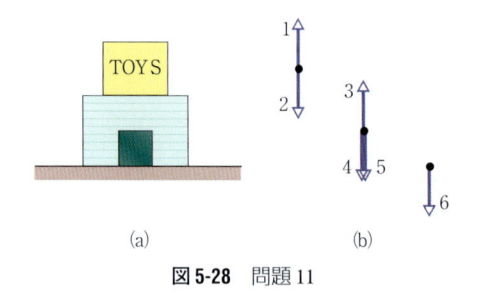

12. 図5-29aに示すように，斜面にしっかりと固定された棒にブロックがロープで結びつけられている．斜面の角 θ がゼロからだんだん大きくなるとき，次のものは大きくなるか，小さくなるか，それとも変わらないか：(a) ブロックに働く重力 $\vec{F}_g$ の斜面にそった成分，(b) ロープの張力，(c) $\vec{F}_g$ の斜面に垂直な成分，(d) 斜面がブロックに及ぼす垂直抗力．(e) 図5-29bに示した曲線のうち，(a)から(d)のそれぞれに対応するのはどれか．

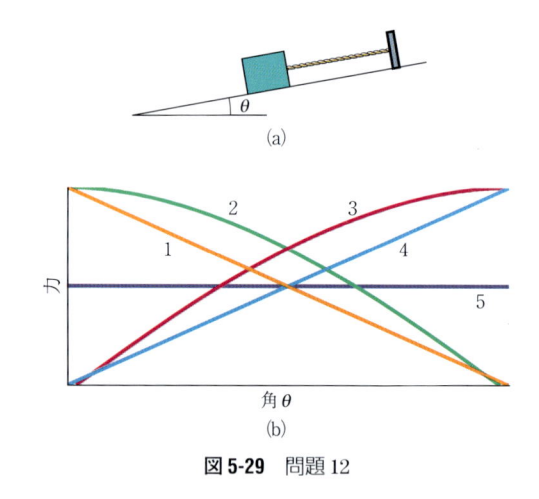

図 5-28 問題 11

図 5-29 問題 12

6 力と運動 II

猫は窓際で昼寝を楽しむものである。アパートで飼われていることも多いが，猫が誤って窓から歩道に向かって落ちた場合，その怪我の程度(折れた骨の数や死亡率など)は，7, 8 階よりも高いところから落ちた場合のほうが少ない(32 階から落ちたのに，胸部の軽傷と一本の歯を失っただけで済んだという記録もある)。

どうして高いところから落ちると危険度が減るのだろうか？

答えは本章で明らかになる。

6-1 摩擦

摩擦力は，普段の生活で避けることのできないものである。もし摩擦力に逆らえなければ，運動するすべての物体も，回転するすべての車軸も止まってしまうだろう。自動車に使われるガソリンの約 20% は，エンジンや駆動系の中の摩擦に逆らうために必要である。一方，もし摩擦が全くなければ，自動車はどこへも行くことができないし，我々は歩いたり自転車に乗ることができない。鉛筆を持つこともできないし，持てたとしても何も書けないだろう。くぎやネジは無意味になり，織物はバラバラになり，結び目もほどけてしまうだろう。

ここでは，互いに静止しているか，ゆっくりとしたスピードで運動している乾いた硬い 2 つの表面の間に存在する摩擦力を取り上げる。3 つの単純な思考実験を考えてみよう:

1. 一冊の本を長い水平な台の上で滑らせると，本は遅くなりやがて止ま

ると予想される。このことは，台の表面に平行で本の速度と逆向きの加速度があるということを意味している。ニュートンの法則によれば，台の表面に平行で本の速度と逆向きの力が働いていなくてはならない。この力が摩擦力である。

2. 本を水平方向に押して，台の上で一定速度で運動させてみよう。このとき本に働いている力はあなたが本を押す力だけだろうか？ いや違う；もしそうであれば本は加速度運動をするはずだ。ニュートンの第2法則によれば，第2の力が働いているはずである。この力はあなたが押す力と逆向きで大きさが等しく，この2つの力がつり合っている。この第2の力が摩擦力であり，台の表面に平行である。

3. 重い本箱を押してみよう。この本箱は動かない。ニュートンの第2法則によれば，あなたの力に逆らう第2の力が本箱に働いているはずである。この2つの力はつり合っているので，この力はあなたの力と逆向きで同じ大きさをもっているはずだ。この第2の力が摩擦力である。もっと強く押してみよう。それでもこの本箱は動かない。2つの力は依然としてつり合っているから，摩擦力はその大きさを変えることができるように見える。次に全力で押してみよう。本箱が滑り始める。これは，摩擦力の大きさには最大値があるということを示している。あなたの力がその最大値を越えたとき，本箱は滑り始めるのだ。

図6-1は同じことをもっと詳しく示したものである。図6-1aではブロックがテーブルの上に静止していて，重力 $\vec{F_g}$ と垂直抗力 $\vec{N}$ がつり合っている。図6-1bでは力 $\vec{F}$ を加えて左向きに動かそうとしている。それに対して右向きの力 $\vec{f}$ が働き，正確につり合っている。この力 $\vec{f_s}$ のことを**静止摩擦力**(static frictional force)という。ブロックは動かない。

図6-1cと図6-1dは加える力の大きさをもっと大きくした場合であり，静止摩擦力 $\vec{f_s}$ も大きくなるが，ブロックは静止したままである。しかし，加える力の大きさがある値に達すると，ブロックとテーブルの接触面が"はがれて"，左向きに動き出す(図6-1e)。運動を妨げるこの摩擦力のことを**動摩擦力**(kinetic frictional force) $\vec{f_k}$ という。

通常，物体が動いているときに働く動摩擦力は，静止しているときに働く静止摩擦力の最大値よりも小さい。したがって，ブロックを台の上で一定速度で運動させようとするなら，図6-1fのように，ブロックが動き始めたときよりも加える力の大きさを小さくしなくてはならないだろう。ブロックが動き出すまでゆっくりと力を増やしていった実験結果を図6-1gに示した。ブロックが動き出した後，一定速度で運動させるために必要な力は小さくなることに注意せよ。

摩擦力とは，ある物体の表面の原子ともう一方の物体の表面の原子の間に働く多くの力のベクトル和である。高度に研磨し，注意深く洗浄した2つの金属面を(表面の清浄度を保つために)真空中で重ね合わせると，互いに全く滑ることができなくなる。表面がとても滑らかなので，一方の表面にある原子が他方の表面にある多くの原子と接触し，2つの表面は瞬間的に*低温接合*(cold-weld)され，ひとつの金属片になってしまうのだ。機

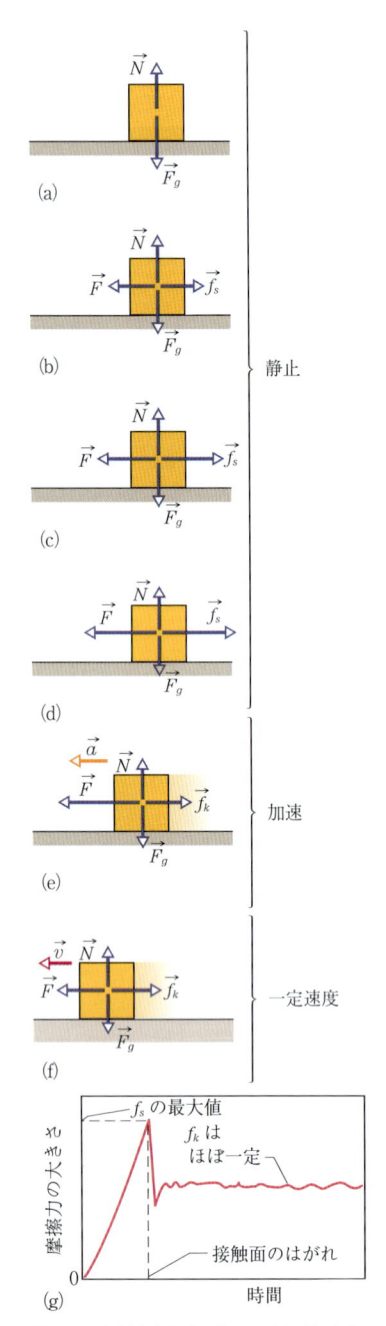

図6-1 (a)静止したブロックに働く力。(b-d)外力 $\vec{F}$ がブロックに働き，静止摩擦力 $\vec{f_s}$ とつり合っている。(e)接触面がはがれて突然ブロックが $\vec{F}$ 向きに加速される。(f)もしブロックが一定の速度で運動するなら，$\vec{F}$ は接触面がはがれるときの最大値よりも小さくなっているはずだ。(g) (a)から(f)へ連続させたときのある実験結果。

械工作の専門家が特に念を入れて研磨したブロックを空気中で重ね合わせると，原子-原子間の接触は上の場合と比べると小さいものの，強く貼り付いて，ねじるようにしないと簡単には引き離せない．通常このような原子-原子の接触は不可能である．よく研磨した金属面でも，原子の大きさからすると平坦からは程遠い上に，日用品の表面には酸化物や不純物の層があり，低温接合を妨げている．

2つの表面を貼り合わせると，普通は互いに高い点だけが接触する（スイス・アルプスをひっくり返してオーストリア・アルプスと組み合わせるようなものである）．実際の微視的な接触面の大きさは，見た目の巨視的な接触面の大きさに比べてずっと小さく，おそらく1万分の1くらいだろう．それでも，多くの点が互いに低温接合し，表面を互いにずらすような力が加わったとき，これらの接合が摩擦力を生み出すのである．

境界面をずらす外力の大きさが十分であれば，（動き出すときに）まず接合が解ける．次に運動と偶然の接触により，接合の再生成と分離が連続的に起こる（図6-2）．運動を妨げる動摩擦力 $\vec{f}_k$ は，これら多くの偶発的接合で生じる力のベクトル和である．

2つの表面をもっと強く押しつけると，より多くの点が低温接合を起こすので，2つの表面を相対的に滑らせるには，より大きな外力が必要になる：静止摩擦力 $\vec{f}_s$ の最大値は大きくなり，いったん表面が滑り始めると，より多くの点が瞬間的な低温接合を起こすために，動摩擦力 $\vec{f}_k$ も大きくなる．

表面と表面を滑らせる運動はぎくしゃく動くことが多い．それは，2つの表面が貼りついたり滑ったりを繰り返すからである．この貼りついたり滑ったりを繰り返すことで，タイヤが乾いた路面で滑ったり，黒板を爪で引っかいたり，錆びついた蝶番を開けるときのように，きしみ音を作り出す．バイオリンの弦をうまく弓で弾いたときのように，美しい音を生み出すこともある．

6-2 摩擦の性質

乾燥した物体を，潤滑油を塗らずに，同じ条件の表面に押しつけ，表面に沿ってこの物体を動かそうとする力 $\vec{F}$ を加えるとき，その結果として現れる摩擦力には次の3つの性質があることが実験によってわかっている．

性質1. 物体が動かないときは，$\vec{F}$ の表面に平行な成分と静止摩擦力 $\vec{f}_s$ がつり合う．これらの大きさは等しく，$\vec{f}_s$ の向きは $\vec{F}$ の表面に平行な成分と反対向きである．

性質2. $\vec{f}_s$ の大きさには最大値 $f_{s,\max}$ があり，次式で与えられる；

$$f_{s,\max} = \mu_s N \tag{6-1}$$

μ_s は**静止摩擦係数**（coefficient of static friction）であり，N は面が物体に及ぼす垂直抗力の大きさである．$\vec{F}$ の面に平行な成分が $f_{s,\max}$ よりも大きくなると，物体は面に沿って滑り始める．

性質3. 物体が面に沿って滑り始めると，摩擦力の大きさは急激に減少し，次式で与えられる $\vec{f}_k$ になる；

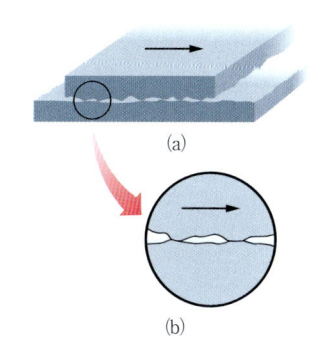

図6-2 滑り摩擦の原理．(a)下の表面に対して上の表面が右方向に滑っている．(b) 2つの点で低温接合が起きているところを示す部分拡大図．この接合をはがし，運動を続けるには力が必要である．

$$f_k = \mu_k N \qquad (6\text{-}2)$$

μ_k は**動摩擦係数**(coefficient of kinetic friction)である。物体が運動している間は，式(6-2)で与えられる大きさをもつ摩擦力 $\vec{f_k}$ が運動を妨げる。

性質2と3に現れる垂直抗力の大きさNは，物体が面に対してどれだけ強く押しつけられているかを示す尺度である。物体をより強く押しつければ，ニュートンの第3法則により，Nもより大きくなる。性質1と2はひとつの外力 $\vec{F}$ を使って書かれているが，複数の力が働いているときの合力に対しても成り立つ。式(6-1)と式(6-2)はベクトル式ではない：$\vec{f_s}$ と $\vec{f_k}$ の向きは常に面に対して平行で，滑らせようとする向きに反対であり，垂直抗力 $\vec{N}$ は常に面に対して垂直である。

係数 μ_s と μ_k は次元をもたず，実験的に決定しなくてはならない。これらの値は物体と表面の性質に依存する：だから，"卵とテフロン加工されたフライパンの間の μ_s は 0.04 であるが，登山靴と岩の間の μ_s は 1.2 くらいある"というように，"〜と〜の間の"といういい方をするのが普通である。μ_k は物体が面を運動する速さによらないものと仮定する。

> ✓ **CHECKPOINT 1:** ブロックが床の上にある。(a)床がブロックに及ぼす摩擦力の大きさはいくらか。(b)水平方向に5Nの力を加えたが，ブロックは動かない。このときの摩擦力の大きさはいくらだろうか。(c)ブロックに働く静止摩擦力の最大値 $f_{s,\max}$ を10Nとするとき，このブロックに水平方向に8Nの力を加えた場合，ブロックは動くだろうか。(d)力の大きさが12Nの時はどうか。(e) (c)のときの摩擦力の大きさはいくらか。

例題 6-1

急ブレーキをかけて車の車輪が"ロックする"（回らない）と，車は道路をスリップする。タイヤの破片と路面が少し融けた部分によって"スリップ跡"ができ，スリップの間に低温接合が起きたことの証拠になる。公道でのスリップ跡の最長記録は1961年にイギリスのM1高速道路を走っていたジャガーによって作られたものである（図6-3a）——何とそのスリップ跡の長さは290mもあったのだ。$\mu_k = 0.60$ と仮定し，ブレーキをかけている間の加速度が一定だったとすると，車輪がロックしたときの車の速さはいくらだったか。

解法：Key Idea 1： 加速度が一定と仮定しているから，車の初速 v_0 を求めるのに表2-1にある式を使うことができる。車が x 軸の正の向きに運動していたとして，式(2-16)を使おう。

$$v^2 = v_0^2 + 2a(x - x_0) \qquad (6\text{-}3)$$

変位 $x - x_0$ が290mであることがわかっているので，最終スピード v を0として v_0 を求めたい。しかし，車の加速度 a がまだわかっていない。

Key Idea 2： 車に対する空気の影響を無視するなら，

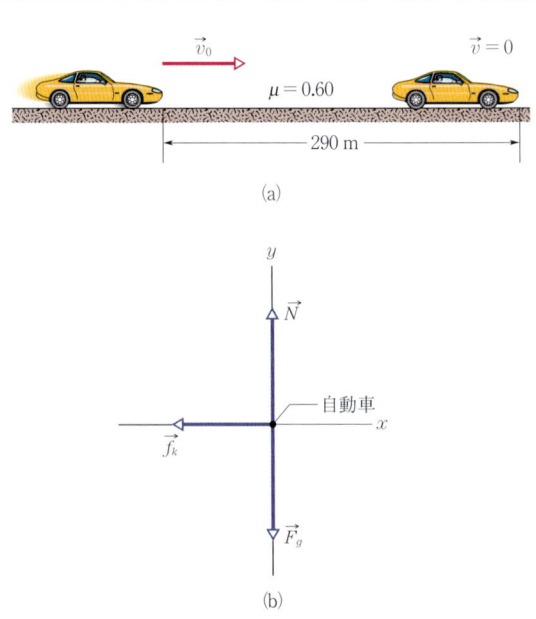

図 6-3 例題6-1。(a)右向きに滑り，290m進んでから止まった自動車。(b)自動車の力の作用図。

車の加速度は道路が車に及ぼす動摩擦力 f_k だけから生じ，その向きは車の運動の向きと逆である（図6-3b）。ニュートンの第2法則の x 成分（$F_{\text{net},x} = ma_x$）を用いて，力と加速度を関係づけることができる。

$$-f_k = ma \tag{6-4}$$

m は車の質量であり，負符号は動摩擦力の向きを表している。

式 (6-2) から，N を道路が車に及ぼす垂直抗力の大きさとすると，摩擦力の大きさは $f_k = \mu_k N$ となる。車は鉛直方向に加速されていないから，図6-3bとニュートンの第2法則から $\vec{N}$ の大きさは車に働く重力 $\vec{F_g}$ の大きさ，すなわち mg に等しく，$N = mg$ となる。

式 (6-4) を a について解き，f_k に $f_k = \mu_k N = \mu_k mg$ を代入すると，

$$a = -\frac{f_k}{m} = -\frac{\mu_k mg}{m} = -\mu_k g$$

負符号は，加速度が x 軸の負の向きであり，速度の向きと反対であることを示している。次に，式 (6-3) の a にこの結果を代入し，$v = 0$ として v_0 について解くと，

$$\begin{aligned}
v_0 &= \sqrt{2\mu_k g(x - x_0)} \\
&= \sqrt{(2)(0.60)(9.8\,\text{m/s}^2)(290\,\text{m})} \\
&= 58\,\text{m/s} = 210\,\text{km/h} \quad \text{（答）}
\end{aligned}$$

スリップ跡の終端で $v = 0$ になると仮定したが，実は，290 m のところでジャガーが道路からそれてしまったためにスリップ跡が途切れていたのである。したがって，v_0 は 210 km/h 以上で，おそらくもっとずっと大きかったのだろう。

例題 6-2

図6-4aに示すように，女性が荷物を積んだそり（質量 $m = 75$ kg）を水平方向に一定の速度で引っ張っている。そりの滑走部と雪の間の動摩擦係数は 0.10 であり，角 ϕ は 42° である。

(a) ロープがそりに及ぼす力 $\vec{T}$ の大きさを求めなさい。

解法： ここでは3つの **Key Idea** が必要である。

Key Idea 1： 女性が引っ張っていても，そりの速度は一定だから，そりの加速度はゼロである。

Key Idea 2： 雪がそりに及ぼす動摩擦力 $\vec{f_k}$ があるのでそりは加速されない。

Key Idea 3： そりの加速度（ゼロ）と，求めるべき $\vec{T}$ を含むそりに働く力をニュートンの第2法則 ($\vec{F}_{\text{net}} = m\vec{a}$) を用いて関係づけることができる。

図6-4bに重力 $\vec{F_g}$ と雪からの垂直抗力 $\vec{N}$ を含めて，そりに働く力を示した。これらの力に対してニュートンの第2法則を適用すると，$\vec{a} = 0$ だから，

$$\vec{T} + \vec{N} + \vec{F_g} + \vec{f_k} = 0 \tag{6-5}$$

他のベクトルがわかっていないので，式 (6-5) からベクトル演算機能付き電卓を使って直接 $\vec{T}$ を求めることはできない。そこで図6-4bの x 軸と y 軸の成分について式を書き直す。x 軸については，

$$T_x + 0 + 0 - f_k = 0$$

または

$$T\cos\phi - \mu_k N = 0 \tag{6-6}$$

f_k を $\mu_k N$ で置き換えるのに式 (6-2) を用いた。y 軸については，

$$T_y + N - F_g + 0 = 0$$

または，F_g を mg で置き換えて，

$$T\sin\phi + N - mg = 0 \tag{6-7}$$

式 (6-6) と (6-7) は未知数 T と N に関する連立方程式である。T を求めるには，まず式 (6-6) を N について解き，結果を式 (6-7) に代入すればよい。その結果，

$$\begin{aligned}
T &= \frac{\mu_k mg}{\cos\phi + \mu_k \sin\phi} \\
&= \frac{(0.10)(75\,\text{kg})(9.8\,\text{m/s}^2)}{\cos 42° + (0.10)(\sin 42°)} = 91\,\text{N} \quad \text{（答）}
\end{aligned}$$

(b) もしこの女性がロープをもっと強く引っ張り，T が 91 N より大きくなると，摩擦力の大きさ f_k は (a) の場合と比べて大きくなるか，小さくなるか，それとも同じか？

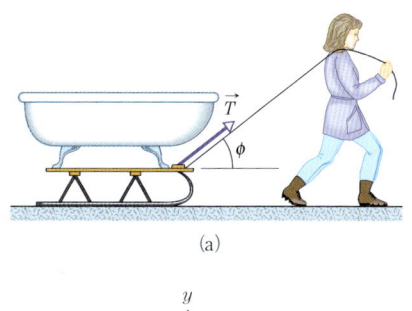

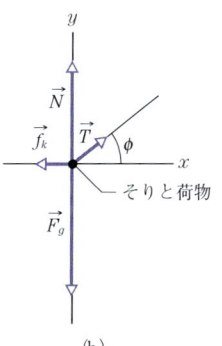

図 6-4 例題 6-2。(a) 女性が荷物を積んだそりをロープを通じた力 $\vec{T}$ で引っ張っている。(b) 荷物を積んだそりの力の作用図。

解法: **Key Idea**: 式(6-2)から, f_k の大きさは垂直抗力の大きさ N と直接関係している. したがって, N と T の間の関係がわかれば答が得られるが, 式(6-7)はその関係を表している. これを書き直して,

$$N = mg - T\sin\phi \tag{6-8}$$

T が大きくなると N が小さくなることがわかる(その物理的な意味は, ロープが引く力の鉛直成分が大きくなることで, そりが雪から受ける力が小さくなるということである). $f_k = \mu_k N$ だから, f_k は前よりも小さいということがわかる.

✓ **CHECKPOINT 2**: 下図に示すように, 床に置いた箱に大きさ 10 N の水平方向の力 $\vec{F_1}$ が働いているが, 箱は動いていない. 次に鉛直方向の力 $\vec{F_2}$ を加え, 箱が動き始めるまでその大きさをゼロから大きくしていくとき, 次の量は大きくなるか, 小さくなるか, それとも変らないか. (a) 箱に働く摩擦力の大きさ; (b) 床が箱に与える垂直抗力の大きさ; (c) 箱に働く静止摩擦力の最大値 $f_{s,\max}$.

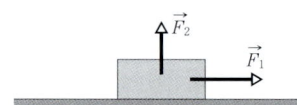

例題 6-3

図 6-5a は水平に対して角 θ 傾けた本の上に質量 m の硬貨を置いた図である. 実験によると, θ を 13°に傾けたところで硬貨が本を滑り落ちそうになることがわかった. すなわち, 13°より少しでも大きくなると滑り出す. 硬貨と本の間の静止摩擦係数 μ_s はいくらか.

解法: 本に摩擦がなければ, 本をほんの少し傾けただけで硬貨は重力によって必ず滑り落ちてしまうだろう.

Key Idea 1: 摩擦力 $\vec{f_s}$ が硬貨をその場所に留めている.

Key Idea 2: 硬貨は本から滑り落ちる寸前だから, 摩擦力の大きさはその最大値 $f_{s,\max}$ で, 本に沿って上向きである. 式(6-1)によって, $f_{s,\max} = \mu_s N$ であることを知っている. N は本が硬貨に及ぼす垂直抗力の大きさである. したがって,

$$f_s = f_{s,\max} = \mu_s N$$

これより,

$$\mu_s = \frac{f_s}{N} \tag{6-9}$$

この式を評価するためには f_s と N を求める必要がある.

Key Idea 3: 硬貨が滑り落ちる寸前であるとき, 硬貨は静止しており, 加速度 $\vec{a}$ はゼロである. ニュートンの第 2 法則 ($\vec{F}_{\text{net}} = m\vec{a}$) を使ってこの加速度と硬貨に働く力を関係づけることができる. 図 6-5b の硬貨の力の作用図に示したように, 硬貨に働く力は, (1) 摩擦力 f_s, (2) 垂直抗力 N, (3) 大きさ mg の重力 $\vec{F_g}$ である. したがって, ニュートンの第 2 法則で $\vec{a} = 0$ とすれば,

$$\vec{f_s} + \vec{N} + \vec{F_g} = 0 \tag{6-10}$$

f_s と N を求めるために, 図 6-5b に示したような傾いた座標系を用いて式(6-10) を x 成分と y 成分の式に書き直す. x 方向の式で F_g を mg に置き換えると,

$$f_s + 0 - mg\sin\theta = 0$$

すなわち,

$$f_s = mg\sin\theta \tag{6-11}$$

同様に, y 方向については,

$$0 + N - mg\cos\theta = 0$$

すなわち,

$$N = mg\cos\theta \tag{6-12}$$

式(6-11)と(6-12)を式(6-9)に代入すると,

$$\mu_s = \frac{mg\sin\theta}{mg\cos\theta} = \tan\theta \tag{6-13}$$

本の傾きを代入して,

$$\mu_s = \tan 13° = 0.23 \qquad (\text{答})$$

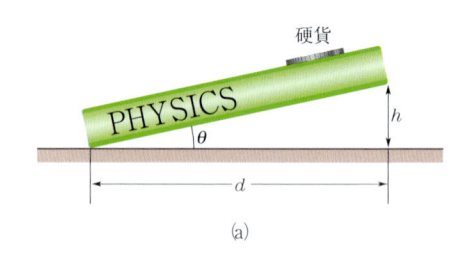

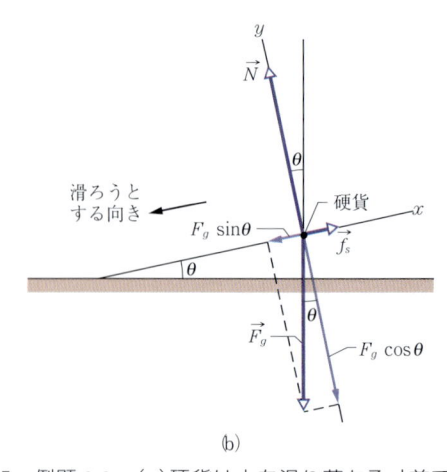

図 6-5 例題 6-3. (a) 硬貨は本を滑り落ちる寸前である. (b) 硬貨の力の作用図で, 硬貨に働く 3 つの力がその大きさに従って描かれている. 重力 $\vec{F_g}$ は問題を単純化するように選んだ座標軸の x 軸と y 軸方向に分解して示した. 成分 $F_g\sin\theta$ は本から硬貨を滑り落そうとする. 成分 $F_g\cos\theta$ は硬貨を本に押しつけている.

実際には，μ_s を求めるために θ を測る必要はない．その代わりに，図6-5aに示された2つの長さを測り，式(6-13)の $\tan\theta$ を h/d で置き換えればよい．

6-3 抵抗力と終端速度

気体や液体のように流れることのできるものを**流体**(fluid)という．流体と物体の間に相対速度があれば（流体の中を物体が運動するか，物体を流体が通過するか，いずれの場合でも），その物体は**抵抗力**(drag force) $\vec{D}$ を受ける．この抵抗力は相対運動を妨げ，物体に対する流体の流れの向きに作用する．

本節では，流体として空気を考え，（槍のように）尖っていない，（野球のボールのように）丸みをもった物体について，相対運動は十分に速く，空気が物体の後ろで乱流を作る（渦巻になる）ような場合だけを調べてみよう．このような場合，抵抗力 $\vec{D}$ の大きさは，相対速さ v と，実験的に決定される**抵抗係数**(drag coefficient) C によって次の式で関係づけられている；

$$D = \frac{1}{2}C\rho A v^2 \tag{6-14}$$

ρ は空気の密度（体積あたりの質量），A は物体の**有効断面積**(effective cross-sectional area，速度 $\vec{v}$ に垂直な断面積）である．抵抗係数 C（典型的な値は0.4から1.0）は，厳密には物体に固有の定数というわけではない．なぜなら，v が大きく変化するとそれにつれて C も変化してしまうからである．しかしここでは，そのように面倒なことは考えないことにしよう．

滑降競技のスキーヤーは，抵抗が A と v^2 に依存することを良く知っている．最高速に到達するには，例えば A を最小にするために"卵型の姿勢"（図6-6）で滑り，D をできる限り小さくしなくてはならない．

初め静止していた丸い物体が空気中を落下するとき，抵抗力 $\vec{D}$ は上向きである；その大きさはゼロから始まり，物体の速さが大きくなるにつれて大きくなる．上向きの抵抗力 $\vec{D}$ は下向きの重力 $\vec{F}_g$ に逆らう．ニュートンの第2法則を鉛直方向の y 軸について書いて（$F_{\text{net},y} = ma_y$），これらの力と物体の加速度を関係づけることができる．

$$D - F_g = ma \tag{6-15}$$

m は物体の質量である．図6-7で示唆されるように，物体が十分長い距離を落下すると，D は最終的に F_g に等しくなるため，式(6-15)から $a = 0$ となり，物体のスピードはこれ以上速くならない．その後物体は一定の速さで落下するので，この速さを**終端速度**(terminal velocity) v_t という．

v_t を求めるために，式(6-15)で $a = 0$ とし，D に式(6-14)を代入する；

$$\frac{1}{2}C\rho A v_t^2 - F_g = 0$$

これより，

$$v_t = \sqrt{\frac{2F_g}{C\rho A}} \tag{6-16}$$

図6-6 このスキーヤーは屈んで"卵型の姿勢"をとることで有効断面積を最小にし，それによって空気抵抗も最小にしている．

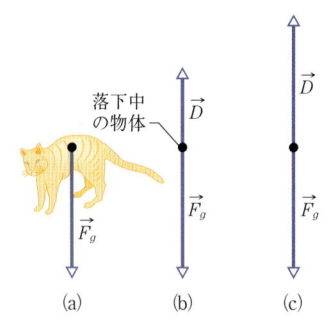

図 6-7 空気中を落下する物体に働く力：(a)落ち始めるときの物体，(b)少し時間がたって抵抗力が大きくなったときの物体の力の作用図．(c)物体に働く抵抗力が大きくなって，物体に働く重力とつり合う．物体はそれから一定の速さで落下するようになる．

表 6-1 空気中の終端速度

物体	終端速度 (m/s)	95% 距離 (m)
(砲丸投げの)砲丸	145	2000
(典型的な)スカイダイバー	60	430
野球のボール	42	210
テニスボール	31	115
バスケットボール	20	47
ピンポン球	9	10
雨滴(直径= 1.5 mm)	7	6
(典型的な)落下傘兵	5	3

"95%の距離"とは物体が終端速度の95%の速さになるまでの落下距離である．

(原典：Peter J. Brancazio, Sport Science, 1984, Simon & Schuster, New York)

表6-1にいくつかの物体に対するv_tの値を示した．

式(6-14)に基づいた計算*によれば，猫が終端速度に達するにはビル6階分の高さを落下しなくてはならない．それまでは$F_g > D$であり，合力が下向きなので猫は下向きに加速される．第2章に出てきたように，我々の体は速度を感じるのではなく，加速度を感じるのだということを思い出そう．猫も加速度を感じる．驚いた猫は足を体の下で縮め，首をすぼめ，背筋を上向きに反らせるので，Aは小さくなり，v_tは大きくなる．したがって，着地したときに怪我をしやすい．

しかし，終端速度に達すれば加速度がなくなるので，猫もいくらか気分が楽になり，足と首を水平方向に伸ばし，背筋をまっすぐにする（空を飛ぶムササビのような姿になる）．こうすることで面積Aが増し，式(6-14)によれば抵抗Dも大きくなる．このとき$D > F_g$（合力が上向き）になるので，より小さなv_tに到達するまで，猫が落下する速さは小さくなっていく．v_tが小さくなるので着地のときに重傷を負う確率も小さくなる．着地寸前には，地面が近づいているのが見えるので，猫は足を体の下に戻して着地に備える．

人間はスカイダイビングを楽しむために，物凄い高さから落下することがある．1987年4月に行われたスカイダイビングで，スカイダイバーのGregory Robertsonは，仲間のスカイダイバーDebbie Williamsがもうひとりのスカイダイバーとぶつかって意識を失い，パラシュートを開けられない状態にあるということに気がついた．そのときWilliamsよりもずっと上空にいてまだ4km落下用のパラシュートを開いていなかったRobertsonは，頭が下になるよう体の向きを変えてAを最小にして下向きの速さが最大になるようにした．推定320km/hの終端速度に達したRobertsonはWilliamsに追いついた．そして今度はDを増やすために水平方向の"翼を広げた鷲(spread eagle)"（図6-8を見よ）の体勢をとり，彼女をつかまえ

図 6-8 スカイダイバーが空気抵抗を最大にするために水平な"翼を広げた鷲"の体勢をとっている．

*W. O. Whitney and C.J. Mehlhaff, "High-Rise Syndrome in Cats." The Journal of the American Veterinary Medical Association, 1987, Vol. 191, pp. 1399-1403.

た．彼は彼女のパラシュートを開き，そして彼女を離してから，地面にぶつかる10秒前に自分自身のパラシュートを開いた．Williamsは着地をコントロールできなかったのでひどい内傷を負ったが，命は助かった．

例題6-4

猫が体を縮めているときに最初の終端速度97km/hに到達した．体を伸ばしてAが2倍になり別の終端速度に到達したとき，どれだけの速さで落下しているか．

解法： **Key Idea**：式(6-16)によると，猫の終端速度は（他の何よりも）猫の有効断面積Aに依存する．したがって，この式を使って速さの比を求めることができる．新旧の終端速度をv_{to}とv_{tn}で表し，それぞれの面積をA_oとA_nで表す．式(6-16)により，

$$\frac{v_{tn}}{v_{to}} = \frac{\sqrt{2F_g/C\rho A_n}}{\sqrt{2F_g/C\rho A_o}} = \sqrt{\frac{A_o}{A_n}} = \sqrt{\frac{A_o}{2A_o}}$$
$$= \sqrt{0.5} \approx 0.7$$

これは$v_{tn} \sim 0.7 v_{to}$，または約68km/hであることを意味している．

例題6-5

半径$R = 1.5$mmの雨滴が地面から$h = 1200$mの高さから落ちる．この雨滴の抵抗係数Cは0.60である．雨滴は落下中，球形であるとする．水の密度ρは1000kg/m³，空気の密度ρ_aは1.2kg/m³である．

(a) 雨滴の終端速度はいくらか．

解法： **Key Idea**：雨滴に働く重力が空気の抵抗力とつり合い，加速度がゼロになるときに終端速度に到達する．v_tを求めるには，ニュートンの第2法則と抵抗力の式を用いればよいが，これは既に式(6-16)で導いた．式(6-16)を使うには，雨滴の有効断面積Aと重力の大きさF_gが必要になる．雨滴は球形なので，Aは球と同じ半径をもつ円の面積(πR^2)に等しい．F_gを求めるには3つのことを使う：(1) mを雨滴の質量とすると$F_g = mg$である，(2) (球形の)雨滴の体積は$V = (4/3)\pi R^3$である，(3) 雨滴の水の密度は体積分の質量，すなわち$\rho_w = m/V$である．これより，

$$F_g = V\rho_w g = \frac{4}{3}\pi R^3 \rho_w g$$

式(6-16)に，この式とAの式を代入し，空気の密度ρ_aと水の密度ρ_wを間違えないように計算する．最後に与えられた数値を代入すると，

$$v_t = \sqrt{\frac{2F_g}{C\rho_a A}} = \sqrt{\frac{8\pi R^3 \rho_w g}{3C\rho_a \pi R^2}} = \sqrt{\frac{8R\rho_w g}{3C\rho_a}}$$

$$= \sqrt{\frac{(8)(1.5\times 10^{-3}\,\text{m})(1000\,\text{kg/m}^3)(9.8\,\text{m/s}^2)}{(3)(0.6)(1.2\,\text{kg/m}^3)}}$$
$$= 7.4\,\text{m/s} \approx 27\,\text{km/h} \qquad \text{(答)}$$

雲の高さは，計算に入らないということに注意せよ．表6-1にあるように，雨滴はわずか数メートル落下するだけで終端速度に到達する．

(b) もし抵抗力がなかったとしたら，雨滴が地面にぶつかる直前の速さはいくらだろうか．

解法： **Key Idea**：落下の間，それを減速しようとする抵抗力がなければ，雨滴は一定の重力加速度で落下するので，表2-1にある等加速度運動の式を使える．加速度がg，初速度v_0が0，変位$x - x_0$がhだから式(2-16)を使って，

$$v = \sqrt{2gh} = \sqrt{(2)(9.8\,\text{m/s}^2)(1200\,\text{m})}$$
$$= 153\,\text{m/s} \approx 550\,\text{km/h} \qquad \text{(答)}$$

雨滴がこんな速さだったら，シェークスピアは決して次のような台詞を書かなかっただろう．
"it droppeth as the gentle rain from heaven, upon the place beneath"（訳注：ベニスの商人より）

> **CHECKPOINT 3**： 雨滴はすべて球形で，おなじ大きさの抵抗係数をもつとするとき，大きな雨滴の地表付近での速さは，小さな雨滴の速さよりも大きいか，小さいか，それとも等しいか？

6-4 等速円運動

4-7節で学んだことを思い出そう；物体が円（または円弧）に沿って一定の速さで運動するとき，この物体は等速円運動をするといい，この物体は次の式で与えられる一定の大きさの向心加速度をもっている。

$$a = \frac{v^2}{R} \quad \text{（向心加速度）} \tag{6-17}$$

R は円の半径である。

等速円運動の2つの例を調べてみよう。

1. *カーブを曲がる自動車*　平坦な道を一定の速さで高速走行中の自動車に乗り，後部座席の中央に腰かけているとしよう。運転者が突然左にハンドルをきって円弧状のコーナーを回ろうとするとき，あなたは座席を右向きに滑り，コーナリングの間ずっと自動車のドアに押しつけられることになる。一体，何が起きているのだろうか。

   自動車が円弧を運動する間は等速円運動をしている，すなわち円の中心に向かう加速度をもっている。ニュートンの第2法則によれば，この加速度を引き起こす力があるはずで，その力は円の中心を向いている**向心力**(centripetal force)である："向心"という言葉が力の向きを示している。この例では，向心力は道路がタイヤに及ぼす摩擦力であり，これがコーナリングを可能にするのだ。

   あなたが自動車と共に等速円運動をしているなら，あなたにも向心力が働いているはずである。しかし，座席があなたに加える摩擦力が十分でないので，あなたは自動車と一緒に円運動することができないように見受けられる。したがって，あなたは座席の上を滑り，自動車の右側のドアがあなたを押しつける。その後は，そのドアがあなたに十分な向心力を加えるので，あなたは自動車の等速円運動と一緒に運動するようになる。

2. *地球の軌道*　今度は，あなたがスペースシャトル・アトランティスの乗員だとしよう。シャトルとあなたが地球の軌道にあるとき，あなたは船室のなかで浮かんでいる。一体，何が起きているのだろうか。

   あなたもシャトルも等速円運動をしており，加速度は円の中心を向いている。ニュートンの第2法則によれば，中心向きの力がこの加速度を引き起こしているはずである。ここでは重力による引力（あなたを引く力とシャトルを引く力）が向心力となっている。

自動車の場合もシャトルの場合も，あなたは向心力によって等速円運動をしている。しかし，驚くべきことに，この2つの例は全然違っている。自動車の中でドアに押しつけられれば，あなたはドアに押されていることに気づく。一方，軌道を回るシャトルの中ではふわふわ浮かんでいるので，あなたに働く力を感じることはない。この違いは何だろうか。

この違いは2つの向心力の性質によるものである。自動車の場合，向心力は自動車のドアに接触したあなたの体の一部分を押す力である。あなたは体の一部分が縮められるのを感じることができるだろう。シャトルの場

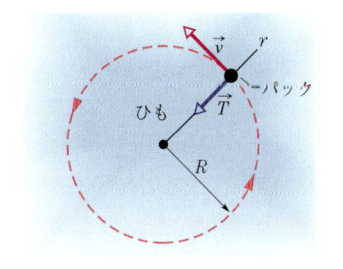

図6-9 質量mのホッケーのパックが摩擦のない水平面で一定の速さで半径Rの軌道を運動する様子を上から見た図。パックに働く向心力はひもが引っ張る力$\vec{T}$であり，パックに向かって伸びる座標rにそって内側を向いている。

合，向心力はあなたの体のすべての原子をひっぱる地球からの重力である。体の一部分だけが縮められる（または引かれる）ことはなく，体に働く力を感じることはない（この感覚を"無重力"というが，この言い方は注意を要する。地球があなたに及ぼす引力がなくなるわけではない。実際は，あなたが地上にいるときより少しだけ小さくなっているだけである）。

向心力のもうひとつの例を図6-9に示した。アイスホッケーのパックがひもで中心にあるくいに結ばれていて，一定の速さで円運動をしている。この場合の向心力は，ひもがパックを半径方向内側に引っ張る力である。この力がなければ，パックは円運動をせずに，直線上を滑り去って行くだろう。

向心力は新しい力ではないということをもう一度注意しておく。向心力という名称は力の向きを表しているだけである。向心力は，実際には，摩擦力でも，重力でも，自動車の壁やひもからの力でもよいし，その他のどんな力であってもかまわない。

▶ 向心力は物体の速さを変えずに物体の速度の向きを変える力である。

ニュートンの第2法則と式(6-17) $(a = v^2/R)$によれば，向心力（あるいは正味の向心力）の大きさは次のように書ける。

$$F = m\frac{v^2}{R} \quad \text{（向心力の大きさ）} \tag{6-18}$$

速さvが一定であるから，加速度や力の大きさも一定である。

しかし，向心加速度と向心力の向きは一定ではない；常に円の中心を向くように連続的に変化する。このため，力と加速度のベクトルは，図6-9のように，物体と共に動き，円の中心から物体に向かう半径方向（動径方向ともいう）の座標軸rに沿って描かれることが多い。この座標軸は半径方向外向きが正であるが，加速度と力のベクトルは半径方向内向きである。

例題6-6

Igorは地球の回り，高度$h = 520$ kmの円軌道を一定の速さ$v = 7.6$ km/sで回っている国際宇宙ステーションの乗組員である。Igorの質量mは79 kgである。

(a) Igorの加速度の大きさはいくらか。

解法： **Key Idea**：Igorは等速円運動をしているので，その向心加速度の大きさは式(6-17) $(a = v^2/R)$で与えられる。地球の半径（付録Bより6.37×10^6 m）をR_Eとし，Igorが運動する半径を$R_E + h$とすると，

$$\begin{aligned}
a &= \frac{v^2}{R} = \frac{v^2}{R_E + h} \\
&= \frac{(7.6 \times 10^3 \text{ m/s})^2}{6.37 \times 10^6 \text{ m} + 0.52 \times 10^6 \text{ m}} \\
&= 8.38 \text{ m/s}^2 \approx 8.4 \text{ m/s}^2 \quad \text{（答）}
\end{aligned}$$

この値は，Igorのいる高度における重力加速度である。もし彼が軌道上にいるのではなく，ただ上に持ち上げられて離されたとしたら，地球の中心を目がけて落ちていくだろう。そのときの最初の加速度の大きさがこの値である。この2つの場合の違いは，Igorが地球を回る軌道にあるときは，必ず横向きにも運動しているということである：落下すると同時に横に動いているので，地球の回りを曲がった軌跡に沿って運動することができる。

(b) 地球がIgorに及ぼす力はどれだけか。

解法： **Key Idea 1**：Igorが円運動をしているなら必ず向心力がある。**Key Idea 2**：向心力は地球が彼に及ぼす重力$\vec{F_g}$であり，回転の中心（地球の中心）を向いている。動径方向の座標軸rの方向に対するニュートンの第2法則から，この力の大きさがわかる。

$$\begin{aligned}
F_g &= ma = (79 \text{ kg})(8.38 \text{ m/s}^2) \\
&= 662 \text{ N} \approx 660 \text{ N} \quad \text{（答）}
\end{aligned}$$

Igorが高さ$h = 520$ kmの塔の上で体重計にのれば，そ

の目盛は 660 N を指すだろう．軌道上では体重計も一緒に自由落下しているので，彼の足は体重計を押さない．（もし体重計にのれたとしても）目盛はゼロを指すだろう．

例題 6-7

1901 年に行われたサーカスで，"むこうみずな" Allo Diavolo は，自転車の曲乗り "ループを宙返り" を披露した（図 6-10a）．このループを半径 $R = 2.7$ m の円とすると，Diavolo がループの最高点でループから離れないようするための最低スピードはいくらか．

解法： **Key Idea 1**： Diavolo の曲乗りを解析するために，彼と彼の自転車が，ひとつの粒子としてループの最高点まで等速運動すると仮定する．最高点でのこの粒子の加速度 $\vec{a}$ の大きさは式 (6-17) で与えられる $a = v^2/R$ で，その向きは円形ループの中心に向かって下向きである．

ループの最高点で粒子に働く力を力の作用図に表したのが図 6-10b である．重力 $\vec{F_g}$ は y 軸に沿って下向きである．粒子がループから受ける垂直抗力 $\vec{N}$ も下向きである．y 成分についてニュートンの第 2 法則を用いると $(F_{\text{net},y} = ma_y)$

$$-N - F_g = m(-a)$$

これより，

$$-N - mg = m\left(-\frac{v^2}{R}\right) \quad (6\text{-}19)$$

Key Idea 2： 粒子がループから離れない最低スピードで運動しているとき，その粒子はループから離れる（ループから落ちる）寸前である：これは $N = 0$ を意味している．この値を式 (6-19) の N に代入して v について解き，わかっている数値を代入すると，

$$v = \sqrt{gR} = \sqrt{(9.8 \text{ m/s}^2)(2.7 \text{ m})}$$
$$= 5.1 \text{ m/s} \quad \text{（答）}$$

Diavolo は，ループから落ちてしまうことのないように，ループの最高点での速さが 5.1 m/s 以上になるように注意した．速さに対するこの条件は，Diavolo と自転車の質量には依存しない．自分の出番前にピロシキを腹一杯食べたとしても，彼はとにかく 5.1 m/s を越えさえすればよかったのである．

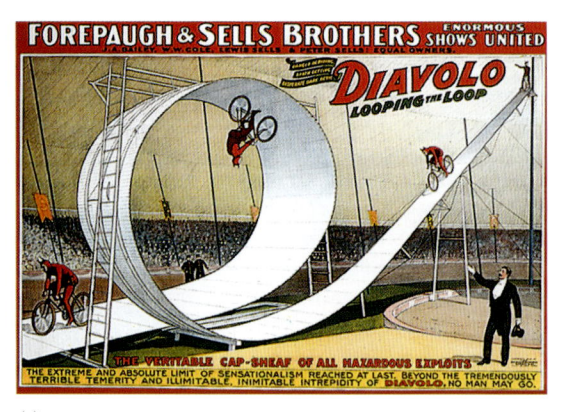

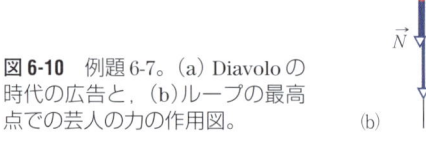

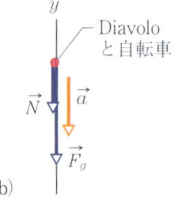

図 6-10 例題 6-7．(a) Diavolo の時代の広告と，(b) ループの最高点での芸人の力の作用図．

> ✓ **CHECKPOINT 4**： 一定の速さで回る観覧車に乗ったとする．あなたの加速度 $\vec{a}$ とあなたに働く垂直抗力 $\vec{N}$（椅子からうける常に上向きの力）はどの方向を向いているか；(a) 最高点にあるとき，(b) 最低点にあるとき．

例題 6-8

ローラーコースター（ジェットコースター）に乗ることに慣れている人でも，ローターに乗ることを考えると顔が青ざめてしまうだろう．ローターとは一言でいうと，中心軸のまわりに高速回転する大きな中空の円筒のことである（図 6-11）．この乗物が動き出す前に，乗客は側面にあるドアを通って円筒の中に入り，布で覆われた壁に寄りかかるようにして床の上に立つ．ドアが閉まり円筒が回転を始めると，乗客と壁と床は一体となって動く．乗物があらかじめ決められた速さに達すると，これが驚きなのだが，床が突然抜け落ちてしまうのだ．しかし乗客は床と一緒に落ちることなく，円筒が回転している間，あたかも見えない（ちょっと不親切な）係員に体を押さえつけられているかのように，壁に貼り付いている．しばらく経ってから床は乗客の足元に戻り，円筒は減速し乗客は数センチ沈んだ床を足で確かめることができる（乗客の中にはこれらすべてのことを楽しいと思う人がいる）．

乗客の衣服と壁の布の間の静止摩擦係数 μ_s は 0.40，円筒の半径 R は 2.1 m であるとする．

(a) 床が落ちるとき，乗客が落ちないためには円筒と乗客の回転する速さ v は最低どれだけ必要か．

解法： まず次の質問から始めよう：乗客が落ちないの

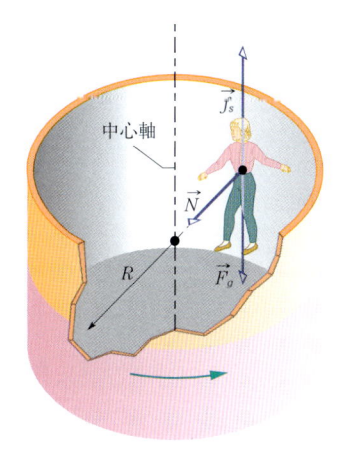

図6-11 例題6-8。遊園地のローターで乗客に働く力を示す。向心力は壁が乗客を内側に押す垂直抗力である。

はどういう力のおかげなのか，そしてその力と乗客の速さ v とはどのような関係にあるのか。これに答えるために，3つの **Key Idea** を使う。

Key Idea 1: 重力 $\vec{F}_g$ は乗客を壁から滑り落そうとするが，壁からの摩擦力が上向きに働くので乗客は落ちない（図6-11）。

Key Idea 2: 乗客が滑り落ちる寸前のとき，上向きの力は静止摩擦力 $\vec{f}_s$ でその大きさは最大値 $\mu_s N$ である。N は壁が乗客に及ぼす垂直抗力 $\vec{N}$ の大きさである（図6-11）。

Key Idea 3: この垂直抗力は，水平方向で円筒の中心軸に向かっており，乗客はその向心力のおかげで向心加速度 $a = v^2/R$ の円運動をしている。

最後の式に現れる速さ v（乗客が滑り落ちるぎりぎりの速さ）を求めたい。まず乗客の位置で y 軸を上向きを正として取る。**Key Idea 1** により，ニュートンの第2法則を適用して，y 成分の式（$F_{net,y} = ma_y$）を書くと，

$$f_s - mg = m(0)$$

m は乗客の質量，mg は $\vec{F}_g$ の大きさである。**Key Idea 2** により，この式の f_s に $\mu_s N$ を代入すると，

$$\mu_s N - mg = 0$$

または

$$N = \frac{mg}{\mu_s} \qquad (6\text{-}20)$$

次に動径方向の r 軸を乗客を通って外向きを正の向きにとる。**Key Idea 3** により，ニュートンの第2法則をこの成分について書くと，

$$-N = m\left(-\frac{v^2}{R}\right) \qquad (6\text{-}21)$$

N に式(6-20)を代入して v について解くと，

$$v = \sqrt{\frac{gR}{\mu_s}} = \sqrt{\frac{(9.8\,\text{m/s}^2)(2.1\,\text{m})}{0.40}}$$
$$= 7.17\,\text{m/s} \approx 7.2\,\text{m/s} \qquad (\text{答})$$

この結果が乗客の質量によらないことに注意せよ：この結果はローターに乗る人すべて，子供から相撲取りに至るまで通用する。これがローターに乗る前に体重測定をする必要のない理由である。

(b) 乗客の質量を49kgとしたとき，乗客に働く向心力の大きさはいくらか。

解法: 式(6-21)に従うと次のようになる。

$$N = m\frac{v^2}{R} = (49\,\text{kg})\frac{(7.17\,\text{m/s})^2}{2.1\,\text{m}}$$
$$\approx 1200\,\text{N} \qquad (\text{答})$$

この力は中心軸に向かっているが，乗客は壁に体を貼り付ける力は動径方向外側に向いているという感覚を持つ。この感覚は乗客が非慣性系にいることに起因している。そのような基準系では力を錯覚してしまう。この錯覚がローターという乗物の魅力のひとつである。

✓ **CHECKPOINT 5**: 最初ローターが乗客が落ちないための最低スピードで動いていて，それからだんだん速さを増していくとすると，次の量は大きくなるか，小さくなるか，それとも変らないか：(a) $\vec{f}_s$ の大きさ；(b) $\vec{N}$ の大きさ；(c) $f_{s,\text{max}}$ の値。

例題6-9

質量 $m = 1600\,\text{kg}$ のストックカー（競技用自動車）が半径 $R = 190\,\text{m}$ の円形走路を一定の速さ $v = 20\,\text{m/s}$ で走っている（図6-12a）。この車が走路をスリップする寸前にあるとき，走路とタイヤの間の静止摩擦係数 μ_s を求めなさい。

解法: μ_s と車の円運動を関係づける必要がある。車に働く力に関する4つの **Key Idea** から始めよう。

Key Idea 1: 車は円運動するので向心力が働いているはずである：この力は水平で，円の中心を向いている。

Key Idea 2: 車に働く水平方向の力は道路が自動車に及ぼす摩擦力だけだから，必要とされる向心力は摩擦力である。

Key Idea 3: 車は滑っていないので，摩擦力は図6-12aに示した静止摩擦力 $\vec{f}_s$ である。

Key Idea 4: 車がスリップする寸前にあるなら，静止摩擦力 $\vec{f}_s$ の大きさ f_s はその最大値 $f_{s,\text{max}} = \mu_s N$ に等しい。N は走路が自動車に及ぼす垂直抗力の大きさである。

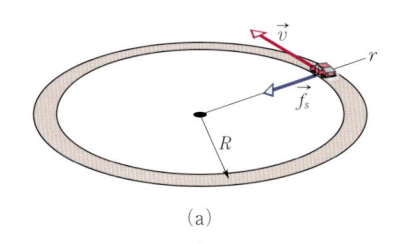

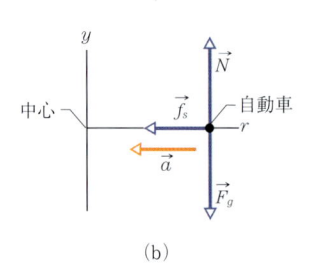

図 6-12 例題 6-9。(a) 自動車が平坦なカーブを一定の速さ v で運動している。摩擦力 $\vec{f_s}$ が動径方向の座標軸 r に沿って必要な向心力となっている。(b) r を含む鉛直な平面で示した力の作用図 (大きさは比例していない)。

μ_s を求めるために，まず車に働く向心力から始めよう．図 6-12a は，常に円の中心から運動する車に向かって伸びる動径方向の座標 r で示した力の作用図である．向心力 $\vec{f_s}$ は，この軸に沿って内向き (この軸の負の向き) であり，車の向心加速度 $\vec{a}$ (大きさ v^2/R) も同様である．ニュートンの第 2 法則をこの座標軸について書いて ($f_{\text{net},r} = ma_r$)，この力と加速度を関係づけることができる；

$$-f_s = m\left(-\frac{v^2}{R}\right) \quad (6\text{-}22)$$

f_s を $f_{s,\max} = \mu_s N$ で置き換え，μ_s について解くと，

$$\mu_s = \frac{mv^2}{NR} \quad (6\text{-}23)$$

車は鉛直方向には加速されないから，それに働く 2 つの力 (図 6-12b 参照) はつり合わなくてはならない；すなわち，垂直抗力の大きさ N と重力の大きさ mg は等しい．$N = mg$ を式 (6-23) に代入すると，

$$\mu_s = \frac{mv^2}{mgR} = \frac{v^2}{gR} \quad (6\text{-}24)$$

$$= \frac{(20\,\text{m/s})^2}{(9.8\,\text{m/s}^2)(190\,\text{m})} = 0.21 \quad \text{(答)}$$

これは，車が走路でスリップする寸前にあるとき，$\mu_s = 0.21$ であることを意味している：$\mu_s > 0.21$ なら自動車がスリップする恐れはないだろう；逆に $\mu_s < 0.21$ なら，自動車はスリップしてしまうだろう．

式 (6-24) は道路技術者に対する 2 つの重要な教訓を含んでいる．その 1：(スリップしないために必要な) μ_s の値は v の 2 乗に比例する．コーナリングのスピードが大きいと，より大きな摩擦が必要になる．あなたもスピードを出し過ぎて平坦なカーブで突然タイヤがスリップするのを経験したことがあるだろう．その 2：式 (6-24) を導出するとき，質量 m が消えてしまった．したがって，式 (6-24) は，子供の車から自転車や重トラックまで，どんな質量の乗物にも適用できる．

✓ **CHECKPOINT 6:** 図 6-12 で，円の半径が R_1 のとき，自動車がスリップをする寸前にあるとしよう．(a) 自動車のスピードが倍になると，自動車が滑らないために必要な円の半径の最小値はいくらか．(b) さらに，自動車の質量も倍になると (例えば砂袋を積んで)，自動車が滑らないために必要な円の半径の最小値はいくらか．

まとめ

摩擦 力 $\vec{F}$ が物体をある面に沿って滑らせようとするとき，その面から物体に**摩擦力**が働く．この摩擦力は面と平行で，滑ろうとする向きと反対である．この力は物体と面との接合によるものである．物体が滑っていなければ摩擦力は**静止摩擦力** $\vec{f_s}$ であり，滑っていれば，摩擦力は**動摩擦力** $\vec{f_k}$ である．

摩擦の 3 つの性質

1. 物体が静止している場合，静止摩擦力 $\vec{f_s}$ の大きさは，力 $\vec{F}$ の面に平行な成分に等しく，$\vec{f_s}$ の向きは，力 $\vec{F}$ の面に平行な成分と逆向きである．面に平行な力の成分が大きくなると，摩擦力の大きさ f_s も大きくなる．
2. $\vec{f_s}$ の大きさには最大値 $f_{s,\max}$ がある；

$$f_{s,\max} = \mu_s N \quad (6\text{-}1)$$

μ_s は**静止摩擦係数**，N は垂直抗力の大きさである．$\vec{F}$ の面に平行な成分が $f_{s,\max}$ より大きくなると物体は面を滑る．

3. 物体が面を滑り始めると摩擦力の大きさは急に小さくなり，次式で与えられる一定の値 f_k になる；

$$f_k = \mu_k N \quad (6\text{-}2)$$

μ_k は動摩擦係数である．

抵抗力 空気 (もしくは他の流体) と物体の間に相対運動があるとき，その物体には**抵抗力** $\vec{D}$ が作用する．抵抗力は物体の相対運動を妨げるように流体が運動する向きに働く．$\vec{D}$ の大きさは，実験的に決められる**抵抗係数** C と相対スピード v に関係している；

$$D = \frac{1}{2} C\rho A v^2 \qquad (6\text{-}14)$$

ρ は流体の密度，A は物体の**有効断面積**（相対速度 $\vec{v}$ に垂直な断面積）である．

終端速度　丸い物体が空気中を十分長い距離落下すると，抵抗力 $\vec{D}$ の大きさと重力 $\vec{F_g}$ の大きさが等しくなる．その後，物体は次の**終端速度** v_t で落下する；

$$v_t = \sqrt{\frac{2F_g}{C\rho A}} \qquad (6\text{-}16)$$

等速円運動　粒子が半径 R の円または円弧に沿って一定の速さ v で運動しているとき，その粒子は**等速円運動**をしているという．その物体には**向心加速度**があり，その大きさは，

$$a = \frac{v^2}{R} \qquad (6\text{-}17)$$

加速度は粒子に働く正味の向心力によるものであり，その力の大きさは，

$$F = \frac{mv^2}{R} \qquad (6\text{-}18)$$

m は粒子の質量である．ベクトル量 $\vec{a}$ と $\vec{F}$ は，どちらも粒子の円軌道の中心を向いている．

問　題

1. 同じ台の上に置いた同じブロックに水平方向の異なる力を加える3つの実験を行った．力の大きさは $F_1 = 12\,\text{N}$, $F_2 = 8\,\text{N}$, $F_3 = 4\,\text{N}$ である．どの実験でも，力を与えているにもかかわらず，ブロックは静止したままだった．これらの力について，(a) 台がブロックに加える静止摩擦力の大きさ f_s, (b) 最大静止摩擦力 $f_{s,\max}$ の大きい順にならべなさい．

2. 図 6-13a は"バットマン"の魔法瓶が長いプラスチックの盆の上を左向きに滑って行くようすを示している．(a) 魔法瓶と，(b) 盆が互いに他方から受ける摩擦力はどちらを向いているか．(c) 盆が魔法瓶に及ぼす摩擦力は，床に対する魔法瓶の相対スピードを大きくするか，小さくするか．図 6-13b では魔法瓶の下の盆が左向きに滑っている．このとき，(d) 魔法瓶と，(e) 盆が互いに他方から受ける摩擦力はどちらを向いているか．(f) 盆が魔法瓶に及ぼす摩擦力は，床に対する魔法瓶の相対スピードを大きくするか，小さくするか．(g) 摩擦力は必ず物体の速さを小さくするのだろうか．

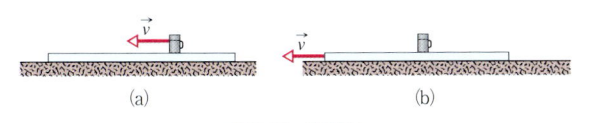

図 6-13　問題 2

3. 図 6-14 に示すように，床の上に置いた箱に水平で大きさ $10\,\text{N}$ の力 $\vec{F_1}$ を加えたが箱は動かなかった．垂直方向の力 $\vec{F_2}$ の大きさをゼロから次第に大きくしていくと，次の量は大きくなるか，小さくなるか，それとも変わらないか：(a) 箱に働く摩擦力の大きさ f_s, (b) 床が箱に及ぼす垂直抗力 N の大きさ，(c) 箱に働く静止摩擦力の最大値 $f_{s,\max}$。(d) この箱は結局，動き出すだろうか？

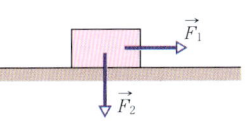

図 6-14　問題 3

4. りんご箱を壁に強く押しつけて，壁から滑り落ちないようにするとき，(a) 壁が箱に及ぼす静止摩擦力 $\vec{f_s}$ と，(b) 壁が箱に及ぼす垂直抗力 $\vec{N}$ は，それぞれどの向きか．もし箱をもっと強く押すと，(c) f_s, (d) N, (e) $f_{s,\max}$ は，それぞれどうなるか．

5. 図 6-15 で，静止した箱に加える力 $\vec{F}$ の角 θ を大きくしていくと，次の量は大きくなるか，小さくなるか，それとも変わらないか：(a) F_x ; (b) f_s ; (c) N ; (d) $f_{s,\max}$。(e) もし箱が滑っていて，角 θ が大きくなっていくとしたら，箱に働く摩擦力の大きさは大きくなるか，小さくなるか，それとも変わらないか？

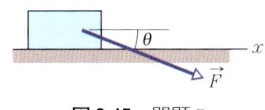

図 6-15　問題 5

6. 例題 5 で力 $\vec{F}$ の角が下向きではなく上向きだったとしたらどうなるか．

7. 図 6-16 に示すように，質量 M の板の上にのった質量 m のブロックに水平方向の力 $\vec{F}$ が加わり，ブロックが板の上を滑っている．ブロックと板の間には摩擦がある（板と床の間には摩擦がない）．(a) ブロックと板の間の摩擦力の大きさを決めるのはどの質量か．(b) ブロックと板の接触面で，ブロックに働く摩擦力の大きさは板に働く摩擦力の大きさと比べて大きいか，小さいか，それとも等しいか．(c) この 2 つの摩擦力はどの向きか．(d) 板に関するニュートンの第 2 法則の式を書くとき，板の加速度にかけるべき質量は何か．

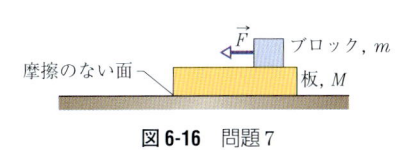

図 6-16　問題 7

8. 図6-17は半径 R_0, $2R_0$, $3R_0$ の5つの円弧を一定の速さで運動する公園の乗物の軌道を示している．円弧を通るときに働く向心力の大きいものから順にならべなさい．

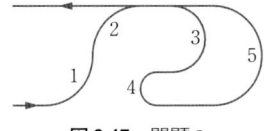

図6-17 問題9

9. 観覧車にのった乗客が，(1)最高点，(2)最低点，(3)中間点，の各位置を通過する．観覧車が一定の速さで動いているとするとき，各位置を次の量の大きいものから順にならべなさい：(a)乗客の向心加速度の大きさ，(b)乗客に働く向心力の大きさ，(c)乗客に働く垂直抗力の大きさ．

7 運動エネルギーと仕事

1996年のオリンピック重量挙げで，Andrey Chemerkin は新記録となる 260.0 kg のバーベルを床から頭上（約2mの高さ）へ持ち上げた。1957年には Paul Anderson が補強された木製の台の下にかがみ込み，低い踏み台に両手をついてふんばり，背中で木製の台とその上の荷物を 1 cm 程押し上げた。台の上には合計 27900 N（6270 ポンド，2840 kg）の自動車部品が置かれていた。

Chemerkin と Anderson のどちらが物体に対して大きな仕事をしたか？

答えは本章で明らかになる。

7-1 エネルギー

ニュートンの運動方程式を使っていろいろな運動を解析することができる。しかし多くの場合，予め知ることのできないような詳しい情報が必要となり解析は難しい。例えば，摩擦のない傾いた（山あり谷ありの）軌道上をアイスホッケーのパックが滑ってきたとする。初速度が 4.0 m/s，最初の高さが 0.46 m であるとき，パックが高さ 0 m の終点に着いた時の速度を，ニュートンの第 2 法則を用いて求めることができるか？ 答えはノーである。全経路にわたって軌道の傾きがわかっていなければならないし，もしわかったとしても計算は非常に複雑になるだろう。

　昔，科学者や技術者は，運動を解析するのにとても強力な別の手法のあることに気がついた。さらに，この手法は運動に関係しないような化学反応，地質学的変動，生物学的機能などにも拡張できることがわかった。この手法は**エネルギー**（energy）に関係している。エネルギーは非常に多くの姿（形態）をもっている。実際，このエネルギーという用語は非常に幅広く使われており，明確な定義は難しい。専門的に言うと，エネルギーは

ひとつまたは複数の物体の状態（様子）を表すスカラー量である。しかし，この定義はあまりにも漠然としている。

まず，おおざっぱな定義から始めよう。エネルギーはひとつまたは複数の物体に関係した量である。この量は力が物体を動かすと変化する。科学者や技術者は無数の実験を行い，エネルギーという量を注意深く設定すれば，実験の結果を予測することができる，ということに気づいた（例えば，前述のパックのスピードを簡単に求めることができる）。しかしながら，エネルギー量をどうやって設定するのかは決して簡単ではないし，その方法も自明ではない。本章ではエネルギーの一形態である運動エネルギーに焦点を絞って議論する。他の形態のエネルギーについては，本書全体を通して，また理工学全般を勉強する中で明らかになるだろう。

運動エネルギー（kinetic energy）K は物体の運動状態を表すエネルギーである。速く運動すればするほど運動エネルギーは大きくなり，物体が止まっているときの運動エネルギーはゼロである。

光速に比べて十分に小さい速さ v で動いている質量 m の物体に対して，運動エネルギーを次のように定義する。

$$K = \frac{1}{2} mv^2 \quad \text{（運動エネルギー）} \tag{7-1}$$

質量 3.0 kg の鴨が 2.0 m/s の速さで通り過ぎたとすると，運動エネルギーは $6.0 \text{kg} \cdot \text{m}^2/\text{s}^2$；この値が鴨の運動に関係づけられた量である。

運動エネルギー（そしてその他すべてのエネルギー）の SI 単位は，1800 年代のイギリスの科学者 James Prescott Joule の名にちなんで，**ジュール**（J）と名付けられている。式 (7-1) の質量と速度の単位から，運動エネルギーの単位は，次のように定義される。

$$1 \text{ジュール} = 1 \text{J} = 1 \text{kg} \cdot \text{m}^2/\text{s}^2 \tag{7-2}$$

したがって，鴨の運動エネルギーは 6.0 J ということになる。

例題 7-1

1896 年テキサス州の Waco で，"Katy" 鉄道の William Crush は，長さ 6.4 km の線路の両側に止めた 2 台の機関車の推力を全開にし，全速力で走る機関車を 3 万人の観衆の前で衝突させた（図 7-1 参照）。数百人が飛んできた破片で怪我をし，数人が亡くなった。機関車の重さを 1.2×10^6 N，加速度を 0.26m/s^2 とすると，衝突直前の 2 台の機関車の運動エネルギーはいくらか？

解法： **Key Idea 1**：式 (7-1) を使って機関車の運動エネルギーを求める。しかしそのためには衝突直前の機関車の速度と質量を知る必要がある。**Key Idea 2**：機関車の加速度が一定であると仮定したので，衝突直前の速度 v を表 2-1 の式を使って求めることができる。速度 v 以外

図 7-1 例題 7-1。1896 年の 2 台の機関車の衝突現場。

の変数はわかっているので，式 (2-16) を使うことができる：
$$v^2 = v_0^2 + 2a(x - x_0)$$
$v_0 = 0$, $x - x_0 = 3.2 \times 10^3$ m（線路の中点までの距離）だから，
$$v^2 = 0 + 2(0.26 \text{ m/s}^2)(3.2 \times 10^3 \text{ m})$$
$$v = 40.8 \text{ m/s （約 150 km/h）}$$

Key Idea 3：重さを g で割って質量を求める。

$$m = (1.2 \times 10^6 \text{ N})/(9.8 \text{ m/s}^2) = 1.22 \times 10^5 \text{ kg}$$

式 (7-1) を用いると，衝突直前の機関車の運動エネルギーは，
$$K = 2\left(\frac{1}{2}mv^2\right) = (1.22 \times 10^5 \text{ kg})(40.8 \text{ m/s})^2$$
$$= 2.0 \times 10^8 \text{ J} \qquad (答)$$

衝突の近くにいるのは，爆弾の近くにいるようなものである。

7-2　仕　事

物体に力を加えて加速すると，物体の運動エネルギー $K(=\frac{1}{2}mv^2)$ は増大する。同様に，力を加えて減速すれば運動エネルギーは減少する。このような運動エネルギーの変化は，加えた力が物体にエネルギーを与えた，もしくは物体からエネルギーが失われた，と考えることができる。

力によるこのようなエネルギーの移動があるとき，力によって**仕事** (work) W が物体になされたという。仕事は次のように定義される：

> 仕事 W は，力が作用している物体へ（または物体から）移動するエネルギーのことである。物体へエネルギーが移動した場合の仕事は正であり，物体からエネルギーが移動した場合の仕事は負である。

"仕事" とは移動したエネルギーのことであり，"仕事をする" とはエネルギーを移動させることである。仕事はエネルギーと同じ単位で表され，どちらもスカラー量である。

移動する (transfer) という言葉は誤解を招くかもしれない。水が流れて移動するというような，何か有形の物が出入りするという意味ではない。むしろ銀行間の口座振替に似ている：口座間で何か物が移動するわけではなく，一方の預金残高が増え，他方の残高が減るだけである。

"仕事" という言葉は，通常用いられるように何か肉体的なまたは精神的な労働という意味で使われているのではないことに注意しよう。壁を強く押して筋肉を緊張し続けて疲れたとしよう。通常の意味ではあなたは仕事をしている。しかしこの場合，壁へ（または壁から）エネルギーが移動したことにはならないので，ここで定義するような仕事には当たらない。

混乱を避けるために，この章では記号 W を仕事に対してだけ用い，重さを W ではなく mg と表記する。

7-3　仕事と運動エネルギー

仕事の表式

仕事の表式を見つけるために，水平な x 軸方向に張られた摩擦のないワイヤーに沿って滑るビーズを考えよう（図 7-2）。ワイヤーに対して角 ϕ の方向に一定の力 $\vec{F}$ が働いており，ビーズはワイヤーに沿って加速されている。ニュートンの第 2 法則に従って，x 軸方向の力の成分と加速度を関係

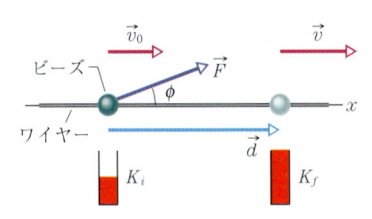

図 7-2 ワイヤーから角 ϕ の向きに働く一定の力 $\vec{F}$ が，ビーズをワイヤーに沿って加速し，$\vec{d}$ だけ移動させる。このときビーズの速度は $\vec{v}_0$ から $\vec{v}$ に変化する。"運動エネルギーメーター"はビーズの運動エネルギーが K_i から K_f に変化したことを示している。

づけることができる。

$$F_x = ma_x \tag{7-3}$$

m はビーズの質量である。ビーズが距離 $\vec{d}$ だけ動いたとき，力はビーズの速度を初期値 $\vec{v}_0$ から $\vec{v}$ に変化させる。力は一定なので加速度も一定である。式 (2-16)（第 2 章の一定加速度の場合の基本公式）を用いると，速度の x 成分は次式で与えられる。

$$v^2 = v_0^2 + 2a_x d \tag{7-4}$$

この式を a_x について解き，式 (7-3) に代入して，並べ替えると，

$$\frac{1}{2}mv^2 - \frac{1}{2}mv_0^2 = F_x d \tag{7-5}$$

左辺の第 1 項はビーズが d だけ動いた後の運動エネルギー K_f であり，第 2 項はビーズの最初の運動エネルギー K_i である。このように式 (7-5) の左辺は，力による運動エネルギーの変化を表し，それが右辺の $F_x d$ に等しいことを示している。したがって，力がビーズにした仕事 W（力によるエネルギー移動）は，

$$W = F_x d \tag{7-6}$$

F_x と d の値がわかれば，この式を使って力がビーズにした仕事を求めることができる。

▶ 物体が変位する間に力がする仕事は，変位に沿った力の成分だけを使って計算する。変位に垂直な力の成分は仕事をしない。

ϕ を変位 $\vec{d}$ と力 $\vec{F}$ の間の角とすると，F_x は $F\cos\phi$ と書き換えられる（図 7-2）。よって式 (7-6) をもっと一般的な形で書くことができる。

$$W = Fd\cos\phi \quad \text{（一定の力によってなされた仕事）} \tag{7-7}$$

F, d, ϕ がわかれば，この式は仕事を計算するのに役立つ。また右辺はベクトルのスカラー積 $\vec{F}\cdot\vec{d}$ と等しいので，次のように書くこともできる（スカラー積については 3-7 節を参照）；

$$W = \vec{F}\cdot\vec{d} \tag{7-8}$$

特に $\vec{F}$ と $\vec{d}$ が単位ベクトル表記で与えられている場合は，仕事を計算するのに式 (7-8) を使う方が便利である。

　注意： 式 (7-6) や式 (7-8) を用いて，力が物体にする仕事を計算する際には 2 つの制約がある。まず，力は一定でなければならない；物体の移動中に力の大きさや向きは変わらない（後で力の大きさが変化する場合を議論する）。次に，物体は粒子状でなければならない；物体は頑丈で，物体のすべての部分が同じ方向に一緒に移動する。この章では，図 7-3 のベッドとその上のペンギンライダーのように，粒子状の物体について考える。

　仕事の符号： 力が物体にする仕事は正または負である。式 (7-7) にお

図 7-3 ベッド競争の競技者。学生が加えた力がする仕事を計算するために，ベッドとその上に乗っているペンギンライダーをひとつの粒子とみなす。

ける角 ϕ が $90°$ 以下であれば $\cos\phi$ は正で，仕事も正になる．ϕ が $90°$ 以上（$180°$ 以下）であれば，$\cos\phi$ は負で，仕事も負になる（$\phi = 90°$ ならば仕事はゼロである）．このことから簡単な規則が導かれる；力がする仕事の符号を知るためには，変位に沿った力のベクトル成分を考えればよい．

▶ 力が変位と同じ向きのベクトル成分をもっていれば，その力は正の仕事をし，反対向きのベクトル成分は負の仕事をする．変位と同じ向きのベクトル成分がないとき，力は仕事をしない．

仕事の単位： SI単位では，仕事の単位は運動エネルギーと同じジュールである．一方，式 (7-6) と (7-7) から仕事の単位はニュートン・メートル（N・m）でもあることがわかる．対応する英国の単位は，フィート・ポンド（ft・lb）である．式 (7-2) を拡張すると，

$$1\,\text{J} = 1\,\text{kg}\cdot\text{m}^2/\text{s}^2 = 1\,\text{N}\cdot\text{m} = 0.738\,\text{ft}\cdot\text{lb} \tag{7-9}$$

複数の力による正味の仕事： 2つ以上の力が作用するとき，物体になされる正味の仕事は，それぞれの力がした仕事の和である．正味の仕事は2つの方法で求めることができる．(1) それぞれの力がした仕事を求め，それを加える．(2) 物体に働く正味の力（合力）$\vec{F}_{\text{net}}$ を求め，式 (7-7) を使って F に $\vec{F}_{\text{net}}$ を，ϕ に $\vec{F}_{\text{net}}$ と変位の間の角度を代入する．または，式 (7-8) を使って，$\vec{F}$ に $\vec{F}_{\text{net}}$ を代入してもよい．

仕事-運動エネルギーの定理

式 (7-5) は，ビーズの運動エネルギーの変化（初期値 $K_i = \frac{1}{2}mv_0^2$ から $K_f = \frac{1}{2}mv^2$ への変化）と，ビーズになされた仕事 $W(=F_x d)$ を関係づけた．粒子状の物体に対しては，一般に次の関係式が成り立つ．ΔK を物体の運動エネルギーの変化とし，W を物体になされた仕事とすると，

$$\Delta K = K_f - K_i = W \tag{7-10}$$

これを言葉で表現すると，

（粒子の運動エネルギーの変化）＝（粒子になされた正味の仕事）

また次のようにも書くこともできる；

$$K_f = K_i + W \tag{7-11}$$

これを言葉で表現すると，

$$\begin{pmatrix}\text{仕事をされた後の}\\\text{運動エネルギー}\end{pmatrix} = \begin{pmatrix}\text{仕事をされる前の}\\\text{運動エネルギー}\end{pmatrix} + （\text{正味の仕事}）$$

伝統的に，これらは粒子に対する **仕事-運動エネルギーの定理** として知られている．この定理は正の仕事と負の仕事の両方を含んでいる：なされた正味の仕事が正ならば，粒子の運動エネルギーは仕事の量だけ増加する．正味の仕事が負ならば，粒子の運動エネルギーは仕事の量だけ減少する．

粒子の運動エネルギーが最初 5J で，2J の仕事が粒子になされると（正の

仕事），運動エネルギーの最終値は7Jとなる．反対に，もし粒子から2Jのエネルギーが失われると（負の仕事），運動エネルギーの最終値は3Jとなる．

> ✓ **CHECKPOINT 1：** 粒子がx軸に沿って移動する．もし粒子の速度が(a) $-3\,\text{m/s}$から$-2\,\text{m/s}$に，(b) $-2\,\text{m/s}$から$2\,\text{m/s}$に変化したら，運動エネルギーは増加するか，減少するか，または変化しないか？ (c) それぞれの場合，粒子になされた仕事は正か，負か，ゼロか？

例題 7-2

図7-4aは，2人の産業スパイが225kgの金庫をトラックまで8.5mの変位$\vec{d}$だけ真っ直ぐに滑らせているところである．スパイ001の押す力$\vec{F_1}$は水平方向から30°下方に12.0N；スパイ002の引っ張る力$\vec{F_2}$は水平方向から40°上方に10.0Nである．金庫は最初静止しており，移動中の力の大きさと向きは変わらず，床と金庫の間に摩擦はないとする．

(a) $\vec{d}$だけ動かす間に，力$\vec{F_1}$と$\vec{F_2}$が金庫に対してした仕事はいくらか？

解法： Key Idea 1： 2つの力によって金庫になされた正味の仕事Wは，彼らが個々に行った仕事の和である．**Key Idea 2：** 力の大きさと向きが一定だから，金庫をひとつの粒子とみなすと，仕事を計算するのに式(7-7) ($W = Fd\cos\phi$)か式(7-8) ($W = \vec{F}\cdot\vec{d}$)のどちらかを用いることができる．ここでは力の大きさと向きがわかっているので，式(7-7)を用いる．図7-4bに示された力の作用図より，$\vec{F_1}$がした仕事は，
$$W_1 = F_1 d \cos\phi_1 = (12.0\,\text{N})(8.50\,\text{m})(\cos 30°)$$
$$= 88.33\,\text{J}$$
$\vec{F_2}$がした仕事は，
$$W_2 = F_2 d \cos\phi_2 = (10.0\,\text{N})(8.50\,\text{m})(\cos 40°)$$
$$= 65.11\,\text{J}$$
したがって，正味の仕事は，
$$W = W_1 + W_2 = 88.33\,\text{J} + 65.11\,\text{J}$$
$$= 153.4\,\text{J} \simeq 153\,\text{J} \quad (答)$$
8.50m移動する間に，スパイは153Jのエネルギーを金庫の運動エネルギーに移したことになる．

(b) 移動する間に，重力$\vec{F_g}$が金庫に対してした仕事W_gはいくらか，また床からの抗力$\vec{N}$がした仕事W_Nはいくらか？

解法： Key Idea： 力の大きさと向きが一定なので，式

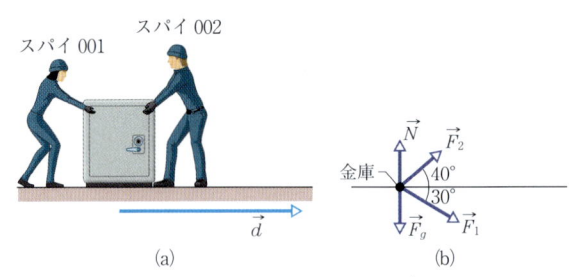

図 7-4 例題 7-2．(a) 2人のスパイが金庫を$\vec{d}$だけ移動させる．(b) 金庫に作用する力の作用図．

(7-7)を使って仕事を求めることができる．重力mgが作用しているので，
$$W_g = mgd \cos 90° = mgd(0) = 0 \quad (答)$$
また
$$W_N = Nd \cos 90° = Nd(0) = 0 \quad (答)$$
この結果は自明である．なぜなら，これらの力は金庫の変位に対して垂直に作用しているので，金庫に対して仕事をしない，すなわちエネルギーの移動はない．

(c) 金庫は最初静止している．8.5m移動した後の金庫の速さv_fはいくらか？

解法： Key Idea： $\vec{F_1}$および$\vec{F_2}$によってエネルギーが移動したとき，運動エネルギーが変化するので金庫の速さが変わる．式(7-10)と(7-1)を組み合わせて速さと仕事の関係を求めると：
$$W = K_f - K_i = \frac{1}{2}mv_f^2 - \frac{1}{2}mv_i^2$$
初速度v_iはゼロであり，なされた仕事は153.4Jである．v_fについて上式を解き，与えられたデータを代入すると，
$$v_f = \sqrt{\frac{2W}{m}} = \sqrt{\frac{2(153.4\,\text{J})}{225\,\text{kg}}}$$
$$= 1.17\,\text{m/s} \quad (答)$$

例題 7-3

嵐の中，クレープの入った木箱が，油でつるつるした駐車場を滑っている。変位 $\vec{d} = (-3.0\,\text{m})\hat{i}$ だけ滑る間，風が一定の力 $\vec{F} = (2.0\,\text{N})\hat{i} + (-6.0\,\text{N})\hat{j}$ で箱を押している。その様子と座標軸を図7-5に示す。

(a) 箱が移動する間に，風の力がした仕事量はいくらか？

解法： **Key Idea**：箱は粒子と見なすことができ，また移動の間，風の力は大きさと向きが一定なので，仕事を計算するのに式(7-7) ($W = Fd\cos\phi$) または式(7-8) ($W = \vec{F}\cdot\vec{d}$) を用いることができる。単位ベクトル表記で $\vec{F}$ と $\vec{d}$ がわかっているので，式(7-8)を用いると，

$$W = \vec{F}\cdot\vec{d} = [(2.0\,\text{N})\hat{i} + (-6.0\,\text{N})\hat{j}] \cdot [(-3.0\,\text{m})\hat{i}]$$

単位ベクトルのスカラー積で，$\hat{i}\cdot\hat{i}$, $\hat{j}\cdot\hat{j}$, $\hat{k}\cdot\hat{k}$ だけがゼロでないので（付録Cを参照），

$$W = (2.0\,\text{N})(-3.0\,\text{m})\hat{i}\cdot\hat{i} + (-6.0\,\text{N})(-3.0\,\text{m})\hat{j}\cdot\hat{i}$$
$$= (-6.0\,\text{J})(1) + 0 = -6.0\,\text{J} \quad\text{(答)}$$

このように，力は箱に対して負の6.0Jの仕事をする；箱の運動エネルギーから6.0Jのエネルギーが失われる。

(b) 初めに箱が10Jの運動エネルギーをもっているとすれば，$\vec{d}$ だけ動いた後の運動エネルギーはいくらか？

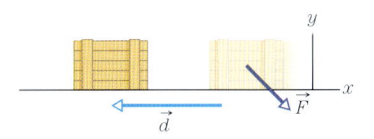

図7-5 例題7-3。木箱が $\vec{d}$ だけ移動する間に，一定の力 $\vec{F}$ が木箱を減速する。

解法： **Key Idea**：力が箱に対して負の仕事をするので，箱の運動エネルギーは減少する。式(7-11)の仕事-運動エネルギーの定理を使って，

$$K_f = K_i + W = 10\,\text{J} + (-6.0\,\text{J}) = 4.0\,\text{J} \quad\text{(答)}$$

箱の運動エネルギーは4.0Jに減少するので，箱の速さは遅くなる。

✓ **CHECKPOINT 2**： 図は，摩擦のない床を箱が d だけ右方向に移動する間に，箱に作用する4通りの力を表している。力の大きさは等しく，向きは図に示されている。移動する間に箱に対してなされる仕事が大きい順に並べなさい。

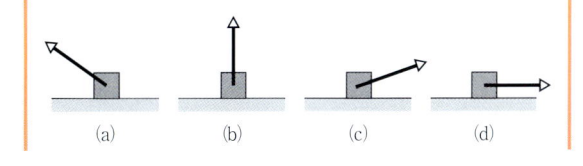

(a)　(b)　(c)　(d)

7-4　重力による仕事

物体に作用する特定の力 — 重力 — によってなされる仕事について考えよう。図7-6は質量 m の粒子状のトマトが初速度 v_0，初期運動エネルギー $K_i = \frac{1}{2}mv_0^2$ で上方に投げ上げられた様子を示している。トマトが上昇するにつれて重力 $\vec{F_g}$ により速度が減少する；重力がする仕事により運動エネルギーが減少する。

トマトを粒子として扱うので，式(7-7) ($W = Fd\cos\phi$) を使って $\vec{d}$ だけ移動する間の仕事を求めることができる。力の大きさ F として，重力 $\vec{F_g}$ の大きさ mg を用いる。重力 $\vec{F_g}$ によってなされる仕事 W_g は，

$$W_g = mgd\cos\phi \quad\text{（重力によってなされる仕事）} \quad (7\text{-}12)$$

図7-6に示すように，上昇する物体に対して，力 $\vec{F_g}$ は変位 $\vec{d}$ と逆向きに作用する。$\phi = 180°$ だから，

$$W_g = mgd\cos 180° = mgd(-1) = -mgd \quad (7\text{-}13)$$

負符号は，物体が上昇する間に，物体に働く重力によって物体の運動エネルギーから mgd だけのエネルギーが失われたことを示している。これは

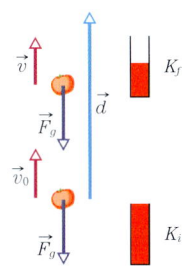

図7-6 上向きに投げ上げられた質量 m の粒子状のトマトは，重力 $\vec{F_g}$ が働くので $\vec{d}$ だけ移動する間に速度が $\vec{v_0}$ から $\vec{v}$ に減少する。運動エネルギーメーターは物体の運動エネルギーが $K_i (= \frac{1}{2}mv_0^2)$ から $K_f (= \frac{1}{2}mv^2)$ に変化することを示している。

物体が上昇するにつれて減速することに対応する。

物体が最高点に達し落下に転じると、力 $\vec{F_g}$ と変位 $\vec{d}$ の間の角 ϕ はゼロになるので、

$$W_g = mgd\cos 0° = mgd(+1) = +mgd \qquad (7\text{-}14)$$

正符号は、重力によって物体の運動エネルギーに mgd だけのエネルギーが移動したことを表している。これは落下するにつれて物体が加速することに対応する。(ただし第8章で見るように、物体が上昇したり落下したりするときのエネルギー移動は、その物体だけの問題ではなく、物体-地球系 に関係している。そもそも、地球なしでは"上昇"には意味がない。)

物体の上下移動に伴う仕事

粒子状の物体に鉛直方向の力 $\vec{F}$ を加えて持ち上げるとしよう。上昇する間、持ち上げる力は正の仕事 W_a をするのに対して、重力は負の仕事 W_g をする。持ち上げる力はエネルギーを与えるのに対して、重力はエネルギーを奪う。式(7-10)によって、2つのエネルギー移動による物体の運動エネルギーの変化 ΔK は、

$$\Delta K = K_f - K_i = W_a + W_g \qquad (7\text{-}15)$$

K_f は終点での運動エネルギーであり、K_i は最初の運動エネルギーである。この式は、物体を下げるときにも適用できるが、その場合は重力が物体にエネルギーを与え、物体を支える力が物体からエネルギーを奪う。

本を床から本棚に持ち上げるときのように、移動の前後で物体は静止している場合について考えよう。K_f と K_i は両方ともゼロであるから、式(7-15)は次のようになる。

$$W_a + W_g = 0 \qquad または \qquad W_a = -W_g \qquad (7\text{-}16)$$

K_f と K_i がゼロでなくても等しいならば同じ結果が得られることに注意しよう。言い換えれば、持ち上げる力がする仕事は、重力がする仕事と符号が逆である;持ち上げる力は重力が物体から奪ったエネルギーと同じ量のエネルギーを与える。式(7-12)を用いて式(7-16)を書き直すと、

$$W_a = -mgd\cos\phi \qquad (上下移動に伴う仕事:K_f=K_i) \qquad (7\text{-}17)$$

ϕ は $\vec{F_g}$ と $\vec{d}$ の間の角である。変位が鉛直上向きならば(図7-7a) $\phi = 180°$ で、加えた力によってなされる仕事は mgd である。変位が鉛直下向きならば(図7-7b) $\phi = 0°$ で、加えた力によってなされる仕事は $-mgd$ である。

物体が移動の前後で静止しているならば、式(7-16)と(7-17)は持ち上げたり降ろしたりするどんな状況にも適用できる。また力の大きさには無関係である。Chemerkin が重量挙げの新記録を作ったとき、持ち上げるために物体に加えた彼の力は途中でかなり変化しただろう。しかし物体は移動の前後で静止しているので、彼のした仕事は式(7-16)と(7-17)で表すこと

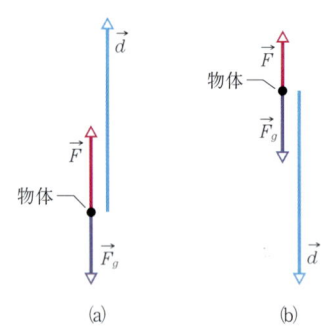

図7-7 (a)物体に働く力 $\vec{F}$ が物体を持ち上げる。物体の変位 $\vec{d}$ と重力 $\vec{F_g}$ の間の角度は180°である。力は正の仕事をする。(b)力 $\vec{F}$ が物体を支える。物体の変位 $\vec{d}$ と重力 $\vec{F_g}$ の間の角度は0°である。物体を支える力は負の仕事をする。

例題 7-4

Andrey Chemerkin と Paul Anderson の力業の問題に戻ろう.

(a) Chemerkin は質量 $m = 260.0\,\text{kg}$ の堅く結合された物体(バーベルと板状の錘)を 2.0 m 持ち上げて重量上げの新記録を作った.その間に重力 $\vec{F}_g$ が物体に対してした仕事はいくらか?

解法: **Key Idea**: 堅く結合された物体はひとつの粒子とみなせるので,$\vec{F}_g$ がした仕事 W_g を求めるのに式(7-12) ($W_g = mgd\cos\phi$)を利用できる.総重量 mg は 2548 N,移動距離は 2.0 m,下向きの重力と上向きの移動方向の間の角 ϕ は 180° だから,

$$W_g = mgd\cos\phi = (2548\,\text{N})(2.0\,\text{m})(\cos 180°)$$
$$= -5100\,\text{J} \qquad (答)$$

(b) Chemerkin によって物体を持ち上げるのになされた仕事はいくらか?

解法: Chemerkin が物体に加えた力を求めることはできない.もしできたとしても,彼の力が一定だったとは考えられない.**Key Idea 1**: 仕事を求めるのに式(7-7)は使えないが,物体は移動の前後で静止している.**Key Idea 2**: Chemerkin の力がした仕事 W_{AC} は重力 $\vec{F}_g$ がした仕事 W_g と符号が逆である.式(7-16)より,

$$W_{AC} = -W_g = +5100\,\text{J} \qquad (答)$$

(c) Chemerkin が頭上に持ち上げている間に彼の力がした仕事はいくらか?

解法: **Key Idea**: 彼が持ち上げている間,バーベルは静止していた.変位がゼロなので,式(7-7)より仕事はゼロである(バーベルを支えるのはとても疲れることだったろうが).

(d) Paul Anderson が総重量 27 900 N の物体を 1.0 cm 持ち上げるのにした仕事はいくらか?

解法: (a) および (b) の議論より,$mg = 27\,900\,\text{N}$,$d = 1.0\,\text{cm}$ だから,

$$W_{PA} = -W_g = -mgd\cos\phi$$
$$= -mgd\cos 180°$$
$$= -(27\,900\,\text{N})(0.010\,\text{m})(-1)$$
$$= 280\,\text{J} \qquad (答)$$

Anderson が持ち上げるには,非常に大きな上向きの力を必要とするが,変位が小さいのでエネルギー移動はわずか 280 J である.写真は彼が別のものを持ち上げたところである.

例題 7-5

初め静止していた 15 kg のチーズ入りの木箱が,摩擦のないスロープをケーブルで引っ張り上げられ,距離 $L = 5.70\,\text{m}$ 移動した後,$h = 2.50\,\text{m}$ の高さで再び静止した(図 7-8a).

(a) 木箱が引っ張り上げられる間に,重力 $\vec{F}_g$ がした仕事 W_g はいくらか?

解法: **Key Idea**: 木箱は粒子とみなせるので,$\vec{F}_g$ がした仕事 W_g は式(7-12) ($W_g = mgd\cos\phi$) で求めることができる.$\vec{F}_g$ と変位 $\vec{d}$ の間の角 ϕ がわからないが,図 7-8b の木箱に対する力の作用図から,ϕ は $\theta + 90°$ となることがわかる.式(7-12) より,

$$W_g = mgd\cos(\theta + 90°) = -mgd\sin\theta \qquad (7\text{-}18)$$

表式を簡単にするために三角比の公式を用いた.

図 7-8a より,$d\sin\theta = h$,h は 2.50 m とわかっているから,式(7-18) に代入して,

$$W_g = -mgh \qquad (7\text{-}19)$$
$$= -(15.0\,\text{kg})(9.8\,\text{m/s}^2)(2.50\,\text{m})$$
$$= -368\,\text{J} \qquad (答)$$

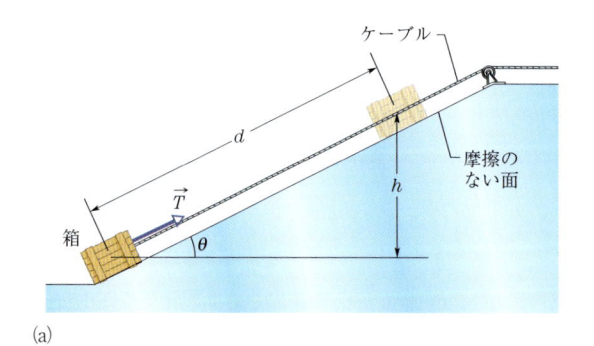

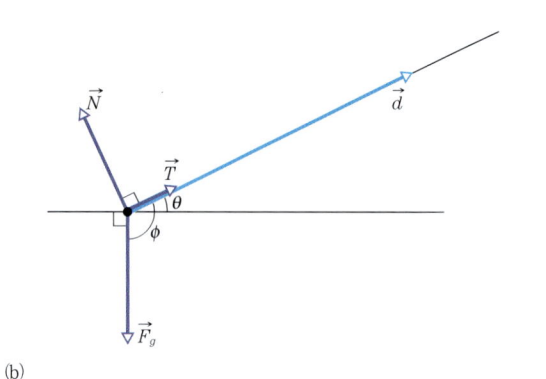

110 第7章 運動エネルギーと仕事

図7-8 例題7-5。(a)摩擦のないスロープに沿ってスロープに平行な張力$\vec{T}$で木箱が引っ張り上げられる。(b)木箱に作用する力の作用図および変位$\vec{d}$が示されている。

式(7-19)によれば，重力がした仕事W_gは鉛直方向の距離だけに依存し，水平移動距離には依存しないことに注意しよう(第8章でもう一度議論する)。

(b) 移動の間にケーブルの張力$\vec{T}$が木箱にした仕事W_Tはいくらか？

解法： 張力の大きさTがわからないので，式(7-7)($W = Fd\cos\phi$)のFにTの大きさを代入することはできない。**Key Idea**： 木箱を粒子とみなすので，仕事–運動エネルギーの定理($\Delta K = W$)を適用できる。木箱は移動の前後で静止しているので，運動エネルギーの変化ΔKはゼロである。木箱になされた正味の仕事量を求めるためには，木箱にかかる3つの力がする仕事を足す必要がある。(a)より，重力$\vec{F_g}$がした仕事W_gは-368Jである。垂直抗力$\vec{N}$がした仕事W_Nは，$\vec{N}$が変位の向きに垂直なのでゼロである。張力$\vec{T}$がした仕事W_Tを求めたいので，仕事と運動エネルギーの定理より，

$$\Delta K = W_T + W_g + W_N$$

または

$$0 = W_T - 368\,\text{J} + 0$$

これより

$$W_T = 368\,\text{J} \quad\quad\quad (答)$$

✓ **CHECKPOINT 3:** 木箱をもっと長いスロープを使って同じ高さhまで持ち上げる場合を考えよう。(a)張力$\vec{T}$がする仕事は上の場合より大きいか小さいか，それとも同じか？ (b)木箱を動かすために必要な張力$\vec{T}$の大きさは上の場合と比べて大きいか小さいか，それとも同じか？

例題7-6

質量$m = 500$kgのエレベーターが，速さ$v_i = 4.0$m/sで下降中にケーブルがスリップして，一定の加速度$\vec{a} = \vec{g}/5$で落下し始めた(図7-9a)。

(a) 距離$d = 12$mだけ落下する間に，重力$\vec{F_g}$がエレベーターの箱にした仕事W_gはいくらか？

解法： **Key Idea**： エレベーターの箱を粒子とみなせるので，式(7-12)($W_g = mgd\cos\phi$)を用いて$\vec{F_g}$がした仕事W_gを求める。図7-9bには箱に対する力の作用図と箱の変位$\vec{d}$が示されている。この図から$\vec{F_g}$と箱の変位$\vec{d}$の間の角度が0°であることがわかる。式(7-12)より，

$$W_g = mgd\cos 0° = (500\,\text{kg})(9.8\,\text{m/s}^2)(12\,\text{m})(1)$$
$$= 5.88 \times 10^4\,\text{J} \simeq 59\,\text{kJ} \quad\quad (答)$$

(b) 12m落下する間にエレベーターケーブルを鉛直上向きに引っ張っている力$\vec{T}$がした仕事W_Tはいくらか？

解法： **Key Idea 1**： ケーブルの張力$\vec{T}$がわかれば，式

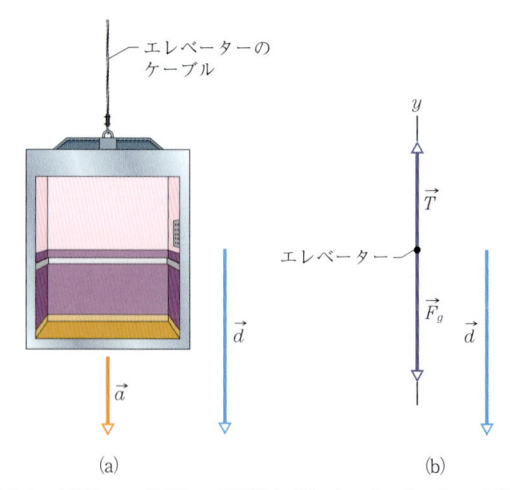

図7-9 例題7-6。速度v_iで下降していたエレベーターの箱が急に下向きに加速され始めた。(a)一定の加速度$\vec{a} = \vec{g}/5$で$\vec{d}$だけ落下する。(b)箱に作用する力の作用図と変位を示している。

(7-7)（$W = Fd\cos\phi$）を利用して仕事 W_T が求めることができる。**Key Idea 2**：図7-9bの y 軸方向に対するニュートンの第2法則（$F_{\text{net},y} = ma_y$）を適用できる；
$$T - F_g = ma$$
F_g に mg を代入して T について解き，その結果を式(7-7)に代入すると，
$$W_T = Td\cos\phi = m(a+g)d\cos\phi$$
次に，下向きの加速度 a に $-g/5$ を，$\vec{T}$ と $m\vec{g}$ の間の角度 ϕ に $180°$ を代入すると，
$$W_T = m\left(-\frac{g}{5} + g\right)d\cos\phi = \frac{4}{5}mgd\cos\phi$$
$$= \frac{4}{5}(500\,\text{kg})(9.8\,\text{m/s}^2)(12\,\text{m})\cos 180°$$
$$= -4.70\times 10^4\,\text{J} \simeq -47\,\text{kJ} \qquad\text{(答)}$$
箱は落下中に加速され，速度と運動エネルギーが変化しているので，W_T は(a)で求めた W_g の符号を逆にした量ではないことに注意せよ。式(7-16)は最初と最後の運動エネルギーが同じであると仮定しているので，この場合は適用できない。

(c) 落下する間に箱になされた正味の仕事はいくらか？

解法： **Key Idea**：正味の仕事は箱に働くすべての力がした仕事の和である。
$$W = W_g + W_T = 5.88\times 10^4\,\text{J} - 4.70\times 10^4\,\text{J}$$
$$= 1.18\times 10^4\,\text{J} \simeq 12\,\text{kJ} \qquad\text{(答)}$$

(d) 箱が12m落下したときの運動エネルギーはいくらか？

解法： **Key Idea**：箱になされた正味の仕事のために，運動エネルギーが式(7-11)（$K_f = K_i + W$）に従って変化する。式(7-1)から，落下する前の運動エネルギーは $K_i = \frac{1}{2}mv_i^2$ であるから，式(7-11)を利用して，
$$K_f = K_i + W = \frac{1}{2}mv_i^2 + W$$
$$= \frac{1}{2}(500\,\text{kg})(4.0\,\text{m/s}^2)^2 + 1.18\times 10^4\,\text{J}$$
$$= 1.58\times 10^4\,\text{J} \simeq 16\,\text{kJ} \qquad\text{(答)}$$

7-5　ばねの力がする仕事

変化する力の典型例である**ばねの力**(spring force)が，粒子状の物体に対してする仕事について学ぼう。自然界の力の多くは，ばねの力と同じ数学的形式をもっている。ばねの力を学ぶことによって，その他の多くの力についての理解が深まるだろう。

ばねの力

図7-10aは**自然長**(relaxed state, 縮んでも伸びてもいない状態)のばねを示す。一方の端は固定され，もう一方の端（自由端）には粒子状の物体，例えばブロックが取り付けられている。図7-10bのようにブロックを右向きに引っ張ってばねを引き伸ばしたとすると，ばねはブロックを左向きに引っ張る（ばねは自然長の状態に戻ろうとするので，このような力を**復元力**(restoring force)とよぶ）。図7-10cのようにブロックを左向きに押してばねを縮めると，ばねはブロックを右向きに押し返す。

ほとんどの場合，ばねの力 $\vec{F}$ は，（ばねが自然長にあるときの位置からの）自由端の変位 $\vec{d}$ に比例すると近似できる。ばねの力は次式で与えられる；

$$\vec{F} = -k\vec{d} \qquad\text{(フックの法則)} \qquad (7\text{-}20)$$

これは1600年代末のイギリスの科学者Robert Hookeにちなんで**フックの法則**(Hooke's law)とよばれている。式(7-20)における負符号は，ばねの力が常に自由端の変位の向きと反対向きに働くことを示している。定数 k は**ばね定数**(spring constant)とよばれ，ばねの堅さの目安である。k の値

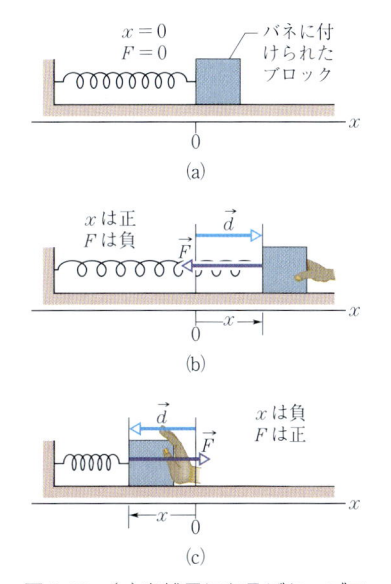

図7-10 (a)自然長にあるばね。ブロックが取り付けられているばねの自由端を x 軸の原点とする。(b)ブロックが $\vec{d}$ だけ右向きに移動すると，ばねは正の量 x だけ伸びる。ばねによる復元力 $\vec{F}$ に注目せよ。(c)ばねは負の量 x だけ縮んでいる。復元力 $\vec{F}$ に注目せよ。

が大きいほどばねは堅く，同じ変位量を与えるために，より強く引いたり押したりしなければならない．k の SI 単位はニュートン/メートルである．

図 7-10 では，ばねの長さ方向を x 軸，原点 ($x=0$) をばねが自然長にあるときの自由端の位置とする．このとき，式 (7-20) は次のように書ける；

$$F = -kx \quad \text{(フックの法則)} \tag{7-21}$$

x が正ならば (ばねは x 軸上の右向きに伸長)，F は負 (左向きの引き) である．x が負ならば (ばねは左向きに圧縮)，F は正 (右向きの押し) である．

ばねの力は，自由端 x の位置によって大きさや向きが変化することに注意せよ；F は $F(x)$ と表示される．また，フックの法則は F と x の間の*比例関係*であることにも注意せよ．

ばねの力がする仕事

図 7-10a のブロックが移動したとき，ばねの力による仕事を求めるために，ばねを単純化する 2 つのことを仮定する．(1) ばねは*質量をもたない*；ばねの質量はブロックの質量に比べれば無視できるほど小さい．(2) *理想的なばねである*；フックの法則に厳密に従う．さらに，ブロックと床の間には摩擦がなく，ブロックは粒子とみなせることも仮定する．

ブロックを右向きに引いてから手を離し，そのまま放置する．ブロックが右向きに動くとき，ばねの力 $\vec{F}$ はブロックに対して仕事をして，ブロックの運動エネルギーを減少させ，ブロックを減速する．しかし，式 (7-7) ($W = Fd\cos\phi$) を用いて仕事を求めることはできない．なぜなら，この式は力が一定であると仮定しているからである．ばねの力は変化する．

ばねによる仕事を求めるためには積分を利用する．ブロックの最初の位置を x_i とし，最後の位置を x_f とする．この間を多くの微小区間 Δx に分割し，各区間に 1, 2, ... という番号を付ける．ひとつの区間中で x の値はほとんど変化しないので，ブロックがひとつの区間の中を移動する間，ばねの力もほとんど変化しない．すなわち，各区間の中でばねの力は一定であると近似できる．区間 1 における力を F_1，区間 2 における力を F_2，というようにすると，

$$W_s = \sum F_j \Delta x \tag{7-22}$$

j は区間の番号である．Δx がゼロの極限をとると，式 (7-22) は積分に置き換えられ，

$$W_s = \int_{x_i}^{x_f} F\, dx \tag{7-23}$$

式 (7-21) の F を代入すると，

$$W_s = \int_{x_i}^{x_f} (-kx)\, dx = -k \int_{x_i}^{x_f} x\, dx$$
$$= -\frac{1}{2} k [x^2]_{x_i}^{x_f} = -\frac{1}{2} k (x_f^2 - x_i^2) \tag{7-24}$$

括弧を外して，

$$W_s = \frac{1}{2}kx_i^2 - \frac{1}{2}kx_f^2 \quad \text{(ばねの力による仕事)} \tag{7-25}$$

ばねの力がした仕事 W_s は，ブロックが x_i から x_f まで移動する間にエネルギーがブロックへ移動したか，ブロックから移動したかによって，正の量にも負の量にもなる．注意： 終点の位置 x_f は式 (7-25) の右辺の第 2 項に現れるので，式 (7-25) は次のことを教えてくれる．

▶ ブロックの最終位置が，ばねの自然長となる位置 ($x = 0$) に近づけば仕事 W_s は正である．ブロックが $x = 0$ から遠ざかれば仕事は負である．$x = 0$ からの距離が同じであれば仕事はゼロである．

初期位置を $x_i = 0$ とし，最終位置を x とすれば，式 (7-25) は；

$$W_s = -\frac{1}{2}kx^2 \quad \text{(ばねの力による仕事)} \tag{7-26}$$

外力がする仕事

外力 $\vec{F_a}$ を作用させてブロックを x 軸に沿って動かす場合を考えよう．移動する間に外力は W_a の仕事をし，ばねは W_s の仕事をする．式 (7-10) より，2 つのエネルギー移動によるブロックの運動エネルギーの変化は，

$$\Delta K = K_f - K_i = W_a + W_s \tag{7-27}$$

K_f は移動後の運動エネルギー，K_i は最初の運動エネルギーである．ブロックが最初と最後で静止していれば，K_f と K_i はゼロであり，式 (7-27) は次のようになる；

$$W_a = -W_s \tag{7-28}$$

▶ ばねの一端に取り付けられているブロックが移動の前後で静止している場合，移動させるために加えた力による仕事は，ばねによってなされた仕事の符号を逆にしたものである．

注意： もし移動の前後でブロックが静止していなければ，上の結論は正しくない．

✓ **CHECKPOINT 4**： 図 7-10 において，最初と最後の位置が (a) -3 cm, 2 cm, (b) 2 cm, 3 cm, (c) -2 cm, 2 cm の 3 つの場合について考える．それぞれの場合でばねによってブロックになされた仕事は正か，負か，またはゼロか？

例題 7-7

スパイスの利いた Cajun 風の菓子の箱が，図 7-10a のようにばねの一端に取り付けられて，摩擦のない床に置かれている．$x_1 = 12$ mm の位置に静止させておくためには $F_a = 4.9$ N の力が必要である．

(a) 箱が $x_0 = 0$ から $x_2 = 17$ mm まで右向きに移動したときに，ばねがした仕事はいくらか？

解法： **Key Idea**：箱が移動するとき，ばねの力が式 (7-25) または (7-26) で与えられる仕事をする．最初の位置

x_i が 0，最後の位置 x_f が 17 mm であることはわかっているが，ばね定数 k はわからない．式(7-21)（フックの法則）を用いて k を求める．**Key Idea**: 箱を $x_1 = 12$ mm に静止させるためには（ニュートンの第 2 法則によって）ばねの力と外力がつり合わなくてはならない．ばねの力 F は -4.9 N（図 7-10b において左向き）なので，式(7-21)（$F = -kx$）より，

$$k = -\frac{F}{x_1} = -\frac{-4.9\,\text{N}}{12 \times 10^{-3}\,\text{m}} = 408\,\text{N/m}$$

$x_2 = 17$ mm まで箱を移動させるには，式(7-26) より，

$$W_s = -\frac{1}{2}kx_2^2 = -\frac{1}{2}(408\,\text{N/m})(17 \times 10^{-3}\,\text{m})^2$$
$$= -0.059\,\text{J} \qquad \text{(答)}$$

(b) 次に，箱が $x_3 = -12$ mm の位置まで左向きに移動した．箱が移動する間にばねの力がした仕事はいくらか？この仕事の符号を説明せよ．

解法: **Key Idea**: (a) の **Key Idea** と同じ．$x_i = +17$ mm, $x_f = -12$ mm だから，式(7-25) より，

$$W_s = \frac{1}{2}kx_i^2 - \frac{1}{2}kx_f^2 = \frac{1}{2}k(x_i^2 - x_f^2)$$
$$= \frac{1}{2}(408\,\text{N/m})\,[(17 \times 10^{-3}\,\text{m})^2$$
$$\quad - (-12 \times 10^{-3}\,\text{m})^2]$$
$$= 0.030\,\text{J} = 30\,\text{mJ} \qquad \text{(答)}$$

ばねの力が箱にした仕事は正である．なぜならブロックが $x_i = 17$ mm からばねの自然長である原点まで移動する間にした正の仕事の方が，原点から $x_f = -12$ mm まで移動する間にした負の仕事の絶対値より大きいからである．

例題 7-8

質量 $m = 0.40$ kg のハーブの小箱が，摩擦のない水平な台の上を，速さ $v = 0.50$ m/s で滑っている（図 7-11）．小箱はばねにぶつかって，ばね定数 $k = 750$ N/m のばねを押し縮める．小箱がばねの力によって静止した瞬間，ばねはどれだけの長さ d だけ縮んでいるか？

解法: **Key Idea 1**: ばねの力が小箱にした仕事 W_s は，距離 d を x に置き換えれば，式(7-26)（$W_s = -\frac{1}{2}kx^2$）により x と関係づけられる．

Key Idea 2: 仕事 W_s は，式(7-10)（$K_f - K_i = W$）によって小箱の運動エネルギーと関係づけられる．

Key Idea 3: 小箱の初期運動エネルギーは $K = \frac{1}{2}mv^2$ より求められ，静止した瞬間はゼロである．

Key Idea 1 と **2** から，小箱に対する仕事−運動エネルギーの定理を書くと，

$$K_f - K_i = -\frac{1}{2}kd^2$$

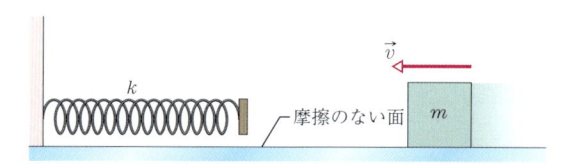

図 7-11 例題 7-8．質量 m の小箱がばね定数 k のばねに向かって速さ v で移動する．

Key Idea 3 によってこの式は，

$$0 - \frac{1}{2}mv^2 = -\frac{1}{2}kd^2$$

これを d について解き，与えられている値を代入すると，

$$d = v\sqrt{\frac{m}{k}} = (0.50\,\text{m/s})\sqrt{\frac{0.40\,\text{kg}}{750\,\text{N/m}}}$$
$$= 1.2 \times 10^{-2}\,\text{m} = 1.2\,\text{cm} \qquad \text{(答)}$$

7-6 変化する力がする仕事

1 次元の解析

ここでもう一度図 7-2 に戻ろう．ただし，力は x 軸に沿っていて，力の大きさは位置 x とともに変化するとしよう；ビーズ（粒子）が移動するにつれて，ビーズに仕事をする力の大きさが変化する．しかし変化するのは大きさだけで向きは一定である．またある決まった位置での力の大きさが時間とともに変化することもない．

図 7-12a はそのような 1 次元の変化する力を示したものである．初期位置 x_i から最終位置 x_f まで粒子が移動するとき，この力が粒子に対してする

7-6 変化する力がする仕事

仕事の表式を求めよう。式(7-7)は，一定の力$\vec{F}$に対してのみ適用できるので今回は使えない。再び，積分を利用する。図7-12aの曲線の下の領域を幅Δxの狭い小片に分割する(図7-12b)。Δxを十分に小さく取れば，その中では力$F(x)$が一定だとみなせる。$F_{j,\text{avg}}$をj番目の領域での$F(x)$の平均値とする。図7-12bにおいて$F_{j,\text{avg}}$はj番目の小片の高さである。

$F_{j,\text{avg}}$は一定とみなせるのでj番目の領域で力がする仕事の増分ΔW_jは，式(7-7)を利用して近似的に次のように表すことができる；

$$\Delta W_j = F_{j,\text{avg}}\, \Delta x \tag{7-29}$$

図7-12bにおいて，ΔW_jはj番目の長方形の面積に等しい。

粒子がx_iからx_fまで移動する間に力がする合計の仕事Wを求めるためには，図7-12(b)のx_iからx_fまでのすべての小片の面積を足し合わせればよい。

$$W = \sum \Delta W_j = \sum F_{j,\text{avg}}\, \Delta x \tag{7-30}$$

図7-12bに描かれた長方形の小片の"屋根"をつなぎ合わせた輪郭線は，実際の曲線$F(x)$を近似したものだから，式(7-30)は近似式である。

図7-12cのように小片の幅Δxを小さくし，より多くの小片に分割することにより，近似の精度を高めることができる。小片の幅をゼロにする極限では小片の数は無限大になり正確な結果が得られる；

$$W = \lim_{\Delta x \to 0} \sum F_{j,\text{avg}}\, \Delta x \tag{7-31}$$

この極限は$F(x)$をx_iからx_fまで積分した値に等しいから，式(7-31)は次のようになる；

$$W_s = \int_{x_i}^{x_f} F(x)\, dx \quad \text{(仕事：変化する力)} \tag{7-32}$$

関数$F(x)$がわかれば，それを式(7-32)に代入し，積分する範囲を決め，積分を行って仕事を求めることができる（付録Cによく用いられる積分を示す）。幾何学的には，仕事は$F(x)$とx軸によって囲まれたx_iからx_fの間の領域の面積（図7-12dの塗りつぶされた領域）に等しい。

3次元の解析

3次元的な力の作用を受けている粒子を考えよう。

$$\vec{F} = F_x \hat{i} + F_y \hat{j} + F_z \hat{k} \tag{7-33}$$

力の成分F_x, F_y, F_zは粒子の位置に依存する；粒子の位置の関数である。しかし，3つの簡単化を行う：F_xはxに依存するが，yおよびzには依存しない，F_yはyに依存するがxおよびzには依存しない，そしてF_zはzに依存するがxおよびyには依存しない*。粒子は微小変位の積み重ねで移動すると考えると，

$$d\vec{r} = dx\hat{i} + dy\hat{j} + dz\hat{k} \tag{7-34}$$

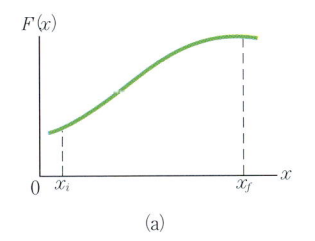

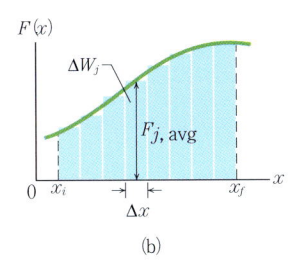

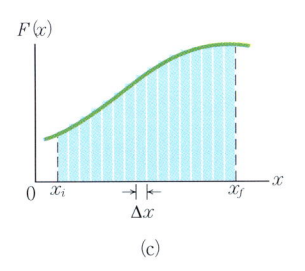

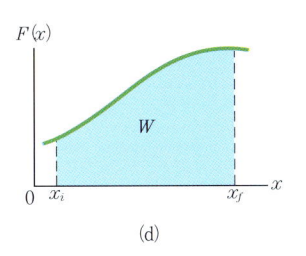

図7-12 (a) 変位xに対して粒子に作用する1次元の力$\vec{F}$，粒子はx_iからx_fまで移動する。(b) (a)と同じであるが，曲線で囲まれる領域が細かな小片に分割されている。(c) (b)と同じであるが，より細かな小片に分割されている。(d) 極限の場合。力がする仕事は式(7-32)によって与えられ，曲線とx軸によって囲まれた，x_iからx_fの間の塗りつぶされた領域で示される。

*訳注：線積分を習った読者には，この仮定は必要ない。

$d\vec{r}$ だけ移動する間に，力 $\vec{F}$ が粒子に対してする仕事の増分 dW は，式 (7-8) を使って，

$$dW = \vec{F} \cdot d\vec{r} = F_x\, dx + F_y\, dy + F_z\, dz \tag{7-35}$$

したがって，粒子が座標 (x_i, y_i, z_i) の初期位置 $\vec{r}_i$ から座標 (x_f, y_f, z_f) の最終位置 $\vec{r}_f$ まで移動する間に力 $\vec{F}$ によってなされる仕事 W は，

$$W = \int_{r_i}^{r_f} dW = \int_{x_i}^{x_f} F_x\, dx + \int_{y_i}^{y_f} F_y\, dy + \int_{z_i}^{z_f} F_z\, dz \tag{7-36}$$

$\vec{F}$ が x 成分だけもっているとすると，式 (7-36) の y および z の項はゼロになり，式 (7-36) は (7-32) と等しくなる。

変化する力による仕事-運動エネルギーの定理

1 次元の場合，変化する力が粒子にする仕事は式 (7-32) で表される。

　式 (7-32) によって計算された仕事が，仕事-運動エネルギーの定理が示すように，本当に運動エネルギーの変化に一致するかどうか確かめよう。

　x 軸に沿う正味の力 $F(x)$ を受けて x 軸方向に移動する質量 m の粒子について考えよう。粒子が初期位置 x_i から最終位置 x_f に移動する間に，この力が粒子に対してする仕事は式 (7-32) によって与えられる；

$$W = \int_{x_i}^{x_f} F(x)\, dx = \int_{x_i}^{x_f} ma\, dx \tag{7-37}$$

$F(x)$ はニュートンの第 2 法則を使って ma に置き換えた。式 (7-37) の $ma\, dx$ を次のように書き換える。

$$ma\, dx = m \frac{dv}{dt} dx \tag{7-38}$$

合成関数の微分法により，

$$\frac{dv}{dt} = \frac{dv}{dx} \frac{dx}{dt} = \frac{dv}{dx} v \tag{7-39}$$

これを使って式 (7-38) を書き換えると，

$$ma\, dx = m \frac{dv}{dx} v\, dx = mv\, dv \tag{7-40}$$

式 (7-40) を (7-37) に代入すると，

$$W = \int_{v_i}^{v_f} mv\, dv = m \int_{v_i}^{v_f} v\, dv$$
$$= \frac{1}{2} mv_f^2 - \frac{1}{2} mv_i^2 \tag{7-41}$$

変数を x から v に変えるとき，積分の範囲を新しい変数で表す必要があることに注意しよう。また質量 m は定数なので，積分の外に出せることにも注意しよう。

　式 (7-41) の右辺のそれぞれの項は運動エネルギーなので，この式を書き換えて，

$$W = K_f - K_i = \Delta K$$

これは仕事-運動エネルギーの定理そのものである。

例題 7-9

$\vec{F} = (3x^2 \text{N})\hat{i} + (4\text{N})\hat{j}$ の力を粒子に加えて（x の単位はメートル），粒子の運動エネルギーを変化させる。粒子が座標 $(2\text{m}, 3\text{m})$ から $(3\text{m}, 0\text{m})$ まで移動する間になされた仕事はいくらか？ 粒子の速さは増加するか，減少するか，それとも変わらないか？

解法： **Key Idea**：この力は変化する力であり，力の x 成分が x に依存しているので，式(7-7)や(7-8)は利用できない。代わりに式(7-36)を利用して力を積分する。

$$W = \int_2^3 3x^2\,dx + \int_3^0 4\,dy = 3\int_2^3 x^2\,dx + 4\int_3^0 dy$$
$$= 3\left[\frac{1}{3}x^3\right]_2^3 + 4[y]_3^0 = [3^3 - 2^3] + 4[0-3]$$
$$= 7.0\,\text{J} \qquad \text{(答)}$$

正の値は力 $\vec{F}$ によってエネルギーが粒子に移動したことを示している。したがって，粒子の運動エネルギーは増加し，速さも増加する。

7-7 仕事率

作業員がレンガを歩道からビルの屋上までウインチを使って引き上げようとしている。ウインチの力がどれだけの仕事をするかは計算できるだろう。しかし作業員は仕事の進み具合の方に興味がある。仕事が5分で終ればよいが，1週間かかるなら話にならない。

力によって仕事がなされる時間あたりの割合は**仕事率**(power)とよばれている。力によって仕事 W が時間 Δt の間になされたとすると，その力による**平均の仕事率**は，

$$P_{\text{avg}} = \frac{W}{\Delta t} \quad \text{（平均の仕事率）} \tag{7-42}$$

瞬間的な仕事率は，各時刻における仕事をする割合だから，

$$P = \frac{dW}{dt} \quad \text{（瞬間的な仕事率）} \tag{7-43}$$

力がする仕事が，時間の関数 $W(t)$ として与えられているとしよう。瞬間的な仕事率 P，例えば $t = 3.0\,\text{s}$ における仕事率，を求めるためには，まず $W(t)$ を時間で微分して，次に $t = 3.0\,\text{s}$ を代入して値を計算する。

仕事率のSI単位はジュール/秒である。この単位は，蒸気機関の効率改善に大きな功績のあったJames Watt にちなんで**ワット**(watt, **W**)とよばれる。イギリスでは仕事率の単位はフィート-ポンド/秒である。時には馬力(horse power)が用いられる。これらの単位の間には次のような関係がある。

$$1\text{ワット} = 1\,\text{W} = 1\,\text{J/s} = 0.738\,\text{ft}\cdot\text{lb/s} \tag{7-44}$$

$$1\text{馬力} = 1\,\text{hp} = 550\,\text{ft}\cdot\text{lb/s} = 746\,\text{W} \tag{7-45}$$

式(7-42)を見ると，仕事は仕事率と時間の積，よく使われる単位を使えばキロワット-時，で表される；

$$1\text{キロワット-時} = 1\,\text{kW}\cdot\text{h} = (10^3\,\text{W})(3600\,\text{s}) \tag{7-46}$$
$$= 3.60 \times 10^6\,\text{J} = 3.60\,\text{MJ}$$

ワットやキロワット-時は電力料金の請求書に現れるので，電気に関する単位として認識されているかもしれない。しかし，これらは仕事率や仕事

またはエネルギーの単位としても用いられる。あなたがこの本を床から拾って机の上に置いたとすると、あなたのした仕事は4×10^{-6} kW·h（あるいは4 mW·h）だといっても差し支えない。

力が粒子（あるいは粒子状の物体）に対してする仕事率を、力や粒子の速度を用いて表現することもできる。直線上（例えばx軸上）を移動し、その直線から角ϕの向きに一定の力$\vec{F}$を受けている粒子に対して、式(7-43)は、次のようになる；

$$P = \frac{dW}{dt} = \frac{F\cos\phi\, dx}{dt} = F\cos\phi\frac{dx}{dt}$$

または

$$P = Fv\cos\phi \tag{7-47}$$

式(7-47)の右辺はスカラー積で書き直すことができる。

$$P = \vec{F}\cdot\vec{v} \quad\text{（瞬間的な仕事率）} \tag{7-48}$$

図7-13では、トラックが力$\vec{F}$で荷物を引きずっている。ある瞬間の速度が$\vec{v}$であるとすると、$\vec{F}$による瞬間的な仕事率は、その瞬間に$\vec{F}$が荷物に対してする仕事の割合であり、式(7-47)か(7-48)で表される。この仕事率を"トラックの仕事率"と呼ぶことができるが、仕事率とは加えられた力がする仕事の割合だということを忘れてはならない。

> ✓ **CHECKPOINT 5:** 一端が固定されたコードの先に結びつけられたブロックが、等速円運動をしている。コードからブロックに作用している力による仕事率は正か、負か、またはゼロか？

図7-13 引きずられた荷物に作用するトラックの力による仕事率は、力が荷物に対してする仕事の時間的割合である。

例題7-10

図7-14は、摩擦のない床を右向きに滑っている箱に、一定の力$\vec{F_1}$と$\vec{F_2}$が作用しているようすを示す。$\vec{F_1}$は水平方向に2.0 N；$\vec{F_2}$は4.0 Nで、床から60°の向きである。ある瞬間の箱の速さvは3.0 m/sである。

(a) 力$\vec{F_1}$と$\vec{F_2}$による仕事率は、その瞬間にそれぞれいくらか？ また正味の仕事率はその瞬間に変化しているか？

解法： **Key Idea 1：** 平均的な仕事率ではなく瞬間的な

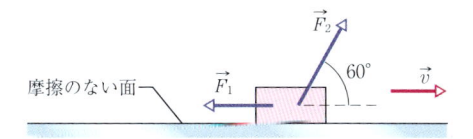

図7-14 例題7-10。摩擦のない床を右向きに滑っている箱に2つの力$\vec{F_1}$と$\vec{F_2}$が作用している。箱の速度は$\vec{v}$である。

仕事率を求める。ここでは粒子になされる仕事ではなく，粒子の速度がわかっている。そこでそれぞれの力に対して式(7-47)を用いる。$\vec{F_1}$については速度$\vec{v}$の向きに対して角$\phi_1 = 180°$なので，

$$P_1 = F_1 v \cos\phi_1 = (2.0\,\text{N})(3.0\,\text{m/s})\cos 180°$$
$$= -6.0\,\text{W} \qquad \text{(答)}$$

この結果は，力$\vec{F_1}$が箱から6.0 J/sのエネルギーを奪っていることを示している。

$\vec{F_2}$については速度$\vec{v}$の向きに対して角$\phi_2 = 60°$なので，

$$P_2 = F_2 v \cos\phi_2 = (4.0\,\text{N})(3.0\,\text{m/s})\cos 60°$$
$$= 6.0\,\text{W}$$

この結果は，力$\vec{F_1}$が箱に6.0 J/sのエネルギーを与えていることを示している。

Key Idea 2: 正味の仕事率は個々の仕事率の和である。

$$P_\text{net} = P_1 + P_2$$

$$= -6.0\,\text{W} + 6.0\,\text{W} = 0 \qquad \text{(答)}$$

この結果は，箱から，または箱へ移動するエネルギーの正味の移動率がゼロであることを示している。したがって，箱の運動エネルギー($K = \frac{1}{2}mv^2$)は変化せず，箱の速さは3.0 m/sのままである。$\vec{F_1}$と$\vec{F_2}$だけでなく，速度$\vec{v}$も変化しないので，式(7-48)よりP_1とP_2，さらに正味の仕事率P_netも一定である。

(b) もし$\vec{F_2}$の大きさが6.0 Nだとすれば，正味の仕事率はどうなるか？ それは変化しているか？

解法： 上と同じように考えて，$\vec{F_2}$による仕事率は，
$$P_2 = F_2 v \cos\phi_2 = (6.0\,\text{N})(3.0\,\text{m/s})\cos 60°$$
$$= 9.0\,\text{W}$$

力$\vec{F_1}$による仕事率は$P_1 = -6.0\,\text{W}$のままなので，正味の仕事率は，

$$P_\text{net} = P_1 + P_2 = -6.0\,\text{W} + 9.0\,\text{W}$$
$$= 3.0\,\text{W} \qquad \text{(答)}$$

これは箱に対するエネルギーの移動率が正であることを示している。したがって，箱の運動エネルギーは増加し，速さが増加する。速さが増すにつれて，式(7-48)よりP_1やP_2の値，およびP_netも変化するだろう。正味の仕事率3.0 Wは，速度が3.0 m/sである瞬間だけの仕事率である。

まとめ

運動エネルギー 質量mの粒子が速さv(光速より小さい)で運動するときの**運動エネルギー**Kは，

$$K = \frac{1}{2}mv^2 \quad \text{(運動エネルギー)} \qquad (7\text{-}1)$$

仕事 仕事Wは，物体に作用する力によって他の物体に，または他の物体から，移動するエネルギーである。物体にエネルギーが移動した場合の仕事は正で，物体からエネルギーが移動した場合の仕事は負である。

一定の力による仕事 粒子が$\vec{d}$だけ変位する間に，一定の力$\vec{F}$が粒子に対してする仕事は，

$$W = Fd\cos\phi$$
$$= \vec{F}\cdot\vec{d} \quad \text{(仕事，一定の力)} \qquad (7\text{-}7, 7\text{-}8)$$

ϕは$\vec{F}$と$\vec{d}$の間の角である。$\vec{F}$の成分のうち，変位$\vec{d}$の向きの成分のみが物体に対して仕事をする。物体に2つ以上の力が作用するとき，**正味の仕事**は個々の力による仕事の和であり，それは合力$\vec{F}_\text{net}$がする仕事に等しい。

仕事と運動エネルギー 粒子の運動エネルギーの変化ΔKは粒子になされた正味の仕事Wに関係づけられる。

$$\Delta K = K_f - K_i$$
$$= W \quad \text{(仕事-運動エネルギーの定理)} \qquad (7\text{-}10)$$

K_iは物体の初期運動エネルギーであり，K_fは仕事がなされた後の運動エネルギーである。式(7-10)を書き換えると，

$$K_f = K_i + W \qquad (7\text{-}11)$$

重力による仕事 質量mの粒子状の物体が$\vec{d}$だけ変位する間に，物体に作用する重力$\vec{F_g}$がする仕事W_gは，

$$W_g = mgd\cos\phi \qquad (7\text{-}12)$$

ϕは$\vec{F_g}$と$\vec{d}$のなす角である。

物体の上下移動に伴う仕事 粒子状の物体を持ち上げたり降ろしたりする間に，外力による仕事W_aは重力による仕事W_gと関係しており，物体の運動エネルギーの変化は，

$$\Delta K = K_f - K_i = W_a + W_g \qquad (7\text{-}15)$$

初期運動エネルギーが，持ち上げられた後の運動エネルギーと同じであれば，

$$W_a = -W_g \qquad (7\text{-}16)$$

この式は，重力が物体から奪ったエネルギーと同じだけのエネルギーを外力が与えたことを示している。

ばねの力　ばねの力 $\vec{F}$ は，
$$\vec{F} = -k\vec{d} \quad \text{(フックの法則)} \quad (7\text{-}20)$$
$\vec{d}$ はばねが**自然長**（伸びも縮みもしていない状態）にあるときの自由端の位置からの変位であり，k は**ばね定数**（ばねの堅さの目安）である。x 軸がばねに沿っていて，ばねが自然長にある時の自由端の位置を原点とすると，式(7-20)は，
$$F = -kx \quad \text{(フックの法則)} \quad (7\text{-}21)$$
このようにばねの力は変化する：ばねの自由端の変位によって変わる。

ばねの力による仕事　物体がばねの自由端に取り付けられており，物体が初期位置 x_i から最終位置 x_f に移動するときばねの力によってなされる仕事 W_s は，
$$W_s = \frac{1}{2} k x_i^2 - \frac{1}{2} k x_f^2 \quad (7\text{-}25)$$
$x_i = 0$, $x_f = x$ のとき，式(7-25)は，
$$W_s = -\frac{1}{2} k x^2 \quad (7\text{-}26)$$

変化する力による仕事　粒子状の物体に作用する力 $\vec{F}$ が物体の位置とともに変化する場合，物体が座標 (x_i, y_i, z_i) で表される初期位置 $\vec{r}_i$ から座標 (x_f, y_f, z_f) で表される最終位置 $\vec{r}_f$ に移動するとき，物体に作用する力 $\vec{F}$ がする仕事は，その力を積分して得られる。力の成分 F_x が x だけに依存して y や z に依存せず，成分 F_y が y だけに依存して x や z に依存せず，成分 F_z が z だけに依存して x や y に依存しないとすると，仕事は次のように表される；
$$W = \int_{x_i}^{x_f} F_x\, dx + \int_{y_i}^{y_f} F_y\, dy + \int_{z_i}^{z_f} F_z\, dz \quad (7\text{-}36)$$
F が x 成分だけであるとすると，式(7-36)は次のようになる；
$$W = \int_{x_i}^{x_f} F(x)\, dx \quad (7\text{-}32)$$

仕事率　力の仕事率とは，力が物体にする仕事の時間的割合である。力が時間 Δt の間に W の仕事をするとき，力による平均の仕事率は，
$$P_{\text{avg}} = \frac{W}{\Delta t} \quad (7\text{-}42)$$
瞬間的な仕事率は，仕事の瞬間的な割合であり，
$$P = \frac{dW}{dt} \quad (7\text{-}43)$$
力 $\vec{F}$ と物体の変位の間の角を ϕ とすると，瞬間的な仕事率は，
$$P = Fv\cos\phi = \vec{F}\cdot\vec{v} \quad (7\text{-}47, 7\text{-}48)$$
$\vec{v}$ は物体の瞬間的な速度である。

問題

1. 次の速度を，粒子の持つ運動エネルギーが大きい順番に並べよ。

(a) $\vec{v} = 4\hat{i} + 3\hat{j}$,　(b) $\vec{v} = -4\hat{i} + 3\hat{j}$
(c) $\vec{v} = -3\hat{i} + 4\hat{j}$,　(d) $\vec{v} = 3\hat{i} - 4\hat{j}$
(e) $\vec{v} = 5\hat{i}$,　(f) $v = 5$ m/s（水平方向から30°）

2. 粒子が直線上を $\vec{d}$ だけ移動する間に一定の力 $\vec{F}$ がする仕事は正か負か？

(a) $\vec{F}$ と $\vec{d}$ の間の角度が 30°
(b) $\vec{F}$ と $\vec{d}$ の間の角度が 100°
(c) $\vec{F} = 2\hat{i} - 3\hat{j}$, $\vec{d} = -4\hat{i}$

3. 図7-15は摩擦のない面を滑っている箱に作用している2つの力を6通り示している。力の大きさは1Nまたは2Nで，ベクトルの長さで示されている。図に示された向きに $\vec{d}$ だけ移動する間に正味の力がする仕事はそれぞれで正か，負か，それともゼロか？

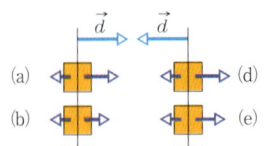

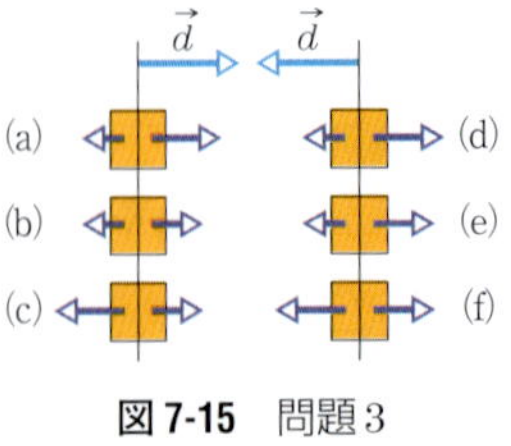

図7-15 問題3

4. 図7-16は，位置 x にある粒子に働く力 $\vec{F}$（x 軸成分だけをもつ）の大きさを示している。初めに粒子は $x = 0$ に静止している。(a) 運動エネルギーが最大の位置はどこか？ (b) 速さが最も大きい位置はどこか？ (c) 速さがゼロになる位置はどこか？ (d) $x = 6$ m に到達した後の粒子の運動方向は？

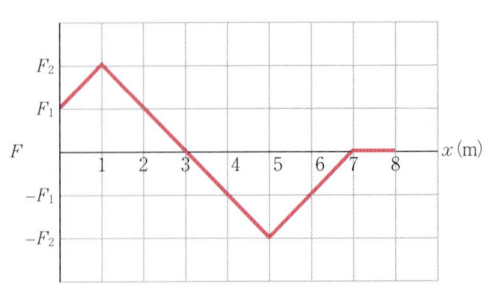

図7-16 問題4

5. 図7-17は，摩擦のない床の上をx軸方向の力によって引っ張られる密輸品の箱の時間と位置の関係を3通り示している。Bは直線で，AとCは曲がっている。(a)時刻t_1における運動エネルギーの大きい順に並べよ。(b)時刻t_2における運動エネルギーの大きい順に並べよ。(c)時刻t_1とt_2の間に加えられた力がした正味の仕事の大きい順に並べよ。(d)それぞれの状況に対して，加えられた力が時刻t_1とt_2の間にした正味の仕事を次のどれが正しく説明しているか？
(1) エネルギーが箱に加えられた。
(2) エネルギーが箱から奪われた。
(3) 正味の仕事はゼロである。

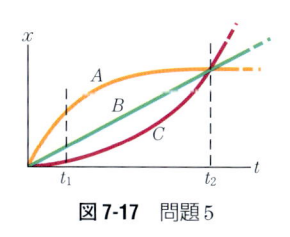

図7-17 問題5

6. 図7-18は，位置xにある粒子に働く力$\vec{F}$ (x軸方向)のx成分を，同じスケールで，4通り示す。$x=0$からx_1までに粒子に作用した力$\vec{F}$がした仕事を大きい順に並べよ。

図7-18 問題6

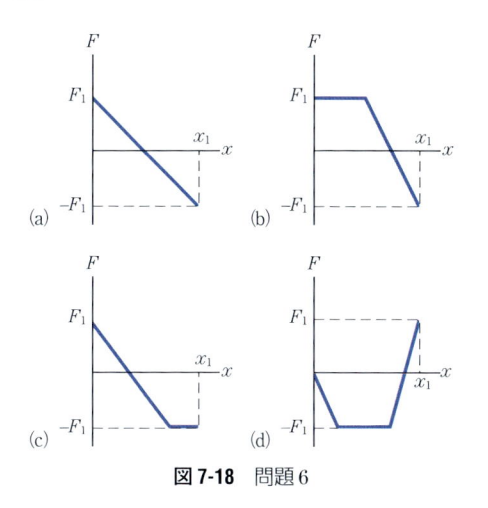

7. 油を塗られた豚が，摩擦のない滑り台を使って地面へ降りようとしている。この豚は3つの滑り台から1台を選択できる（図7-19）。豚が滑り降りる間に重力がする仕事の大きい順に並べよ。

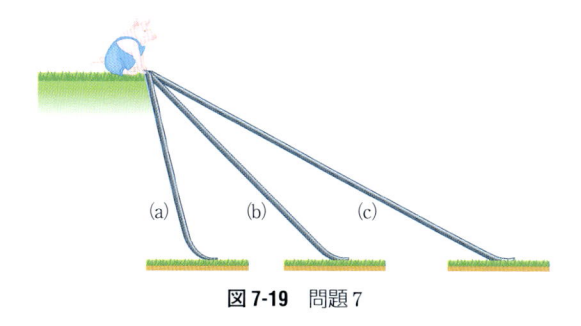

図7-19 問題7

8. アルマジロを棚の上に持ち上げたとしよう。あなたの力がする仕事は，(a)アルマジロの質量に依存するか，(b)アルマジロの体重に依存するか，(c)棚の高さに依存するか，または，(d)持ち上げるのに要する時間に依存するか，(e)遠回りをするか，真っ直ぐに持ち上げるか，に依存するか？

9. 図7-20はひもでdだけ持ち上げられる一束の雑誌を示す。表はdだけ離れた距離の最初と最後の速さ，v_0とv(メートル/秒)，の6つの組み合わせを示す。ひもによって雑誌の束になされる仕事を大きい順に並べよ。

	a	b	c	d	e	f
$v=$	0	2	2	2	0	1
$v_0=$	0	2	0	1	2	2

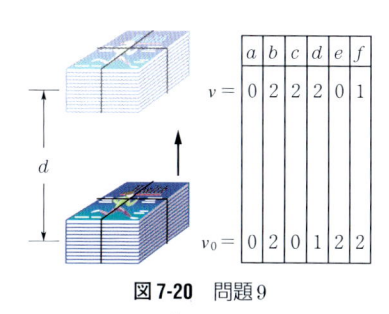

図7-20 問題9

10. ばねAはばねBより堅い；すなわち$k_A > k_B$である。(a)同じ距離だけばねを押し縮めるとき，どちらのばねがより大きな仕事をするか？ (b)同じ力でばねを押し縮めるとき，どちらのばねがより大きな仕事をするか？

11. 図7-21aに示すように，ブロックが自然長のばねに取り付けられている。ばね定数はk，ブロックが右向きに$\vec{d}$だけ移動するときにブロックに作用する力の大きさはF_1，力はW_1の仕事をする。次に，図7-21bに示すように，同じかたさのばねをブロックの反対側にも取り付ける；両方のばねが自然長である。再びブロックが距離$\vec{d}$だけ移動するとき，(a)両方のばねによる合力の大きさはいくらか？ (b)ばねの力がした仕事はいくらか？

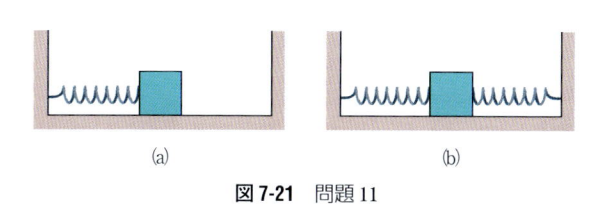

図7-21 問題11

12. 図7-22は，x軸に沿って走っているスクーターの速度と時間の関係を示している。スクーターには変化する外力が働いている。時間軸には$\Delta t_1 = \Delta t_2 = \Delta t_3 = \Delta t_6$

$= 2\Delta t_4 = (2/3)\Delta t_5$ の 6 つの時間帯が示されている。(a) 外力によりスクーターからエネルギーが移動するのはどの時間帯か？ (b) 6 つの時間帯を，外力がスクーターに対してする仕事の大きい順に並べよ。(c) 6 つの時間帯を，外力によるエネルギー移動量が多い順（スクーターへの移動を正，スクーターからの移動を負とする）。

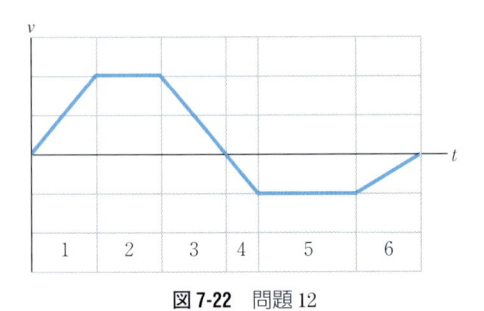

13. 最初に静止しているクレヨンの缶が，異なった 3 つの力によって摩擦のない床を滑っている。3 通りの加速度-時間の関係が図 7-23 に示されている。加速されている間に加えられた力によってなされる仕事の大きい順に並べよ。

図 7-22 問題 12

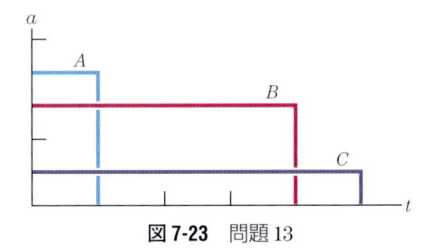

図 7-23 問題 13

8 ポテンシャルエネルギー とエネルギー保存

有史以前のEaster島の人々は，石切り場で数百の大きな石像を彫り，島の至る所に運んだ．近代的な機械を持たない彼らがどのように10kmあまりの距離を運んだのか，その移動に必要なエネルギー源について多くの想像に基づく学説が提出されて，熱い議論のテーマになってきた．

太古の手段だけを使って像のひとつを移動させるにはどれくらいのエネルギーが必要か？

答えは本章で明らかになる．

図8-1 Chemerkinがバーベルを頭上に持ち上げたとき，バーベルと地球の間の距離を離し，バーベル-地球系の配置を(a)から(b)に変化させた．

8-1 ポテンシャルエネルギー

第7章で始めたエネルギーについての議論を続けよう．この章ではエネルギーの2つ目の形態——ポテンシャルエネルギー——を定義する．**ポテンシャルエネルギー**(potential energy)Uは，系の配置(あるいは配列)に関係するエネルギーである．系は互いに力を及ぼし合う物体で構成されており，系の配置が変化すれば，系のポテンシャルエネルギーも変化する．

重力ポテンシャルエネルギー(gravitational potential energy)はポテンシャルエネルギーの一種であり，重力により互いに引き合う物体間の配置に関係している．1996年のオリンピック重量挙げでAndrey Chemerkinが新記録となる重量を持ち上げたとき，彼はバーベルと地面の間の距離を引き離した．彼の力がした仕事は，系の配置を変化させた(力がバーベルと地球の相対的な配置を変化させた)ので，バーベル-地球系のポテンシャルエネルギーが変化した(図8-1)．

弾性ポテンシャルエネルギー(elastic potential energy)もまたポテンシャルエネルギーの一種であり，弾性体(ばねのような物体)の圧縮または

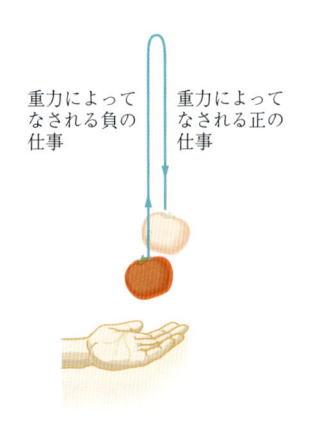

図8-2 トマトが上方に投げ上げられる。上昇するにつれて，重力が負の仕事をして，運動エネルギーが減少する。トマトが下降するようになると重力は正の仕事をして運動エネルギーが増加する。

伸長の状態に関係している．あなたがばねを圧縮するか引き伸ばすと，加えた力がばねの巻き線の相対的な配置を変化させる仕事をしたことになる．その結果，ばねのポテンシャルエネルギーは増大する．

ポテンシャルエネルギーの考え方は，物体の運動に関わる状態を理解するのに非常に強力な道具である．前章までの知識しか持たない場合には，注意深くコンピュータプログラムを組まなくては解けないような問題でも，ポテンシャルエネルギーの考え方を使って簡単に解くことができる場合がある．

仕事とポテンシャルエネルギー

第7章では，仕事と運動エネルギーの関係について考えた．ここでは仕事とポテンシャルエネルギーの関係について考えよう．

トマトを上に投げ上げると（図8-2），トマトが上昇するにつれて，その運動エネルギーが失われる．したがって，トマトに働いている重力がトマトにする仕事 W_g は負である，ということは既に学んだ．このエネルギーは，重力によって トマト-地球系 の重力ポテンシャルエネルギーに移動した，と考えることにより話が完結する．

トマトは重力のために減速し，一瞬静止した後，落下し始める．落下する間，エネルギー移動は逆転する．このとき重力はトマトに対して正の仕事 W_g をする；重力は トマト-地球系 の重力のポテンシャルエネルギーからトマトの運動エネルギーへエネルギーを移動する．

上昇においても下降においても，重力ポテンシャルエネルギーの変化 ΔU は，重力がトマトに対してした仕事の符号を逆にしたものであると定義する．仕事に対する一般的な記号 W を使えば，

$$\Delta U = -W \tag{8-1}$$

この式は図8-3に示すような ブロック-ばね系 にも適用できる．ブロックを突然右向きに突いたとすると，ばねの力は左向きに作用しブロックに負の仕事をする．エネルギーがブロックの運動エネルギーからばねの弾性ポテンシャルエネルギーへ移動する．ブロックは減速し，ついには静止するが，ばねの力が依然として左向きに作用しているので，すぐにブロックは左向きに動き始める．このときエネルギーの移動は逆転し，ばねのポテンシャルエネルギーからブロックの運動エネルギーへ移る．

保存力と非保存力

今議論した2つの状況の要点を整理しよう．
1. 系は2つ以上の物体で構成される．
2. 力は系の中の粒子状の物体（トマトやブロック）と残りの物体の間に作用する．
3. 系の配置が変化するとき，力は粒子状の物体に 仕事 W_1 をして，その物体の運動エネルギーと系の他の形態のエネルギーの間にエネルギー移動を引き起こす．
4. 系の配置の変化が逆転すると，力によるエネルギー移動も逆転し，そ

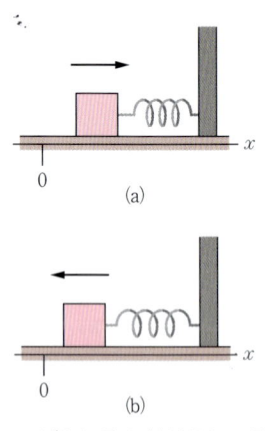

図8-3 ばねに取り付けられ，最初 $x = 0$ に静止しているブロックが，右方向に動かされる．(a)ブロックが矢印で示されるように右方向に移動するにつれて，ばねの力は負の仕事をする．(b)ブロックが $x = 0$ の方向に移動するにつれて，ばねの力は正の仕事をする．

の過程で力は仕事 W_2 をする。

常に $W_1 = -W_2$ という関係が成立する場合，他の形態のエネルギーはポテンシャルエネルギーであり，そのとき働いている力を**保存力**(conservative force)と呼ぶ。重力やばねの力はどちらも保存力である（そうでなければ重力ポテンシャルエネルギーとか弾性ポテンシャルエネルギーとは呼ばなかった）。

保存力でない力は**非保存力**(nonconservative force)と呼ばれる。摩擦力や粘性力は非保存力である。摩擦のある床の上を滑らせてブロックを移動させる場合を考えよう。滑っている間，床からの摩擦力はブロックに対して負の仕事をする。ブロックの運動エネルギーは熱エネルギー（原子や分子の不規則な運動）に変わり，ブロックは減速する。このエネルギー移動が可逆的でない（熱エネルギーが摩擦力によって運動エネルギーに戻ることはない）ことは実験によってわかっている。したがって，ブロックと床から構成される系があって，系の構成要素間に力が作用し，力によってエネルギー移動が起こるとしても，力は必ずしも保存力ではない。このことから，熱エネルギーはポテンシャルエネルギーではないことがわかる。

粒子状の物体に保存力のみが作用している場合は，物体の運動に関する問題（もし力が保存力でなければ解くのが大変難しい問題）は非常に簡単になる。次節では保存力を特徴づける基準をさらに発展させ，そのような問題を簡単化するひとつの方法を学ぶ。

8-2 保存力の経路への非依存性

力が保存力であるか非保存力であるかは，次のような判定方法で知ることができる：閉じた経路上を運動する粒子に力を作用させて，ある初期位置から閉経路を一周して最終的に元の位置に戻してみる。その間に粒子へ移動したり粒子から移動した全エネルギーが，どんな経路を通ってもゼロの場合，その力は保存力である。言い換えると：

▶ 粒子がどのような閉じた経路を一周しても，保存力が粒子に対してする正味の仕事はゼロである。

実験によって，重力はこの閉経路による判定基準を満たしていることがわかっている。図8-2の投げ上げられたトマトはその一例である。トマトは出発点で速さ v_0，運動エネルギー $\frac{1}{2}mv_0^2$ をもっている。重力の作用によりトマトは減速し，静止し，やがて落下する。出発点に戻ってきたとき，トマトは最初と同じ速さ v_0，運動エネルギー $\frac{1}{2}mv_0^2$ をもっている。重力は，上昇中にトマトから奪ったエネルギーと同じだけのエネルギーを下降中にトマトに戻した。トマトが往復する間に重力がトマトに対してした正味の仕事はゼロである。

閉経路を使った保存力の判定方法から以下の重要な結果が導かれる。

▶ 2点間を移動する粒子に作用する保存力がする仕事は，粒子の経路によらない。

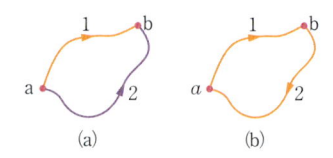

図 8-4 (a) 保存力を受けながら，粒子が経路 1 か経路 2 のどちらかを通って点 a から点 b まで移動する。(b) 粒子が経路 1 を通って点 a から点 b まで移動し，経路 2 を通って点 a まで戻ってくる。

図 8-4a に示すように，粒子が点 a から点 b まで経路 1 と 2 を通って移動する場合を考えよう。保存力だけが粒子に作用していれば，2 つの経路に沿って粒子になされた仕事は等しい。この結果を次のように表すことができる；

$$W_{ab,1} = W_{ab,2} \tag{8-2}$$

添え字 ab は最初の位置と最後の位置を，添え字 1 と 2 は経路を表す。

この結果は非常に強力である。保存力だけが作用する場合は，複雑な問題を簡単にすることができる。2 点間を結ぶ経路に沿って保存力がする仕事を求める問題では，一般に計算は複雑で，ときには特別な情報がなければ解くのが不可能であるような場合がある。このような場合でも，2 点間の他の経路について簡単に仕事を計算することができれば，その結果で置き換えることが可能である。例題 8-1 はその例であるが，その前に式 (8-2) を証明しておこう。

式 (8-2) の証明

図 8-4b は力が作用している粒子の任意の周回運動を示している。粒子が点 a から点 b まで経路 1 に沿って移動し，経路 2 に沿って点 a まで戻ってくる。それぞれの経路を移動する間，粒子に働いている力が仕事をする。正の仕事がなされたか，負の仕事がなされたかにかかわらず，経路 1 に沿って点 a から点 b まで移動する間になされた仕事を $W_{ab,1}$，経路 2 に沿って点 b から点 a まで移動する間になされた仕事を $W_{ba,2}$ と書く。力が保存力ならば，周回運動の間になされた正味の仕事はゼロでなければならない；

$$W_{ab,1} + W_{ba,2} = 0$$

これより，

$$W_{ab,1} = -W_{ba,2} \tag{8-3}$$

言葉で表すと，往路でなされた仕事は，復路でなされた仕事の符号を変えたものである。

次に，経路 2 を通って点 a から点 b まで移動する場合に，力が粒子に対してする仕事 $W_{ab,2}$ を考える（図 8-4a）。力が保存力ならば，この仕事は $W_{ba,2}$ の符号を変えたものになる；

$$W_{ab,2} = -W_{ba,2} \tag{8-4}$$

式 (8-3) の $-W_{ba,2}$ を $W_{ab,2}$ で置き換えると，

$$W_{ab,1} = W_{ab,2}$$

これで式 (8-2) が証明された。

✓ **CHECKPOINT 1:**
図は点 a と点 b を結ぶ 3 つの経路を示す。それぞれの経路を図示された向きに運動している粒子に同一の力 $\vec{F}$ が働いて，図中に表示されているような仕事をする。この場合の力は保存力か？

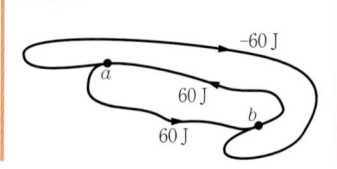

例題 8-1

図 8-5a は 2.0 kg のつるつるしたチーズの塊が，摩擦のない経路を点 a から点 b まで滑るようすを示している。チーズが経路に沿って 2.0 m 移動する間に，鉛直方向には正味 0.80 m だけ移動する。この間に重力がチーズに対してした仕事はいくらか？

解法： **Key Idea 1**：仕事の計算に式 (7-12) ($W_g = mgd\cos\phi$) を使えない：なぜなら重力 $\vec{F_g}$ と変位 $\vec{d}$ の間の角 ϕ が経路に沿って変化するからである (もし経路の形状がわかって，それに沿って ϕ の値を知り得たとしても，計算は非常に難しいだろう)。

Key Idea 2：$\vec{F_g}$ が保存力なので，計算が簡単になるような別の経路を選べば，仕事を求めることができる。図 8-5b に破線で示されている経路を選ぼう；それは 2 つの直線的な経路から成っている。水平方向の経路では角度 ϕ は 90° である。水平方向の移動距離がわからなくても，式 (7-12) より，なされた仕事 W_h は次のようになる；

$$W_h = mgd\cos 90° = 0$$

鉛直方向の経路では，移動距離 d が 0.80 m で，$\vec{F_g}$ と $\vec{d}$ はどちらも下向きであるから角度 ϕ は 0° である。

式 (7-12) より，破線の鉛直経路に沿ってなされた仕事 W_v は，

$$W_v = mgd\cos 0°$$
$$= (2.0\,\text{kg})(9.8\,\text{m/s}^2)(0.80\,\text{m})(1) = 15.7\,\text{J}$$

チーズが点 a から点 b まで破線の経路に沿って移動する間に，$\vec{F_g}$ によってなされた総仕事量は，

$$W = W_h + W_v = 0 + 15.7\,\text{J} \fallingdotseq 16\,\text{J} \quad\text{(答)}$$

これはもちろん，実線の経路に沿ってチーズが点 a から点 b まで移動したときになされる仕事に等しい。

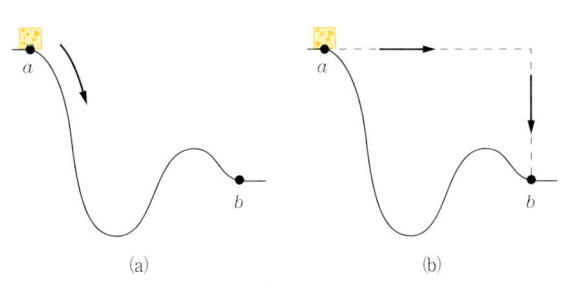

図 8-5 例題 8-1。(a) チーズの塊が摩擦のない経路に沿って点 a から点 b まで滑っていく。(b) 重力がチーズの塊に対してする仕事を求めるには，チーズが移動する実際の経路に沿って計算するより，破線の経路に沿って計算する方が簡単である：結果はどちらの経路でも同じである。

8-3 ポテンシャルエネルギーの求め方

ここでは 2 種類のポテンシャルエネルギー (重力ポテンシャルエネルギーと弾性ポテンシャルエネルギー) の値を求める公式を導く。まずは保存力とそれに関連したポテンシャルエネルギーの間の一般的な関係を導こう。

ある系の一部となっている粒子状の物体に保存力 $\vec{F}$ が作用している場合を考える。保存力が物体に対して W の仕事をすれば，ポテンシャルエネルギーの変化 ΔU は，なされた仕事の符号を変えた量になる。これを式 (8-1) ($\Delta U = -W$) のように表した。力が場所によって変化するような最も一般的な場合には，仕事 W は式 (7-32) で表される；

$$W_s = \int_{x_i}^{x_f} F(x)\,dx \tag{8-5}$$

この式は，物体が点 x_i から x_f まで移動して系の配置が変化したときに，物体に働く力がする仕事を表す (力が保存力なので，これら 2 点間のどのような経路に対しても仕事は同じである)。

式 (8-5) を (8-1) に代入して，系の配置の変化に対するポテンシャルエネルギーの変化を求めることができる；

$$\Delta U = -\int_{x_i}^{x_f} F(x)\,dx \tag{8-6}$$

これが求めていた公式である。さっそく使ってみよう。

重力ポテンシャルエネルギー

質量 m の粒子が y 軸に沿って（上方を正とする）鉛直方向に運動する場合を考える。粒子が点 y_i から y_f まで移動するとき，重力 $\vec{F_g}$ が粒子に対して仕事をする。粒子-地球系 の重力ポテンシャルエネルギーの変化を求めるために，式(8-6)を2箇所修正する：(1) 重力は鉛直方向に働くので，x 軸の代わりに y 軸について積分する。(2) $\vec{F_g}$ は大きさが mg で下向きだから，力 F に対して $-mg$ を代入する。式(8-6)は次のように書き換えられ，

$$\Delta U = -\int_{y_i}^{y_f}(-mg)\,dy = mg\int_{y_i}^{y_f}dy = mg\bigl[y\bigr]_{y_i}^{y_f}$$

これより，

$$\Delta U = mg(y_f - y_i) = mg\Delta y \tag{8-7}$$

重力ポテンシャルエネルギーの変化 ΔU だけが物理的に意味をもつ（その他のポテンシャルエネルギーについても同様）。しかし，計算や議論をわかりやすくするために，粒子がある高さ y にあるときの粒子-地球系 の重力ポテンシャルエネルギー U ということがある。その場合には，式(8-7)は次のように書ける；

$$U - U_i = mg(y - y_i) \tag{8-8}$$

U_i は粒子がある**基準点**(reference point) y_i にあるときの**基準配置**(reference configuration)における系の重力ポテンシャルエネルギーである。普通は $y_i = 0$ のとき $U_i = 0$ とする。このとき式(8-8)は，

$$U(y) = mgy \quad \text{（重力ポテンシャルエネルギー）} \tag{8-9}$$

この式は次のことを述べている。

▶ 粒子-地球系 の重力ポテンシャルエネルギーは，基準位置 $y = 0$ に対する鉛直方向の粒子の位置 y（または高さ）だけに依存して，水平方向の位置には依存しない。

弾性ポテンシャルエネルギー

次に図8-3に示されるような，ばね定数 k のばねの端にブロックが取り付けられた，ブロック-ばね系 について考える。ブロックが点 x_i から点 x_f に移動するとき，ばねの力 $F = -kx$ が仕事をする。ブロック-ばね系の弾性ポテンシャルエネルギーを求めるために，式(8-6)の $F(x)$ に $-kx$ を代入すると，

$$\Delta U = -\int_{x_i}^{x_f}(-kx)\,dx = k\int_{x_i}^{x_f}x\,dx = \frac{1}{2}k\bigl[x^2\bigr]_{x_i}^{x_f}$$

$$= \frac{1}{2}kx_f^2 - \frac{1}{2}kx_i^2 \tag{8-10}$$

ブロックの位置 x をポテンシャルエネルギーの値 U と関係づけるために，ばねが自然長にあるとき（ブロックの位置は $x_i = 0$）を基準配置とする。こ

のときの弾性ポテンシャルエネルギー U_i はゼロだから，式 (8-10) は，

$$U - 0 = \frac{1}{2}kx^2 - 0$$

これより，

$$U(x) = \frac{1}{2}kx^2 \quad \text{(弾性ポテンシャルエネルギー)} \tag{8-11}$$

✓ **CHECKPOINT 2**: 粒子が x 軸に沿って $x = 0$ から x_1 まで移動するとき，x 軸方向の保存力が粒子に作用している．図は力の x 成分が x によって変化する様子を3通り示している．いずれの場合も力の最大値 F_1 は同じである．これらを粒子が運動する間のポテンシャルエネルギーの変化の大きい順に並べよ．

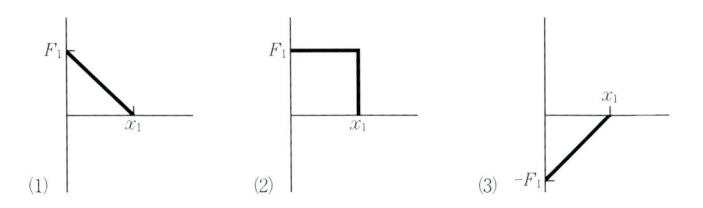

PROBLEM-SOLVING TACTICS

Tactic 1: "ポテンシャルエネルギー"の用法
ポテンシャルエネルギーは系全体に関係したものである．しかし系の一部だけに関係しているような用法に出会うかもしれない．例えば，"木にぶら下がっているリンゴは30Jのポテンシャルエネルギーをもっている"という言い方である．決して間違っているわけではないが，ポテンシャルエネルギーは，あくまでリンゴ-地球系のような系全体に関係している，ということをいつも心に留めておくべきである．また30Jというような，物体もしくは系のポテンシャルエネルギーの特別な値は，例題8-2で示されるように，基準となるポテンシャルエネルギーの値がはっきりしている場合にだけ意味があるということも忘れてはならない．

例題 8-2

質量 2.0 kg のナマケモノが地上から 5.0 m の木の枝にぶら下がっている（図 8-6）．

(a) 基準点 $y = 0$ を (1) 地上にとるとき，(2) 地上 3.0 m のバルコニーの床にとるとき，(3) 木の枝にとるとき，(4) 木の枝の 1.0 m 上にとるとき，ナマケモノ-地球系の重力のポテンシャルエネルギーはいくらか．$y = 0$ での重力ポテンシャルエネルギーをゼロとせよ．

解法: **Key Idea**: ひとたび $y = 0$ を基準点と決めれば，式 (8-9) により，基準点に対する系の重力ポテンシャル

図 8-6 例題 8-2．基準点 $y = 0$ の4つの選択肢．それぞれの y 軸はメートル単位で示されている．どれを選択するかは，ナマケモノと地球の系のポテンシャルエネルギー U の値に影響する．しかしながら，もしナマケモノが移動，たとえば落下しても，系のポテンシャルエネルギーの変化 ΔU には影響を与えない．

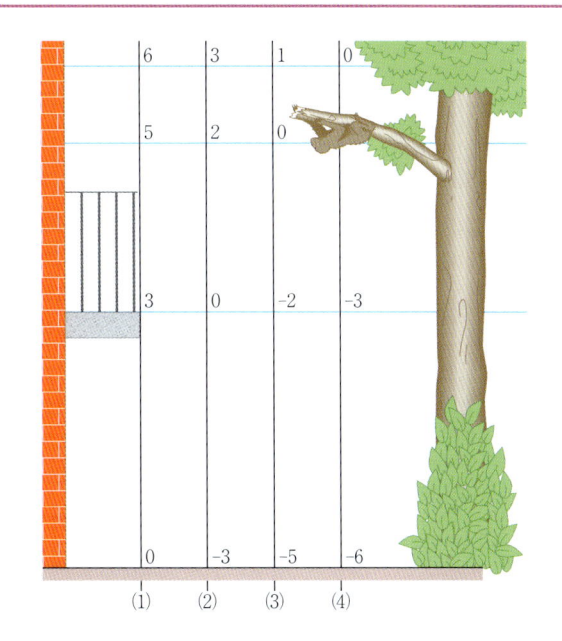

エネルギー U を計算できる。(1) の場合，ナマケモノは $y=5.0\,\text{m}$ にいるので，
$$U = mgy = (2.0\,\text{kg})(9.8\,\text{m/s}^2)(5.0\,\text{m})$$
$$= 98\,\text{J} \qquad \text{(答)}$$
他の場合の U の値は，
(2) $U = mgy = mg(2.0\,\text{m}) = 39\,\text{J}$
(3) $U = mgy = mg(0) = 0\,\text{J}$
(4) $U = mgy = mg(-1.0\,\text{m}) = -19.6\,\text{J} \doteqdot -20\,\text{J}$ (答)

(b) ナマケモノが地上に落ちた。それぞれの基準点に対して，落下によるナマケモノ-地球系のポテンシャルエネルギーの変化 ΔU はいくらか？

解法：　Key Idea：ポテンシャルエネルギーの変化は $y=0$ となる基準点の選び方によらない；その代わり，高さの変化 Δy に依存している。4つすべての場合に，$\Delta y = -5.0\,\text{m}$ である。したがって，(1)〜(4) に対して，式 (8-7) より，
$$\Delta U = mg\Delta y = (2.0\,\text{kg})(9.8\,\text{m/s}^2)(-5.0\,\text{m})$$
$$= -98\,\text{J} \qquad \text{(答)}$$

8-4　力学的エネルギーの保存

系の**力学的エネルギー** (mechanical energy) E_{mec} は，その系に含まれる物体のポテンシャルエネルギー U と運動エネルギー K の和である；

$$E_{\text{mec}} = K + U \quad \text{（力学的エネルギー）} \qquad (8\text{-}12)$$

この節では，系の中で保存力だけがエネルギー移動を引き起こす場合，すなわち系の中で摩擦力や粘性力が物体に作用しない場合，について力学的エネルギーに何が起こるか調べよう。また，系は周囲の環境から孤立していると仮定する；系外の物体からの外力が系内部のエネルギー移動を引き起こさない。

　系の中で保存力が物体に対して W の仕事をするとき，その力は系の運動エネルギー K とポテンシャルエネルギー U の間のエネルギー移動を引き起こす。式 (7-10) から，運動エネルギーの変化 ΔK は，

$$\Delta K = W \qquad (8\text{-}13)$$

式 (8-1) から，ポテンシャルエネルギーの変化 ΔU は，

$$\Delta U = -W \qquad (8\text{-}14)$$

式 (8-13) と (8-14) を合わせると

$$\Delta K = -\Delta U \qquad (8\text{-}15)$$

言葉で表現すると，一方のエネルギー増加と，もう一方のエネルギー減少の大きさは厳密に等しい。

　式 (8-15) は次のように書き換えられる；

$$K_2 - K_1 = -(U_2 - U_1) \qquad (8\text{-}16)$$

添字は2つの異なった瞬間，すなわち系における2つの異なった物体の配置，に対応する。式 (8-16) を並べ替えると，

$$K_2 + U_2 = K_1 + U_1 \quad \text{（力学的エネルギーの保存）} \qquad (8\text{-}17)$$

この式を言葉で表すと，系が孤立していて，系内の物体に保存力だけが作用している場合，

昔のアラスカ原住民は，できるだけ遠くの地形を見るために毛布を使って飛び跳ねた。今日，それはただ遊びとして行われている。写真のように子供が飛び上がっている間，運動エネルギーから重力のポテンシャルエネルギーにエネルギーが移動する。移動が完結すると最高点に達する。落下する間のエネルギー移動は逆になる。

（系のある状態の K と U の和）＝（系の別の状態の K と U の和）

言い換えれば，

▶ 孤立した系において保存力だけがエネルギーの変化を引き起こすような場合は，運動エネルギーとポテンシャルエネルギーは個々には変化できるが，それらの和である系の力学的エネルギー E_{mec} は変化しない。

この結果は，**力学的エネルギーの保存則**（principle of conservation of mechanical energy）と呼ばれている（保存力の名前の由来がどこにあるかわかるだろう）。式(8-15)の助けを借りて，この法則を以下のように別の形に書くことができる；

$$\Delta E_{\text{mec}} = \Delta K + \Delta U = 0 \tag{8-18}$$

ニュートンの法則だけでは解くのが非常に難しい問題でも，力学的エネルギー保存則を使えば解けるようになることがある。

▶ 系の力学的エネルギーが保存されるときは，ある瞬間における運動エネルギーとポテンシャルエネルギーの和を，途中の運動を考慮することなく，また力がする仕事について考慮することなく，別の瞬間の力学的エネルギーに関係づけることができる。

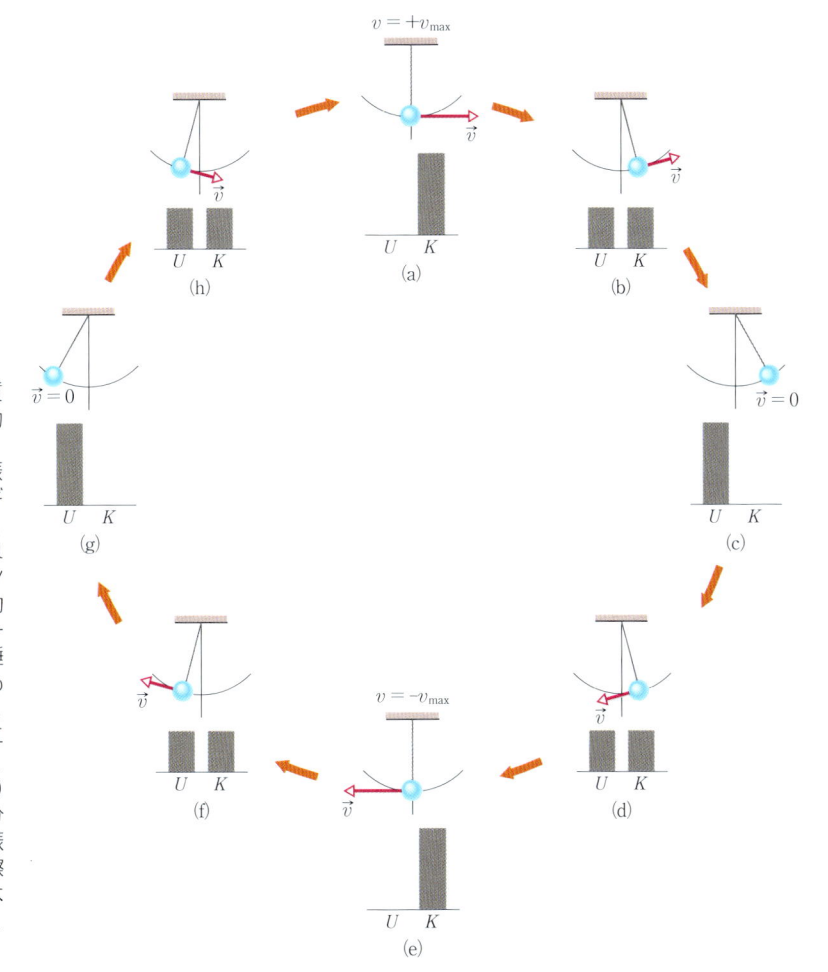

図 8-7 下端に取り付けられた錘に質量が集中している振り子がゆれる運動の1周期が示されている。1周期の間に，錘が上がったり下がったりすると，振り子-地球系のポテンシャルエネルギーと運動エネルギーの値は変化するが，系の力学的エネルギー E_{mec} は保存される。E_{mec} は，運動エネルギーとポテンシャルエネルギーの間を連続的に移動する。(a)および(e)では，エネルギーのすべてが運動エネルギーである。錘は最大の運動エネルギーをもち，最も低い位置にある。(c)および(g)では，エネルギーのすべてがポテンシャルエネルギーである。錘の速度はゼロで，最も高い位置にある。(b)，(d)，(f)，(h)では，半分が運動エネルギーで，半分がポテンシャルエネルギーである。振り子が取り付けられている天井で摩擦力が発生している，あるいは大気による粘性力があると，E_{mec} は保存されず，やがて振り子は止まるだろう。

図8-7は力学的エネルギー保存則を適用できる例を示す：振り子が振れると，振り子-地球系のエネルギーは，運動エネルギーKと重力ポテンシャルエネルギーUの間を往き来する。その際，$K+U$は一定である。振り子の錘が最高点にあるとき（図8-7c）の重力ポテンシャルエネルギーがわかれば，式(8-17)を使って，最も低い位置にあるときの錘の運動エネルギーを知ることができる。

最低点を基準位置として，そこでのポテンシャルエネルギーを$U_2=0$としよう。また最高点でのポテンシャルエネルギーU_2が20Jであるとしよう。錘は最高点で一瞬静止するので，運動エネルギーは$K_1=0$である。これを式(8-17)に代入すると，最低点での運動エネルギーK_2が求められる；

$$K_2 + 0 = 0 + 20\text{J} \quad \text{または} \quad K_2 = 20\text{J}$$

この結果は，最高点と最低点の間の途中の運動（例えば図8-7d）や力がする仕事を考えることなく求めることができた。

✓ **CHECKPOINT 3**: 図は4通りのブロックの運動を示す；(1)では最初に静止しているブロックが垂直に落下する，残りの3例は摩擦のないスロープを滑り落ちる。(a) B点に達したときに，運動エネルギーの大きい順に並べよ，(b) B点で速さの大きい順に並べよ。

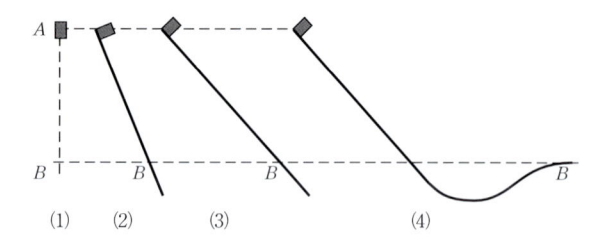

例題 8-3

質量mの女の子が，高さ$h=8.5$mのウオータースライダーの頂上から滑り降りようとしている（図8-8）。滑り台には水が流れているために摩擦がないと仮定すると，滑り台出口での彼女の速さはいくらか。

解法： **Key Idea 1**：滑り台の傾きがわからないので，前にやったように滑り台に沿った加速度を求めることはできない。したがって，速さを求めることができない。しかし，速さは運動エネルギーに関係しているので，力学的エネルギーの保存則を利用して速さを求めることができるだろう。滑り台の形や傾きを知る必要はない。**Key Idea 2**：保存力だけがエネルギー移動の原因となるとき，孤立した系の力学的エネルギーは保存される。調べてみよう。

力：2つの力が子供に作用する。保存力である重力は彼女に作用して仕事をする。滑り台からの垂直抗力は

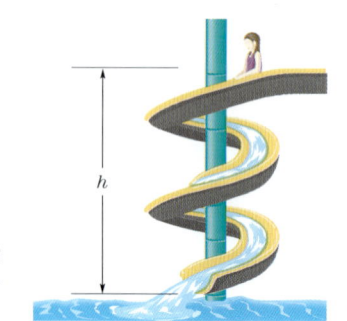

図 8-8 例題8-3。子供が高さhのウオータースライダーを滑り降りる。

仕事をしない（抗力の向きは滑り台のどの点においても常に子供が運動する方向に垂直である）。

系：子供に対して仕事をする力は重力だけなので，子供-地球系は孤立系とみなすことができる。

孤立系において保存力だけが仕事をしているから，力

学的エネルギーの保存則を適用できる。子供が滑り台の上にいるときの力学的エネルギーを $E_{\text{mec},t}$，スライダー出口での力学的エネルギーを $E_{\text{mec},b}$ とする。力学的エネルギーの保存則より，

$$E_{\text{mec},t} = E_{\text{mec},b}$$

力学的エネルギーを運動エネルギーとポテンシャルエネルギーで表すと，

$$K_b + U_b = K_t + U_t$$

または，

$$\frac{1}{2}mv_b^2 + mgy_b = \frac{1}{2}mv_t^2 + mgy_t$$

m で割って並べ替えると

$$v_b^2 = v_t^2 + 2g(y_t - y_b)$$

$v_t = 0$，$y_t - y_b = h$ を代入すると，

$$\begin{aligned}v_b &= \sqrt{2gh} = \sqrt{(2)(9.8\,\text{m/s}^2)(8.5\,\text{m})} \\ &= 13\,\text{m/s}\end{aligned} \quad (答)$$

この速さは，彼女が真っ直ぐに落下したときの速さと同じである。実際の滑り台では，ある程度の摩擦力が作用して，子供の速さはそれほど速くはならないだろう。

この問題は，ニュートンの運動の法則を使って直接求めるのは難しいけれど，力学的エネルギーの保存則を利用すれば簡単に解ける典型的な例である。しかし，もし子供が滑り台の下に到達するまでの時間を求めるような問題ではこの方法は役に立たない；そのためには滑り台の形を知る必要があり，かなり難しい問題になるだろう。

この例題を解いたところで，7-1節冒頭のパックの問題に戻ってみよう。経路の終点で荷物の速さが 5.0 m/s であることを確かめよ。

例題 8-4

質量 61.0 kg のバンジージャンパーが，川の上 45.0 m の橋の上にいる。弾性的なバンジーロープの自然長は $L = 25.0$ m である。ロープはフックの法則に従い，ばね定数は 160 N/m であるとする。ジャンパーが水面より上で止まる場合，最も低い点での彼女の足の水面からの高さ h はいくらか？

解法：図 8-9 は，彼女の足が水面から h の高さにあり，ロープが自然長から d だけ伸びて，ジャンパーが最も低い位置にいる状態を示す。d を知ることができれば h を求めることができる。

Key Idea 1：彼女の初期位置と最も低い位置での力学的エネルギーが等しいことを使って d を求めることができる。**Key Idea 2**：孤立系において保存力だけがエネルギー移動を引き起こす場合には，力学的エネルギーが保存される。確かめてみよう。

力：彼女が落下するとき，重力がジャンパーに対して仕事をする。バンジーロープが伸びたとき，ばねの力が彼女に対して仕事をして，ロープの弾性ポテンシャルエネルギーにエネルギーを移動する。ロープの力は地面に固定されている橋を引っ張る。重力とばねの力は保存力である。

系：ジャンパー–地球–ロープ系 は，これらすべての力とエネルギー移動を含んでおり，孤立しているとみなすことができる。したがって，この系に対して力学的エネルギーの保存則を適用できる。式 (8-18) から，

$$\Delta K + \Delta U_e + \Delta U_g = 0 \quad (8\text{-}19)$$

ΔK はジャンパーの運動エネルギーの変化，ΔU_e はバンジーロープの弾性ポテンシャルエネルギーの変化，ΔU_g はジャンパーの重力ポテンシャルエネルギー変化である。彼女の初期位置と最も低い位置の間でこれらの変

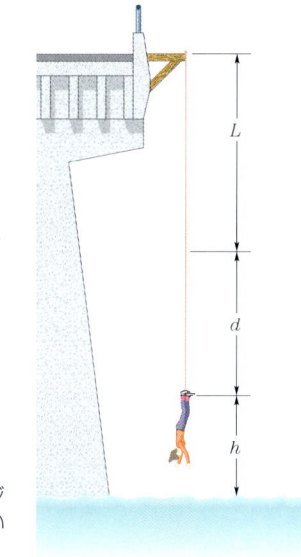

図 8-9 例題 8-4。バンジージャンパーは最も低い位置にいる。

化を計算しなければならない。彼女は（少なくとも瞬間的には）初期位置と最も低い位置の両方で静止しているので，$\Delta K = 0$ である。図 8-9 より，高さの差 Δy が $-(L+d)$ であるから，彼女の質量を m とすると

$$\Delta U_g = mg\Delta y = -mg(L+d)$$

図 8-9 では，バンジーロープは d だけ伸びているので，

$$\Delta U_e = \frac{1}{2}kd^2$$

これらの式と与えられた数値を式 (8-19) に代入すると，

$$0 + \frac{1}{2}kd^2 - mg(L+d) = 0$$

または，

$$\frac{1}{2}kd^2 - mgL - mgd = 0$$

これより，

$$\frac{1}{2}(160\,\text{N/m})d^2 - (61.0\,\text{kg})(9.8\,\text{m/s}^2)(25.0\,\text{m})$$
$$-(61.0\,\text{kg})(9.8\,\text{m/s}^2)d = 0$$

この2次方程式を解けば，
$$d = 17.9\,\text{m}$$
ジャンパーの足は初期位置から $(L+d) = 42.9\,\text{m}$ 下にあるので，
$$h = 45.0\,\text{m} - 42.9\,\text{m} = 2.1\,\text{m} \quad\quad (答)$$

PROBLEM-SOLVING TACTICS

Tactic 2：力学的エネルギーの保存則

以下のような問を発することは，力学的エネルギーの保存則を利用して問題を解くのに役立つ。

どんな系に対して力学的エネルギーが保存されるか？まず系を周りの環境から切り離すべきである。閉じた境界線を描いて，その内側にあるものは系に属し，その外側にあるものを系外の環境とする。例題8-3においては，系は 子供＋地球 であり，例題8-4においては，系は ジャンパー＋地球＋ロープ である。

摩擦や粘性が存在するか？ 摩擦や粘性があると，力学的エネルギーは保存されない。

系は孤立しているか？ 力学的エネルギーの保存則は孤立した系にのみ適用できる。孤立系ではいかなる外力（系外の物体から及ぼされる力）も系内の物体に対して仕事をしない。

系の最初と最後の状態はどんな状態か？ 系はある初期状態（または初期配置）から別の最終状態に変化する。力学的エネルギーの保存則を適用するということは，両方の状態において E_mec が等しいと主張することである。これらの状態がどんな状態かはっきりさせよ。

8-5　ポテンシャルエネルギー曲線

保存力が作用している系の一部である粒子についてもう一度考えよう。今度は，粒子は x 軸に沿って運動するように制限され，保存力が仕事をしているとする。系のポテンシャルエネルギー $U(x)$ を描いた曲線から，粒子の運動について多くのことを知ることができる。しかし，その前にもうひとつの関係式を知る必要がある。

解析的に力を求める

力 $F(x)$ がわかっていれば，式(8-6)を使って一次元上の2点間のポテンシャルエネルギーの変化を求めることができる。逆の場合はどうであろうか；ポテンシャルエネルギー関数 $U(x)$ がわかっているときに，力を求めることはできるだろうか。

一次元の運動に対して，粒子が微小な Δx だけ移動するときに，粒子に作用している力がする仕事 W は $F(x)\Delta x$ である。したがって，式(8-1)は以下のように書ける；

$$\Delta U(x) = -W = -F(x)\Delta x$$

$F(x)$ について解き，極限をとると，

$$F(x) = -\frac{dU(x)}{dx} \quad\quad (1次元運動) \quad\quad (8\text{-}20)$$

これが求めたかった関係式である。

この結果をばねの力に対するポテンシャルエネルギー曲線 $U(x) = \frac{1}{2}kx^2$ で確かめてみよう。式(8-20)から期待されるように，フックの法則である $F(x) = -kx$ が導かれる。同様に，質量 m の粒子が高さ h にあるとき，

粒子-地球系の重力ポテンシャルエネルギー $U(x) = mgx$ を代入してみる。式 (8-20) から，$F = -mg$ が得られる。これは粒子に作用する重力である。

ポテンシャルエネルギー曲線

図 8-10a は，1 次元運動をしている粒子に対して，保存力 $F(x)$ が仕事をしている場合の系のポテンシャルエネルギー関数 $U(x)$ を表す曲線である。いろいろな点での $U(x)$ 曲線の傾きを求めることによって，グラフ上で簡単に $F(x)$ を知ることができる (式 (8-20) は，$U(x)$ の傾きの符号を変えたものが $F(x)$ であることを示している)。図 8-10b はこのようにして求めた $F(x)$ 曲線である。

転回点

非保存力が作用していなければ，系の力学的エネルギー E の値は一定である；

$$U(x) + K(x) = E_{\text{mec}} \tag{8-21}$$

$K(x)$ は粒子の運動エネルギー関数である ($K(x)$ は粒子の位置 x の関数として運動エネルギーを与える)。式 (8-21) を書き換えると，

$$K(x) = E_{\text{mec}} - U(x) \tag{8-22}$$

E_{mec} が 5.0 J である場合 (一定値であることを思い出そう)，これは図 8-10a において，エネルギー軸の 5.0 J を通過する水平な線で表される (実際，そこに線が引かれている)。

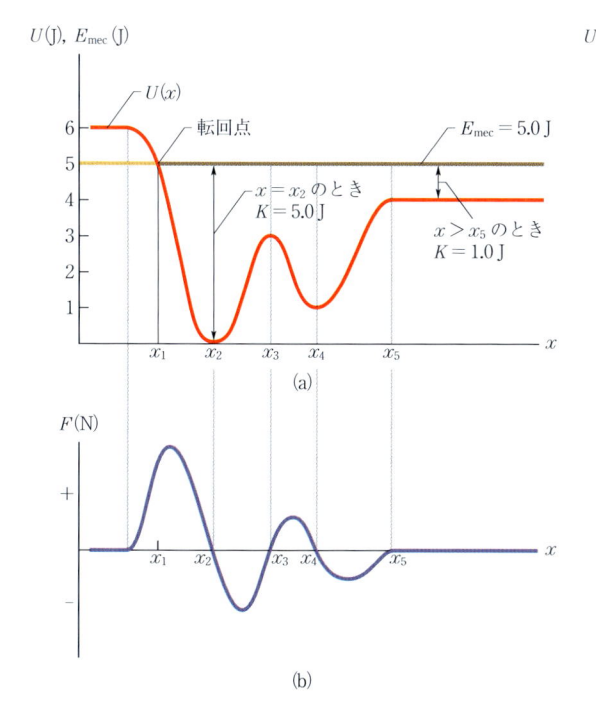

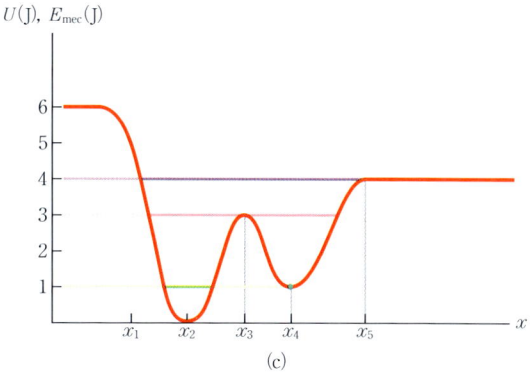

図 8-10 (a) $U(x)$ は x 軸に沿って移動するように制限された粒子を含む系のポテンシャルエネルギー曲線。摩擦はないので力学的エネルギーは保存される。(b) いろいろな点でポテンシャルエネルギーの傾きを求めることによって得られた，粒子に作用する力 $F(x)$ の曲線。(c) 3 つの異なった E_{mec} の値をもつ (a) の $U(x)$ 曲線。

式 (8-22) は，粒子のどんな位置に対しても運動エネルギーを決定できることを示している：$U(x)$ 曲線上で位置 x に対する U の値を求め，E_{mec} から U を差し引けばよい。例えば，粒子が x_5 の右側のどの点にあっても $K = 1.0\,\text{J}$ である。K の値は，粒子が x_2 にあるとき最も大きく（5.0 J），x_1 にあるとき最も小さい（0 J）。

K は負の値はとらないので（v^2 はいつも正である），粒子は $E_{\text{mec}} - U$ の値が負になるような x_1 の左側へは行くことができない。粒子が x_2 から x_1 に近づくにつれて K の値は減少し（遅くなる），x_1 で $K = 0$ になる（静止する）。

式 (8-20) より，粒子が x_1 に到達したとき粒子に作用する力は正であることに注意しよう（傾き dU/dx は負である）。このことは粒子が x_1 に止まり続けることなく，それ以前の運動とは反対の右向きに移動し始めることを示す。x_1 は**転回点**（turning point）であり，そこでは $K = 0$ となり（なぜなら $U = E_{\text{mec}}$）粒子は向きを変える。グラフの右側には $K = 0$ となる転回点はない。粒子が右へ向かえば，永久に進み続ける。

平 衡 点

図8-10c は，同じポテンシャルエネルギー関数 $U(x)$ 上に，異なる値をもつ 3 通りの E_{mec} を示している。状態がどのように違うか見てみよう。$E_{\text{mec}} = 4.0\,\text{J}$（紫色の線）のとき，転回点は x_1 から x_1 と x_2 の間に移る。また，x_5 の右側のどの位置においても，系の力学的エネルギーはそのポテンシャルエネルギーに等しい：粒子は運動エネルギーをもたず，（式 (8-20) より）力は作用せず，粒子は静止しているに違いない。そのような位置にある粒子は**中立な平衡状態**（neutral equilibrium）にあるといわれる（水平なテーブル上に置かれたビー玉はそのような状態にある）。

$E_{\text{mec}} = 3.0\,\text{J}$（ピンク色の線）のとき，転回点は 2 つある：ひとつは x_1 と x_2 の間にあり，もうひとつは x_4 と x_5 の間にある。さらに，x_3 も $K = 0$ の点である。もし粒子が正確にその位置にあれば，粒子に作用する力はゼロであり，粒子は静止し続ける。しかしながら，ごくわずかどちらかの向きに移動すれば，ゼロでない力がその向きに作用して粒子は動き続ける。そのような位置にある粒子を，**不安定な平衡状態**（unstable equilibrium）にあるという（ボウリングのボールの上に置かれたビー玉がその例である）。

次に $E_{\text{mec}} = 1.0\,\text{J}$（緑色の線）の場合の粒子のふるまいについて考えよう。もし粒子を x_4 に置いたとすると，その粒子は左へも右へも動けない。なぜなら，どちらへ動こうとしても運動エネルギーが負になるからである。もし左右どちらかに少し押したとすると，元に戻す力が作用して粒子は x_4 に戻る。そのような位置にある粒子は**安定な平衡状態**（stable equilibrium）にあるという（半球状のお椀の底に置かれたビー玉がその例である）。粒子が x_2 を中心とするコップのようなポテンシャル井戸に置かれた場合は，粒子は 2 つの転回点の間を動き続けるが，x_1 もしくは x_3 の途中までしか行けない。

> ✓ CHECKPOINT 4： 図は，粒子が1次元運動をするような系のポテンシャルエネルギー曲線 $U(x)$ を示す。(a) 領域AB，BC，CDを，粒子に作用する力の大きさの順に並べよ。(b) 粒子が領域ABにあるときの力はどちら向きか？

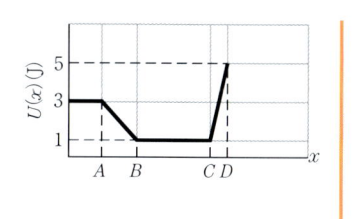

8-6 外力が系に対してする仕事

第7章では，物体に作用する力により，物体にまたは物体から移動するエネルギーとして仕事を定義した。ここでは，その定義を物体の系に作用する外力に拡張しよう。

▶ 仕事とは，系に作用する外力により，系に，または系から移動するエネルギーである。

図8-11aは正の仕事（系へのエネルギー移動）を示し，図8-11bは負の仕事（系からのエネルギー移動）を示す。系に複数の力が作用するときは，それらの正味の仕事が，系にまたは系から移動するエネルギーである。

これらの移動は銀行間の口座振替に似ている。系が1個の粒子または粒子状の物体で構成されている場合は，第7章で示したように，力が系に対してする仕事は，系の運動エネルギーだけを変化させる。そのようなエネルギー移動は，仕事-運動エネルギーの定理（式(7-10)，$\Delta K = W$）で表される；1個の粒子は運動エネルギーというひとつのエネルギー口座だけをもっている。外力はその口座にエネルギーを出し入れできる。しかし，系がもっと複雑な場合には，外力はポテンシャルエネルギーのような別の形態のエネルギーを変化させることができる；複雑な系は複数のエネルギー口座をもつことができる。

そのような系でのエネルギー移動に対する表式を2つの状況で求めよう。ひとつは摩擦力を含まない系であり，もうひとつは含む系である。

摩擦のない場合

ボウリングのボール投げコンテストに参加しているとしよう。まずはしゃがんで床の上のボールの下に手を入れる。次に手を素早く引き上げながら立ち上がり，ボールがおおよそ顔の高さまできたときにボールを上に放り上げる。この投げ上げ動作の間に，ボールに加えられた力は明らかに仕事をしている；外力が確かにエネルギーを移動したのであるが，何を系とすればよいのだろうか？

これに答えるために，どんなエネルギーが変化したのかを調べよう。ボールの運動エネルギーの変化 ΔK があり，ボールと地面の距離が離れたので，ボール-地球系 の重力ポテンシャルエネルギーの変化 ΔU もある。両方の変化を取り扱うためには，ボール-地球系 を考えなくてはならない。あなたの力はボール-地球系に対して仕事をする外力であり，仕事は，

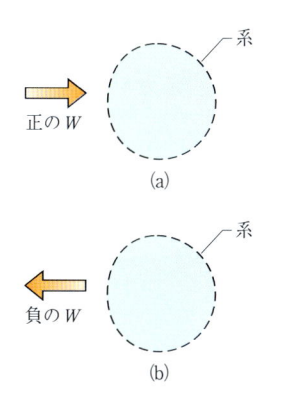

図 8-11　(a)ある系に対する正の仕事 W は系へのエネルギーの移動を意味する。(b)負の仕事 W は系からのエネルギーの移動を意味する。

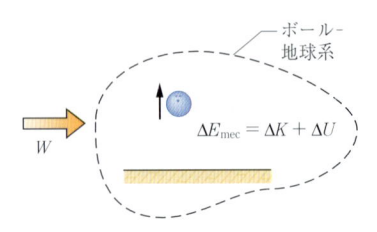

図 8-12 ボウリングのボールと地球の系に対して正の仕事がされ，系の力学的エネルギーの変化 ΔE_mec，ボールの運動エネルギーの変化 ΔK，系の重力のポテンシャルエネルギーの変化 ΔU を引き起こす。

$$W = \Delta K + \Delta U \tag{8-23}$$

または，　　$W = \Delta E_\mathrm{mec}$　　（系になされた仕事，摩擦を含まない） $\tag{8-24}$

ΔE_mec は系の力学的エネルギーの変化である。これら 2 つの式は，図 8-12 に示すように，摩擦が含まれないときの，外力が系にした仕事を表している。

摩擦がある場合

次に図 8-13a の例について考えよう。水平方向の一定の力 $\vec{F}$ が x 軸に沿ってブロックを引っ張っていて，d だけ移動する間にブロックの速度が $\vec{v}_0$ から $\vec{v}$ に増加する。運動している間，床から一定の摩擦力 $\vec{f}_k$ がブロックに作用している。まずブロックを当面の系として，ニュートンの第 2 法則を適用してみよう。x 軸方向の成分 ($F_{\mathrm{net},x} = ma_x$) は次のように書ける；

$$F - f_k = ma \tag{8-25}$$

力は一定なので加速度 a も一定である。式 (2-16) を利用して，

$$v^2 = v_0^2 + 2ad$$

これを a について解き，式 (8-25) に代入して並べ替えると，

$$Fd = \frac{1}{2}mv^2 - \frac{1}{2}mv_0^2 + f_k d \tag{8-26}$$

または，$\frac{1}{2}mv^2 - \frac{1}{2}mv_0^2 = \Delta K$ と書き換えて，

$$Fd = \Delta K + f_k d \tag{8-27}$$

もっと一般的な状況 (すなわち，ブロックが坂を登っているような場合) では，ポテンシャルエネルギーの変化も考えられる。そのような変化を含めるために，式 (8-27) を次式のように一般化する。

$$Fd = \Delta E_\mathrm{mec} + f_k d \tag{8-28}$$

ブロックが滑ると，ブロックと床の一部の温度が上昇することが実験的に確かめられている。第 19 章で議論するように，物体の温度は物体の熱エネルギー E_th (物体を構成する原子や分子の不規則な運動によるエネルギー) に関係している。ブロックと床の熱エネルギーが増加するのは，(1) 両者の間に摩擦があり，(2) 滑っているからである。摩擦は 2 つの表面の低温接合によることを思い出そう。床の上をブロックが滑るにつれて，ブロックと床の間の接合が分離と再生成を繰り返し，ブロックと床を暖め，両者の熱エネルギー E_th を増加させる。

実験によって，熱エネルギーの増加 ΔE_th は f_k と d の積に等しいことがわかっている；

$$\Delta E_\mathrm{th} = f_k d \quad \text{(滑走による熱エネルギーの増加)} \tag{8-29}$$

したがって，式 (8-28) は次のように書き換えられる；

$$Fd = \Delta E_\mathrm{mec} + \Delta E_\mathrm{th} \tag{8-30}$$

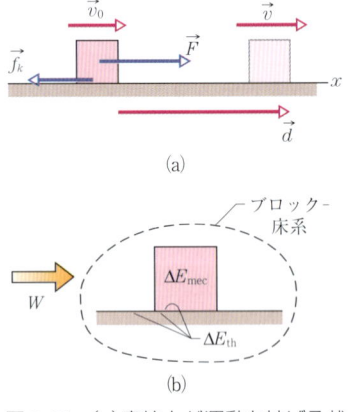

図 8-13 (a) 摩擦力が運動を妨げる状況で，力 $\vec{F}$ によってブロックが床の上を引っ張られている。初速度 $\vec{v}_0$ のブロックが $\vec{d}$ だけ移動し，移動後の速度は $\vec{v}$ である。(b) 力 $\vec{F}$ によってブロックと床の系に対して正の仕事がなされ，ブロックの力学的エネルギーの変化 ΔE_mec と，ブロックと床の熱エネルギーの変化 ΔE_th がもたらされる。

Fd は外力がした仕事 W(力 $\vec{F}$ によって移動されたエネルギー)であるが，どの系に対して仕事がされたのだろうか(どこでエネルギー移動がおきたのか)？ この問いに答えるために，どのエネルギーが変化したかを見てみよう。ブロックの運動エネルギーが変化し，ブロックと床の熱エネルギーが変化している。したがって，力 $\vec{F}$ がした仕事はブロック-床系 に対してである。仕事は次のように表される；

$$W = \Delta E_{\text{mec}} + \Delta E_{\text{th}} \quad \text{(摩擦がある系になされた仕事)} \quad (8\text{-}31)$$

この式は，図8-13bに示されているように，摩擦がある場合に外力が系に対してする仕事とエネルギーの関係を表している。

> ✓ **CHECKPOINT 5:** 摩擦のある床の上のブロックに水平方向の力を加える実験を3回行った(図8-13a)。力の大きさ F と，押した結果得られたブロックの速さが表に示されている。移動距離 d は3回とも同じである。ブロックと床の熱エネルギーの変化の大きい順に並べよ。
>
> | 試行 | F | ブロックの速さ |
> |---|---|---|
> | a | 5.0 N | 減少した |
> | b | 7.0 N | 変化なし |
> | c | 8.0 N | 増加した |

例題 8-5

Easter島の巨大石像は，有史以前の島民によって，木製のそりに乗せられて，ローラーのようなほぼ同じ太さの丸太を並べた"滑走路"の上を引っ張って運ばれたと考えられている。この技術を，近年25人の男達がEaster島のものと似た9000 kgの像を使って平坦な地面上で再現してみたところ，2分で45 m移動させることができた。

(a) 像を45 m移動するのに男達の正味の力 $\vec{F}$ がした仕事を見積もってみよ。また，その力が仕事をしたのはどのような系に対してか？

解法： Key Idea 1: 仕事は式 (7-7)($W = Fd\cos\phi$) を用いて計算することができる。d は距離45 mで，F は25人の男による正味の力の大きさで，$\phi = 0°$ とする。それぞれの男が自分の体重の2倍の大きさの力で引っ張ったとしよう(皆が同じ体重 mg をもつと仮定する)。正味の力の大きさは $F = (25)(2mg) = 50mg$ となる。男の質量を80 kgとすると，式(7-7)は，

$$\begin{aligned}W = Fd\cos\phi &= 50mgd\cos\phi \\ &= (50)(80\,\text{kg})(9.8\,\text{m/s}^2)(45\,\text{m})\cos 0° \\ &= 1.8 \times 10^6\,\text{J} \approx 2\,\text{MJ} \quad \text{(答)}\end{aligned}$$

Key Idea 2: 仕事がなされた系を決めるために，どのエネルギーが変化したかを調べる。像が移動したので，移動している間の運動エネルギーの変化 ΔK があっただろう。さらに，そりと丸太と地面の間にかなりの摩擦があり，それぞれの熱エネルギーの変化 ΔE_{th} を引き起こしたに違いないと容易に想像できる。したがって，仕事がなされた系は，像，そり，丸太，および地面である。

(b) 45 m移動する間に系の熱エネルギーはどれだけ増加したか？

解法： Key Idea: 摩擦のある系に対する式(8-31)を使って，ΔE_{th} を $\vec{F}$ によってなされた仕事 W と関係づける：

$$W = \Delta E_{\text{mec}} + \Delta E_{\text{th}}$$

W の値は(a)で求めた。像は移動の前後で静止しており，高さも変わらないので，力学的エネルギーの変化 ΔE_{mec} はゼロである。したがって，

$$\Delta E_{\text{th}} = W = 1.8 \times 10^6\,\text{J} \approx 2\,\text{MJ} \quad \text{(答)}$$

(c) Easter島の平坦な場所で25人の男達が像を10 km移動させたとする。彼らがした仕事を見積もってみよ。また，像-そり-丸太-地面系 に発生した熱エネルギーの総変化量 ΔE_{th} を見積もってみよ。

解法： **Key Idea**：(a)および(b)と同じである。(a)と同じようにWを計算するが，今度はdに1×10^4 mを代入する。再びΔE_{th}はWに等しいとすると，
$$W = \Delta E_{th} = 3.9 \times 10^8 \text{J} \fallingdotseq 400 \text{MJ} \quad (答)$$

像を移動させるのに要したエネルギーは，男達にとってはとてつもない量である。それでも，25人の男達で像を10km移動させることは可能であったろうし，必要とされるエネルギーはそれほど不可解なものでもない。

例題 8-6

ある食品業者が，キャベツ玉の入った木箱（全質量$m = 14$ kg）を，水平方向の一定の力$\vec{F}$（大きさ40N）で，コンクリートの床の上を押している。まっすぐな$d = 0.50$ mの変位で，木箱の速さが$v_0 = 0.60$ m/sから$v = 0.20$ m/sに減少した。

(a) 力$\vec{F}$がした仕事はどれだけか？また，どんな系に対して仕事をしたか？

解法： **Key Idea 1**：式(7-7)を適用できる。$\vec{F}$がした仕事Wは以下のように計算できる；
$$W = Fd\cos\phi = (40\text{N})(0.50\text{m})\cos 0°$$
$$= 20 \text{J} \quad (答)$$

Key Idea 2：仕事をされた系を決定するには，どんなエネルギーが変化したかを調べる。木箱の速さが変化したので，木箱の運動エネルギーの変化ΔKがある。床と木箱の間に摩擦があり，熱エネルギーの変化があるだろうか？$\vec{F}$と木箱の速度は同じ向きであることに注意しよう。

Key Idea 3：摩擦がなければ$\vec{F}$は木箱を加速しただろう。しかし，木箱は減速したのだから，摩擦があり木箱と床の熱エネルギーの変化ΔE_{th}があったに違いない。

仕事をされたのは，エネルギー変化が起こっている木箱と床の両方の系である。

(b) 木箱と床の熱エネルギーの増加量ΔE_{th}はいくらか？

解法： **Key Idea**：摩擦のある系に対するエネルギーの関係式（式8-31）を用いて，ΔE_{th}を$\vec{F}$がした仕事に関係づける；
$$W = \Delta E_{mec} + \Delta E_{th} \quad (8\text{-}32)$$
Wは(a)で求めた。木箱の力学的エネルギーの変化ΔE_{mec}は，ポテンシャルエネルギーの変化がないので，運動エネルギーの変化そのものである；
$$\Delta E_{mec} = \Delta K = \frac{1}{2}mv^2 - \frac{1}{2}mv_0^2$$
これを式(8-32)に代入して，ΔE_{th}について解くと，
$$\Delta E_{th} = W - \left(\frac{1}{2}mv^2 - \frac{1}{2}mv_0^2\right) = W - \frac{1}{2}m(v^2 - v_0^2)$$
$$= 20\text{J} - \frac{1}{2}(14\text{kg})[(0.20\text{m/s})^2 - (0.60\text{m/s})^2]$$
$$= 22.2\text{J} \fallingdotseq 22 \text{J} \quad (答)$$

8-7 エネルギー保存則

我々はこれまで，銀行間の口座振替のように，物体や系に（または物体や系から）エネルギーが移動するいくつかの状況について学んできた。それぞれの状況で，エネルギーがいつも保存されていると仮定した；エネルギーは魔術のように生まれたり現れたりすることはない。正式の表現を使えば，系の**全エネルギー**（total energy）Eは**エネルギー保存則**（law of conservation of energy）に従うということを仮定した。全エネルギーとは，力学的エネルギー，熱エネルギー，さらに熱エネルギー以外のいろいろな形の*内部エネルギー*の和である（別の形の内部エネルギーについてはまだ議論していない）。この法則は以下のことを述べている；

▶ 系の全エネルギーEは，系に（または系から）エネルギーが移動した量だけ変化できる。

今までに考えたエネルギー移動の唯一の型は，系になされた仕事Wであるから，現段階ではこの法則は次のように表される；

$$W = \Delta E = \Delta E_{\text{mec}} + \Delta E_{\text{th}} + \Delta E_{\text{int}} \quad (8\text{-}33)$$

ΔE_{mec} は系の力学的エネルギーの変化，ΔE_{th} は系の熱エネルギーの変化，ΔE_{int} は系の別の形の内部エネルギーの変化である．ΔE_{mec} に含まれるのは，運動エネルギーの変化 ΔK と，ポテンシャルエネルギー（弾性，重力等）の変化 ΔU である．

このエネルギー保存則は，物理学の基本原理から導き出されたものではない．むしろ，数多くの実験に基づいた法則である．科学者や技術者は，この法則の例外を見つけたことがない．

孤立系

もし系が周りの環境から孤立しているならば，系への（または系からの）エネルギー移動はない．その場合には，エネルギー保存則は次のように主張する；

▶ 孤立した系の全エネルギー E は保存される．

多くのエネルギー移動は，運動エネルギーとポテンシャルエネルギー，あるいは運動エネルギーと熱エネルギーの間のように，孤立系の中で起こる．しかし，系内のすべての形態のエネルギーの和は変化しない．

図8-14のロッククライマーを例として考えよう．近似的に孤立した系として，彼女と彼女の登山用具と地球を考える．彼女がロープを使って岩場を降りるためには，系の配置を変えて重力ポテンシャルエネルギーからエネルギーを移動させる必要がある（エネルギーは消滅しない）．一部は彼女の運動エネルギーに移動する．しかし彼女はそれに多くのエネルギーを移動させて，速く動きたいとは思っていない．そのため，彼女はカラビナ（金属製の輪，登山用具のひとつ）の近くでロープをつかみ，移動するたびにロープとカラビナの間の摩擦を生みだす．彼女はカラビナをロープに押しつけて，系の重力ポテンシャルエネルギーをロープとカラビナの熱エネルギーに移動させる．彼女が下降する間，登山者-登山用具-地球系 の全エネルギー（重力ポテンシャルエネルギー，運動エネルギー，熱エネルギーの和）は変化しない．

孤立系では，エネルギーの保存則は2通りの方法で表される．ひとつは，式(8-33)において $W=0$ として，

$$\Delta E_{\text{mec}} + \Delta E_{\text{th}} + \Delta E_{\text{int}} = 0 \quad (\text{孤立系}) \quad (8\text{-}34)$$

または $\Delta E_{\text{mec}} = E_{\text{mec},2} - E_{\text{mec},1}$ と書くと（添字1と2は，ある過程の前後の異なる瞬間に対応する），式(8-34)は次のようになる；

$$E_{\text{mec},2} = E_{\text{mec},1} - \Delta E_{\text{th}} - \Delta E_{\text{int}} \quad (8\text{-}35)$$

式(8-35)は次のことを意味している．

▶ 孤立系では，ある瞬間の全エネルギーを，*途中のエネルギーを考慮せず*に，別の瞬間の全エネルギーに関係づけることができる．

図8-14 ロッククライマーは岩場を降りるために，彼女と，彼女の登山用具，および地球から構成される系の，重力ポテンシャルエネルギーからエネルギーを移動させる．彼女がカラビナの近くのロープをつかむとロープがカラビナをこする．これによって移動する大部分のエネルギーは，彼女の運動エネルギーではなく，ロープとカラビナの熱エネルギーになる．

このことは，ある過程が孤立系の中で起こるとき，その前後のエネルギーを関係づけるのに非常に強力な道具になる。

8-4節では孤立系の特別な場合，すなわち摩擦力のような非保存力が作用しない場合，について議論した。そのような状況では，ΔE_{th} と ΔE_{int} は両方ともゼロであり，式(8-35)は(8-18)に帰着される。言い換えれば，非保存力が作用しない場合には，孤立系の力学的エネルギーは保存される。

仕事率

エネルギーがひとつの形から別の形にいかに変化するかを学んできたので，7-7節の仕事率の定義を拡張しよう。仕事率は力が仕事をする時間的割合であった。もっと一般的に，仕事率 P はある力によってエネルギーがひとつの形から別の形に移動する時間的割合であるといえる。もし ΔE のエネルギーが時間 Δt の間に移されたとすると，その力による**平均の仕事率**は，

$$P_{\text{avg}} = \frac{\Delta E}{\Delta t} \tag{8-36}$$

同様に，その力による**瞬間的な仕事率**は次式で与えられる；

$$P = \frac{dE}{dt} \tag{8-37}$$

例題 8-7

図 8-15 は，2.0 kg の tamale（訳注：メキシコの伝統的な料理）の箱が，$v_1 = 4.0$ m/s の速さで床の上を滑るようすを描いている。箱は静止するまでばねを押し縮める。箱は最初自然長の状態にあるばねに摩擦なしで到達するが，ばねを押し縮め始めると，15 N の摩擦力が床から作用する。ばね定数は 10,000 N/m である。箱が止まったとき，ばねはどれだけ縮んでいるか？

解法： **Key Idea 1：** 箱に働くすべての力を調べて，孤立系か，外力が仕事をする系かを決める。

力： 床から箱に作用する垂直抗力は，常に箱の移動方向に垂直なので仕事をしない。しかし，ばねが縮んだとき，ばねの力が箱に対して仕事をするので，ばねのポテンシャルエネルギーが変化する。またばねの力は固定された壁を押す。箱と床の間に摩擦があるので，箱が床を滑ると熱エネルギーが増加する。

系： 箱-ばね-床-壁の系が，孤立系としてすべての力とエネルギー移動を含んでいる。**Key Idea 2：** 系が孤立しているので，全エネルギーは変化しない。系に対して式(8-35)のエネルギー保存則を適用できるので，

$$E_{\text{mec},2} = E_{\text{mec},1} - \Delta E_{\text{th}} \tag{8-38}$$

添字1を箱の初期状態，添字2を箱が一瞬静止してばねが d だけ縮んだ状態とする。両方の状態で，系の力学的エネルギーは箱の運動エネルギー（$K = \frac{1}{2}mv^2$）とばねのポテンシャルエネルギー（$U = \frac{1}{2}kx^2$）の和である。状態1に対しては，$U = 0$（ばねは縮んでいない），箱の速さは v_1 である。これより，

$$E_{\text{mec},1} = K_1 + U_1 = \frac{1}{2}mv_1^2 + 0$$

状態2に対しては，$K = 0$（箱は静止している），ばねの縮みは d であるから，

$$E_{\text{mec},2} = K_2 + U_2 = 0 + \frac{1}{2}kd^2$$

最後に式(8-29)より，箱と床の熱エネルギーの変化 ΔE_{th} に対して $f_k d$ を代入すると，式(8-38)は，

$$\frac{1}{2}kd^2 = \frac{1}{2}mv_1^2 - f_k d$$

並べ替えて，与えられたデータを代入すると，

$$5000d^2 + 15d - 16 = 0$$

2次方程式を解いて，

$$d = 0.055 \text{ m} = 5.5 \text{ cm} \tag{答}$$

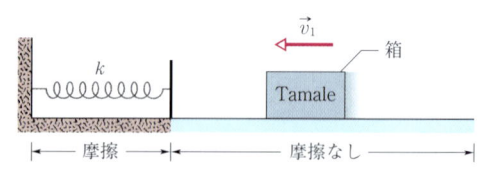

図 8-15 例題 8-7。箱が $\vec{v}_1$ の速度で，ばね定数 k のばねに向かって摩擦のない床をすべっている。箱がばねに到達したとき，床からの摩擦力が作用し始める。

例題 8-8

図8-16に示すように，質量6.0kgのサーカスのビーグル犬が，曲がりくねった坂道の左端(床からの高さ $y_0 = 8.5\,\mathrm{m}$)を，速さ $v_0 = 7.8\,\mathrm{m/s}$ で通過する。そこから滑り降りて右向きに進み，床からの高さ11.1mの高さに達したとき一時的に静止した。坂道には摩擦がある。滑ったことによるビーグル犬と坂道の熱エネルギーはいくら増加したか？

解法: **Key Idea 1**: ビーグル犬に作用しているすべての力を調べて，孤立系か，外力が仕事をしている系かを調べる。

力: 坂道からビーグル犬に作用する垂直抗力は，常にビーグル犬の移動方向に垂直なので仕事をしない。ビーグル犬に働く重力は，ビーグル犬の高さが変化するにつれて仕事をする。ビーグル犬と坂道の間に摩擦力が働くので，熱エネルギーが増加する。

系: ビーグル犬-坂道-地球の系が，孤立系として，すべての力とエネルギー移動を含んでいる。

Key Idea 2: 系が孤立しているので，その全エネルギーは変化しない。したがって，式(8-34)のエネルギー保存則をこの系に適用できる；

$$\Delta E_{\mathrm{mec}} + \Delta E_{\mathrm{th}} = 0 \qquad (8\text{-}39)$$

ここでは，初期状態とビーグル犬が静止した終状態の間でエネルギー変化が起こる。ΔE_{mec} はビーグル犬の運動エネルギーの変化 ΔK と系の重力ポテンシャルエネルギーの変化 ΔU の和である。

$$\Delta K = 0 - \frac{1}{2} m v_0^2$$

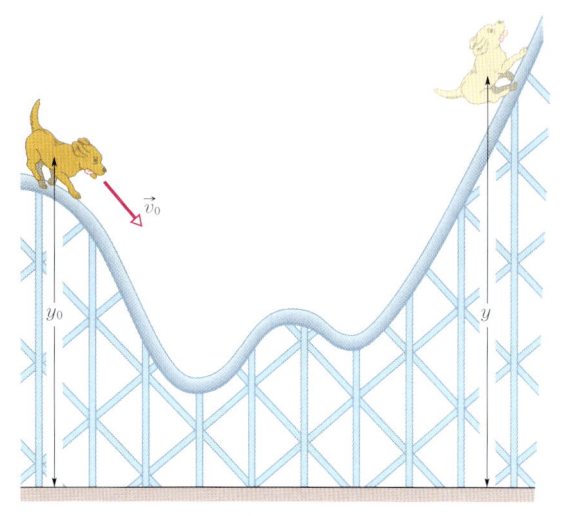

図 8-16 例題8-8。ビーグル犬が曲がりくねった坂道を，高さ y_0 から初速度 v_0 ですべり降り，高さ y に達したとき一時的に静止する。

$$\Delta U = mgy - mgy_0$$

これを式(8-39)に代入して，ΔE_{th} について解くと，

$$\begin{aligned}\Delta E_{\mathrm{th}} &= \frac{1}{2} m v_0^2 - mg(y - y_0) \\ &= \frac{1}{2}(6.0\,\mathrm{kg})(7.8\,\mathrm{m/s})^2 \\ &\quad -(6.0\,\mathrm{kg})(9.8\,\mathrm{m/s^2})(11.1\,\mathrm{m}-8.5\,\mathrm{m}) \\ &\approx 30\,\mathrm{J} \qquad (答)\end{aligned}$$

まとめ

保存力 粒子が初期位置から出発して任意の閉経路を通って元の位置へ戻るとき，力のする仕事がゼロならば，その力を**保存力**という。言い換えると，粒子が2点間を移動するとき，力がする仕事が経路によらないならば，その力は保存力である。重力やばねの力は保存力であるが，摩擦力は保存力ではない。

ポテンシャルエネルギー ポテンシャルエネルギーとは，保存力が作用している系の配置に関係したエネルギーである。系の中の粒子に対して保存力が W の仕事をすれば，系のポテンシャルエネルギーの変化 ΔU は，

$$\Delta U = -W \qquad (8\text{-}1)$$

粒子が点 x_i から点 x_f まで移動すれば，系のポテンシャルエネルギーの変化は次式で与えられる；

$$\Delta U = -\int_{x_i}^{x_f} F(x)\,dx \qquad (8\text{-}6)$$

重力ポテンシャルエネルギー 地球と周辺の粒子で構成される系に関係したポテンシャルエネルギーが**重力ポテンシャルエネルギー**である。粒子が高さ y_i から y_f に移動すれば，粒子-地球系の重力ポテンシャルエネルギーの変化は，

$$\Delta U = mg(y_f - y_i) = mg\Delta y \qquad (8\text{-}7)$$

粒子の基準位置を $y_i = 0$ にとり，そのときの系の重力ポテンシャルエネルギーを $U_i = 0$ とすれば，粒子が任意の位置 y にあるときの重力ポテンシャルエネルギーは次式で与えられる；

$$U(y) = mgy \qquad (8\text{-}9)$$

弾性ポテンシャルエネルギー **弾性ポテンシャルエネルギー**とは，弾性的物体の圧縮または伸長の状態に関係したエネルギーである。自由端の変位が x のときに $F = -kx$ の力をおよぼすばねの弾性ポテンシャルエネルギーは，

$$U(x) = \frac{1}{2}kx^2 \qquad (8\text{-}11)$$

ばねが自然長にあるときが基準となる配置で，そのとき $x=0$, $U=0$ である。

力学的エネルギー　系の**力学的エネルギー** E_{mec} は運動エネルギー K とポテンシャルエネルギー U の和である；

$$E_{\text{mec}} = K + U \qquad (8\text{-}12)$$

孤立系とは，外力がエネルギーの変化を引き起こさない系である。孤立系の中で保存力だけが仕事をするとき，系の力学的エネルギーは変化しない。**力学的エネルギーの保存則**は次のように書かれる；

$$K_2 + U_2 = K_1 + U_1 \qquad (8\text{-}17)$$

添字はエネルギー移動のプロセスにおける異なった瞬間に対応する。この保存則は次のようにも書ける；

$$\Delta E_{\text{mec}} = \Delta K + \Delta U = 0 \qquad (8\text{-}18)$$

ポテンシャルエネルギー曲線　粒子に 1 次元の力 F が作用している系に対して，**ポテンシャルエネルギー関数** $U(x)$ がわかれば，力を求めることができる；

$$F(x) = -\frac{dU(x)}{dx} \qquad (8\text{-}20)$$

$U(x)$ がグラフ上で与えられれば，x のどの位置においても，力 F はその曲線の傾きの符号を反転させたものであり，粒子の運動エネルギーは，

$$K(x) = E_{\text{mec}} - U(x) \qquad (8\text{-}22)$$

E_{mec} は系の力学的エネルギーである。**転回点**とは粒子が運動の向きを逆転させる点である（そこでは $K=0$）。$U(x)$ の傾きがゼロ（$F(x)=0$）の点では，粒子は**平衡状態**にある。

外力が系に対してする仕事　仕事 W は，系に作用する外力によって，系に（あるいは系から）移動するエネルギーである。複数の力が系に作用している場合には，正味の仕事が移動するエネルギーとなる。摩擦力が含まれないときには，系になされる仕事と系の力学的エネルギーの変化 ΔE_{mec} は等しい；

$$W = \Delta E_{\text{mec}} = \Delta K + \Delta U \qquad (8\text{-}24, 8\text{-}23)$$

系の中で摩擦力が作用する場合には，系の熱エネルギー E_{th} が変化する（このエネルギーは系の中の原子や分子の不規則な運動に関係した量である）。このとき，系になされた仕事は，

$$W = \Delta E_{\text{mec}} + \Delta E_{\text{th}} \qquad (8\text{-}31)$$

ΔE_{th} は摩擦力の大きさ f_k と外力によって引き起こされる移動距離 d に関係している；

$$\Delta E_{\text{th}} = f_k d \qquad (8\text{-}29)$$

エネルギー保存　系の全エネルギー E（力学的エネルギーと熱エネルギーを含む内部エネルギーの和）は，系に（または系から）移動するエネルギーに等しい量だけ変化する。この実験的事実は，**エネルギーの保存則**として知られている。系に仕事 W がなされると，

$$W = \Delta E = \Delta E_{\text{mec}} + \Delta E_{\text{th}} + \Delta E_{\text{int}} \qquad (8\text{-}33)$$

系が孤立している場合（$W=0$）は，

$$\Delta E_{\text{mec}} + \Delta E_{\text{th}} + \Delta E_{\text{int}} = 0 \qquad (8\text{-}34)$$

または，

$$E_{\text{mec},2} = E_{\text{mec},1} - \Delta E_{\text{th}} - \Delta E_{\text{int}} \qquad (8\text{-}35)$$

添字 1 および 2 は，2 つの異なった瞬間に対応する。

仕事率　力による**仕事率**は，力がエネルギーを移動する時間的割合である。エネルギー ΔE が，力によって時間 Δt の間に移動されると，**平均の仕事率**は，

$$P_{\text{avg}} = \frac{\Delta E}{\Delta t} \qquad (8\text{-}36)$$

力による**瞬間的な仕事率**は以下のように表される；

$$P = \frac{dE}{dt} \qquad (8\text{-}37)$$

問題

1. 図 8-17 は i から f への最短経路と 4 つの遠回り経路を示す。最短経路と 3 つの遠回り経路では，物体に保存力 F_c だけが作用している。4 番目の遠回り経路では，F_c と非保存力 F_{nc} が作用している。i から f へ物体が進むとき，力学的エネルギーの変化 ΔE_{mec} が遠回り経路の各直線部分に（ジュール単位で）表示されている。(a) 最短経路に沿って i から f まで移動するときの ΔE_{mec} はいくらか？ (b) F_{nc} が作用する経路での ΔE_{mec} はいくらか？

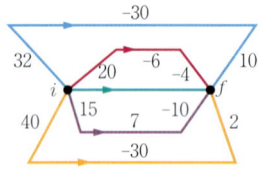

図 8-17　問題 1

2. 最初ばねが自然長から 3.0 cm 引き伸ばされている。ここで次の 4 つの状態，(a) 2.0 cm 伸びた状態，(b) 2.0 cm 縮んだ状態，(c) 4.0 cm 縮んだ状態，(d) 4.0 cm 伸びた状態，に変化させる方法を選択できる。ばねの弾性的ポテンシャルエネルギーの変化が大きい順に並べよ。

3. ココナッツが絶壁の端から広い平坦な谷に向かって初速 $v_0 = 8$ m/s で投げられる。以下に示す 5 つの投げ出し方法の中で，(a) ココナッツの初期運動エネルギーと，(b) 谷の底に落ちる直前の運動エネルギーの大きい順に並べよ。(1) v_0 がほとんど垂直上方，(2) v_0 が斜め上方 45°，(3) v_0 が水平方向，(4) v_0 が斜め下方 45°，(5) v_0 が垂直下方。

4. 図8-18では，勇敢なスケーターが，垂直距離が d に等しい3つの摩擦のない斜面を滑り降りる．3つの斜面を，(a) 滑り降りる間に重力がスケーターに対してする仕事，(b) 運動エネルギーの変化，の大きい順に並べよ．

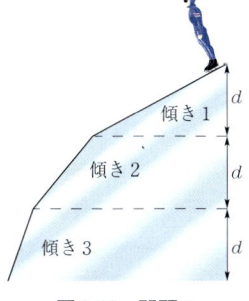

図8-18 問題4

5. 図8-19では，最初静止している小さなブロックが，摩擦のない坂を3.0 mの高さから放たれる．こぶの高さは図に示されている．こぶは同じ丸みをしている（ブロックはこぶで飛び上がらないと仮定する）．(a) ブロックが乗り越えられないこぶはどれか？ (b) そのこぶを乗り越えられないときどうなるか？ (c) ブロックの向心加速度が最も大きいのはどのこぶか？ (d) 抗力が最も小さいのはどのこぶか？

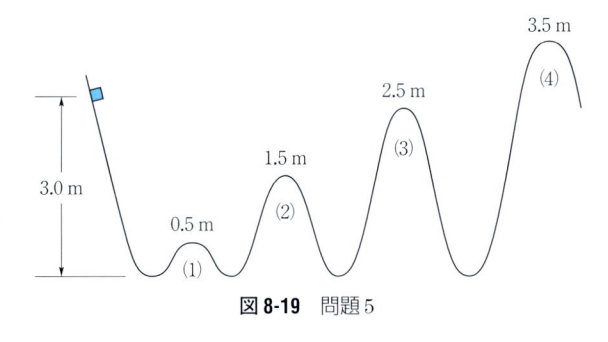

図8-19 問題5

6. 図8-20は粒子のポテンシャルエネルギー関数を示す．(a) 領域AB，BC，CD，DEを，粒子に作用する力の大きさの順に並べよ．粒子が，(b) 左側のポテンシャル井戸，および，(c) 右側のポテンシャル井戸，に閉じこめられるときの，粒子の力学的エネルギー E_{mec} の最大値はいくらか？ (d) 両方のポテンシャル井戸を往き来できるが，位置Hを通過できない E_{mec} の最大値はいくらか？ (d) の状態にあるとき，BC，DE，FGのどの領域で，粒子が (e) 最も大きな運動エネルギー，および (f) 最も小さな速さ，をもつか？

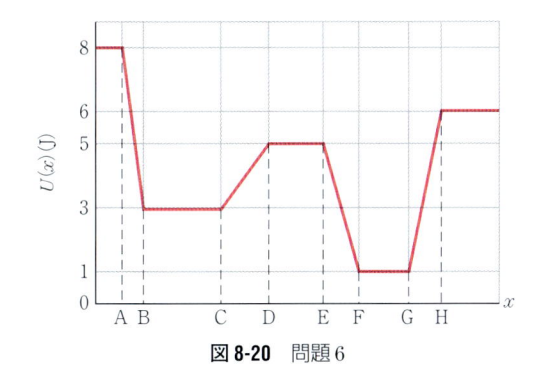

7. 図8-21に，ブロックが重力ポテンシャルエネルギー U_i の静止状態からトラック上に放たれるようすを示す．トラックの曲がっている部分は摩擦がないが，長さ L の水平部分では摩擦力 f が作用する．(a) ブロックが長さ L を通過する間にどれだけのエネルギーが熱エネルギーに移動するか？ 初期ポテンシャルエネルギーが，(b) $0.50fL$，(c) $1.25fL$，(d) $2.25fL$，の場合，それぞれ何回ブロックが水平部分を通過するか？ (e) これら3つの状況で，ブロックは水平部分の中央で静止するか，中央より左側で止まるか，右側でとまるか？

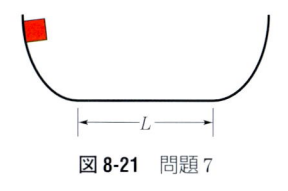

図8-21 問題7

8. 図8-22に，ブロックが高さ h の坂道を滑り降りるようすを示す．坂道は最も低い部分を除いて摩擦はない．ブロックは摩擦のために最も低い部分を D だけ滑って静止する．(a) h が小さくなると，ブロックが止まるまでの距離は，D より大きくなるか，小さくなるか，同じか？ (b) もしブロックの質量が大きくなると，ブロックが止まるまでの距離は D より大きくなるか，小さくなるか，同じか？

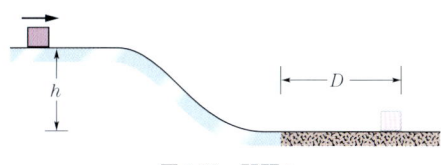

図8-22 問題8

9. 図8-23に，ブロックが摩擦のない坂をAからCまで滑り，摩擦力が作用する水平部分CDを進む．(a) 領域AB，(b) 領域BC，(c) 領域CD，でそれぞれブロックの運動エネルギーは増加するか，減少するか，変わらないか？ (d) それぞれの領域で，ブロックの力学的エネルギーは，増加するか，減少するか，変わらないか？

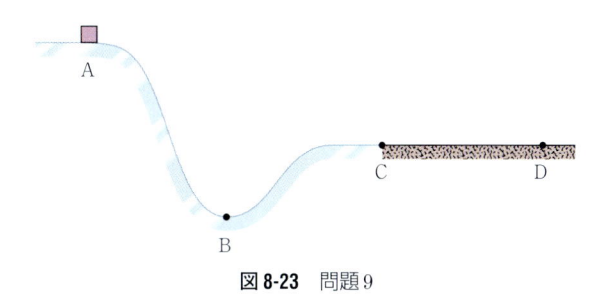

図8-20 問題6

図8-23 問題9

9 粒子系

あなたがジャンプすると，おそらくあなたの頭と胴体は外野から投げたボールのように放物線を描くだろう。しかし，上手なバレリーナが舞台でグランジュテ（バレー用語：大きなジャンプ）を見せるとき，彼女の頭と胴体は，ジャンプの間ほぼ水平に動き，彼女は空中を横切って行くように見える。観衆の多くは放物体の運動を知らないけれど，何か尋常でないことが起こったと感じている。

バレリーナがあたかも重力を"消した"かのように見えるのは何故か？

答えは本章で明らかになる。

9-1 特別な点

物理学者は，込み入ったものを見て，その中に単純でわかりやすいことを見いだすのが好きだ。以下はその一例である。ボールを回転させずに空中に投げ上げると粒子のように運動するが，バットを放り投げたとき，それが回転しながら見せる運動は，ボールの運動に比べて，明らかに複雑である（図9-1a）。バットの各部分は異なった運動をするので，バットは粒子ではなく粒子系として扱わなければならない。

しかし，注意深く見ると，バットの特別な一点が，ちょうど，粒子を空中に放り投げたときと同様に，放物線を描くことを見いだすことができる（図9-1b）。実際，そのバットの特別な点は，あたかも，(1) バットの全質量がその点に集中し，(2) 重力がバットのその点のみに作用している，ような運動をする。その特別な点は，バットの**質量中心**と言われる。一般に：

> 物体または物体系の質量中心とは，あたかも，全ての質量がその点に集中し，全ての外力がその点にかかっているような運動をする点である。

バットの質量中心はバットの中心軸上にある。伸ばした指の上でバットを水平にバランスさせることで，質量中心の位置を見出すことができる。

9-2 質量中心

色々な系の質量中心を求める方法にしばらく時間をかけてみよう。少数の粒子で構成される系から始め，次に，バットのような膨大な数の粒子からなる系を考える。

粒 子 系

図9-2aは，距離 d だけ離れた質量 m_1 と m_2 の2つの粒子を示している。x 軸の原点は任意に選べるので，質量 m_1 の粒子の位置を原点とする。この2つの粒子からなる系の**質量中心**（Center Of Mass：com）は，次のように定義される；

$$x_{\text{com}} = \frac{m_2}{m_1 + m_2} d \qquad (9\text{-}1)$$

一例として $m_2 = 0$ の場合を考えてみよう。この場合，質量 m_1 の1粒子だけなので，質量中心はその粒子の位置になるはずである。確かに式(9-1)から $x_{\text{com}} = 0$ となる。一方，$m_1 = 0$ ならば，やはり，質量 m_2 の1粒子だけなので，期待どおり $x_{\text{com}} = d$ を得る。$m_1 = m_2$ の場合，2つの粒子の質量は等しく，質量中心は2つの粒子の真中に来るはずである。実際，式(9-1)は，期待どおり $x_{\text{com}} = \frac{1}{2}d$ を与える。最後に，m_1 と m_2 が共にゼロでない場合，式(9-1)から x_{com} は0と d の間の値をとる；質量中心は，2粒子の間に位置する。図9-2bは，座標系を左にずらした，より一般的な状況を示している。質量中心の位置は，この場合，次のように定義される。

$$x_{\text{com}} = \frac{m_1 x_1 + m_2 x_2}{m_1 + m_2} \qquad (9\text{-}2)$$

$x_1 = 0$ ならば $x_2 = d$ だから，式(9-2)は式(9-1)になることに注意しよう。また，座標系をずらしたにもかかわらず，各粒子から質量中心までの距離は，前と変わらない。

図 9-1 （a）空中に投げ上げられたボールは放物線を描く。（b）空中に放り投げられたバットの質量中心（黒点）もまた放物線を描くが，質量中心以外の点の軌跡は複雑な曲線となる。

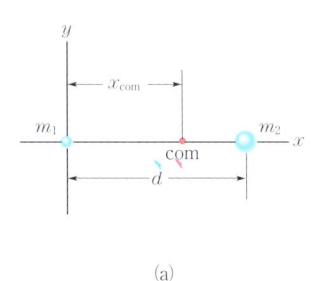

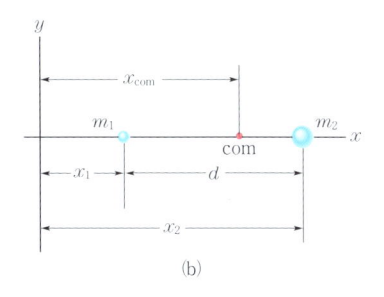

図 9-2 （a）距離 d だけ離れた質量 m_1 と m_2 の2つの粒子。comと記された点は式(9-1)で計算された質量中心。（b）（a）と同じだが，原点が両方の粒子からずれている。質量中心の位置は式(9-2)で計算される。粒子に対する質量中心の位置はどちらの場合も同じである。

M を系の全質量(ここでは, $M = m_1 + m_2$)とすると, 式(9-2)は,

$$x_{\text{com}} = \frac{m_1 x_1 + m_2 x_2}{M} \tag{9-3}$$

この式は, n 個の粒子が x 軸上に並んでいるより一般的な状況に拡張することができる。この場合, $M = m_1 + m_2 + \cdots + m_n$ として, 質量中心は次式で与えられる;

$$x_{\text{com}} = \frac{m_1 x_1 + m_2 x_2 + m_3 x_3 + \cdots + m_n x_n}{M}$$

$$= \frac{1}{M} \sum_{i=1}^{n} m_i x_i \tag{9-4}$$

添え字 i は1から n までの整数値をとる変数(running number)または番号(index)で, 粒子およびその質量と x 座標を指定するものである。

粒子が3次元空間に分布している場合, 質量中心は3次元座標で表される。式(9-4)の拡張から, その場合の質量中心は次式で与えられる;

$$x_{\text{com}} = \frac{1}{M} \sum_{i=1}^{n} m_i x_i, \quad y_{\text{com}} = \frac{1}{M} \sum_{i=1}^{n} m_i y_i, \quad z_{\text{com}} = \frac{1}{M} \sum_{i=1}^{n} m_i z_i \tag{9-5}$$

質量中心は, 以下のように, ベクトルを使って表すこともできる。3次元座標 (x_i, y_i, z_i) にある粒子の位置は, 次の位置ベクトル $\vec{r}_i$ で表されることを思い出そう;

$$\vec{r}_i = x_i \hat{i} + y_i \hat{j} + z_i \hat{k} \tag{9-6}$$

添字は粒子を指定するもので, $\hat{i}, \hat{j}, \hat{k}$ はそれぞれ x, y, z 軸方向の単位ベクトルである。同様に, その粒子系の質量中心の位置は, 次の位置ベクトルで与えられる;

$$\vec{r}_{\text{com}} = x_{\text{com}} \hat{i} + y_{\text{com}} \hat{j} + z_{\text{com}} \hat{k} \tag{9-7}$$

式(9-5)中の3つのスカラー関係式は, 次の1つのベクトル関係式で置き換えられる;

$$\vec{r}_{\text{com}} = \frac{1}{M} \sum_{i=1}^{n} m_i \vec{r}_i \tag{9-8}$$

M は全質量である。式(9-6), (9-7)を式(9-8)に代入して x, y, z 成分に分解すれば, 式(9-5)のスカラー関係式が導かれ, 式(9-8)が正しいことが確かめられる。

剛 体

バットのような通常の物体は, 非常に多数の粒子(原子)からできているので, 物質は連続的に分布しているとみなすのが適切である。微小な質量要素 dm で"粒子"を表し, 式(9-5)の和を積分に置き換えると, 質量中心の位置は次式で定義される;

$$x_{\text{com}} = \frac{1}{M} \int x \, dm, \quad y_{\text{com}} = \frac{1}{M} \int y \, dm, \quad z_{\text{com}} = \frac{1}{M} \int z \, dm \tag{9-9}$$

M は物体の質量である。

身近な物体(テレビや鹿など)について上の積分を実行するのは非常に

難しいので，ここでは一様な物体——密度（単位体積当たりの質量）が一定——だけを考える；密度 ρ（ギリシャ文字のロー）は物体のいたるところで物体全体の密度と等しい；

$$\rho = \frac{dm}{dV} = \frac{M}{V} \tag{9-10}$$

dV は質量要素 dm の占める体積，V は物体の全体積である．式 (9-10) から得られる $dm = (M/V)\,dV$ を式 (9-9) に代入すると，

$$x_{\text{com}} = \frac{1}{V}\int x\,dV, \quad y_{\text{com}} = \frac{1}{V}\int y\,dV, \quad z_{\text{com}} = \frac{1}{V}\int z\,dV \tag{9-11}$$

物体の形状が，点対称，線対称，面対称であるような場合，この積分のいくつかを省略できる．対称性をもつ物体の質量中心は，対称中心，対称軸上，対称面内に位置する．例えば，一様な球（対称中心が存在）の質量中心は球の中心（その対称中心）である．一様な円錐（その軸が対称軸）の質量中心は円錐の軸上にある．バナナ（対称面が存在し，その面で切ると等しい2つの部分に分割される）の質量中心はその面内のどこかにある．

物体の質量中心は必ずしも物体内にあるとは限らない．ドーナツの質量中心にはパン生地 (dough) がないし，蹄鉄の質量中心には鉄がない．

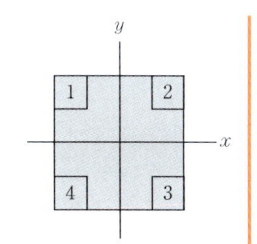

> ✓ **CHECKPOINT 1:** 右図に示された一様な正方形板の4隅から，同じ大きさの小さな正方形 (1～4) を順に取り除いていく．(a) 元の正方形板の質量中心はどこか？ 次の各場合の質量中心はどこか？ (b) 正方形1を取り除いた場合；(c) 正方形1と2を取り除いた場合；(d) 正方形1と3を取り除いた場合；(e) 正方形1, 2, 3を取り除いた場合；(f) 正方形1, 2, 3, 4を取り除いた場合．象限，軸，点を用いて答えなさい（当然，計算をせずに）．

例題 9-1

質量 $m_1 = 1.2\,\text{kg}$，$m_2 = 2.5\,\text{kg}$，$m_3 = 3.4\,\text{kg}$ の 3 粒子が，一辺の長さ $a = 140\,\text{cm}$ の正三角形を形成している．質量中心はどこにあるか？

解法： **Key Idea 1**：剛体ではなく粒子系を取り扱っているので，質量中心の計算には式 (9-5) を使う．粒子は正三角形の面内にあるので，最初の 2 つの式を用いればよい．**Key Idea 2**：計算を簡単にするために，粒子のひとつが原点にあり，x 軸が三角形の1辺になるように x 軸と y 軸を選ぶ（図 9-3）．このとき3粒子の座標は表のようになる．

粒子	質量 (kg)	x (cm)	y (cm)
1	1.2	0	0
2	2.5	140	0
3	3.4	70	121

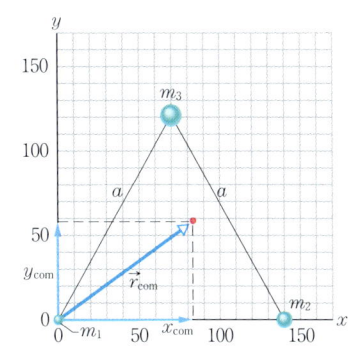

図 9-3 例題 9-1．3 つの粒子が一辺の長さ a の正三角形を形成している．質量中心はベクトル $\vec{r}_{\text{com}}$ に位置する．

系の全質量 M は $7.1\,\text{kg}$ である．

式 (9-5) から，質量中心の座標は

$$x_{\rm com} = \frac{1}{M}\sum_{i=1}^{3} m_i x_i = \frac{m_1 x_1 + m_2 x_2 + m_3 x_3}{M}$$

$$= \frac{(1.2\,{\rm kg})(0) + (2.5\,{\rm kg})(140\,{\rm cm}) + (3.4\,{\rm kg})(70\,{\rm cm})}{7.1\,{\rm kg}}$$

$$= 83\,{\rm cm} \qquad\qquad\qquad (答)$$

$$y_{\rm com} = \frac{1}{M}\sum_{i=1}^{3} m_i y_i = \frac{m_1 y_1 + m_2 y_2 + m_3 y_3}{M}$$

$$= \frac{(1.2\,{\rm kg})(0) + (2.5\,{\rm kg})(0) + (3.4\,{\rm kg})(121\,{\rm cm})}{7.1\,{\rm kg}}$$

$$= 58\,{\rm cm} \qquad (答)$$

図9-3に示された質量中心の位置は，$x_{\rm com}$ と $y_{\rm com}$ を成分にもつ位置ベクトル $\vec{r}_{\rm com}$ で表される。

例題 9-2

図9-4aに示されるような一様な金属板Pを加工するために，半径 $2R$ の円板から半径 R の円板を打ち抜く。図に示した xy 座標系を用いて，板Pの質量中心 com_P を決めなさい。

解法： **Key Idea 1**： 対称性を利用して，まずは大雑把に板Pの質量中心を求めてみよう。板は x 軸に関して対称である（上半分を軸のまわりに回転すると下半分が得られる）ことに注意しよう。したがって，com_P は x 軸上になければならない。y 軸に関しては板（小円板を打ち抜いたもの）は対称ではないが，y 軸の右側により多くの質量があるので，com_P は y 軸の右側に位置するはずである。したがって，com_P の位置は，大雑把に，図9-4aに示した位置になるはずである。

Key Idea 2： 板Pは剛体だから com_P を求めるのに式 (9-11) を用いることができる。しかし，このやり方は難しい。もっとやさしい方法は次の **Key Idea** を用いることである：質量中心に関する問題では，一様な物体の質量が，その物体の質量中心に位置する粒子に集中しているとみなすことができる。その方法は：

まず，打ち抜かれた円板（円板S）を元の位置に戻し，元の板（板C）を合成する（図9-4b）。回転対称性によって，円板Sの質量中心 com_S は，図示したSの中心，$x = -R$ にある。同様に，板Cの質量中心 com_C は，図示したCの中心，座標原点にある。したがって，下表のようになる。

板	質量中心	質量中心の位置	質量
P	com_P	$x_P = ?$	m_P
S	com_S	$x_S = -R$	m_S
C	com_C	$x_C = 0$	$m_C = m_S + m_P$

ここで，質量集中の **Key Idea** を用いる：円板Sの質量 m_S が $x_S = -R$ に位置する粒子に集中し，質量 m_P が x_P に位置する粒子に集中していると仮定してみよう（図9-5c）。次に，これらの2つの粒子を2粒子系と考え，式 (9-2) を用いてその質量中心 x_{S+P} を求めると

$$x_{S+P} = \frac{m_S x_S + m_P x_P}{m_S + m_P} \qquad (9\text{-}12)$$

円板Sと板Pを合成したものは，合成板Cである。した

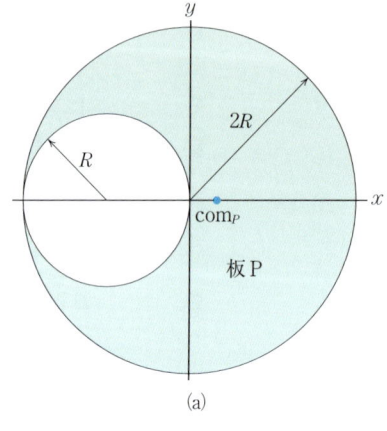

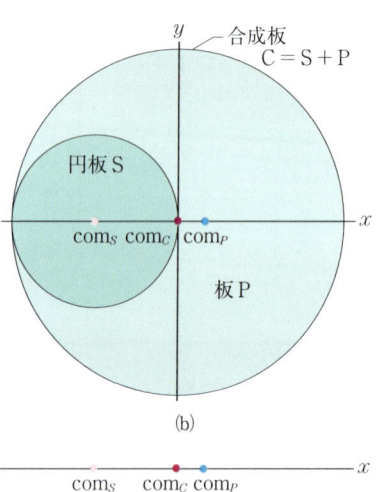

図 9-4　例題 9-2。(a) 板Pは半径 $2R$ の金属円板に半径 R の穴を開けたものである。その質量中心は点 com_P にある。(b) 円板Sを穴に戻して合成板Cを作る。円板Sの質量中心 com_S，合成板Cの質量中心 com_C を示す。(c) SとPの合成系の質量中心 com_{S+P} は $x = 0$ にある com_C と一致する。

がって，com_{S+P} の位置座標 x_{S+P} は com_C の位置座標 x_C，すなわち座標原点と一致しなければならない；$x_{S+P} = x_C = 0$。これを式 (9-12) に代入して x_P を求めると，

$$x_P = -x_S \frac{m_S}{m_P} \qquad (9\text{-}13)$$

式(9-13)に現れた質量が未知なので，新たな問題がでてきたように思える．しかし，質量とSやPの面積を，以下のように関係づけることができる；

$$質量 = 密度 \times 体積$$
$$= 密度 \times 厚さ \times 面積$$

これより，

$$\frac{m_S}{m_P} = \frac{密度_S}{密度_P} \times \frac{厚さ_S}{厚さ_P} \times \frac{面積_S}{面積_P}$$

板は一様で，上式の密度や厚さは皆等しいので，

$$\frac{m_S}{m_P} = \frac{面積_S}{面積_P} = \frac{面積_S}{面積_C - 面積_S}$$
$$= \frac{\pi R^2}{\pi (2R)^2 - \pi R^2} = \frac{1}{3}$$

この結果と $x_S = -R$ を式(9-13)に代入して，

$$x_P = \frac{1}{3} R \qquad (答)$$

PROBLEM-SOLVING TACTICS

Tactic 1: *質量中心に関する問題*
例題9-1と9-2は，質量中心に関する問題を簡単化するための3つの指針を与えている．(1)物体の対称性をフルに活用せよ．とりわけ，点，線，面に関する対称性を．(2)物体を分割できるなら，各部分をその質量中心に位置する粒子として扱え．(3)座標軸をうまく選べ：系が粒子から成る場合，その中の1つを原点に選ぶとよいし，また，系が線対称の物体なら，その線を x または y 軸とするのがよい．原点の選び方は任意である：質量中心の位置は座標原点の選び方によらない．

9-3 粒子系に対するニュートンの第2法則

ビリヤードで，静止した的玉に突き玉(cue ball)を当てると，2つの玉からなる系は，衝突後もそのまま前方へ運動し続けると予想される．両方の玉が自分の方に戻ってきたり，玉が両方とも右または左に動いたりしたら，驚くにちがいない．

衝突の影響を全く受けずに，前方へ運動し続けるのは2玉系の質量中心である．2つの玉は同じ質量をもっているので，この質量中心は常に2つの玉の真ん中にある．もしビリヤード台上でこの点を見つめ続ければ納得するはずだ．衝突が，かする程度，強烈な正面衝突，その中間の衝突等，どのようなものであっても，質量中心は，あたかも衝突がなかったかのように運動を続ける．質量中心の運動をもっと詳しく調べてみよう．

2つのビリヤードの玉を，質量の異なる n 個の粒子系に置き換えてみる．ここでは，個々の粒子の運動ではなく，質量中心の運動だけに注目する．質量中心そのものは単なる点であるが，それはあたかも系の全質量と同じ質量をもった粒子のように運動し，その位置，速度，加速度を指定することができる．粒子系の質量中心の運動を支配する(ベクトル)方程式は，次式で与えられる(証明は後述)；

$$\vec{F}_{\text{net}} = M\vec{a}_{\text{com}} \qquad (粒子系) \qquad (9\text{-}14)$$

この方程式は，粒子系に対するニュートンの第2法則であり，単一粒子の運動に対する方程式($\vec{F}_{\text{net}} = m\vec{a}$)と同一の形をしている．しかし，式(9-14)の3つの物理量の評価には，以下の注意が必要である．

1. $\vec{F}_{\text{net}}$ は系に働く外力の合力である．系のある部分から他の部分に働く力(*内力*)は，式(9-14)には含まれない．

2. M は系の全質量である．運動の間，質量の出入りがないとするので，M は一定である．このような場合，**系は閉じている**(closed)という．

図9-5 ロケット花火が空中で炸裂した。空気抵抗がなければ，破片の質量中心は，破片が地面に落ちるまでの間，炸裂前のロケットが描く放物線に沿って動く。

3. $\vec{a}_{\text{com}}$ は系の質量中心の加速度である。式(9-14)は，質量中心以外の点の加速度に対する情報を与えるものではない。

式(9-14)は，$\vec{F}_{\text{net}}$ と $\vec{a}_{\text{com}}$ の3つの座標軸に関する成分に対する次の3つの方程式と同等である。

$$F_{\text{net},x} = Ma_{\text{com},x} \qquad F_{\text{net},y} = Ma_{\text{com},y} \qquad F_{\text{net},z} = Ma_{\text{com},z} \qquad (9\text{-}15)$$

ここで，ビリヤードの玉の振る舞いに戻ろう。突き玉が転がり始めた後，2玉系には外力が働かないので $\vec{F}_{\text{net}} = 0$，式(9-14)より $\vec{a}_{\text{com}} = 0$ となる。加速度は速度の変化率だから，2玉系の質量中心の速度は変化しない，という結論が得られる。2つの玉が衝突するときに働く力は内力であり，一方の玉から他方の玉へ働く。このような力は，外力の和 $\vec{F}_{\text{net}}$ には寄与しないので $\vec{F}_{\text{net}}$ はゼロのままである。したがって，系の質量中心は衝突後も衝突前と同じ速さ同じ向きに運動し続ける。

式(9-14)は，粒子系のみならず，図9-1bのバットのような剛体にも適用できる。この場合，式(9-14)の M はバットの質量で，$\vec{F}_{\text{net}}$ はバットに働く重力だから，式(9-14)から $\vec{a}_{\text{com}} = \vec{g}$ となる；バットの質量中心は，力 $\vec{F}_g$ を受けている質量 M の単一粒子のように運動する。

図9-5は，興味深い例を示している。花火大会でロケット花火が打ち上げられ，放物線を描いて飛んでいる。ロケットはどこかの点で破裂して破片になったとする。破裂しなければ，ロケットは図に示した軌道を進み続けるであろう。破裂の際に働く力は系（破裂前はロケット，破裂後は破片）の内力である；系の一部分に他の部分から作用する力である。空気の抵抗を無視すれば，系が破裂するか否かにかかわらず，系にかかる正味の外力 $\vec{F}_{\text{net}}$ は系に働く重力である。式(9-14)から破片全体（それらが空中にある間）の質量中心の加速度 $\vec{a}_{\text{com}}$ は $\vec{g}$ のままである；破片の質量中心は，ロケットが破裂せずに描く軌跡と同じ放物線を描く。

バレエダンサーがグランジュテで舞台を横切って跳ぶとき，彼女は腕を

図9-6 グランジュテ(Kenneth Laws ; "The Physics of Dance", Schirmer Books, 1984より改変)

上げ，舞台から足が離れると，素早く足を水平に伸ばす（図9-6）。これら一連の動作により彼女の質量中心は体の上方へ移動する。質量中心そのものは，舞台を横切るとき放物線を描くが，質量中心が体に対して相対的に移動しているため，頭と胴体の高さは普通の跳躍に比べて低くなる。その結果，頭と胴体は，ほぼ水平に動き，彼女は舞台を浮いて横切って行くように見える。

式 (9-14) の証明

いよいよこの重要な式の証明に入ろう。式 (9-8) より，n 個の粒子系に対して，次式が成り立っている；

$$M\vec{r}_{\mathrm{com}} = m_1\vec{r}_1 + m_2\vec{r}_2 + m_3\vec{r}_3 + \cdots + m_n\vec{r}_n \tag{9-16}$$

M は系の全質量，$\vec{r}_{\mathrm{com}}$ は質量中心の位置ベクトルである。

式 (9-16) を時間で微分すると，

$$M\vec{v}_{\mathrm{com}} = m_1\vec{v}_1 + m_2\vec{v}_2 + m_3\vec{v}_3 + \cdots + m_n\vec{v}_n \tag{9-17}$$

$\vec{v}_i (= d\vec{r}_i/dt)$ は i 番目の粒子の速度，$\vec{v}_{\mathrm{com}} (= d\vec{r}_{\mathrm{com}}/dt)$ は質量中心の速度である。

式 (9-17) の時間微分から，

$$M\vec{a}_{\mathrm{com}} = m_1\vec{a}_1 + m_2\vec{a}_2 + m_3\vec{a}_3 + \cdots + m_n\vec{a}_n \tag{9-18}$$

ここで，$\vec{a}_i (= d\vec{v}_i/dt)$ は i 番目の粒子の加速度，$\vec{a}_{\mathrm{com}} (= d\vec{v}_{\mathrm{com}}/dt)$ は質量中心の加速度である。質量中心は単なる幾何学的な点ではあるが，あたかも粒子のように位置，速度，加速度をもっている。

ニュートンの第2法則から，$m_i a_i$ は i 番目の粒子に働く力 $\vec{F}_i$ に等しいので，式 (9-18) を書き換えて，

$$M\vec{a}_{\mathrm{com}} = \vec{F}_1 + \vec{F}_2 + \vec{F}_3 + \cdots + \vec{F}_n \tag{9-19}$$

式 (9-19) の右辺の力には，粒子間に働く力（内力）と系の外部から働く力（外力）がある。ニュートンの第3法則から，内力は作用・反作用の対をなしているので，式 (9-19) の右辺の和の中では打ち消しあう。残るのは系に働く外力のベクトル和となる。式 (9-19) は式 (9-14) に帰着し，証明が完了する。

> ✓ **CHECKPOINT 2:** 摩擦のない氷上で，2人のスケーターが質量の無視できる棒の両端をもっている。座標軸を棒に沿ってとり，座標原点を2人のスケーター系の質量中心にとる。スケーターのひとり，Fred, の体重は他のスケーター，Ethel, の2倍ある。次の場合，スケーターが会うのはどこか？ (a) Fred が棒を手繰り寄せて Ethel に近づく場合，(b) Ethel が棒を手繰り寄せて Fred に近づく場合，(c) 両方が同時に棒を手繰り寄せた場合。

例題 9-3

図9-7aに示す3粒子は初め静止している。各粒子には，3粒子系外の物体からの外力が働いている。力の向きは図に示した通りで，大きさは $F_1 = 6.0$ N，$F_2 = 12$ N，$F_3 = 14$ N である。この系の質量中心の加速度はいくらか？

解法：　例題9-1の方法で計算した質量中心の位置を図中の点で示す。**Key Idea 1**：質量中心を系全体の質量 $M = 16$ kg をもった本当の粒子のように扱うことができる。また，3つの外力は質量中心に作用するとみなすことができる（図9-7b）。

Key Idea 2：ニュートンの第2法則（$\vec{F}_{\text{net}} = m\vec{a}$）は質量中心にも適用できる；

$$\vec{F}_{\text{net}} = M\vec{a}_{\text{com}} \tag{9-20}$$

または

$$\vec{F}_1 + \vec{F}_2 + \vec{F}_3 = M\vec{a}_{\text{com}}$$

これより，

$$\vec{a}_{\text{com}} = \frac{\vec{F}_1 + \vec{F}_2 + \vec{F}_3}{M} \tag{9-21}$$

式(9-20)から，質量中心の加速度 $\vec{a}_{\text{com}}$ の向きは，系に働く外力の和 $\vec{F}_{\text{net}}$ の向きに等しい（図9-7b）。粒子は最初静止しているので，質量中心も初めは静止していなければならない。質量中心が加速するにつれて，質量中心は $\vec{a}_{\text{com}}$ や $\vec{F}_{\text{net}}$ と同じ向きに動き出す。

ベクトル演算機能付き電卓で式(9-21)を直接計算するか，式(9-21)を成分表記で書き換えて，$\vec{a}_{\text{com}}$ の成分を求めてから $\vec{a}_{\text{com}}$ そのものを求めることができる。x 軸方向については，

$$\begin{aligned}a_{\text{com},x} &= \frac{F_{1x} + F_{2x} + F_{3x}}{M} \\ &= \frac{-6.0\,\text{N} + (12\,\text{N})\cos 45° + 14\,\text{N}}{16\,\text{kg}} \\ &= 1.03\,\text{m/s}^2\end{aligned}$$

y 軸方向については，

$$\begin{aligned}a_{\text{com},y} &= \frac{F_{1y} + F_{2y} + F_{3y}}{M} \\ &= \frac{0 + (12\,\text{N})\sin 45° + 0}{16\,\text{kg}} \\ &= 0.530\,\text{m/s}^2\end{aligned}$$

これらの式から $\vec{a}_{\text{com}}$ の絶対値は，

$$\begin{aligned}a_{\text{com}} &= \sqrt{(a_{\text{com},x})^2 + (a_{\text{com},y})^2} \\ &= 1.16\,\text{m/s}^2 \approx 1.2\,\text{m/s}^2 \quad\text{(答)}\end{aligned}$$

角度（x 軸からの角度）は

$$\theta = \tan^{-1}\frac{a_{\text{com},y}}{a_{\text{com},x}} = 27° \quad\text{(答)}$$

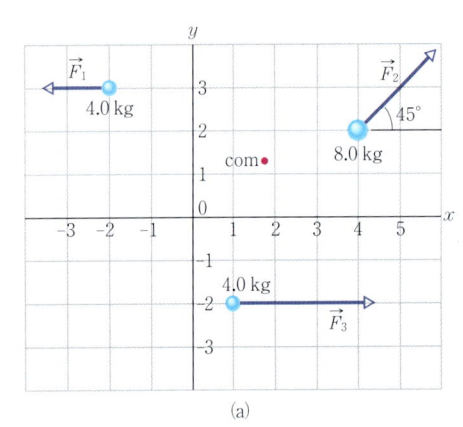

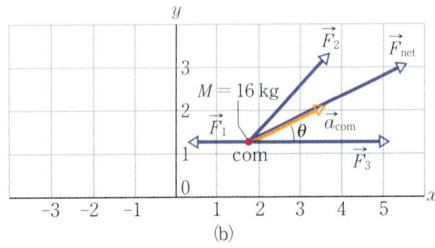

図 9-7　例題9-3。(a)静止している3粒子に外力が働いている。系の質量中心には com と記されている。(b)力の作用点を系の質量中心に移す。質量中心は，系全体の質量に等しい質量 M をもつ粒子のようにふるまう。正味の外力 $\vec{F}_{\text{net}}$ と質量中心の加速度が示されている。

9-4　運動量

運動量は，日常会話の中ではいくつかの意味をもった言葉であるが，物理学では唯一決まった意味しかもたない。粒子の**運動量**（linear momentum）はベクトル $\vec{p}$ であり，次のように定義される；

$$\vec{p} = m\vec{v} \quad\text{（粒子の運動量）} \tag{9-22}$$

m は粒子の質量，$\vec{v}$ はその速度である。形容詞 linear（線形）はしばしば省略されるが，$\vec{p}$ と**角運動量**（angular momentum）とを区別するのに有用で

ある。角運動量は回転に関連して第12章で導入される。（訳注：本書では"linear momentum" を日本語で通常用いられる"運動量"と訳し，"angular momentum" を角運動量と訳す。） m は常に正のスカラー量であるから，式(9-22)は，$\vec{p}$ と $\vec{v}$ が同じ向きであり，運動量のSI単位は $kg\cdot m/s$ であることを示している。

もともと，ニュートンは運動量を用いて運動の第2法則を表現している。

▶ 粒子の運動量の時間変化率は粒子に作用する正味の力に比例し，その向きは力の向きである。

これを式で表すと，

$$\vec{F}_{\text{net}} = \frac{d\vec{p}}{dt} \tag{9-23}$$

式(9-22)の $\vec{p}$ を代入すると，

$$\vec{F}_{\text{net}} = \frac{d\vec{p}}{dt} = \frac{d}{dt}(m\vec{v}) = m\frac{d\vec{v}}{dt} = m\vec{a}$$

このように関係式 $\vec{F}_{\text{net}} = d\vec{p}/dt$ と $\vec{F}_{\text{net}} = ma$ は，どちらもニュートンの第2法則を表す完全に等価な式である。

✓ **CHECKPOINT 3:** 図は x 軸方向に沿って運動する粒子の運動量 vs. 時間を与えている。x 軸方向の力が粒子に働くとき，(a) 4つの領域を力の大きさの順に並べなさい。(b) 粒子が減速されるのはどの領域か？

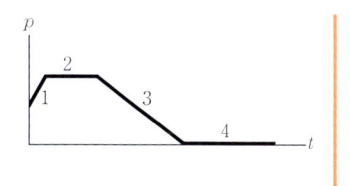

9-5 粒子系の運動量

n 個の粒子からなる系を考える。各粒子はそれぞれ質量，速度，運動量をもっている。粒子は互いに作用を及ぼし合い，外力も働くとする。系は全体として運動量 $\vec{P}$ をもつ。この運動量は個々の粒子の運動量のベクトル和として定義される：

$$\vec{P} = \vec{p}_1 + \vec{p}_2 + \vec{p}_3 + \cdots + \vec{p}_n$$
$$= m_1\vec{v}_1 + m_2\vec{v}_2 + m_3\vec{v}_3 + \cdots + m_n\vec{v}_n \tag{9-24}$$

式(9-17)と比較すると，

$$\vec{P} = M\vec{v}_{\text{com}} \quad \text{（粒子系の運動量）} \tag{9-25}$$

これは粒子系の運動量の別の定義方法である：

▶ 粒子系の運動量は，系全体の質量と質量中心の速度の積である。

式(9-25)を時間で微分すると，

$$\frac{d\vec{P}}{dt} = M\frac{d\vec{v}_{\text{com}}}{dt} = M\vec{a}_{\text{com}} \tag{9-26}$$

式 (9-14) と (9-26) から，粒子系に対するニュートンの第2法則を，同等な別の形で書くことができる；

$$\vec{F}_{\text{net}} = \frac{d\vec{P}}{dt} \quad \text{(多粒子系)} \tag{9-27}$$

$\vec{F}_{\text{net}}$ は系に作用する正味の外力である。これは単一粒子に対する方程式 $\vec{F}_{\text{net}} = d\vec{p}/dt$ の多粒子系への一般化である。

例題 9-4

図 9-8a は質量 2.0 kg のおもちゃのレーシングカーがカーブを曲がる前後のようすを描いている。コーナリング前後のスピードがそれぞれ 0.50 m/s と 0.40 m/s であるとき，レーシングカーの運動量の変化 $\Delta\vec{P}$ はいくらか？

解法： レーシングカーを粒子系として扱う。**Key Idea 1**: $\Delta\vec{P}$ を求めるためにはコーナリング前後の運動量が必要である。そのためには，コーナリング前後の速度，$\vec{v}_i$ と $\vec{v}_f$ が必要である。図 9-8a の座標系を用いると

$$\vec{v}_i = -(0.50 \text{m/s})\hat{j} \qquad \vec{v}_f = (0.40 \text{m/s})\hat{i}$$

式 (9-25) から，コーナリング前の運動量 $\vec{P}_i$ と後の運動量 $\vec{P}_f$ は，

$$\vec{P}_i = M\vec{v}_i = (2.0 \text{kg})(-0.50 \text{m/s})\hat{j} = (-1.0 \text{kg·m/s})\hat{j}$$
$$\vec{P}_f = M\vec{v}_f = (2.0 \text{kg})(0.40 \text{m/s})\hat{i} = (0.80 \text{kg·m/s})\hat{i}$$

Key Idea 2: これらの運動量は同じ軸に沿っているわけではないので，単純に $\vec{P}_f$ の大きさから $\vec{P}_i$ の大きさを引くだけでは運動量の変化 $\Delta\vec{P}$ を得ることはできない。代わりに運動量の変化をベクトル方程式として，次のように書く；

$$\Delta\vec{P} = \vec{P}_f - \vec{P}_i \tag{9-28}$$

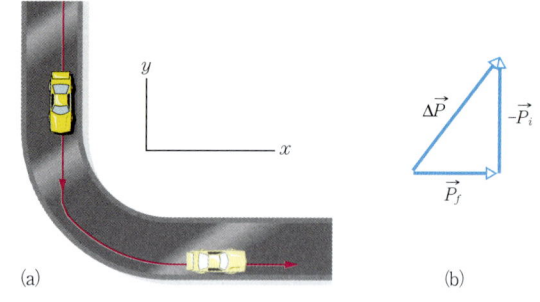

図 9-8 例題 9-4。(a) コーナーを曲がるおもちゃのレーシングカー。(b) レーシングカーの運動量の変化 $\Delta\vec{P}$ は最終運動量 $\vec{P}_f$ と初期運動量 $\vec{P}_i$ の符号を負に変えたもののベクトル和である。

これより，

$$\Delta\vec{P} = (0.80 \text{kg·m/s})\hat{i} - (-1.0 \text{kg·m/s})\hat{j}$$
$$= (0.8\hat{i} + 1.0\hat{j}) \text{ kg·m/s} \quad \text{(答)}$$

図 9-8b に，$\Delta\vec{P}$, $\vec{P}_f$, $\vec{P}_i$ を示している。$-\vec{P}_i$ を $\vec{P}_f$ に足すことによって $\vec{P}_f$ から $\vec{P}_i$ を引いていることに注意してほしい。

9-6 運動量の保存

粒子系に働く外力の和がゼロ（系は孤立している），系に出入りする粒子がない（系は閉じている）とする。$\vec{F}_{\text{net}} = 0$ を式 (9-27) に代入すると，$d\vec{P}/dt = 0$，または

$$\vec{P} = \text{定数} \quad \text{(閉じた孤立系)} \tag{9-29}$$

言葉で表せば，

▶ 粒子系に正味の外力が作用していないなら，系の全運動量は変化しない。

これを，**運動量保存の法則** (law of conservation of linear momentum) と言う。これは，次のように書くこともできる；

$$\vec{P}_i = \vec{P}_f \quad \text{(閉じた孤立系)} \tag{9-30}$$

この式を言葉で表せば，閉じた孤立系では，

(初期時刻 t_i における全運動量) = (その後の時刻 t_f における全運動量)

式 (9-29) と (9-30) はベクトル方程式である．それぞれが3つの方程式に相当し，xyz 座標系のような互いに直交する3方向の運動量の保存則に対応する．系に作用する外力によっては，全ての方向ではなく，1つか2つの方向においてだけ運動量が保存する場合もある；

▶ 閉じた系に作用する正味の外力のある軸方向の成分がゼロであれば，系の運動量のその軸方向の成分は変化しない．

例として，室内でグレープフルーツを放り投げる場合を考えよう．飛んでいる間，グレープフルーツ(これを系とする)に働く外力は，鉛直下向きの力を与える重力 $\vec{F}_g$ のみである．したがって，グレープフルーツの運動量の鉛直成分は変化する．しかし，水平方向にはグレープフルーツに働く外力がないため，運動量の水平成分は変化しない．

閉じた系に働く外力に焦点を絞っていることに注意してほしい．内力は系の一部の運動量を変えることはできるが，系全体の運動量を変えることはできない．

✓ **CHECKPOINT 4:** 摩擦のない床の上で，初めに静止している装置が破裂し，2つの破片になって，床の上を滑っていく．破片のひとつは x 軸の正の方向に沿って滑る．(a) 破裂後の2つの破片の運動量の和はいくらか？ (b) 第2の破片は x 軸と角度をなして動くことができるか？ (c) 第2の破片の運動量はどの向きか？

例題 9-5

質量 $m = 6.0 \text{kg}$ の投票箱が，x 軸の正の向きに速さ $v = 4.0 \text{m/s}$ で摩擦のない床を滑っている．箱が突然2つに破裂する：破片のひとつは質量 $m_1 = 2.0 \text{kg}$ で，x 軸の正の向きに速さ $v_1 = 8.0 \text{m/s}$ で動く．質量 m_2 をもつ第2の破片の速度はどれくらいか？

解法： 2つの **Key Idea** がある．**Key Idea 1:** 第2の破片の質量は $m_2 = m - m_1 = 4.0 \text{kg}$ だから，運動量がわかれば，その速度を求めることができる．**Key Idea 2:** 運動量が保存されるなら，2つの破片の運動量は元の箱の運動量に関係づけられる．調べてみよう．

座標系は床に固定されているとする．系は最初はひとつの箱であり，破裂によって2つの破片となる．箱と破片には，重力と床からの抗力とが働いているので，この系は閉じてはいるが孤立系ではない．しかし，これらの力はどちらも鉛直方向に働くため，系の水平方向の運動量を変化させることはない．破裂によって生じる力は内力だから，やはり系の水平方向の運動量は変化しない．系の水平方向の運動量は保存され，x 軸成分に式 (9-30) を適用することができる．

系の初期運動量は箱の運動量であり，
$$\vec{P}_i = m\vec{v}$$
同様に2つの破片の運動量は次のように表せる．
$$\vec{P}_{f1} = m_1\vec{v}_1 \quad \text{および} \quad \vec{P}_{f2} = m_2\vec{v}_2$$
系の最終全運動量は2つの破片の運動量のベクトル和であるから，
$$\vec{P}_f = \vec{P}_{f1} + \vec{P}_{f2} = m_1\vec{v}_1 + m_2\vec{v}_2$$
この問題においては，速度と運動量はすべて x 軸に沿ったベクトルなので，式の x 成分だけを書けばよい．式 (9-30) から，
$$P_i = P_f$$
または
$$mv = m_1v_1 + m_2v_2$$
わかっている値を代入すると，
$$(6.0 \text{kg})(4.0 \text{m/s}) = (2.0 \text{kg})(8.0 \text{m/s}) + (4.0 \text{kg})v_2$$
したがって
$$v_2 = 2.0 \text{m/s} \qquad (答)$$
結果は正であるので，第2の破片は x 軸の正方向に沿って動いていることになる．

例題 9-6

図9-9aは，宇宙空間をx軸に沿って飛行中の全質量Mの宇宙船(hauler)と積み荷モジュール(cargo module)を表す。これらは，最初，太陽に対して2100 km/hの相対スピードv_iで運動している。爆薬を使った切り離し装置を作動させ，宇宙船が質量$0.20M$の積み荷モジュールを切り離した(図9-9b)。その後宇宙船はx軸に沿ってモジュールより500 km/h速く進んでいる；モジュールと宇宙船の相対スピードv_{rel}は500 km/hである。宇宙船の太陽に対する速度$\vec{v}_{HS}$はどれくらいか？

解法： **Key Idea：** 宇宙船－モジュール系は閉じた孤立系であるため，系全体の運動量は保存される；

$$\vec{P}_i = \vec{P}_f \qquad (9\text{-}31)$$

添字iとfは，それぞれ切り離し前と切り離し後の量を示す。運動はひとつの軸に沿っているので，運動量や速度をx成分だけで表現できる。切り離し前には，

$$P_i = Mv_i \qquad (9\text{-}32)$$

切り離されたモジュールの太陽に対する速度をv_{MS}とする。切り離し後の系全体の運動量は

$$P_f = (0.20M)v_{MS} + (0.80M)v_{HS} \qquad (9\text{-}33)$$

式の右辺第1項はモジュールの，第2項は宇宙船の運動量である。

モジュールの太陽に対する速度v_{MS}は未知であるが，それを既知の速度で表すことができる。

$$\begin{pmatrix}\text{宇宙船の}\\\text{太陽に対}\\\text{する速度}\end{pmatrix} = \begin{pmatrix}\text{宇宙船の}\\\text{モジュールに}\\\text{対する速度}\end{pmatrix} + \begin{pmatrix}\text{モジュールの}\\\text{太陽に対する}\\\text{速度}\end{pmatrix}$$

式で書けば，

$$v_{HS} = v_{rel} + v_{MS} \qquad (9\text{-}34)$$

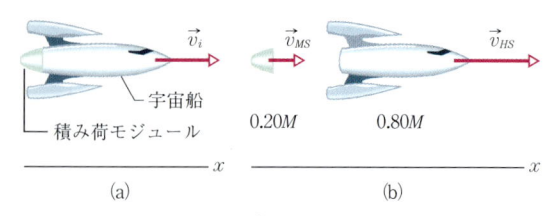

図 9-9 例題9-6。(a)速度$\vec{v}_i$で飛行中の積み荷モジュール付きの宇宙船。(b)宇宙船はモジュールを射出した。宇宙船は速度$\vec{v}_{MS}$で，モジュールは速度$\vec{v}_{HS}$で，動いている。

または $\qquad v_{MS} = v_{HS} - v_{rel}$

これを式(9-33)に代入して，式(9-32)と(9-33)を式(9-31)に代入すると，

$$Mv_i = 0.20M(v_{HS} - v_{rel}) + 0.80Mv_{HS}$$

これより

$$v_{HS} = v_i + 0.20v_{rel}$$

または $\quad v_{HS} = 2100\,\text{km/h} + (0.20)(500\,\text{km/h})$
$\qquad\qquad = 2200\,\text{km/h}$ （答）

✓ **CHECKPOINT 5：** 表は例題9-9にある宇宙船とそのモジュールの（切り離し後の太陽に対する）速度，および3通りの宇宙船とモジュールの間の相対スピードを与える。表中の空欄を埋めなさい？

	速度 (km/h)		相対スピード (km/h)
	モジュール	宇宙船	
(a)	1500	2000	
(b)		3000	400
(c)	1000		600

例題 9-7

摩擦のない床の上に質量Mのココナツが置かれていたが，ココナツ内部にしかけられた爆竹が爆発し，破裂したココナツは3つの破片となって床を滑っている。上から見たようすを図9-10(a)に示す。質量$0.30M$の破片Cの速さは$v_{fC} = 5.0\,\text{m/s}$となった。

(a) 質量$0.2M$の破片Bの速さはいくらか？

解法： **Key Idea 1：** 運動量が保存するかどうかを調べる。以下のことに注意しよう。(1)ココナツとその破片は閉じた系をなしている。(2)破裂を引き起こす力は内力である。(3)系には正味の外力が働いていない。したがって，系の運動量は保存される。

まずxy座標系を図9-10bのように設定し，x軸の負の向きを$\vec{v}_{fA}$の向きに一致させる。x軸と$\vec{v}_{fC}$，$\vec{v}_{fB}$の角

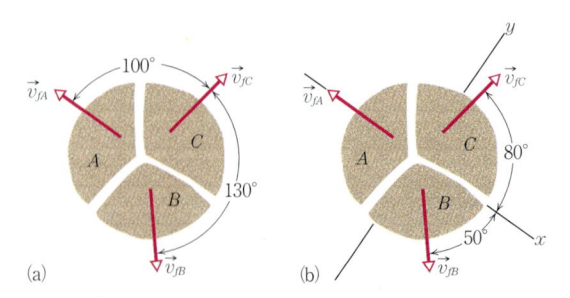

図 9-10 例題9-7。破裂したココナツの3つの破片は摩擦のない床の上を3方向に飛び散る。(a)上から見た様子。(b)2次元の座標系を重ねたもの。

度はそれぞれ80°と50°である。

Key Idea 2： x軸とy軸方向の運動量は別々に保存される。y軸方向については，

$$P_{iy} = P_{fy} \qquad (9\text{-}35)$$

添字 i は初期値（爆発前）を表し，y はベクトル $\vec{P_i}$ または $\vec{P_f}$ の y 成分を表す。

ココナツは初め静止しているので，初期運動量の y 成分 P_{iy} はゼロである。P_{fy} の式を得るため，式(9-22)の y 成分 $(p_y = mv_y)$ を使って，各破片の最終運動量の y 成分を求める：

$$p_{fA,y} = 0$$
$$p_{fB,y} = -0.20Mv_{fB,y} = -0.20Mv_{fB}\sin 50°$$
$$p_{fC,y} = 0.30Mv_{fC,y} = 0.30Mv_{fC}\sin 80°$$

（座標軸の選び方から $p_{fA,y} = 0$ となることに注意。）式(9-35)を書き直すと，

$$P_{iy} = P_{fy} = p_{fA,y} + p_{fB,y} + p_{fC,y}$$

$v_{fC} = 5.0\,\text{m/s}$ を代入して，

$$0 = 0 - 0.20Mv_{fB}\sin 50° + (0.30M)(5.0\,\text{m/s})\sin 80°$$

これより，

$$v_{fB} = 9.64\,\text{m/s} \sim 9.6\,\text{m/s} \qquad (\text{答})$$

(b) 破片 A の速さはいくらか？

解法： 運動量は x 軸に沿っても保存されるので，

$$P_{ix} = P_{fx} \qquad (9\text{-}36)$$

ココナツは最初静止しているので $P_{ix} = 0$ である。P_{fx} を求めるため，破片 A の質量が $0.50M(= M - 0.20M - 0.30M)$ であることを用いて，各粒子の最終運動量の x 成分を求める：

$$p_{fA,x} = -0.50Mv_{fA}$$
$$p_{fB,x} = 0.20Mv_{fB,x} = 0.20Mv_{fB}\cos 50°$$
$$p_{fC,x} = 0.30Mv_{fC,x} = 0.30Mv_{fC}\cos 80°$$

式(9-36)を書き直すと，

$$P_{ix} = P_{fx} = p_{fa,x} + p_{fb,x} + p_{fc,x}$$

次に，$v_{fC} = 5.0\,\text{m/s}$ と $v_{fB} = 9.64\,\text{m/s}$ を代入すると，

$$0 = -0.50Mv_{fa} + 0.20M(9.64\,\text{m/s})\cos 50°$$
$$+ 0.30M(5.0\,\text{m/s})\cos 80°$$

これより

$$v_{fA} = 3.0\,\text{m/s} \qquad (\text{答})$$

✓ **CHECKPOINT 6**： 破裂したココナツが，図9-10の $-y$ 方向に加速されているとする（例えば，ココナツが傾いた斜面上にある）。(a) x 軸に沿って（式(9-36)で表されるように）運動量は保存されるのか？ また (b) y 軸に沿って（式(9-35)で表されるように）運動量は保存されるのか？

PROBLEM-SOLVING TACTICS

Tactic 2： 運動量の保存

運動量の保存に関した問題を解くには，まず，閉じた孤立系を選んでいるかどうか確認すること。"閉じている"とは，どんな方向からも系の境界を出入りする物質（粒子）がないことを意味する。"孤立する"とは，系に働く正味の外力がゼロであることを意味する。系が孤立していない場合でも，ある方向の外力の成分がゼロであれば，対応する方向の運動量は保存される。つまり，ある成分は保存されるが，他の成分は保存されない。

次に，系の2つの適切な状態（初期状態と最終状態とよぶ）を選び，これらの状態に対して系の運動量を書き表す。そのとき，どの慣性座標系を使っているか，系全体が含まれているか，系の一部を落としていないか，系に属さない部分を入れていないか，を確かめること。

最後に，$\vec{P_i}$ と $\vec{P_f}$ を等しいとおいて，求められている問題の解を求める。

9-7 質量が変化する系：ロケット

今まで扱った系では，系全体の質量は一定であると仮定した。しかしロケット（図9-11）のようにそうでない場合もある。発射台にあるロケットの質量の大半は燃料である。この燃料は最終的には燃やされ，ロケットエンジンの噴射口から排出される。

加速に伴うロケットの質量変化を扱うために，ニュートンの第2法則をロケットだけでなく，ロケットと排出される燃焼生成物を合わせた系に対して適用する。この系の質量はロケットの加速中も一定である。

図9-11 Mercury計画のロケット打ち上げ

図 9-12 (a)慣性座標系から見た加速中のロケット。時刻 t の質量は M である。(b)時刻 $t+dt$ でのロケット。時間 dt の間に射出された排気物が示されている。

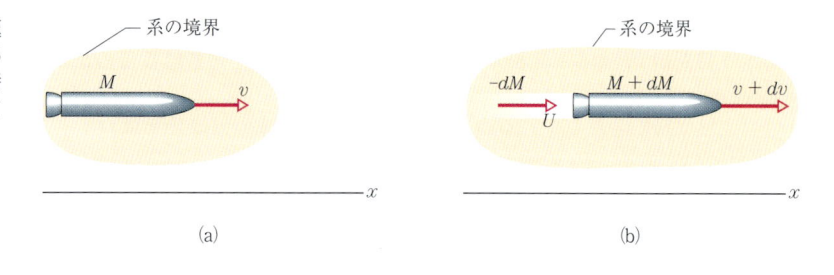

加速度の求め方

重力も空気抵抗も働かない宇宙空間で加速しているロケットを，慣性基準系に静止した観測者が見ているとしよう。この1次元運動において，時刻 t でのロケットの質量を M，速度を v とする（図9-12a）。

図9-12bは時間 dt が経過した後のロケットのようすを表している。このとき，ロケットの速度は $v+dv$，質量は $M+dM$ になっている。ただし質量の変化 dM は負の量である。時間 dt にロケットが射出した排気物の質量は $-dM$ であり，慣性基準系に対する速度は U とする。

系はロケットと時間 dt に射出された排気物で構成される。系は閉じた孤立系であるため，時間 dt の間，系の運動量は保存される；

$$P_i = P_f \tag{9-37}$$

添字 i と f は時間 dt の最初と最後の量を意味する。式(9-37)を書き換えて，

$$Mv = -dM\,U + (M+dM)(v+dv) \tag{9-38}$$

右辺の第1項は dt 間に射出された排気物の運動量，第2項は時間 dt 後のロケットの運動量である。

排気物のロケットに対する速さ $v_{\rm rel}$ を用いて式(9-38)を簡潔にすることができる。$v_{\rm rel}$ は基準系に対する速度と次の関係で結ばれている。

$$\begin{pmatrix}\text{基準系に対する}\\ \text{ロケットの速度}\end{pmatrix} = \begin{pmatrix}\text{排気物に対する}\\ \text{ロケットの速度}\end{pmatrix} + \begin{pmatrix}\text{基準系に対する}\\ \text{排気物の速度}\end{pmatrix}$$

記号で表せば，

$$(v+dv) = v_{\rm rel} + U$$

または $\qquad U = v + dv - v_{\rm rel} \tag{9-39}$

U についての結果を式(9-38)に代入し，少し計算をすると，

$$-dM\,v_{\rm rel} = M\,dv \tag{9-40}$$

両辺を dt で割ると，

$$-\frac{dM}{dt}v_{\rm rel} = M\frac{dv}{dt} \tag{9-41}$$

dM/dt（ロケットの質量減少率）を $-R$ で置き換える。R は（正の）燃料消費率である。また dv/dt はロケットの加速度であるから，式(9-41)を書き直して，

$$Rv_{\rm rel} = Ma \quad \text{(ロケット方程式その1)} \tag{9-42}$$

式(9-42)は任意の時刻において，その瞬間の質量 M，燃料消費率 R，加速度 a に対して成立する。

式(9-42)の左辺は力の次元（kg·m/s² = N）をもち，ロケットエンジンの設計仕様のみに依存するものである；R の割合で消費される燃料が速さ $v_{\rm rel}$ でロケットから射出される。この項 $Rv_{\rm rel}$ をロケットエンジンの**推力** (thrust) と呼び，T で表す。式(9-42)を $T = Ma$ に置き換えると，ニュートンの第2法則が現れる。ここで，a は質量が M である瞬間のロケットの加速度である。

速度の求め方

ロケットが燃料を消費する間に，その速度はどう変わるのか？ 式(9-40)から

$$dv = -v_{\rm rel} \frac{dM}{M}$$

この式を積分すると

$$\int_{v_i}^{v_f} dv = -v_{\rm rel} \int_{M_i}^{M_f} \frac{dM}{M}$$

M_i はロケットの初期質量であり，M_f は最終質量である。積分を行うと

$$v_f - v_i = v_{\rm rel} \ln \frac{M_i}{M_f} \quad \text{(ロケット方程式その2)} \tag{9-43}$$

この式は，質量が M_i から M_f まで変化したときの，ロケットの速さの増加を与える（式(9-43)に現れる記号 ln は自然対数を表す）。この式から多段ロケットの方が有利なことがわかるだろう。燃料を使い果たした段を捨てることにより M_f は小さくなる。目的地に到達したときに積み荷だけが残るようなロケットが理想なロケットである。

例題 9-8

初期質量 $M_i = 850 \,{\rm kg}$ のロケットが $R = 2.3 \,{\rm kg/s}$ の割合で燃料を消費する。排気ガスのロケットエンジンに対する相対スピードは 2800 m/s である。

(a) ロケットエンジンの推力はどれくらいか？

解法： **Key Idea**：推力は燃料消費率 R と噴射ガスの相対スピード $v_{\rm rel}$ の積である。推力は，

$$\begin{aligned} T &= Rv_{\rm rel} = (2.3\,{\rm kg/s})(2800\,{\rm m/s}) \\ &= 6440\,{\rm N} \approx 6400\,{\rm N} \end{aligned} \quad \text{(答)}$$

(b) ロケットの初期加速度はいくらか？

解法： ロケットの質量を M とすると，ロケットの推力 T と加速度の大きさ a は $T = Ma$ で関係づけられる。
Key Idea：しかしながら，燃料を消費するにつれて，M が減少し，a が増加する。ここで要求されているのは a の初期値なので，質量の初期値 M_i を用いて，

$$a = \frac{T}{M_i} = \frac{6440\,{\rm N}}{850\,{\rm kg}} = 7.6\,{\rm m/s^2} \quad \text{(答)}$$

地球表面から飛び出すためには，ロケットは $g = 9.8\,{\rm m/s^2}$ より大きい加速度を持たなければならない。言い換えれば，ロケットエンジンの推力 T は，初めにロケットに作用している重力を超えなければならない。この重力は $M_i g = 850\,{\rm kg} \times 9.8\,{\rm m/s^2} = 8300\,{\rm N}$ である。求めた加速度または推力（$T = 6400\,{\rm N}$）はこの条件を満たしていないので，このロケットは地球表面から飛び出すことができない。宇宙空間に達するには，別のもっと強力なロケットが必要である。

(c) 地上から打ち上げる代わりに，このロケットを重力が無視できるような遠い宇宙空間を飛んでいる宇宙船か

らで発射するとしよう。燃料がなくなったときのロケット質量 M_f は 180 kg であった。そのときのロケットの宇宙船に対する速さはいくらか？ ただし，宇宙船は十分巨大でロケットの発射は宇宙船の速さを変えないとする。

解法：　**Key Idea**：ロケットの（燃料を使い果たしたときの）最終速度 v_f は，式 (9-43) で与えられるように，その初期質量と最終質量の比 M_i/M_f で決まる。初期速度は $v_i = 0$ なので，

$$v_f = v_{\rm rel} \ln \frac{M_i}{M_f}$$
$$= (2800\,{\rm m/s}) \ln \frac{850\,{\rm kg}}{180\,{\rm kg}}$$
$$= (2800\,{\rm m/s}) \ln 4.72 \approx 4300\,{\rm m/s} \quad \text{(答)}$$

ロケットの最終スピードは排気ガスの速さ $v_{\rm rel}$ を超えることができることに注意してほしい。

9-8　外力と内部エネルギー変化

図 9-13a のアイススケーターが手すりを押して壁から離れていくとき，力 $\vec{F}$ が手すりから角 ϕ の向きにスケーターに働く。この力は，スケーターが手すりから離れるまでスケーターを加速し，彼女のスピードそして運動エネルギーを増す（図 9-13b）。この例は，これまでに学んだような，外力が物体の運動エネルギーを変える例と 2 つの点で異なる：

1. 以前の例では，物体の各部は剛体のように同じ向きに運動したが，この例では，スケーターの腕の運動は体の他の部分の運動と異なっている。
2. 以前の例では，エネルギーは外力によって物体と周りの環境との間を移動した；外力は仕事をした。この例では，外力 $\vec{F}$ によってエネルギーは内的に（系のある部分から他の部分に）移動する：スケーターの筋肉内部の生化学的エネルギーが体全体の運動エネルギーに移動する。

外力 $\vec{F}$ と内的なエネルギー移動を関係づけよう。

　上記の 2 点において違いはあるが，7-3 節で粒子に対して行ったように，外力と運動エネルギーを関連づけることができる。スケーターの質量 M がその質量中心に集中していると考え，スケーターをその質量中心に位置する 1 つの粒子とみなし，外力 $\vec{F}$ はその質量中心（図 9-13c）に作用すると考える。力の水平成分 $F \cos\phi$ はこの粒子を加速し，大きさ d の変位の間に運動エネルギーの変化 ΔK をもたらす。後に証明するように，これらの物理量の間には次の関係式が成り立つ。

$$\Delta K = F d \cos\phi \tag{9-44}$$

外力がスケーターの質量中心の高さを変え，スケーター–地球系の重力ポテンシャルエネルギーの変化 ΔU をもたらす場合も考えられる。このようなエネルギー変化 ΔU も考慮すると，式 (9-44) は，

$$\Delta K + \Delta U = F d \cos\phi \tag{9-45}$$

左辺は系の力学的エネルギーの変化 $\Delta E_{\rm mec}$ であり，一般的には，

$$\Delta E_{\rm mec} = F d \cos\phi \quad \text{（外力，$E_{\rm mec}$ の変化）} \tag{9-46}$$

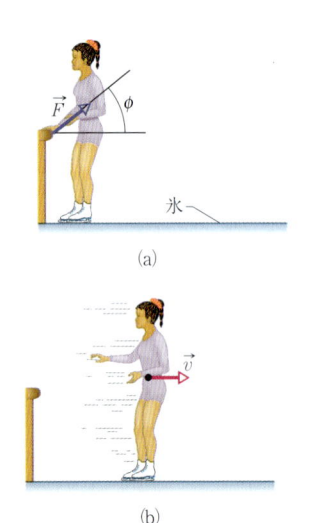

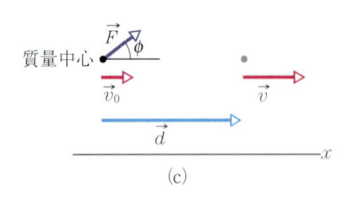

図 9-13　(a) アイススケーターが手すりを押して離れていくとき，スケーターにかかる力は $\vec{F}$ である。(b) スケーターが手すりを離れた後，スケーターの質量中心は速度 $\vec{v}$ で運動する。(c) 外力は，水平な x 軸と角 ϕ をなし，スケーターの質量中心に働いているとみなす。質量中心が $\vec{d}$ の変位したとき，その速度は $\vec{F}$ の水平成分によって $\vec{v}_0$ から $\vec{v}$ まで変化する。

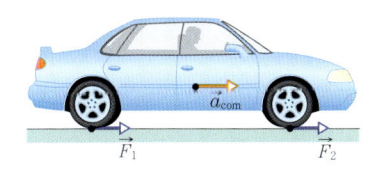

図 9-14 4輪駆動で自動車は右側に加速する.道路はタイヤの底面に4つの摩擦力(図にはそのうちの2つを示す)をもたらす.4つの摩擦力が一緒になって,自動車に働く外力 $\vec{F}$ になる.

次に,系として考えているアイススケーター内のエネルギー移動を考えよう.外力が働いているが,この外力は系から(または系へ)エネルギーを移動しないので,系の全エネルギー E は変化しない:$\Delta E = 0$ である.しかしアイススケーターが手すりを押している間,スケーターの質量中心の力学的エネルギーと彼女の筋肉内のエネルギーが変化している.筋肉内のエネルギー変化の詳細には立ち入らず,そのエネルギー変化(内部エネルギーの変化)を ΔE_{int} とおけば,$\Delta E = 0$ を次のように書き表すことができる;

$$\Delta E_{\text{int}} + \Delta E_{\text{mec}} = 0 \tag{9-47}$$

または,
$$\Delta E_{\text{int}} = -\Delta E_{\text{mec}} \tag{9-48}$$

この式は,アイススケーターの ΔE_{mec} が増加すれば,その分だけ ΔE_{int} が減少することを意味している.式(9-46)を式(9-48)の ΔE_{int} に代入すると,

$$\Delta E_{\text{int}} = -Fd\cos\phi \quad (外力,内部エネルギーの変化) \tag{9-49}$$

この式は,内部エネルギーの変化 ΔE_{int} と外力 $\vec{F}$ のなす仕事を関係づけている.外力 $\vec{F}$ の大きさが一定でない場合は,式(9-46)と(9-49)の F を平均値を表す F_{avg} に置き換えることができる.

アイススケーターに対して式(9-46)と(9-49)を導いたが,これらの式は,内部エネルギーの変化 ΔE_{int} が外力によってなされるほかの物体にも使える.例えば,4輪駆動の自動車がスピードを上げる場合を考える.加速の間,エンジンの働きによりタイヤは道路表面を後方に押す.これによって生じる摩擦力がタイヤを前方向に動かす(図9-14).正味の外力 $\vec{F}$ は摩擦力の和に等しく,自動車の質量中心に加速度 $\vec{a}$ を与える.かくして,燃料に蓄えられていた内部エネルギーは,自動車の質量中心の運動エネルギーに変化する.$\vec{F}$ が一定であれば,道路に沿った自動車の質量中心の変位が $\vec{d}$ で与えられると,式(9-45)に $\Delta U = 0$ と $\phi = 0$ を代入して,運動エネルギーの変化 ΔK と外力 $\vec{F}$ を関係づけられる.

ドライバーがブレーキを使った場合も式(9-45)は成り立つ.今度は摩擦力による外力 $\vec{F}$ は後ろ向きであり,$\phi = 180°$ になる.エネルギーは自動車の質量中心の運動エネルギーからブレーキの熱エネルギーに変わる.

式(9-44)の証明

図9-13のアイススケーターの問題に戻ろう.スケーターの質量中心が $\vec{d}$ だけ変位する間,質量中心の速度が $\vec{v}_0$ から $\vec{v}$ になったとする.式(2-16)により,$\vec{v}$ の大きさは次式で与えられる:

$$v^2 = v_0^2 + 2a_x d \tag{9-50}$$

a_x はスケーターの加速度である.式(9-50)の両辺にスケーターの質量 M をかけて変形すると,

$$\frac{1}{2}Mv^2 - \frac{1}{2}Mv_0^2 = Ma_x d \tag{9-51}$$

式(9-51)の左辺は,質量中心の最終運動エネルギー K_f と初期運動エネ

ギー K_i との差である。この差は外力 $\vec{F}$ による質量中心の運動エネルギーの変化 ΔK である。左辺を ΔK で置き換え，積 Ma_x をニュートンの第2法則を使って積 $F\cos\phi$ と書き直すと，

$$\Delta K = Fd\cos\phi$$

これが証明したかった関係式である。

例題 9-9

コメツキムシ（click beetle）は，仰向けにひっくり返ったとき，自分の背中を急に弓形に曲げることによって上向きにジャンプし，筋肉に蓄積されていたエネルギーを自分の質量中心の運動エネルギーに変える。このとき"かちっ"という音（click）を出すので，コメツキムシと呼ばれる。ジャンプを録画したビデオテープによると，質量 $m = 4.0 \times 10^{-6}$ kg のコメツキムシの質量中心は，飛び上がるまで 0.77 mm 変位し，その後最高点 $h = 0.30$ m に達する。床から飛び上がろうとする間に，虫の背中に働く外力 $\vec{F}$ の平均的大きさはいくらか？

解法：**Key Idea 1**: 虫が飛び上がる間に，虫の内部エネルギーが，虫–地球系 の力学的エネルギーの変化 ΔE_{mec} になる。このエネルギー移動は外力 F によってなされる。式（9-46）から外力の大きさを求めるには，まず，E_{mec} の表式が必要になる。

飛び上がる前後の系の力学的エネルギーを，$E_{\text{mec},0}$，$E_{\text{mec},1}$ とすると，ΔE_{mec} は

$$\Delta E_{\text{mec}} = E_{\text{mec},1} - E_{\text{mec},0} \quad (9\text{-}52)$$

次に $E_{\text{mec},0}$，$E_{\text{mec},1}$ の表式を求めなければならない。初めに虫が床にいるときの，虫–地球系の重力ポテンシャルエネルギーを $U_0 = 0$ とする。虫が飛び上がる直前の，虫の質量中心の運動エネルギーは $K_0 = 0$ だから $E_{\text{mec},0}$ は 0 である。残念ながら $E_{\text{mec},1}$ を求めようとすると行き詰まってしまう。なぜなら，虫が飛び上がる瞬間の運動エネルギー K_1 または速さ v_1 がわからないからである。

Key Idea 2: 虫が飛び上がった後，最高点に達するまでの間，系の力学的エネルギーは変化しない。これを使って行き詰まりを解消することができる。この最高点では，虫の速さ（$v = 0$）と高さ（$y = h$）がわかっているので，$E_{\text{mec},1}$ を以下のように求めることができる。

$$E_{\text{mec},1} = K + U = \frac{1}{2}mv^2 + mgy = 0 + mgh = mgh$$

式（9-52）にこれと $E_{\text{mec},0} = 0$ を代入して，

$$E_{\text{mec}} = mgh - 0 = mgh \quad (9\text{-}53)$$

式（9-46）を用いて，力学的エネルギーの変化と外力を関係づけると

$$\Delta E_{\text{mec}} = F_{\text{avg}} d\cos\phi \quad (9\text{-}54)$$

F_{avg} は虫に働く力の平均値，d（$= 0.77$ mm）は飛び上がる間（虫に外力がかかっている間）の虫の質量中心の変位，ϕ（$= 0°$）は外力と変位の間の角である。

式（9-54）を F_{avg} について解いて，

$$\begin{aligned}F_{\text{avg}} &= \frac{\Delta E_{\text{mec}}}{d\cos\phi} = \frac{mgh}{d\cos\phi} \\ &= \frac{(4.0 \times 10^{-6}\,\text{kg})(9.8\,\text{m/s}^2)(0.30\,\text{m})}{(7.7 \times 10^{-4}\,\text{m})(\cos 0°)} \\ &= 1.5 \times 10^{-2}\,\text{N}\end{aligned}$$

この力は一見小さそうに見えるが，コメツキムシにとってはとんでもない大きさである。なぜなら，この力が虫に与える加速度はなんと $380g$ を超えてしまうのだ。計算してみよう。

まとめ

質量中心 n 個の粒子からなる粒子系の質量中心の座標は次式で定義される；

$$x_{\text{com}} = \frac{1}{M}\sum_{i=1}^{n} m_i x_i, \quad y_{\text{com}} = \frac{1}{M}\sum_{i=1}^{n} m_i y_i,$$
$$z_{\text{com}} = \frac{1}{M}\sum_{i=1}^{n} m_i z_i \quad (9\text{-}5)$$

または

$$\vec{r}_{\text{com}} = \frac{1}{M}\sum_{i=1}^{n} m_i \vec{r}_i \quad (9\text{-}8)$$

M は系の全質量である。質量が連続的に分布している場合の質量中心は，

$$x_{\text{com}} = \frac{1}{M}\int x\,dm, \quad y_{\text{com}} = \frac{1}{M}\int y\,dm, \quad z_{\text{com}} = \frac{1}{M}\int z\,dm$$
$$(9\text{-}9)$$

密度（体積あたりの質量）が一様である場合，式（9-9）は次のように書き換えられる；

$$x_{\text{com}} = \frac{1}{V}\int x\,dV, \quad y_{\text{com}} = \frac{1}{V}\int y\,dV, \quad z_{\text{com}} = \frac{1}{V}\int z\,dV$$
$$(9\text{-}11)$$

V は M が占める体積である。

粒子系に対するニュートンの第 2 法則
粒子系の質量中心の運動は，粒子系に対するニュートンの第 2 法則に従う。
$$\vec{F}_{\text{net}} = M\vec{a}_{\text{com}} \quad (9\text{-}14)$$
$\vec{F}_{\text{net}}$ は系に働く外力の和，M は系の全質量，$\vec{a}_{\text{com}}$ は系の質量中心の加速度である。

運動量とニュートンの第 2 法則
単一粒子に対して，運動量と呼ぶ物理量 $\vec{p}$ を以下のように定義する；
$$\vec{p} = m\vec{v} \quad (9\text{-}22)$$
ニュートンの第 2 法則を運動量を使って書き表すと，
$$\vec{F}_{\text{net}} = \frac{d\vec{p}}{dt} \quad (9\text{-}23)$$
粒子系の場合，これらの関係式は
$$\vec{P} = M\vec{v}_{\text{com}} \quad \text{および} \quad \vec{F}_{\text{net}} = \frac{d\vec{P}}{dt} \quad (9\text{-}25, 9\text{-}27)$$

運動量保存の法則
系に作用する正味の外力がなく，系が孤立系の場合，系の運動量は一定である；
$$\vec{P} = \text{定数} \quad (\text{閉じた孤立系}) \quad (9\text{-}29)$$
または
$$\vec{P}_i = \vec{P}_f \quad (\text{閉じた孤立系}) \quad (9\text{-}30)$$
添字は初期時刻とその後の時刻を指している。式 (9-29) と式 (9-30) は運動量保存の法則についての等価的な表現である。

質量が変化する系
系の質量が変化する場合は，系を再定義し，系の質量が一定になるまで系の境界を広げる；そして新しい系に対して運動量保存の法則を適応する。ロケットの場合，系にはロケットと排気ガスを含める。このような系に対する解析から，外力がないときのロケットの瞬間加速度は次式で与えられる；
$$Rv_{\text{rel}} = Ma \quad (\text{ロケット方程式その 1}) \quad (9\text{-}42)$$
M はロケットの瞬間質量 (未消費燃料を含む)，R は燃料の消費率，v_{rel} はロケットに対する燃料の相対速度である。Rv_{rel} をロケットエンジンの**推力**とよぶ。R と v_{rel} が一定であるようなロケットの質量が M_i から M_f まで変化したとき，その速さが v_i から v_f まで変化したとすると，
$$v_f - v_i = v_{\text{rel}} \ln \frac{M_i}{M_f} \quad (\text{ロケット方程式その 2}) \quad (9\text{-}43)$$

外力と内部エネルギー変化
外力 $\vec{F}$ が介在することにより，系のエネルギーは，系の内部エネルギーと力学的エネルギーとの間を移動できる。内部エネルギーの変化 ΔE_{int} と外力は次式で関係づけられる；
$$\Delta E_{\text{int}} = -Fd\cos\phi \quad (9\text{-}49)$$
$\vec{d}$ は物体の質量中心の変位，ϕ は $\vec{d}$ と $\vec{F}$ のなす角である。力学的エネルギーの変化は，
$$\Delta E_{\text{mec}} = \Delta K + \Delta U = Fd\cos\phi \quad (9\text{-}46, 9\text{-}45)$$

問題

1. 図 9-15 に，一様な正方形金属板の一部が取り除かれた 4 つ場合が示されている。x 軸と y 軸の原点は正方形金属板の中心とする。取り除いた部分の質量中心は原点にある。それぞれ場合について，板の残りの部分の質量中心はどこにあるか？象限，線，または点を示せ。

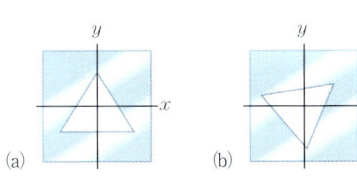

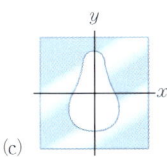

図 9-15 問題 1

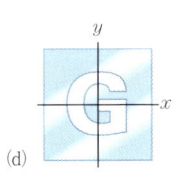

2. バスケットボールの名手は，ゴール付近でジャンプした後長い間空中に留まっているように見える。その間にボールを持ち替えてバスケットの中に入れるまでの時間を稼いでいる。選手がジャンプしている間に手や足を上げたら，空中に留まる時間は，長くなるか，短くなるか，それとも変わらないか？

3. 摩擦のない氷の上にある長さ L の一様なそりの左端にペンギンが立っている。そりとペンギンの質量は同じである。

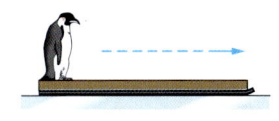

図 9-16 問題 3

(a) そりの質量中心は，どこにあるか？
(b) そりの質量中心は，そり-ペンギン系の質量中心からどちら向きにどれくらいに離れているか？

ペンギンがよたよたとそりの右端まで歩いていき，そりは氷の上を滑った。

(c) そり-ペンギン系の質量中心はどちら向きに動くか，または動かないか？
(d) そりの質量中心は，そり-ペンギン系の質量中心からどちら向きにどれくらいに離れているか？
(e) ペンギンがそりに対して動く距離はどれくらいか，そり-ペンギン系の質量中心に対して動く距離はどれくらいか？

(f) そりの中心はどれくらい動くか？
(g) ペンギンはどれくらい動くか？

4. 問題3と図9-16において，そりとペンギンが最初に速さ v_0 で右側に動いているとする。
   (a) ペンギンが，よたよた，そりの右端まで歩いたとき，そりの速さ v は，v_0 より小さいか，大きいか，または同じか？
   (b) ペンギンは左端に戻ったとすると，移動中のそりの速さ v は v_0 より小さいか，大きいか，または同じか？

5. 図9-17は，一定速度で摩擦のない表面を滑っている同じ質量の粒子を上から見たようすを示している。速度の向きは図に示された通りで，大きさは皆同じである。どの対の質量中心が，(a) 静止しているか？(b) 原点に静止しているか？(c) 原点を通過するか？

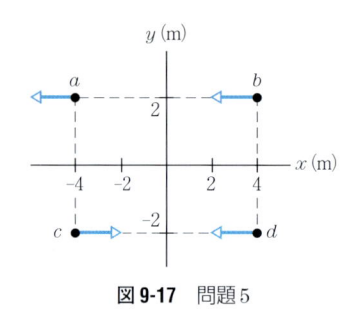

図 9-17 問題5

6. 図9-18は，外力が働く3粒子システムを上から見たようすを示している。2つの粒子に働く力の大きさと向きが図示されている。3粒子システムの質量中心が，(a) 静止している，(b) 一定速度で右方向に移動，(c) 右方向に加速，の3つの場合について，3番目の粒子に働く力の大きさと向きを求めよ。

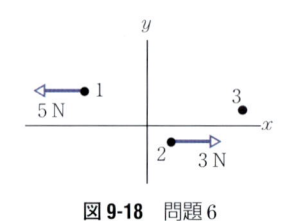

図 9-18 問題6

7. 摩擦のない表面で x 軸に沿って滑っている容器が破裂して3つの破片になる。これらの破片は x 軸に沿って図9-19に示す方向に運動する。表には各破片の運動量の大きさが4組与えられている。容器の破裂前の速さが大きい順に並べよ。

	p_1	p_2	p_3		p_1	p_2	p_3
(a)	10	2	6	(b)	10	6	2
(c)	2	10	6	(d)	6	2	10

図 9-19 問題7

8. x 軸に沿って運動していた宇宙船が，図9-9の宇宙船のように，2つの部分に切り離された。(a) 図9-20のどれが2つの部分の位置 vs.時間を与えるか？(b) どの番号の線が後追いする部分か？(c) 2つの部分の相対スピードが大きい順に並べよ。

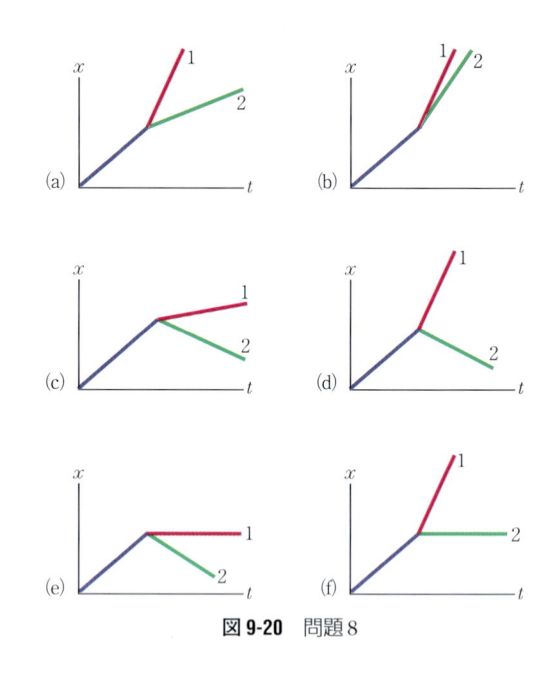

図 9-20 問題8

9. 例題9-5にでてきた箱を考える。箱は x 軸の正の向きに一定速度で運動中に破裂して2つの破片になった。破片のひとつは質量が m_1 で最終速度が正で v_1 とする。2つ目の破片は質量が m_1 で，最終速度が，(a) 正の速度 v_2 (図9-21a)，(b) 負の速度 v_2 (図9-21b)，(c) ゼロ (図9-21c) という3つの可能性が考えられる。3つの場合を v_1 の大きさの順に並べよ。

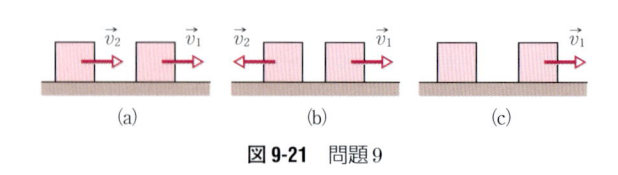

図 9-21 問題9

10 衝突

スペースシャトル・チャレンジャーの事故で亡くなった宇宙飛行士の Ronald McNair は物理学者であり，また黒帯の空手家でもあった．この写真で，彼は何枚ものコンクリートブロックを割っている．このような空手の試技では松の板か瓦がよく用いられる．打撃によって板は限界に達するまで湾曲し，伸びたばねのようにエネルギーを貯える．そして最後に壊れる．板を割るのに必要なエネルギーは瓦に比べて3倍ほどである．

なぜ板の方が割りやすいのだろうか？

答えは本章で明らかになる．

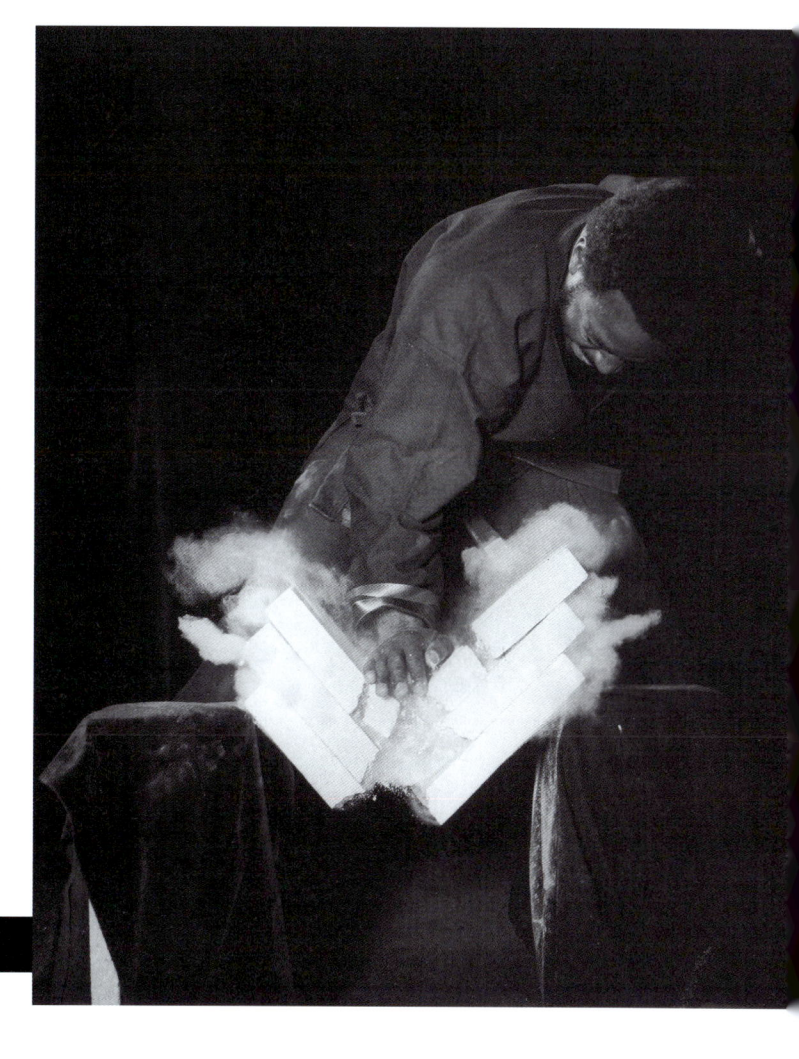

10-1 衝突とは何か？

物体が別の物体にぶつかるとき，"衝突"という言葉をよく使う．ここではもう少し洗練された"衝突"の定義を与えるが，この定義はビリヤードの玉，ハンマーと釘，自動車などの衝突にも適用できる．図10-1aは2万年前に起こった極めて印象的な衝突の名残である．衝突は，図10-1bに示されるような原子核衝突のような微視的スケールから，星または銀河どうしの衝突という天文学的スケールまで幅広い．衝突が人間のスケールで起きたとしても，（かなりの変形を伴っているにもかかわらず）目に見えないほど一瞬で終わってしまうことが多い（図10-1c）．

衝突の定義を以下のように与える．

▶ **衝突** (collision) とは，他から孤立した2つ以上の物体（衝突物体）が，互いに強い力を短い時間に及ぼしあう現象である．

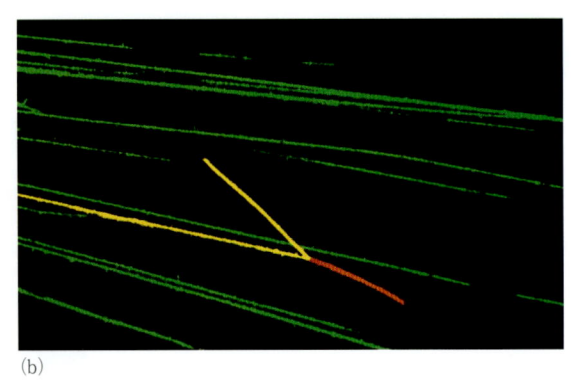

図10-1 衝突はいろいろなスケールで起きる。(a)アリゾナ州にある幅1200 m,深さ200 mの隕石によるクレーター。(b)左から飛んできたアルファ線(黄色の飛跡)が,窒素原子核(赤色の飛跡)と衝突して跳ね返された。一方,初め静止していた窒素原子核は,右下方に跳ね飛ばされた。(c)テニスボールとラケットは,1回の衝突では約4 msしか接触していない(1セットで合計しても高々1秒程度である)。

図10-2に示すように,衝突を,衝突前,衝突中,衝突後に分けて考えよう。この図は2つの衝突物体からなる系を描いており,物体間に作用する力が内力であることを示している。

衝突の定義によれば,必ずしも物体どうしが"ぶつかる"必要はない。宇宙探査機がスウィングバイを利用してスピードを得るために惑星に接近することも衝突というが,探査機と惑星が接触するわけではない。衝突は接触を必要としないし,また衝突時に働く力が接触による力である必要はない;重力はまさにこの例である。

現代の多くの物理学者は"衝突ゲーム"に時間を費やしている。このゲームの目的は,衝突前と衝突後の粒子の状態から,衝突中に粒子間に作用する力について,できるだけ多くのことを知ろうというものである。電子,陽子,中性子,ミューオン,クォークのような原子より小さな極微の世界に関する理解は,ほとんどすべてが衝突実験から得られた。このゲームのルールは運動量保存則とエネルギー保存則である。

10-2 力積と運動量

単一の衝突

質量の異なる粒子状物体が正面衝突するときに作用する力——作用・反作用の対である $\vec{F}(t)$ と $-\vec{F}(t)$ ——を図10-3に示した。この力は両方の物体の運動量を変化させる;この変化は力の平均値だけでなく力の働いた時間 Δt にも関係する。このことを定量的に見るために,ニュートンの第2法

図10-2 衝突が起こっている系のフローチャート(時間経過を表す図)

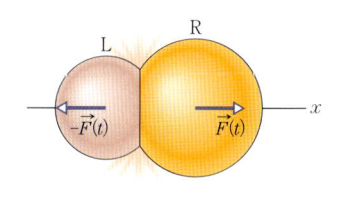

図 10-3 2つの粒子状の物体LとRが衝突している。衝突中に物体Lは物体Rに力 $\vec{F}(t)$ を及ぼし，物体Rは物体Lに力 $-\vec{F}(t)$ を及ぼす。$\vec{F}(t)$ と $-\vec{F}(t)$ は作用と反作用の関係にある。力の大きさは時間とともに変化するが，どの瞬間においても2つの力の大きさは等しい。

則を $\vec{F} = d\vec{p}/dt$ と書いて，図 10-3 の右側の物体Rに適用すると，

$$d\vec{p} = \vec{F}(t)\,dt \tag{10-1}$$

$\vec{F}(t)$ は時間と共に変化する力で，その力の大きさは図 10-4 a に図示されている。衝突している時間 Δt，すなわち衝突直前の時刻 t_i (initial time) から衝突後の時刻 t_f (final time) までの間で式 (10-1) を積分すると，

$$\int_{\vec{p}_i}^{\vec{p}_f} d\vec{p} = \int_{t_i}^{t_f} \vec{F}(t)\,dt \tag{10-2}$$

左辺は $\vec{p}_f - \vec{p}_i$ となり，これは物体Rの運動量の変化である。右辺は衝突の力の大きさと継続時間を表す尺度であり，衝突の**力積** (impulse, $\vec{J}$) と呼ばれる。

$$\vec{J} = \int_{t_i}^{t_f} \vec{F}(t)\,dt \quad \text{(力積の定義)} \tag{10-3}$$

式 (10-3) は，力積の大きさが図 10-4 a に示された曲線 $\vec{F}(t)$ の下の面積に等しいことを示している。物体 R に働く $\vec{F}(t)$ と物体 L に働く $-\vec{F}(t)$ は作用・反作用の関係にあるから，これらの力積の大きさは等しいが逆向きである。

式 (10-2) と式 (10-3) から，衝突によるそれぞれの物体の運動量の変化は，その物体に働く力積に等しいことがわかる。

$$\vec{p}_f - \vec{p}_i = \Delta\vec{p} = \vec{J} \quad \text{(力積-運動量の定理)} \tag{10-4}$$

式 (10-4) は**力積-運動量の定理**とよばれている。力積と運動量はどちらもベクトル量であり，同じ次元をもつ。式 (10-4) を成分に分解してもよい。

$$p_{fx} - p_{ix} = \Delta p_x = J_x \tag{10-5}$$

$$p_{fy} - p_{iy} = \Delta p_y = J_y \tag{10-6}$$

$$p_{fz} - p_{iz} = \Delta p_z = J_z \tag{10-7}$$

F_{avg} を力の大きさの平均値，Δt を衝突の継続時間とすると，力積の大きさは次のように表される；

$$J = F_{\text{avg}}\,\Delta t \tag{10-8}$$

F_{avg} の値は，長方形の面積 (図 10-4 b) が，実際に働く力 $F(t)$ を表す曲線の

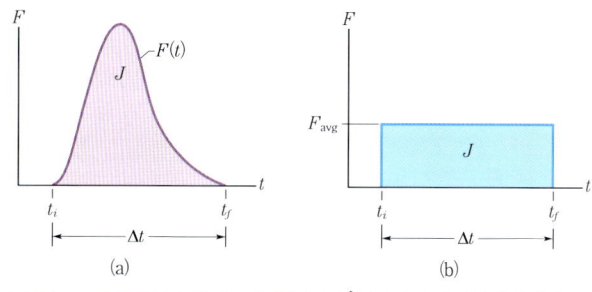

図 10-4 (a) 図 10-3 の衝突中に物体Rに働く力 $\vec{F}(t)$ の大きさは時間とともに変化する。曲線の下の面積は，物体Rに働く力積 $\vec{J}$ の大きさに等しい。(b) 長方形の高さは，時間 Δt の間に物体Rに働く力の平均値 F_{avg} を示す。長方形の面積は (a) の曲線の下の面積に等しく，したがって力積 $\vec{J}$ の大きさに等しい。

下の面積（図10-4a）と等しくなるように決めなければならない。

> ✓ **CHECKPOINT 1:** パラシュートが開かないまま，落下傘兵が雪の上に着地して軽傷を負った。もし雪のない地面に落ちていたら衝突時間は1/10になり致命的であったろう。雪面に着地したことにより，次の項目は増えたか，減ったか，変わらなかったか？ (a)落下傘兵の運動量変化，(b)落下傘兵に働いた力積，(c)落下傘兵を停止させた力。

連続的な衝突

この節では，同一の衝突が何回も繰り返されるときに働く力について考える。ちょっと悪戯をして，テニスボールの打ち出し機を壁に向け，次々とボールを打ち出したとしよう。ボールが壁に衝突するたびに壁に力が加えられるが，ここで求めたいのはこの力ではなく，ボールを連射している間に働く力——多数回の衝突による力——の平均値 F_{avg} である。

図10-5では，同じ質量 m，同じ運動量 $m\vec{v}$ をもつ入射物体が x 方向に打ち出され，固定された標的に衝突している。時間 Δt の間に n 回の衝突が起きたとする。x 軸方向の運動だけなので運動量の x 成分だけを考える。各入射物体の初期運動量は mv であり，衝突により Δp の運動量変化を受けたとする。Δt の間に n 個の入射物体の運動量変化は全部で $n\,\Delta p$ となる。したがって，Δt の間に標的に働いた力積 J の大きさは $n\,\Delta p$ で，J と Δp は逆向きである。ベクトルの成分を書くと

$$J = -n\,\Delta p \tag{10-9}$$

負符号は Δp と J が逆向きであることを示している。

式(10-8)を変形して式(10-9)に代入すると，衝突中に標的に働く力の平均値 F_{avg} が得られる；

$$F_{\text{avg}} = \frac{J}{\Delta t} = -\frac{n}{\Delta t}\Delta p = -\frac{n}{\Delta t}m\,\Delta v \tag{10-10}$$

この式では，F_{avg} が入射物体の衝突頻度 $n/\Delta t$ と入射物体の速度変化 Δv で表されている。

入射物体が衝突後に停止するような場合は，式(10-10)の Δv を次式で置き換える；

$$\Delta v = v_f - v_i = 0 - v = -v \tag{10-11}$$

$v_i (=v)$ は衝突前の速度，$v_f (=0)$ は衝突後の速度である。入射物体が標的で跳ね返り，衝突前と同じ速さで逆向きに進むときは，$v_f = -v$ となるので，次式の Δv を用いればよい；

$$\Delta v = v_f - v_i = -v - v = -2v \tag{10-12}$$

Δt の間に $\Delta m = nm$ だけの質量が標的と衝突する。これを使って式(10-10)を書き換えると，

$$F_{\text{avg}} = -\frac{\Delta m}{\Delta t}\Delta v \tag{10-13}$$

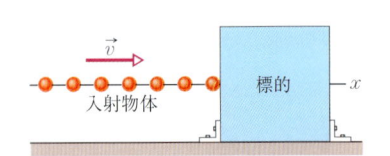

図10-5 同一の運動量を持った入射物体が等間隔に打ち出されて，固定された標的に衝突している。標的に働く力の平均値 F_{avg} は右向きで，大きさは入射物体の衝突頻度による。

この式では，F_{avg} が $\Delta m/\Delta t$（質量が標的と衝突する割合）で表わされている。Δv は，式(10-11)や式(10-12)（入射物体の運動による）で置き換えることができる。

> ✓ **CHECKPOINT 2：** 図は，ボールが垂直の壁に衝突した後，同じ速さで跳ね返った様子を上から見たものである。ボールの運動量変化 $\Delta \vec{p}$ について考えよう。(a) Δp_x は正か，負か，ゼロか？ (b) Δp_y は正か，負か，ゼロか？ (c) $\Delta \vec{p}$ の向きは？

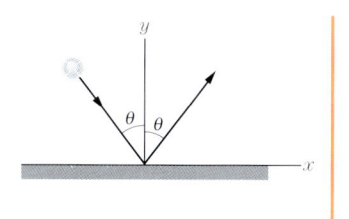

例題 10-1

水平に真っ直ぐ $v_i = 39.0\,\text{m/s}$ の速さで飛んできた 140 g の野球のボールをバットで打ち返したら，逆向きに同じ速さ $v_f = 39.0\,\text{m/s}$ で飛んでいった。

(a) バットとの衝突の間にボールが受ける力積 J はいくらか？

解法： **Key Idea：** 式(10-4)を用いてボールの変化を計算することができる。最初にボールが飛んでいた向きを負の向きとする。式(10-4)より

$$J = p_f - p_i = mv_f - mv_i$$
$$= (0.140\,\text{kg})(39.0\,\text{m/s}) - (0.140\,\text{kg})(-39.0\,\text{m/s})$$
$$= 10.9\,\text{kg}\cdot\text{m/s} \qquad (答)$$

ここでの符号の決め方により，ボールの初速度は負になり，終速度は正になる。力積は正になるが，これはボールに働く力積ベクトルの向きがバットを振る向きになっていることを表している。

(b) バットとボールの衝突時間 Δt が 1.2 ms であったとする。ボールに働く力の平均値はいくらか？

解法： **Key Idea：** 力の平均値は力積 J と衝突時間 Δt の比である（式10-8）；

$$F_{\text{avg}} = \frac{J}{\Delta t} = \frac{10.9\,\text{kg}\cdot\text{m/s}}{0.00120\,\text{s}}$$
$$= 9080\,\text{N} \qquad (答)$$

これは力の平均値であることに注意しよう；力の最大値はもっと大きい。ボールがバットから受ける力の平均値の符号が正なので，力ベクトルの向きと力積ベクトルの向きは同じである。

本章の最初で衝突を定義したとき，正味の外力が作用しないことを前提にした。この例題ではボールには重力が常に（飛んでいる時もバットと接触している時も）働いているので，この仮定は正しくない。しかし重力の大きさは $mg = 1.37\,\text{N}$ であり，バットから受ける 9080 N の力に比べて無視できるほど小さい。したがって，衝突が"孤立している"と仮定して問題なかろう。

(c) 今度は衝突が正面衝突でない場合を考える。ボールは $v_f = 45.0\,\text{m/s}$ で水平から 30° 上向きにバットから離れていく（図10-6）。ボールの受ける力積はいくらか？

解法： **Key Idea：** 衝突前後でボールが別の経路を通るので，衝突は 2 次元的である。力積 $\vec{J}$ を求めるにはベクトルを使わなければならない。式(10-4)より

$$\vec{J} = \Delta\vec{p} = \vec{p}_f - \vec{p}_i = m\vec{v}_f - m\vec{v}_i$$

これより，

$$\vec{J} = m(\vec{v}_f - \vec{v}_i) \qquad (10\text{-}14)$$

質量 m が 0.140 kg，終速度 $\vec{v}_f$ が 45.0 m/s で 30.0°，初速度 $\vec{v}_i$ が 39.0 m/s で 180° とわかっているので，ベクトル演算機能付き電卓で直接計算することもできる。

しかし，ここでは成分に分解して式(10-14)を求めてみよう。図10-6のように xy 座標軸をとる。力積の x 成分は

$$J_x = \Delta p_x = p_{fx} - p_{ix} = m(v_{fx} - v_{ix})$$
$$= (0.140\,\text{kg})[(45.0\,\text{m/s})(\cos 30.0°) - (-39.0\,\text{m/s})]$$
$$= 10.92\,\text{kg}\cdot\text{m/s}$$

y 成分は

$$J_y = \Delta p_y = p_{fy} - p_{iy} = m(v_{fy} - v_{iy})$$
$$= (0.140\,\text{kg})[(45.0\,\text{m/s})(\sin 30.0°) - 0]$$
$$= 3.150\,\text{kg}\cdot\text{m/s}$$

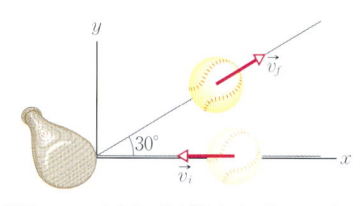

図 10-6 例題 10-1。水平に投げられたボールが，水平面から 30° 上向きにバットで打ち返された。

これより，力積は
$$\vec{J} = (10.9\hat{i} + 3.15\hat{j})\,\text{kg·m/s} \quad \text{(答)}$$
力積の大きさと向きは

$$J = \sqrt{J_x^2 + J_y^2} = 11.4\,\text{kg·m/s}$$
$$\theta = \tan^{-1}\frac{J_y}{J_x} = 16° \quad \text{(答)}$$

10-3 衝突における運動量と運動エネルギー

2つの衝突物体からなる系を考える。衝突が起こるのだから，少なくともどちらかの物体は運動しているはずである。したがって，衝突前の運動量と運動エネルギーはゼロではない。衝突中に相手から受ける力積のため，それぞれの物体の運動量と運動エネルギーは変化する。しかし今後この章では，これらの変化を引き起こす力積の詳細には目をつむり，各物体および系全体の運動量と運動エネルギーの変化についてだけ議論する。ここでは**閉じた系**（質量の出入りがない系，closed system）かつ**孤立した系**（正味の外力が働かない系，isolated system）に話を限る。

運動エネルギー

2つの衝突物体からなる系の全運動エネルギーが，衝突の前後で変わらなければ，運動エネルギーは保存されるという。このような衝突を**弾性衝突**（elastic collision）と呼ぶ。2台の車やボールとバットといった身の回りにある物体の衝突では，どんな場合でもいくらかのエネルギーが熱や音のような他の形態のエネルギーに移動する。このような衝突を**非弾性衝突**（inelastic collision）と呼び，運動エネルギーは保存されない。

しかし，身近な物体の衝突においても，状況によっては弾性衝突と近似できる場合がある。スーパーボールを固い床に落としたとしよう。ボールと床（または地球）の衝突が弾性的（弾性衝突）ならば，ボールは衝突によって運動エネルギーを失うことなく，元の高さまで跳ね返ってくるだろう。実際には跳ね返る高さが若干低くなるので，衝突の際に運動エネルギーが少しだけ失われ，衝突は少しだけ非弾性的であることがわかる。それでも小さな運動エネルギーの減少を無視して，この衝突を弾性衝突と近似することができる。

ゴルフボールの場合は，もっと多くの運動エネルギーを失い，固い床に落としても元の高さの60％程度までしか跳ね返らない。このような衝突は明らかに非弾性衝突であり，決して弾性衝突と近似することはできない。湿った粘土の固まりを床に落とすと，粘土は床にくっついて全く跳ね返らない。このような衝突を**完全非弾性衝突**と呼ぶ。図10-7には劇的な完全非弾性衝突の例を示した。完全非弾性衝突では，衝突物体は衝突後に合体して運動エネルギーが失われる。

運動量

衝突時の力積の詳細に関係なく，また系の全運動エネルギーの変化のようすには関係なく，閉じた孤立系の全運動量 $\vec{P}$ は変化しない。なぜなら，$\vec{P}$ は外力が働くときにだけ変化するが，孤立系では衝突の際に働く力は内力

図10-7 2台の車の正面衝突はほとんど完全非弾性衝突であった。

だけである。そこで次の重要な法則を得る。

▶ 閉じた孤立系における衝突では，各衝突物体の運動量は変化するが，弾性衝突の場合も非弾性衝突の場合も，全運動量 $\vec{P}$ は変化しない。

これは 9-6 節で議論した**運動量の保存則**(conservation of linear momentum)を言い換えたものである。次の 2 節ではこの法則を特定の衝突（非弾性衝突と弾性衝突）に適用してみる。

10-4　1 次元の非弾性衝突

1 次元の衝突

衝突前後のすべての運動がひとつの軸上にあるような衝突を 1 次元衝突という。図 10-8 は 1 次元衝突直前と直後の 2 つの物体の状態を表している。衝突前の速度を添字 i (initial) で，衝突後の速度を添字 f (final) で示す。2 つの物体からなるこの系は，閉じた系でありかつ孤立系である。保存則は次のように書くことができる；

$$(\text{衝突前の全運動量 } \vec{P_i}) = (\text{衝突後の全運動量 } \vec{P_f})$$

記号を用いて書き直せば

$$\vec{p}_{1i} + \vec{p}_{2i} = \vec{p}_{1f} + \vec{p}_{2f} \quad (\text{運動量の保存則}) \quad (10\text{-}15)$$

1 次元の運動であるから，変数の上の矢印を外して軸に沿った成分だけを使うこともできる。$p = mv$ であるから式 (10-15) を書き直すと，

$$m_1 v_{1i} + m_2 v_{2i} = m_1 v_{1f} + m_2 v_{2f} \quad (10\text{-}16)$$

2 つの物体の質量と初速度，さらにどちらか一方の終速度がわかれば，式 (10-16) を用いて，もう一方の物体の終速度を知ることができる。

完全非弾性衝突

図 10-9 は，完全非弾性衝突（衝突後に合体）直前と直後の 2 つの物体の状態を表している。質量 m_2 の物体は最初静止している ($v_{2i} = 0$) ので，これを "標的" (target) と呼び，一方の近づいてくる物体を "入射物体" (projectile) と呼ぶ。衝突後に合体した物体は速度 V で運動する。この状況に対して式 (10-16) を書くと，

$$m_1 v_{1i} = (m_1 + m_2) V \quad (10\text{-}17)$$

または

$$V = \frac{m_1}{m_1 + m_2} v_{1i} \quad (10\text{-}18)$$

2 つの物体の質量と入射物体の初速度 v_{1i} がわかっていれば，式 (10-18) を用いて終速度 V を知ることができる。$m_1/(m_1 + m_2)$ は必ず 1 より小さいので，V は v_{1i} より小さいことに注意しよう。

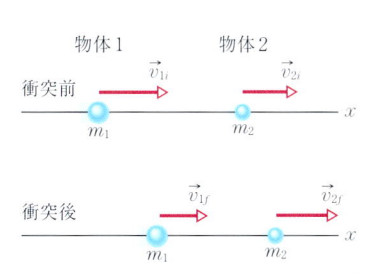

図 10-8　物体 1 と 2 は非弾性衝突の前も後も x 軸上を運動している。

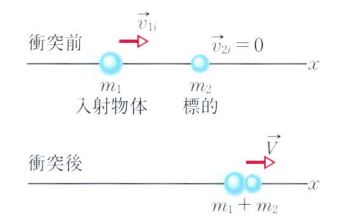

図 10-9　2 つの物体の完全非弾性衝突。衝突前：質量 m_1 の物体が，静止している質量 m_2 の物体に向かって運動している。衝突後：合体した物体は速度 $\vec{V}$ で運動する。

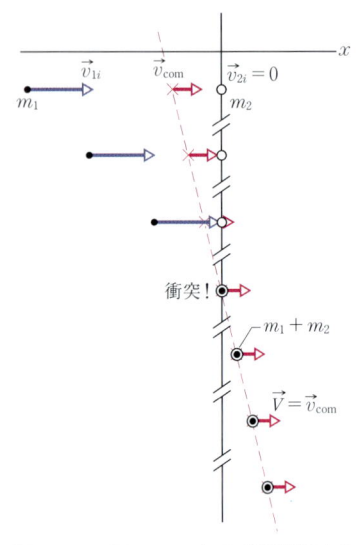

図 10-10 図 10-9 の完全非弾性衝突をコマ送りで示した。系の質量中心が各コマに描かれている。質量中心の速度は衝突に影響されない。2 物体は衝突後に合体するので，その速度 $\vec{V}$ は $\vec{v}_{\text{com}}$ に等しい。

質量中心の速度

閉じた孤立系では，質量中心の速度を変えるような正味の外力が働いていないので，質量中心の速度 $\vec{v}_{\text{com}}$ は衝突の前後で変化しない。$\vec{v}_{\text{com}}$ を導くために，2 物体の 1 次元衝突（図 10-8）に話を戻そう。式 (9-25) ($\vec{P} = M\vec{v}_{\text{com}}$) を用いて，2 物体の全運動量と $\vec{v}_{\text{com}}$ を関係づけることができる；

$$\vec{P} = M\vec{v}_{\text{com}} = (m_1 + m_2)\vec{v}_{\text{com}} \tag{10-19}$$

全運動量 $\vec{P}$ は保存されるので，$\vec{P}$ は式 (10-15) の右辺または左辺で与えられる。ここでは左辺を用いることにする。

$$\vec{P} = \vec{p}_{1i} + \vec{p}_{2i} \tag{10-20}$$

この $\vec{P}$ を式 (10-19) で置き換えれば，

$$\vec{v}_{\text{com}} = \frac{\vec{P}}{m_1 + m_2} = \frac{\vec{p}_{1i} + \vec{p}_{2i}}{m_1 + m_2} \tag{10-21}$$

この式の右辺は一定であり，$\vec{v}_{\text{com}}$ も衝突前後で同じ一定の値をとる。

図 10-10 は完全非弾性衝突（図 10-9）のようすをコマ送りで示している。物体 2 は標的で，その初期運動量は $\vec{p}_{2i} = m_2\vec{v}_{2i} = 0$ である。物体 1 は入射物体で，その初期運動量は $\vec{p}_{1i} = m_1\vec{v}_{1i}$ である。コマ送り画像に示されているように，質量中心は衝突前も衝突後も一定の速度で右に動いている。衝突後，質量中心は合体した物体と一緒に動くので，$\vec{V}$ は $\vec{v}_{\text{com}}$ に等しい。

> ✓ **CHECKPOINT 3:** 物体 1 と物体 2 が 1 次元完全非弾性衝突をした。衝突前の運動量が次のような場合，衝突後の運動量はいくらか？ (a) 10 kg·m/s と 0；(b) 10 kg·m/s と 4 kg·m/s；(c) 10 kg·m/s と -4 k·gm/s。

例題 10-2

弾道振り子 (ballistic pendulum) は電子計測器の登場以前に弾丸のスピードを測るのに用いられた。図 10-11 では，質量 $M = 5.4$ kg の木のブロックが長い 2 本のひもで吊り下げられている。質量 $m = 9.5$ g の弾丸が木片に撃ち込まれ，木片内ですぐに停止した。ブロック＋弾丸は右に振れて，垂直方向に $h = 6.3$ cm だけ上昇したところで一瞬静止した。衝突直前の弾丸の速さはいくらか？

解法： 弾丸のスピード v が高さ h を決める。**Key Idea：** 弾丸がブロックに撃ち込まれたとき，エネルギーは明らかに力学的エネルギーから別の形態のエネルギー（熱エネルギーや木のブロックを破壊するエネルギー）に移動しているので，力学的エネルギーの保存則を用いて弾丸の速さと垂直変位を関係づけることはできない。**Key Idea：** この複雑な運動を 2 段階に分けて考える。(1) 弾丸-ブロック衝突，(2) 弾丸-ブロックの上昇運動（この時力学的エネルギーは保存される）。

Step 1. 弾丸-ブロック系の衝突は一瞬にして終わるので次のような 2 つの重要な仮定をする。(1) ブロッ

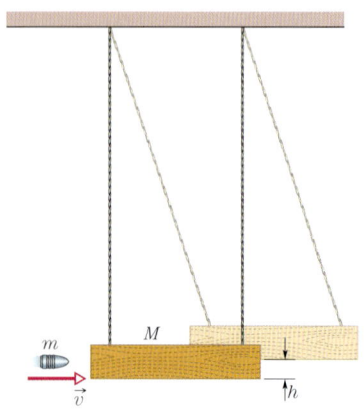

図 10-11 例題 10-2。弾丸のスピードを計測するための弾道振り子。

クに働く重力とひもから受ける力は衝突の間はつり合っているとする。したがって衝突中の外力による力積はゼロである。すなわち，系は孤立しており，系の全運動量は保存する。(2)衝突直後の 弾丸＋ブロック の運動方向が衝突前の弾丸の運動方向に等しいという意味で，衝突は１次元的である。

衝突が１次元的であり，ブロックは最初静止しており，弾丸はブロックと合体するので，運動量の保存を表している式(10-18)を用いることができる。この例題で用いる変数で置き換えると

$$V = \frac{m}{m+M} v \qquad (10\text{-}22)$$

Step 2. 弾丸とブロックは一体となって動くので，弾丸-ブロック-地球系 の力学的エネルギーは保存される（吊りひもからの力は常にブロックの運動に垂直なので，この力によって力学的エネルギーが変化することはない）。ブロックの初期位置の高さを重力ポテンシャルエネルギーがゼロとなる基準の高さとする。力学的エネルギーの保存則により，系が振れ始めた時の運動エネルギーと最高点に達した時の重力ポテンシャルエネルギーは等しい。振れ始めの 弾丸＋ブロック の速さは，衝突直後の速さ V だから，保存則を次のように書き表す。

$$\frac{1}{2}(m+M)V^2 = (m+M)gh \qquad (答)$$

式(10-22)の V を代入すると

$$\begin{aligned}
v &= \frac{m+M}{m}\sqrt{2gh} \\
&= \left(\frac{0.0095\,\text{kg} + 5.4\,\text{kg}}{0.0095\,\text{kg}}\right)\sqrt{(2)(9.8\,\text{m/s}^2)(0.063\,\text{m})} \\
&= 630\,\text{m/s} \qquad (答)
\end{aligned}$$

弾道振り子は，小物体（弾丸）の"高速"を，測定しやすい大きな物体（ブロック）の"低速"に変換する一種の変速器である。

例題 10-3

空手家の拳（質量 $m_1 = 0.70\,\text{kg}$）の一撃が $0.14\,\text{kg}$ の板を割り（図10-12a），同じ一撃が $3.2\,\text{kg}$ のコンクリートブロックを破壊した。湾曲に対する板とブロックのばね定数 k を，それぞれ $4.1 \times 10^4\,\text{N/m}$ と $2.6 \times 10^6\,\text{N/m}$ である。板とブロックは，変形がそれぞれ $16\,\text{mm}$, $1.1\,\text{mm}$ に達したところで破壊した（図10-12c）。(S. R. Wilk, R. E. McNair, M. S. Feld 著 "The Physics of Karate", *American Journal of Physics*, 1983年9月からデータを引用)

(a) 破壊直前に物体（板またはブロック）に貯えられたエネルギーはいくらか？

解法： **Key Idea**：物体の湾曲をフックの法則が適用できるばねの圧縮とみなす。貯えられるポテンシャルエネルギーは $U = \frac{1}{2}kd^2$ で表される（式8-11）。板について計算すると，

$$\begin{aligned}
U &= \frac{1}{2}(4.1 \times 10^4\,\text{N/m})(0.016\,\text{m})^2 \\
&= 5.248\,\text{J} \approx 5.2\,\text{J} \qquad (答)
\end{aligned}$$

ブロックについて計算すると

$$\begin{aligned}
U &= \frac{1}{2}(2.6 \times 10^6\,\text{N/m})(0.0011\,\text{m})^2 \\
&= 1.573\,\text{J} \approx 1.6\,\text{J} \qquad (答)
\end{aligned}$$

(b) 物体（板またはブロック）を破壊するのに必要な拳のスピード v_fist は最低いくらか？ ただし次のことを仮定する：拳と物体の衝突は完全非弾性衝突である。湾曲は衝突直後に始まる。力学的エネルギーは湾曲の始まりから物体が破壊する直前まで保存される。破壊直前の拳と物体の速さは無視できる。

解法： **Key Idea**：この複雑な運動を3段階に分けて個別に解析する。
Step 1. 拳と物体の間の1次元完全非弾性衝突により，運動エネルギーが拳－物体系に移る。
Step 2. このエネルギーが湾曲によるポテンシャルエネルギー U に移る。
Step 3. U が(a)で求めた値に達すると物体は破壊する。
Step 1では，式(10-18)を用いて，衝突直前の拳の速さ

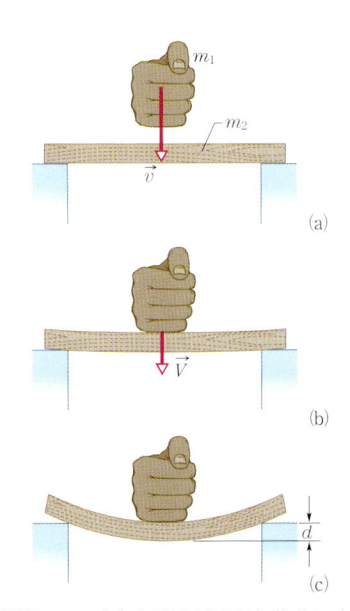

図 10-12 例題 10-3。(a)空手家が平らな物体に向かって速さ v で拳を振り下ろしたところ。(b)拳と物体が完全非弾性衝突をして物体が曲がり始めた。拳＋物体の速度は V になる。(c)中央の変形が d に達すると物体は壊れる。

v_fist と衝突直後（湾曲の始まり）の拳-物体系の速さ V_fo を関係づける。この例題で用いる変数を代入すると式(10-18)は次のように書ける；

$$V_\text{fo} = \frac{m_1}{m_1 + m_2} v_\text{fist} \tag{10-23}$$

Step 2 では，拳-物体系の力学的エネルギーが湾曲の最中（破壊するまで）保存される（物体の変形はとても小さいので，変形途中の拳と物体の重力ポテンシャルエネルギーの変化は無視できる）。力学的エネルギーの保存を次のように書くことができる；

$$\begin{pmatrix}湾曲し始めの\\運動エネルギー\end{pmatrix} = \begin{pmatrix}破壊直前の湾曲による\\ポテンシャルエネルギー\end{pmatrix}$$

これを式で表すと，

$$\frac{1}{2}(m_1 + m_2)V_\text{fo}^2 = U \tag{10-24}$$

V_fo に式(10-23)を代入して v_fist について解くと，

$$v_\text{fist} = \frac{1}{m_1}\sqrt{2U(m_1 + m_2)} \tag{10-25}$$

Step 3 では，式(10-25)に与えられた質量と(a)で求めた破壊時の U を代入すればよい。板について計算すると

$$v_\text{fist} = 4.2\,\text{m/s} \tag{答}$$

ブロックについて計算すると

$$v_\text{fist} = 5.0\,\text{m/s} \tag{答}$$

(a)では，板を割る方がより多くのエネルギーを必要とすることを知った。(b)では，板の方が割りやすい（拳のスピードが小さくてよい）ことがわかった。この理由は式(10-23)の中にある。標的の質量を小さくすれば，物体に与えられる速さ V_fo が増す。つまり拳の運動エネルギーのうち，より多くの割合が物体に移動する（図10-12と同じような配置で鉛筆を折る方がもっとやさしい理由のひとつは，鉛筆の質量が小さいからである）。

10-5　1次元の弾性衝突

静止標的

10-3節で議論したように，日常の衝突のほとんどは非弾性的であるが，なかには弾性的であると近似できるものもある。この場合，衝突物体の全運動エネルギーは保存され，他の形態のエネルギーに移動することはない。

（衝突前の全運動エネルギー）＝（衝突後の全運動エネルギー）

これは各衝突物体の運動エネルギーが変化しないということを言っているのではなく，次のことを意味している。

▶弾性衝突では，各衝突物体の運動エネルギーは変化するかも知れないが，系の全運動エネルギーは変化しない。

例えば，ビリヤードの突き玉と的玉の衝突は近似的に弾性衝突とみなすことができる。衝突が正面衝突ならば，突き玉の運動エネルギーのほとんどすべてが的玉に移動する（ただし，玉がぶつかるときに音がするということは，少なくとも僅かな運動エネルギーが音のエネルギーに移ったことを意味している）。

図10-13は，2つの物体が（ビリヤードの玉の正面衝突のような）1次元的な弾性衝突をする前後のようすを描いている。質量 m_1 の入射物体が，初速 v_{1i} で，静止している質量 m_2 の標的物体（$v_{2i} = 0$）に向かって運動している。この2物体系は閉じた孤立系であると仮定する。したがって，系の全運動量は保存される。式(10-15)を使って保存則を書くと，

$$m_1 v_{1i} = m_1 v_{1f} + m_2 v_{2f} \quad \text{（運動量）} \tag{10-26}$$

衝突が弾性的なら全運動エネルギーも保存されるので，

$$\frac{1}{2}m_1 v_{1i}^2 = \frac{1}{2}m_1 v_{1f}^2 + \frac{1}{2}m_2 v_{2f}^2 \quad \text{（運動エネルギー）} \tag{10-27}$$

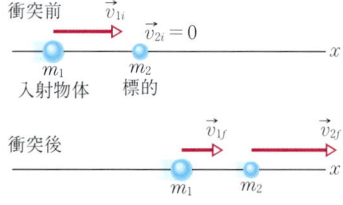

図 10-13　x 軸に沿って運動している物体1が静止している物体2と弾性衝突をする。衝突後，どちらの物体も x 軸に沿って運動する。

それぞれの式の中で，添字 i は初速度を，添字 f は終速度を表す。両方の物体の質量と物体1の初速度 v_{1i} がわかっていれば，未知数は v_{1f} と v_{2f} の2つ（両方の物体の終速度）になる。2つの方程式があるので，2つの未知数を求めることができる。

まず式(10-26)を変形して，

$$m_1(v_{1i} - v_{1f}) = m_2 v_{2f} \tag{10-28}$$

式(10-27)を変形して*

$$m_1(v_{1i} - v_{1f})(v_{1i} + v_{1f}) = m_2 v_{2f}^2 \tag{10-29}$$

式(10-29)を式(10-28)で割って，少しだけ計算すると次式が得られる；

$$v_{1f} = \frac{m_1 - m_2}{m_1 + m_2} v_{1i} \tag{10-30}$$

$$v_{2f} = \frac{2m_1}{m_1 + m_2} v_{1i} \tag{10-31}$$

式(10-31)から，v_{2f} が常に正である（質量 m_2 の標的はいつも前方へ進む）ことがわかる。式(10-30)からは v_{1f} の符号は正負のどちらにもなりうることがわかる（質量 m_1 の入射物体は，$m_1 > m_2$ のとき前方へ進み，$m_1 < m_2$ のときは跳ね返される）。

特別な状況の場合を調べてみよう。

1. **質量が等しい場合** $m_1 = m_2$ の場合，式(10-30)と(10-31)はそれぞれ次のようになる；

$$v_{1f} = 0 \quad \text{と} \quad v_{2f} = v_{1i}$$

これは先ほどのビリヤードの結果を思い出させる。この結果は次のことを予言する：同じ質量をもつ2つ物体の正面衝突では，最初に動いていた物体1はぴたりと止まり，最初静止していた物体2は物体1の初速で動きだす。質量の等しい物体は，正面衝突において速度を交換するといってもよい。このことは標的粒子が最初に静止していなくても成り立つ。

2. **標的の質量が大きい場合** 重い標的とは（図10-13において）$m_2 \gg m_1$ を意味する。ゴルフボールを砲弾にぶつけたとしよう。式(10-30)と式(10-31)はそれぞれ次のようになる；

$$v_{1f} \approx -v_{1i} \quad \text{と} \quad v_{2f} \approx \left(\frac{2m_1}{m_2}\right) v_{1i} \tag{10-32}$$

物体1（ゴルフボール）はほぼ同じ速さで跳ね返され，物体2（砲弾）は前方へゆっくりと動く（式(10-32)の括弧内の量は1に比べて非常に小さい）。予想通りの結果であろう。

3. **入射物体の質量が大きい場合** これは逆のケースである；すなわち $m_1 \gg m_2$。今度は砲弾がゴルフボールにぶつかる。式(10-30)と(10-

---

* この変形で $a^2 - b^2 = (a-b)(a+b)$ という恒等式を用いた。この恒等式は式(10-28)と式(10-29)の連立方程式を解くときの計算を楽にする。

31) はそれぞれ次のようになる；

$$v_{1f} \sim v_{1i} \quad \text{と} \quad v_{2f} \sim 2v_{1i} \tag{10-33}$$

物体1（砲弾）はほとんど速さを変えずにそのまま進み，物体2（ゴルフボール）は砲弾の2倍の速さで跳ね飛ばされる。

なぜ2倍のスピードなのか？ このことを考える前に，まず式(10-32)で軽い物体（ゴルフボール）の速度が $+v$ から $-v$ に変化したことを思い出して欲しい。速度変化の大きさは $2v$ である。同じ速度変化（ゼロから $2v$）がここでも起こる。

動く標的

静止標的と入射物体の衝突を学んだので，今度は運動している物体どうしの弾性衝突を考えよう。

図10-14に描かれた状況で，運動量の保存則は次のように書かれる；

$$m_1 v_{1i} + m_2 v_{2i} = m_1 v_{1f} + m_2 v_{2f} \tag{10-34}$$

運動エネルギーの保存は次のように書かれる；

$$\frac{1}{2} m_1 v_{1i}^2 + \frac{1}{2} m_2 v_{2i}^2 = \frac{1}{2} m_1 v_{1f}^2 + \frac{1}{2} m_2 v_{2f}^2 \tag{10-35}$$

これらを連立させて解くために，まず式(10-34)を変形して，

$$m_1(v_{1i} - v_{1f}) = -m_2(v_{2i} - v_{2f}) \tag{10-36}$$

次に式(10-35)を変形して，

$$m_1(v_{1i} - v_{1f})(v_{1i} + v_{1f}) = -m_2(v_{2i} - v_{2f})(v_{2i} + v_{2f}) \tag{10-37}$$

式(10-37)を式(10-36)で割って，少しだけ計算すれば次のような結果が得られる；

$$v_{1f} = \frac{m_1 - m_2}{m_1 + m_2} v_{1i} + \frac{2m_2}{m_1 + m_2} v_{2i} \tag{10-38}$$

$$v_{2f} = \frac{2m_1}{m_1 + m_2} v_{1i} + \frac{m_2 - m_1}{m_1 + m_2} v_{2i} \tag{10-39}$$

添字1と2を物体に割り当てるやり方は任意であることに注意しよう。図10-14や式(10-38)，(10-39)に現れる添字を交換しても，得られる結果は変わらない。$v_{2i} = 0$ とおけば，図10-13のような静止標的の場合に対応し，式(10-38)，(10-39)はそれぞれ式(10-30)と(10-31)になることにも注意しよう。

図 10-14 2つの物体が1次元的な弾性衝突をするところ。

> ✓ **CHECKPOINT 4:** 図10-13において，入射物体の初期運動量を $6\,\text{kg}\cdot\text{m/s}$ とする。衝突後の入射物体の運動量が次の値をもつとき，標的の衝突後の運動量はいくらか？ (a) $2\,\text{kg}\cdot\text{m/s}$, (b) $-2\,\text{kg}\cdot\text{m/s}$. (c) 入射物体の衝突前と衝突後の運動エネルギーがそれぞれ $5\,\text{J}$ と $2\,\text{J}$ のとき，標的の衝突後の運動エネルギーはいくらか？

例題 10-4

図 10-15 のように，ひもで鉛直に吊られた 2 つの金属球が，最初ぎりぎりで接触している．球 1（質量 $m_1 = 30\,\text{g}$）を高さ $h_1 = 8.0\,\text{cm}$ まで左へ引っ張り，止めた状態で手を放した．球が振れて球 2（質量 $m_2 = 75\,\text{g}$）と弾性衝突した．衝突直後の球 1 の速度 v_{1f} はいくらか？

解法： **Key Idea**：この複雑な運動を 2 段階に分けて考える：(1) 球 1 の降下，(2) 2 つの球の衝突．

Step 1. **Key Idea**：球 1 が振れるとき，球-地球系の力学的エネルギーは保存される（球 1 が吊りひもから受ける力は，常に球の運動方向に垂直なので仕事をしない．すなわち力学的エネルギーは変化しない）．最も低い地点を重力ポテンシャルエネルギーの基準点としよう．このとき，最低点での球 1 の運動エネルギーは，最高点での重力ポテンシャルエネルギーに等しいので，

$$\frac{1}{2}m_1 v_{1i}^2 = m_1 g h_1$$

これを解いて，衝突直前の球 1 の速度を求めることができる；

$$v_{1i} = \sqrt{2gh_1} = \sqrt{(2)(9.8\,\text{m/s}^2)(0.080\,\text{m})}$$
$$= 1.252\,\text{m/s}$$

Step 2. 衝突が弾性的であるということに加えて，さらに 2 つの仮定をする．(1) 衝突直前と直後の球の運動はほぼ水平なので，衝突は 1 次元的である仮定する．(2) 衝突は一瞬で起きるので 2 つの球の系は閉じた孤立系であると仮定する．**Key Idea**：系の全運動量は保存される．したがって，式 (10-30) を用いて衝突直後の球 1 の速度を求めることができる．

$$v_{1f} = \frac{m_1 - m_2}{m_1 + m_2}v_{1i} = \frac{0.030\,\text{kg} - 0.075\,\text{kg}}{0.030\,\text{kg} + 0.075\,\text{kg}}(1.252\,\text{m/s})$$
$$= -0.537\,\text{m/s} \approx -0.54\,\text{m/s} \qquad (答)$$

負符号は，衝突後に球 1 が左へ動くことを示している．

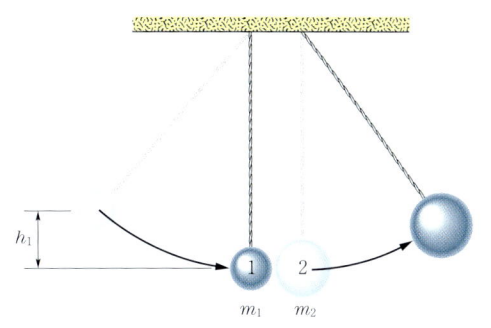

図 10-15 例題 10-4．2 つの金属球がひもで吊り下げられ，互いに接した状態で静止している．球 1（質量 m_1）を高さ h_1 まで左へ引っ張った後に手を放す．

10-6 2 次元の衝突

2 つの物体の衝突においては，相手に与える力積が双方の物体の衝突後の運動方向を決めている．正面衝突でない場合，物体は衝突前の運動方向とは別の方向へ向かう．このような 2 次元的な衝突においても，閉じた孤立系であれば系の全運動量は保存される．

$$\vec{P}_{1i} + \vec{P}_{2i} = \vec{P}_{1f} + \vec{P}_{2f} \qquad (10\text{-}40)$$

（特別な場合として）衝突が弾性的であれば，全運動エネルギーも保存される．

$$K_{1i} + K_{2i} = K_{1f} + K_{2f} \qquad (10\text{-}41)$$

2 次元衝突を解析するときは，式 (10-40) を xy 座標系の成分に分解するとわかりやすい．図 10-16 には，入射物体が静止標的物体を斜めにはじき飛ばすような衝突が描かれている．入射物体の運動方向を x 軸にとると，物体間に働く力積により，物体は角 θ_1 と θ_2 の向きに飛んでいく．この場合，式 (10-40) の x 成分を書くと，

$$m_1 v_{1i} = m_1 v_{1f} \cos\theta_1 + m_2 v_{2f} \cos\theta_2 \qquad (10\text{-}42)$$

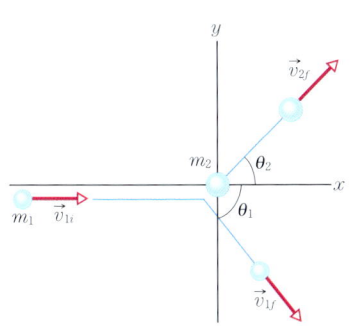

図 10-16 正面衝突でない 2 物体の弾性衝突．質量 m_2 の物体（標的）は最初静止している．

y 成分を書くと，

$$0 = -m_1 v_{1f} \sin\theta_1 + m_2 v_{2f} \sin\theta_2 \quad (10\text{-}43)$$

弾性衝突という特別な場合，式 (10-41) を速さを用いて書き表すと，

$$\frac{1}{2} m_1 v_{1i}^2 = \frac{1}{2} m_1 v_{1f}^2 + \frac{1}{2} m_2 v_{2f}^2 \quad (\text{運動エネルギー}) \quad (10\text{-}44)$$

式 (10-42)〜(10-44) は 7 つの変数を含んでいる：質量 m_1 と m_2，速さ v_{1i}, v_{1f}, v_{2f}，角 θ_1 と θ_2。このうちどれか 4 つの変数の値がわかれば，3 つの方程式を解くことによって残りの 3 つの変数を求めることができる。

> ✓ **CHECKPOINT 5**: 図 10-16 において，入射物体の初期運動量は 6 kg·m/s，最終運動量の x 成分は 4 kg·m/s，y 成分は -3 kg·m/s とする。標的の最終運動量について，(a) x 成分はいくらか？ (b) y 成分はいくらか？

例題 10-5

離れて別々に滑っていた 2 人のスケーターが，座標の原点で完全非弾性衝突をして，そのまま離れず一緒に滑っている（図 10-17）。質量 $m_A = 83$ kg の Alfred は初め東向きに $v_A = 6.2$ km/h で，質量 $m_B = 55$ kg の Barbara は初め北向きに速さ $v_B = 7.8$ km/h で滑っていた。

(a) このカップルの衝突後の速度 $\vec{V}$ はいくらか？

解法: **Key Idea**: 2 人のスケーターが閉じた孤立系となっていることを仮定する；彼らに働く正味の外力はゼロである。氷から受ける摩擦力は無視する。この仮定により，系の全運動量が保存される ($\vec{P}_i = \vec{P}_f$) ので，これを次のように表すことができる；

$$m_A \vec{v}_A + m_B \vec{v}_B = (m_A + m_B)\vec{V} \quad (10\text{-}45)$$

これを $\vec{V}$ について解くと，

$$\vec{V} = \frac{m_A \vec{v}_A + m_B \vec{v}_B}{m_A + m_B}$$

この式の右辺の文字を与えられた数値で置き換えれば，ベクトル演算機能付き計算機を使って直接解くこともできるが，ここでは前にも使った別の方法で解くことにする。**Key Idea**: 系の全運動量は，図 10-17 の x 軸と y 軸に沿った成分ごとに別々に保存される。式 (10-45) を成分ごとに書くと，x 成分は

$$m_A v_A + m_B(0) = (m_A + m_B)V \cos\theta \quad (10\text{-}46)$$

y 成分は

$$m_A(0) + m_B v_B = (m_A + m_B)V \sin\theta \quad (10\text{-}47)$$

どちらの式も未知数を 2 つ (V と θ) 含んでいるので，これらを別々に解くことはできないが，2 つの方程式を連立させて解くことはできる。式 (10-47) を式 (10-46) で割れば

$$\tan\theta = \frac{m_B v_B}{m_A v_A} = \frac{(55\,\text{kg})(7.8\,\text{km/h})}{(83\,\text{kg})(6.2\,\text{km/h})} = 0.834$$

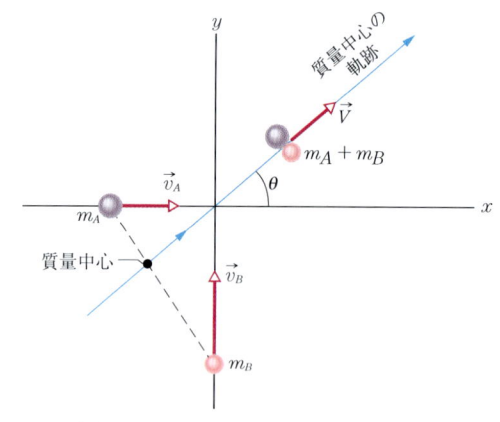

図 10-17 例題 10-5。この簡略化した平面図では球で表されているふたりのスケーター，Alfred(A) と Barbara(B)，が完全非弾性衝突をした。衝突後ふたりは角 θ の向きに速さ V で滑っていく。衝突前後のふたりの質量中心の軌跡が示されている。

となるので

$$\theta = \tan^{-1} 0.834 = 39.8° \approx 40° \quad (\text{答})$$

$m_A + m_B = 138$ kg なので，式 (10-47) より

$$V = \frac{m_B v_B}{(m_A + m_B)\sin\theta} = \frac{(55\,\text{kg})(7.8\,\text{km/h})}{(138\,\text{kg})(\sin 39.8°)}$$
$$= 4.86\,\text{km/h} \approx 4.9\,\text{km/h} \quad (\text{答})$$

(b) 2 人のスケーターの衝突前と衝突後の質量中心の速度 $\vec{v}_{\text{com}}$ はいくらか？

解法: **Key Idea**: 衝突後に 2 人のスケーターはくっついているので，質量中心は彼らと一緒に移動する（図 10-17）。したがって，質量中心の速度 $\vec{v}_{\text{com}}$ は (a) で求めた $\vec{V}$ に等しい。

衝突前の$\vec{v}_{\text{com}}$を求めるときの**Key Idea**：系の$\vec{v}_{\text{com}}$が変化するのは，正味の外力が働くときであった．内力が働くときではない．ここでは 2 人のスクーターは孤立系である（正味の外力は働かない）と考えている．したがって，衝突により$\vec{v}_{\text{com}}$が変化することはない（衝突は内力を生じるだけである）．したがって，衝突前も衝突後も
$$\vec{v}_{\text{com}} = \vec{V} \quad (答)$$

ま と め

衝突 衝突では 2 つの物体が互いに強い力を短い時間に及ぼし合う．この力は 2 物体の系の内力であり，衝突の間に働くいかなる外力に比べても大きい．

力積と運動量 衝突に関わっている粒子状の物体にニュートンの第 2 法則（運動量で表したもの）を適用すると**力積-運動量の定理**が導かれる．
$$\vec{p}_f - \vec{p}_i = \Delta \vec{p} = \vec{J} \quad (10\text{-}4)$$
$\vec{p}_f - \vec{p}_i = \Delta \vec{p}$は物体の運動量変化，$\vec{J}$は物体が他の物体から受ける力$\vec{F}(t)$による**力積**である；
$$\vec{J} = \int_{t_i}^{t_f} \vec{F}(t)\, dt \quad (10\text{-}3)$$
衝突中に働く力$\vec{F}(t)$の平均値がF_{avg}，衝突継続時間がΔtであるとき，1 次元衝突では
$$J = F_{\text{avg}} \Delta t \quad (10\text{-}8)$$
固定された標的物体に，質量m，速さvの物体が連続して衝突するとき，標的が受ける力の平均値は，
$$F_{\text{avg}} = -\frac{n}{\Delta t} \Delta p = -\frac{n}{\Delta t} m \Delta v \quad (10\text{-}10)$$
$n/\Delta t$は物体が固定標的に衝突する割合で，Δvは各物体の速度変化量である．この力の平均値は，固定標的に衝突する質量の割合を$\Delta m/\Delta t$とすると次のように書き換えられる；
$$F_{\text{avg}} = -\frac{\Delta m}{\Delta t} \Delta v \quad (10\text{-}13)$$
式(10-10)と式(10-13)において，衝突後に物体が停止するときは$\Delta v = -v$，同じ速さで逆向きに跳ね返されるときは$\Delta v = -2v$となる．

非弾性衝突（1 次元） 2 つの物体の非弾性衝突では，2 物体系の全運動エネルギーは保存されない．しかし閉じた孤立系であるなら全運動量は保存される．これをベクトルで書き表すと（添字iで衝突前の量を，添字fで衝突後の量を示す），
$$\vec{p}_{1i} + \vec{p}_{2i} = \vec{p}_{1f} + \vec{p}_{2f} \quad (10\text{-}15)$$
物体の運動がある軸上に限られている場合，衝突は 1 次元的である．式(10-15)をこの軸に沿った速度成分を用いて書き換えると，
$$m_1 v_{1i} + m_2 v_{2i} = m_1 v_{1f} + m_2 v_{2f} \quad (10\text{-}16)$$
衝突後に 2 つの物体が合体するとき，衝突は完全非弾性衝突であり，2 つの物体は同じ終速度Vを持つ（合体するのだから当然であろう）．

質量中心の運動 2 つの物体が閉じた孤立系をなすとき，その質量中心は衝突の影響を受けない．質量中心の速度$\vec{v}_{\text{com}}$は衝突によって変化せず，全運動量（これも一定）と次のような関係にある；
$$\vec{v}_{\text{com}} = \frac{\vec{P}}{m_1 + m_2} = \frac{\vec{p}_{1i} + \vec{p}_{2i}}{m_1 + m_2} \quad (10\text{-}21)$$

弾性衝突（1 次元） 衝突物体の全運動エネルギーが保存されるような衝突を弾性衝突という．日常見かける衝突のいくつかは弾性衝突と近似することができる．閉じた孤立系の場合は全運動量も保存される．1 次元衝突の場合の運動エネルギー保存則と運動量保存則を使って，衝突後の物体の速度は次のように得られる．ただし，入射物体を物体 1，標的物体を物体 2 とする．
$$v_{1f} = \frac{m_1 - m_2}{m_1 + m_2} v_{1i} \quad (10\text{-}30)$$
$$v_{2f} = \frac{2m_1}{m_1 + m_2} v_{1i} \quad (10\text{-}31)$$
2 物体が両方とも衝突前に運動しているときは，衝突後の速度は次のようになる；
$$v_{1f} = \frac{m_1 - m_2}{m_1 + m_2} v_{1i} + \frac{2m_2}{m_1 + m_2} v_{2i} \quad (10\text{-}38)$$
$$v_{2f} = \frac{2m_1}{m_1 + m_2} v_{1i} + \frac{m_2 - m_1}{m_1 + m_2} v_{2i} \quad (10\text{-}39)$$
式(10-38)と式(10-39)は添字 1 と 2 に関して対称であることに注目しよう．

2 次元の衝突 2 つの衝突物体の運動がある軸上に限られていないとき（正面衝突でないとき），衝突は 2 次元的になる．2 物体系が閉じた孤立系であるなら，運動量保存則は次のように書かれる；
$$\vec{P}_{1i} + \vec{P}_{2i} = \vec{P}_{1f} + \vec{P}_{2f} \quad (10\text{-}40)$$
成分に分解すると，運動量保存則は 2 つの式で表される（2 次元のそれぞれについて 1 つの式が対応）．衝突が弾性的ならば（これは特別な場合である），運動エネルギーも保存され，次の第 3 式を与える．
$$K_{1i} + K_{2i} = K_{1f} + K_{2f} \quad (10\text{-}41)$$

問題

1. 図 10-18 は，衝突物体に働く力の大きさ vs. 時間のグラフを示している。物体に働く力積の大きさの順に並べなさい。

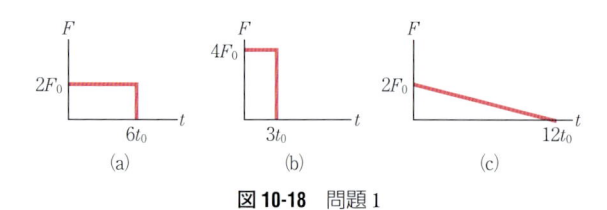

図 10-18 問題 1

2. 摩擦のない xy 平面を運動している 2 つの物体が衝突した。系は閉じた孤立系であるとする。下表は衝突前後の運動量成分（kg·m/s 単位）を与えている。空欄を埋めなさい。

	物体	衝突前 p_x	衝突前 p_y	衝突後 p_x	衝突後 p_y
1	A	3	4	7	2
	B		2	2	
2	C	-4	5	3	
	D		-2	4	2
3	E	-6			3
	F	6	2	-4	-3

3. 下の表は図 10-14 に示した 2 物体の衝突について 3 通りの質量（kg）と速度（m/s）の組合せを示している。質量中心が静止しているのはどれか。

	m_1	v_1	m_2	v_2
a	2	3	4	-3
b	6	2	3	-4
c	4	3	4	-3

4. 図 10-19 は，2 つの物体とそれらの質量中心の位置 vs. 時間のグラフを 4 通り示している。2 つの物体は閉じた孤立系をつくり，x 軸に沿って 1 次元の完全非弾性衝突をした。グラフ 1 において，(a) 2 つの物体はどちら向きに運動しているか。(b) 質量中心はどちら向きに運動しているか。(c) 物理的に不可能なのはどのグラフか説明しなさい。

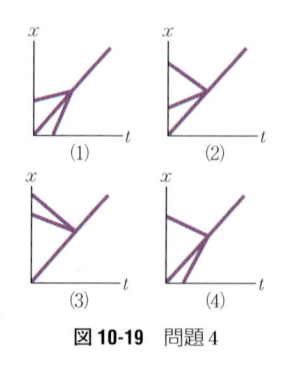

図 10-19 問題 4

5. 物体 A と B は，図 10-20 に示された向きに，それぞれ 9 kg·m/s と 4 kg·m/s の運動量で摩擦のない床の上を滑っている。

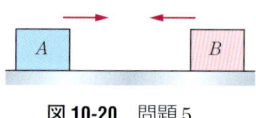

図 10-20 問題 5

(a) この 2 物体系の質量中心はどの向きに運動しているか。(b) 2 物体が衝突して合体すると，衝突後物体はどの向きに運動するか。(c) 物体 A が衝突後に左向きに運動するとき，A の運動量の大きさは B より小さいか，大きいか，等しいか。

6. 摩擦のない床の上を x 軸の正の向きに滑っている入射物体が，静止している標的物体と 1 次元衝突をした（図 10-13）。2 物体は閉じた孤立系であると仮定する。物体の衝突前後の運動量 vs. 時間のグラフを図 10-21 に 9 例示した。物理的に不可能なのはどのグラフか説明しなさい。

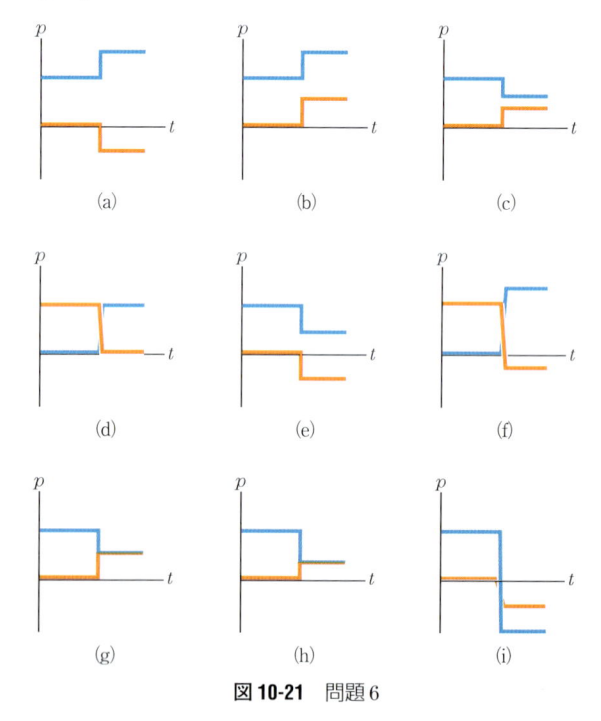

図 10-21 問題 6

7. 2 つの物体が x 軸に沿った 1 次元弾性衝突をした。2 物体とそれらの質量中心の位置 vs. 時間のグラフを図 10-22 に示した。(a) 最初，2 物体はどちらも運動していたか，または片方は静止していたか。(b) 衝突前の質量中心の運動を表している線はどれか。(c) 衝突後の質量中心の運動を

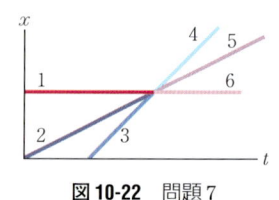

図 10-22 問題 7

表している線はどれか．(d) 衝突前により速く運動していた物体の質量は，他の物体の質量より大きいか，小さいか，等しいか．

8. ベースボールとバスケットボールを肩の高さから固い床に落としてどれだけ跳ね返るかを記録した．次に図10-23 aのようにベースボールをバスケットボールの真上の少しだけ高い位置に置いて同時に落下させた（ボールが顔に当たらないように注意すること）．(a) バスケットボールの跳ね返りの高さは先程より高いか，低いか（図10-23 b）．(b) ベースボールの跳ね返りの高さは，最初に別々に測った跳ね返り高さの和より小さいか，大きいか．

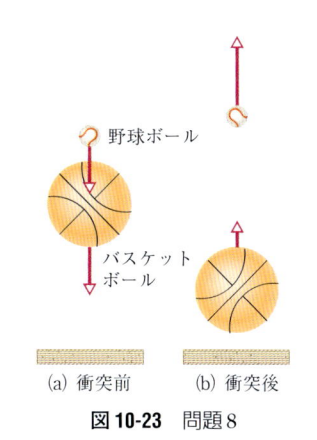

図 10-23 問題 8

9. 摩擦のない氷の上を x 軸に沿って運動量 $5\,\mathrm{kg\cdot m/s}$ で滑っているアイスホッケーのパック A が，静止しているパックに衝突した（図10-24は真上から見た図）．図には衝突後のパック Aの軌跡が3通り示されている．パック B が衝突後に次のような運動量の x 成分をもつとき，適切なAの軌跡はどれか．(a) 5 kg·m/s, (b) 5 kg·m/s 以上, (c) 5 kg·m/s 以下．パック B の衝突後の運動量の x 成分が, (d) 1 kg·m/s になることはあり得るか, (d) -1 kg·m/s になることはあり得るか．

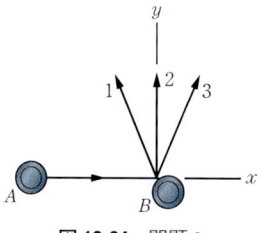

図 10-24 問題 9

10. 閉じた孤立系を作っている2つの物体が摩擦のない床の上で衝突した．図10-25には2つの物体とそれらの質量中心を真上から見たときの3通りの軌跡が描かれているが，どれが衝突を正しく表しているか．

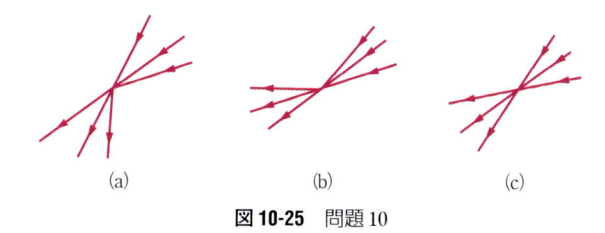

(a)   (b)   (c)

図 10-25 問題 10

11 回転

柔道では，体力と体格が劣っていても，物理を理解していれば，大柄の選手を倒せることがある。このことは，基本的な"腰技"に現れる。腰技では，相手を自分の腰のまわりに回転させ，技が決まれば，畳にたたきつけることができる。物理をうまく適用しなければ，相当な力が必要となりこの技を決めるのは難しいだろう。

物理から得られるメリットはなにか。

答えは本章で明らかになる。

11-1 並進と回転

フィギュアスケート選手の優美な動きを例にとって，2種類の単純運動について説明しよう。図11-1aでは，スケーターが氷上を真っ直ぐに一定の速さで滑走している。この運動は，単純**並進**(translation)である。図11-1bでは，同じスケーターが鉛直軸のまわりを一定の速さでスピンしている。これは，単純**回転**(rotation)である。

並進運動は一直線上の運動であり，これまではそのような運動に焦点をあててきた。一方，回転運動は，車輪，ギア，モーター，惑星，時計の針，ジェットエンジンの回転部，ヘリコプターの羽などの運動である。本章では，このような運動に焦点をあてる。

11-2 回転運動の変数

固定軸のまわりの剛体の回転について調べよう。**剛体**(rigid body)は，その各部分が互いにしっかりと結合しており，形が変形することなく回転できるような物体のことである。**固定軸**(fixed axis)は，動かない軸のまわ

りに回転することを意味している。ここでは太陽のような物体は扱わない。太陽は（気体の球なので），その各部分が互いにしっかりと結合された物体とはいえないからである。また，レーンを転がるボウリングのボールも扱わない。この場合はボールの回転軸が動いている（ボールの運動は，並進と回転を合成したものとなる）。

図11-2は任意の形の剛体が固定軸のまわりに回転しているようすを描いている。この軸を**回転軸**（rotation axis）と呼ぶ。物体中の任意の点は，回転軸上に中心をもつ円周上を運動し，物体のどの点も一定の時間には同じ角度だけ運動する。単純並進運動では，物体中のどの点も直線上を運動し，一定時間内には同じ直線距離だけ移動した（回転運動と並進運動の比較は，この章の最後に行う）。

ここでは，並進運動の位置，変位，速度，加速度等に対応する回転運動の変数を順番にみていこう。

回 転 角

図11-2には，**基準線**（reference line）が描かれているが，この直線は物体に固定され，回転軸に垂直で，物体と共に回転する。基準線の**回転角**（angular position，訳注：直訳すれば"角位置"であるが，本書では日本語として馴染みのある"回転角"と訳す）とは，ある固定した向き——**基準回転角**（zero angular position）——と基準線の間の角度のことである。図11-3では，回転角 θ は x 軸の正の方向から測られている。幾何学的な考察から，θ は次のように与えられる；

$$\theta = \frac{s}{r} \qquad (11\text{-}1)$$

s は半径 r の円に沿った x 軸（基準回転角）と基準線の間の弧の長さ（または円弧距離）である。

このように定義された角度は，回転数（revolution, rev）や度（degree）ではなく，**ラジアン**（radian, rad）を単位として測る。ラジアンは2つの長さの比なので無次元量である。半径 r の円の円周の長さは $2\pi r$ だから，一周の角度は 2π となる；

$$1 \text{ rev} = 360° = \frac{2\pi r}{r} = 2\pi \text{ rad} \qquad (11\text{-}2)$$

これより，

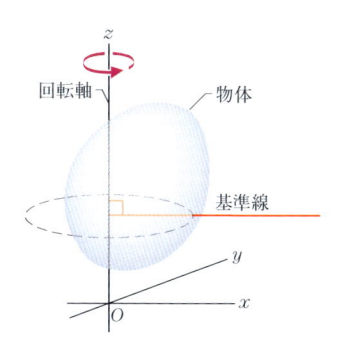

図 11-1 フィギュアスケーター Michelle Kwan が，(a)ある方向へ単純並進運動をしている，(b)鉛直軸のまわりに単純回転運動をしている。

図 11-2 任意の形の剛体が z 軸のまわりに単純回転をしている。剛体に対する基準線の取り方は任意であるが，回転軸に垂直にとる。基準線は剛体に固定されて剛体と共に回転する。

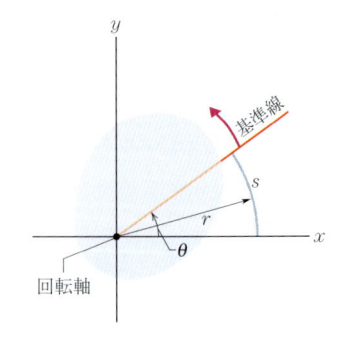

図 11-3 図 11-2 の剛体を上から見た断面図．断面は回転軸に垂直で，回転軸は紙面から手前向きである．ここでは基準線は x 軸から角 θ を向いている．

$$1\,\text{rad} = 57.3° = 0.159\,\text{rev} \tag{11-3}$$

基準線が回転軸のまわりを回って元の位置に戻っても θ をゼロには戻さない．基準線が基準回転角から2回転して元に戻ったならば，この線の回転角 θ は $\theta = 4\pi$ rad ということになる．

x 軸に沿った単純並進運動に対しては，物体の位置が時間の関数 $x(t)$ で与えられれば，それが運動物体に関する情報のすべてである．同様に単純回転運動に対しては，物体の基準線の回転角が時間の関数 $\theta(t)$ で与えられれば，回転物体に関する情報はすべて得られるのである．

角 変 位

図 11-3 の物体が回転軸のまわりに回転して（図 11-4），基準線の回転角が θ_1 から θ_2 まで変化したとき，物体の**角変位**（angular displacement）$\Delta\theta$ は次式で与えられる；

$$\Delta\theta = \theta_2 - \theta_1 \tag{11-4}$$

この角変位の定義は，剛体全体に対してだけでなく，剛体の中にあるあらゆる粒子に対して適用できる．なぜなら，これらの粒子は互いにしっかりと結合されているからである．

物体が x 軸に沿った並進運動をするとき，その運動が x 軸の正の向きか負の向きかに対応して変位 Δx は正にも負にもなった．同様に，物体が回転運動をするとき，その角変位 $\Delta\theta$ は，次の規則に従って，正にも負にもなる；

▶ 回転の向きが反時計回りのとき角変位は正であり，時計回りのとき角変位は負である．

これを覚えるには，"時計は負"と暗唱すればよい．

角 速 度

回転物体が，時刻 t_1 に回転角 θ_1 にあり，時刻 t_2 に回転角 θ_2 にあったとしよう（図 11-4）．そのとき，t_1 から t_2 までの時間 Δt の間の**平均角速度**（average angular velocity）を次のように定義する；

$$\omega_{\text{avg}} = \frac{\theta_2 - \theta_1}{t_2 - t_1} = \frac{\Delta\theta}{\Delta t} \tag{11-5}$$

$\Delta\theta$ は Δt の間の角変位である（ω はギリシャ文字オメガの小文字）．

（瞬間）角速度（angular velocity）ω は，Δt がゼロに近づくときの式(11-5)の極限によって定義される；

$$\omega = \lim_{\Delta t \to 0} \frac{\Delta\theta}{\Delta t} = \frac{d\theta}{dt} \tag{11-6}$$

$\theta(t)$ がわかっていれば，これを微分して角速度 ω を求めることができる．

式(11-5)と式(11-6)は，回転している剛体全体に対してだけでなく，この物体中のあらゆる粒子に対して適用できる．なぜなら，これらの粒子は互いにしっかりと結合されているからである．角速度の単位として通常ラ

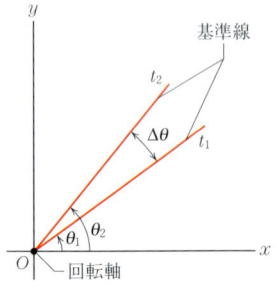

図 11-4 図 11-2 と図 11-3 の基準線は時刻 t_1 のとき θ_1，時刻 t_2 のとき θ_2 にある．$\Delta\theta(=\theta_2-\theta_1)$ は時間 $\Delta t(=t_2-t_1)$ の間の角変位である．物体そのものは描かれていない．

ジアン毎秒（rad/s）あるいは回転数毎秒（rev/s）が用いられる。これとは別の角速度の単位が，少なくともロックミュージック初期の30年間は使われていた：音楽の入った塩化ビニル製の円盤が，レコードプレーヤーの回転盤（ターンテーブル）の上で "$33\frac{1}{3}$ rpm" または "45 rpm" で演奏されたが，これらは，$33\frac{1}{3}$ rev/min または 45 rev/min を意味している。

物体がx軸に沿った並進運動をするとき，その運動がx軸の正の向きか負の向きにかに対応して，速度vは正にも負にもなった。同様に，剛体が回転運動をするときの角速度ωは，物体の回転が反時計回りか時計回りかに対応して正にも負にもなる（ここでもやはり "時計は負" が役に立つ）。角速度の大きさ（angular speed）も，同じ記号ωで表される（訳注：日本語では "角速さ" や "角スピード" という言い方はしないので，本書では "angular speed" を "角速度の大きさ" と訳す。ベクトルの性質を強調すべきときは "角速度ベクトル" と表す）。

角加速度

回転する物体の角速度が一定でなければ物体は角加速度をもつ。ω_2とω_1を，それぞれ時刻t_2とt_1における角速度としよう。このとき，t_1からt_2までの間の**平均角加速度**（average angular acceleration）を次のように定義する；

$$\alpha_{\text{avg}} = \frac{\omega_2 - \omega_1}{t_2 - t_1} = \frac{\Delta\omega}{\Delta t} \tag{11-7}$$

$\Delta\omega$はΔtの間にあった角速度の変化分である。**（瞬間）角加速度**（angular acceleration）αは，Δtがゼロに近づくときの極限によって定義される；

$$\alpha = \lim_{\Delta t \to 0} \frac{\Delta\omega}{\Delta t} = \frac{d\omega}{dt} \tag{11-8}$$

式（11-7）と式（11-8）は，回転している剛体全体に対してだけでなく，この物体中のすべての粒子に対して適用できる。角加速度の単位として通常ラジアン毎秒毎秒（rad/s²）あるいは回転毎秒毎秒（rev/s²）が用いられる。

例題 11-1

図11-5aの円盤はメリーゴーラウンドのように中心軸のまわりに回転している。基準線の回転角$\theta(t)$は次式で与えられる；

$$\theta = -1.00 - 0.600t + 0.250t^2 \tag{11-9}$$

tの単位は秒，θの単位はラジアンである。また基準回転角は図に示されたところにある。

(a) 円盤の回転角 vs. 時間のグラフを，$t = -3.0$ s から $t = 6.0$ s までの範囲で描け。$t = -2.0$ s，0 s，4.0 s およびグラフの曲線がt軸と交わるときの円盤とその基準線のようすを描写せよ。

解法： **Key Idea**：円盤の回転角はその基準線の回転角$\theta(t)$であり，式（11-9）で時刻の関数として与えられる。

式（11-9）を表すグラフが図11-5bに示される。

特定の時刻における円盤とその基準線を描くには，その時刻におけるθの値を決める必要がある。それには，その時刻を式（11-9）に代入すればよい。$t = -2.0$ s に対して，

$$\theta = -1.00 - 0.600(-2.0) + 0.250(-2.0)^2$$
$$= 1.2 \text{ rad} = 1.2 \text{ rad} \frac{360°}{2\pi \text{ rad}} = 69°$$

これは，時刻$t = -2.0$ s において，円盤の基準線は基準回転角から反時計回りに 1.2 rad または 69°だけ回転した位置にある（θが正なので，反時計回りである）ことを意味している。図11-5bのスケッチ1は基準線のこの回転角を示している。

同様に，$t = 0$に対しては$\theta = -1.00$ rad $= -57°$であ

り，スケッチ3に示すように円盤の基準線は基準回転角から時計回りに1.0 radまたは57°回転した位置にある。$t = 4.0$ sに対しては$\theta = 0.60$ rad $= 34°$である（スケッチ5）。曲線がt軸と交わるときのスケッチは容易である。そのとき$\theta = 0$であり，基準線はその瞬間に基準回転角と一致している（スケッチ2と4）。

(b) 図11-5bにおいて，$\theta(t)$が最小値をとる時刻$t_{\min}$はいつか？そのときの最小値はいくらか？

解法： **Key Idea**：関数の極値（ここでは最小値）を求めるには，その関数の1階微分を計算し，その結果をゼロとおく。$\theta(t)$の1階微分は，

$$\frac{d\theta}{dt} = -0.600 + 0.500t \qquad (11\text{-}10)$$

これをゼロとおき，tについて解くと，$\theta(t)$が最小になる時刻は，

$$t_{\min} = 1.20 \text{ s} \qquad \text{（答）}$$

θの最小値を得るために，この$t_{\min}$を式(11-9)に代入して，

$$\theta = -1.36 \text{ rad} \approx -77.9° \qquad \text{（答）}$$

この$\theta(t)$の最小値（図11-5bで曲線の底）は，円盤が基準回転角から時計回りに最大の回転をした位置であり，スケッチ3よりもう少し回転した位置である。

(c) 円盤の角速度ωのグラフを，時刻$t = -2.0$ sから$t = 4.0$ sまで描け。$t = -2.0$ s，$t = 4.0$ s，$t = t_{\min}$の各時刻において，円盤をスケッチし，回転の向きとωの符号を示せ。

解法： **Key Idea**：式(11-6)から，角速度ωは式(11-10)で与えられる$d\theta/dt$に等しいので，

$$\omega = -0.600 + 0.500t \qquad (11\text{-}11)$$

この関数$\omega(t)$のグラフを図11-5cに示す。

時刻$t = -2.0$ sにおける円盤のスケッチを行うには，この値を式(11-11)に代入し，

$$\omega = -1.6 \text{ rad/s} \qquad \text{（答）}$$

負符号は，時刻$t = -2.0$ sにおいて円盤が時計回りに回っていることを表しており，図11-5cの一番下のスケッチに示される。

$t = 4.0$ sを式(11-11)に代入すると，

$$\omega = 1.4 \text{ rad/s} \qquad \text{（答）}$$

(省略された)正符号は，時刻$t = 4.0$ sにおいて円盤が反時計回りに回っていることを表している（図11-5cの一番上のスケッチ）。

$t = t_{\min}$に対しては，既に$d\theta/dt = 0$であることがわかっている。このことは，基準線が図11-5bの最小値に達したとき，円盤は一瞬止まることを表しており，図11-5cの真中のスケッチに示されている。

(d) (a)から(c)までの結果を用いて，$t = -3.0$ sから$t = 6.0$ sの円盤の運動のようすを記述せよ。

解法： 最初の$t = -3.0$ sでは，円盤は正の回転角にあって時計回りに回転しているが次第に遅くなる。そして，回転角$\theta = -1.36$ radで止まり，反時計回りに回転を始め，その回転角はやがて再び正になる。

✓ **CHECKPOINT 1**： 円盤が図11-5aのようにその中心軸のまわりに回転する。次の初期回転角と最終回転角の対のうち，負の角変位を与えるのはどれか？ (a) -3 rad, $+5$ rad, (b) -3 rad, -7 rad, (c) 7 rad, -3 rad

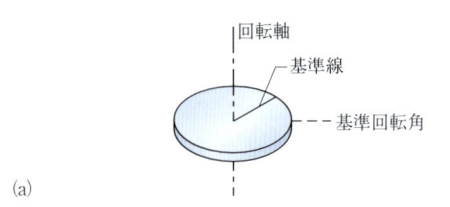

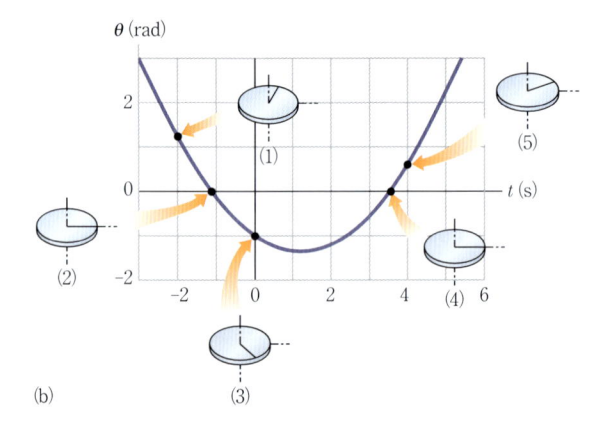

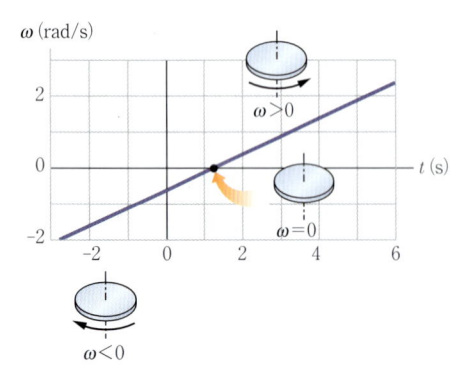

図11-5 例題11-1。(a)回転する円盤。(b)円盤の回転角$\theta(t)$のプロット。5つのスケッチは，曲線上の5点に対する円盤の基準線の回転角を示す。(c)円盤の角速度$\omega(t)$のプロット。正の値は反時計回り，負の値は時計回りの回転に対応している。

11-3 回転変数はベクトルか？

粒子の位置，速度，加速度はベクトルで記述することができるが，粒子が一直線上に束縛されているなら，実際にはベクトルを使う必要はなかった。その場合，粒子の取りうる向きは2つだけで，それらを正負の符号で示すことができる。

同様に，固定軸のまわりを回転する剛体の回り方は，その軸に関して時計回りか反時計回りの2通りだけであり，それらを正負の符号で示すことができる。それでは回転する物体の回転角，角速度，角加速度等の回転変数は，果たしてベクトルとしても扱うことができるのだろうか？ この問に対する答は，条件つきの"イエス"である（角変位に関連した本節最後の注意を参照せよ）。

まず角速度を考えよう。図11-6aは，回転盤の上で回転する塩化ビニル製のレコードを描いている。レコードは，一定の角速度 ω （= 33(1/3) rev/min）で時計回りに回転している。この場合の角速度は，図11-6bに示すように，回転軸に沿った向きのベクトル $\vec{\omega}$ として表すことができる。具体的には，このベクトルの長さを適当な尺度で，例えば1 rev/min が1 cm となるように選び，ベクトル $\vec{\omega}$ の向きを，図11-6cに示すように，**右手ルール**(right-hand rule)によって決める；レコードの回転に合わせて右手を丸め，*回転していく向き*に親指以外の指が向くようにするとき，まっすぐ伸ばした親指が指す向きが角速度ベクトルの向きである。レコードが反対回りに回っているときは，右手ルールによって，角速度ベクトルの向きは反対向きとなる。

回転変数をベクトルで表現するのに慣れるのは容易ではない。ベクトルの向きに向かって何かが動いていくことを直感的に期待してしまうが，回転の場合はそうなっていない。むしろ，あるもの(剛体)がベクトルの向きのまわりに回転するのである。単純回転の場合，ベクトルは回転軸を定義するのであって，何かが動いていく向きを定義しているのではない。それにもかかわらず，運動はベクトルによって定義されている。さらに，角速度ベクトルは，第3章で議論したベクトルのすべての演算規則に従う。角加速度 $\vec{\alpha}$ もまたベクトルであり，ベクトルの演算規則に従う。

この章では，固定軸のまわりの回転のみを考察する。この場合には，と

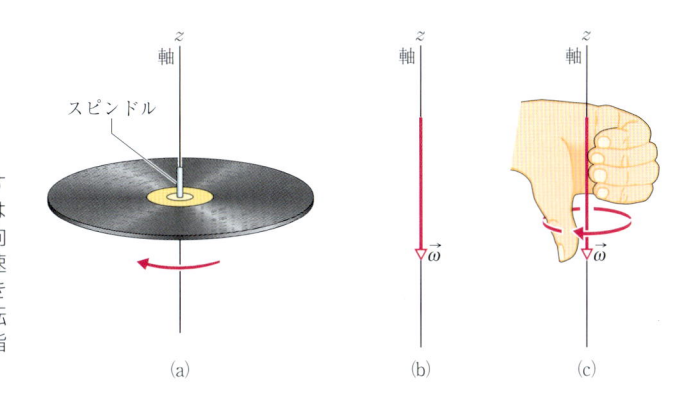

図11-6 (a)鉛直軸のまわりに回転するレコード。(b)レコードの角速度はベクトル ω で表され，軸に沿って下向きを指す。(c)右手ルールにより角速度の向きを下向きと決めることができる。手のひらを丸めてレコードの回転方向に指を向けたとき，伸ばした親指の向きが ω の向きとなる。

りたててベクトルを考える必要はない——角速度を ω, 角加速度を α で表し, 回転の向きは, 反時計回りを正符号 (省略可), 時計回りを負符号 (省略不可) によって表すことができる。

さて, 注意すべき点は次のことである：角変位は,（それが極めて微小な量である場合を除いて) ベクトルとして扱うことはできない。なぜか？角変位についても図11-6の角速度ベクトルと同様に, 確かに大きさと向きの両方を考えることができる。しかし, ある量がベクトル量であるためには, ベクトルの加法の規則に従うことも必要である。ベクトルの加法には, 2つのベクトルの足し算はその順序にはよらないという規則があるが, 角変位はこの規則を満たさない。

図11-7にその一例をあげる。水平に置かれた本に, 2つの90°の角変位を, まず図11-7aの順序で, 次に図11-7bの順序で与えてみよう。どちらの場合も2つの角変位は同じだが, その順序が異なる。その結果, 本の最終的な向きはそれぞれの場合で異なってくる。2つの角変位の和がその順序に依存するので, これらはベクトルではない。

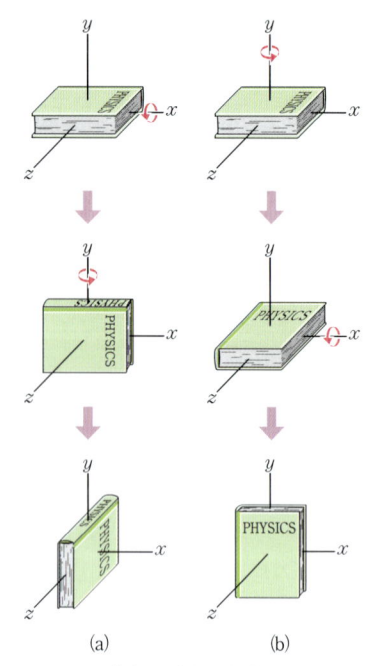

図11-7 (a) 一番上の初期位置から, 最初は水平 x 軸のまわりに, 次に鉛直 y 軸のまわりに2回の90°回転を本に与えた。(b) 本に同じ回転を与えた, ただし逆順で。

11-4　角加速度一定の回転

単純並進運動について議論したとき, 特別かつ重要な例として*加速度一定の運動* (例えば落体の運動) を取り上げ, 表2-1にそのような運動に対する一連の公式をまとめた。

単純回転運動の場合も, *角加速度一定の運動*はやはり特別かつ重要なものである。この場合にも対応する一連の公式が成り立つ。ここではそれらを導くことはしないが, 対応する並進運動の場合の式にならって, 単に変数を対応する回転変数に置き換えたものを表11-1にまとめた。この一覧表には両者に対する一連の式が並んでいる（式 (2-11) と式 (2-15) から (2-18), 式 (11-12) から式 (11-16)）。

式 (2-11) と式 (2-15) が加速度一定の場合の基本公式であることを思いだそう。並進運動の欄の他の式は, これらから導くことができる。同様に, 式 (11-12) と式 (11-13) は角加速度一定の場合の基本公式となる。欄中の他の式は, 並進運動の場合と同じようにこれら2式から導くことができる。角加速度一定の場合の簡単な問題を解くには,（もしこの表が手元にあれば) 回転運動の欄中の式を使う。そこで, 問題の中で問われている変数を唯一の未知数とするような式を選べばよい。しかしもっと良いのは, 式 (11-12) と式 (11-13) のみを覚えて, 必要ならそれらを連立して解くことである。例題11-3を参照のこと。

> ✓ **CHECKPOINT 2:** 回転物体の回転角 $\theta(t)$ 次のように4通り与えられている。(a) $\theta = 3t - 4$, (b) $\theta = -5t^3 + 4t^2 + 6$, (c) $\theta = 2/t^2 - 4/t$, (d) $\theta = 5t^2 - 3$。このうちどの場合に対して表11-1の回転運動の公式が適用できるだろうか。

11-4 角加速度一定の回転 191

表 11-1 並進加速度一定の公式と角加速度一定の公式

式番号	並進運動の公式	隠れた変数		回転運動の公式	式番号
(2-11)	$v = v_0 + at$	$x - x_0$	$\theta - \theta_0$	$\omega = \omega_0 + \alpha t$	(11-12)
(2-15)	$x - x_0 = v_0 t + \frac{1}{2} a t^2$	v	ω	$\theta - \theta_0 = \omega_0 t + \frac{1}{2} \alpha t^2$	(11-13)
(2-16)	$v^2 = v_0^2 + 2a(x - x_0)$	t	t	$\omega^2 = \omega_0^2 + 2\alpha(\theta - \theta_0)$	(11-14)
(2-17)	$x - x_0 = \frac{1}{2}(v_0 + v)t$	a	α	$\theta - \theta_0 = \frac{1}{2}(\omega_0 + \omega)t$	(11-15)
(2-18)	$x - x_0 = vt - \frac{1}{2} a t^2$	v_0	ω_0	$\theta - \theta_0 = \omega t - \frac{1}{2} \alpha t^2$	(11-16)

例題 11-2

研磨機(図 11-8)が一定の角加速度 $\alpha = 0.35\,\text{rad/s}^2$ で回転している。時刻 $t = 0$ には $\omega_0 = -4.6\,\text{rad/s}$ の角速度をもっており、その基準線は水平位置 ($\theta_0 = 0$) の回転角にあった。

(a) $t = 0$ からどのぐらい時間がたったとき、基準線は回転角 $\theta = 5.0\,\text{rev}$ に来るか？

解法: **Key Idea**: 角加速度が一定だから、表 11-1 の回転に関する公式を用いることができる。式の中に含まれる唯一の未知数が求めるべき時間 t となっているので式 (11-13) を選ぶことにしよう。

$$\theta - \theta_0 = \omega_0 t + \frac{1}{2} \alpha t^2$$

既知の値を入れて、$\theta_0 = 0$, $\theta = 5.0\,\text{rev} = 10\pi\,\text{rad}$ とおくと、

$$10\pi\,\text{rad} = (-4.6\,\text{rad/s})t + \frac{1}{2}(0.35\,\text{rad/s}^2)t^2$$

(単位が一貫するように 5.0 rev を 10π に変換した。) この 2 次方程式を t について解くと、
$$t = 32\,\text{s} \qquad \text{(答)}$$

(b) 時刻 $t = 0$ から $t = 32\,\text{s}$ までの間の研磨機の回転の様子を述べよ。

解法: 研磨機の回転砥石は、初めは負の向き(時計回

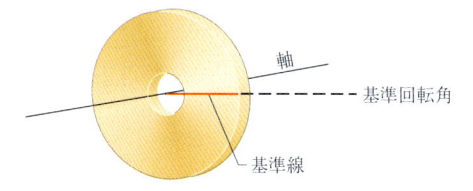

図 11-8 例題 11-2。研磨機。$t = 0$ で基準線(研磨機に描かれていると想像せよ)は水平位置にある。

り)に角速度 $\omega_0 = -4.6\,\text{rad/s}$ で回転しているが、その角加速度は正である。このように、初めの角速度と角加速度の向きが反対なので、回転砥石は負の向きの回転を次第にゆるめ、やがて止まり、反対に正の向きに回転を始める。基準線が初めの方向 $\theta = 0$ を通過して時刻 $t = 32\,\text{s}$ までにさらに 5.0 rev だけ回転する。

(c) 研磨機が一瞬停止する時刻 t はいつか。

解法: 再び一定角加速度に対する式の一覧を参照し、唯一の必要な未知数 t を含む式を見いだそう。**Key Idea**: 式は変数 ω も含んでいなければならない。そこでそれを 0 と置くことによって、対応する時刻 t について解く。式 (11-12) を選んで、

$$t = \frac{\omega - \omega_0}{\alpha} = \frac{0 - (-4.6\,\text{rad/s})}{0.35\,\text{rad/s}^2} = 13\,\text{s} \qquad \text{(答)}$$

例題 11-3

ローター(例題 6-8 で議論した回転する筒状の遊園地の乗り物)を運転しているとき、激しく苦痛を訴える客を見つけたので、回転筒の角速度の大きさを 20.0 rev の間に 3.40 rad/s から 2.00 rad/s まで等角加速度で減速した(その客は明らかに "回転人間" ではなく "並進人間" であった)。

(a) 減速中の角加速度(この例題では一定)はどれだけか。

解法: 回転は反時計回りで、時刻 $t = 0$ に回転角が θ_0 のときに加速が始まったとしよう。**Key Idea**: 角加速度は一定だから、等角加速度の場合の公式(式 (11-12) と式 (11-13))を用いて、円筒の角加速度と角速度や回転角を関係づけることができる。初期角速度は $\omega_0 = 3.40\,\text{rad/s}$, 角変位は $\theta - \theta_0 = 20.0\,\text{rev}$ であり、最終角速度は $\omega = 2.00\,\text{rad/s}$ となる。しかし、この公式中で出てくる角加速度 α と時間 t はわかっていない。未知数 t を消去するために、式 (11-12) を使って書き直すと、

$$t = \frac{\omega - \omega_0}{\alpha}$$

これを式 (11-13) に代入して，

$$\theta - \theta_0 = \omega_0 \left(\frac{\omega - \omega_0}{\alpha} \right) + \frac{1}{2} \alpha \left(\frac{\omega - \omega_0}{\alpha} \right)^2$$

これを α について解いて，既知の数値を代入する．20 rev を 125.7 rad に書き換えて，

$$\alpha = \frac{\omega^2 - \omega_0^2}{2(\theta - \theta_0)} = \frac{(2.00\,\text{rad/s})^2 - (3.40\,\text{rad/s})^2}{2(125.7\,\text{rad})}$$

$$= -0.0301\,\text{rad/s}^2 \qquad\qquad (答)$$

(b) この減速に要する時間はどれだけか？

解法： α がわかったので，式 (11-12) を用いて t について解くと，

$$t = \frac{\omega - \omega_0}{\alpha} = \frac{2.00\,\text{rad/s} - 3.40\,\text{rad/s}}{-0.0301\,\text{rad/s}^2}$$

$$= 46.5\,\text{s} \qquad\qquad (答)$$

この例題は，実は，例題 2-5 の回転版である．数値と文字は異なるが，解法は同じである．

11-5 並進変数と回転変数の関係

4-7 節では等速円運動，粒子が回転軸を中心とする円周に沿って一定の速さ v で回る運動，について議論した．剛体が軸のまわりをメリーゴーラウンドのように回転するとき，その物体中の各粒子は同じ回転軸のまわりをそれぞれの円周に沿って運動する．物体が剛体であることから，すべての粒子は同じ時間で一周する，つまり同じ角速度 ω をもつ．

しかし，軸から離れたところにある粒子ほど円周長は長く，その速さ v は大きいはずである．メリーゴーラウンドに乗ってみればすぐに実感できるだろう．どこにいても中心からの距離によらずに同じ角速度 ω で回転するが，外縁に移動すると速さ v はかなり大きなものになる．

回転物体の特定の点に対する並進変数 s, v, a を，この物体の回転変数 θ, ω, α と関係づけることがしばしば必要となる．この 2 組の変数は，注目する点から回転軸までの垂直距離 r によって関係づけられる．この垂直距離は，回転軸に垂直な方向に沿って測られる回転軸と点の間の距離であり，この点が軸のまわりに回転するときにたどる円の半径でもある．

位　　置

剛体上の基準線が角 θ だけ回転したとすると，回転軸から r の位置にある物体中の点は，円弧に沿って式 (11-1) で与えられる距離 s だけ移動する：

$$s = \theta r \qquad (ラジアンで測る) \qquad (11\text{-}17)$$

これが，並進変数-回転変数の間の最初の関係式である．注意：式 (11-17) 自身がラジアンで測った角度の定義になっているので，角 θ はラジアンで測ること．

速　　さ

r を一定として，式 (11-17) を時間 t で微分すると，

$$\frac{ds}{dt} = \frac{d\theta}{dt} r$$

ds/dt は注目している点の速さであり，$d\theta/dt$ は回転物体の角速度の大きさ ω であるから

$$v = \omega r \quad \text{(ラジアンで測る)} \qquad (11\text{-}18)$$

注意： 角速度の大きさωはラジアンを用いた単位で測ること．剛体中のすべての点は同じ角速度ωをもつので，式(11-18)から，半径rの大きい点ほど大きな速さをもつことがわかる．図11-9aは，速度が常に注目している点の描く円弧に接していることを思い出させる．

剛体の角速度ωが一定なら，式(11-18)より，剛体中の任意の点の速さvも一定であることがわかる．したがって，物体中の任意の点は等速円運動をする．剛体および剛体内の各点の運動の周期Tは式(4-33)で与えられる；

$$T = \frac{2\pi r}{v} \qquad (11\text{-}19)$$

この式は，1回転に要する時間は1回転で進む距離$2\pi r$をその速さで割ったものであることを表している．式(11-18)のvを代入し，rを消去すると，等価な次式が得られる；

$$T = \frac{2\pi}{\omega} \qquad (11\text{-}20)$$

この式は，1回転に要する時間は1回転で移動する角距離2πをその角速度の大きさで割ったものとなることを表している．

加 速 度

式(11-18)を，再びrを一定として時間で微分すると，

$$\frac{dv}{dt} = \frac{d\omega}{dt} r \qquad (11\text{-}21)$$

しかし，ここでやっかいな問題にぶつかる．式(11-21)のdv/dtは，加速度の一部——速度$\vec{v}$の大きさvの変化——だけに対応している．加速度のこの部分は，vと同様に経路の接線に沿っているので，加速度の接線成分(tangential component)a_tと呼ぶことにする：

$$a_t = \alpha r \quad \text{(ラジアンで測る)} \qquad (11\text{-}22)$$

ただし$\alpha = d\omega/dt$である．*注意*：式(11-22)の中の角加速度αはラジアンを用いた単位で測ること．

式(4-32)からわかるように，円弧状に運動する粒子(あるいは点)は，接線成分に加えて加速度の動径成分(radial component)$a_r = v^2/r$(動径方向で内向き)をもつ．これは速度$\vec{v}$の向きの変化に対応している．式(11-18)で与えられるvを代入すると，動径成分に関しては，

$$a_r = \frac{v^2}{r} = \omega^2 r \quad \text{(ラジアンで測る)} \qquad (11\text{-}23)$$

図11-9bが示すように，回転する剛体上の点の加速度は，一般に2成分をもつ．動径内向きの成分a_r(式11-23)は，角速度が0でなければ必ず存在する．接線成分a_t(式11-22)は，角加速度が0でなければ必ず存在する．

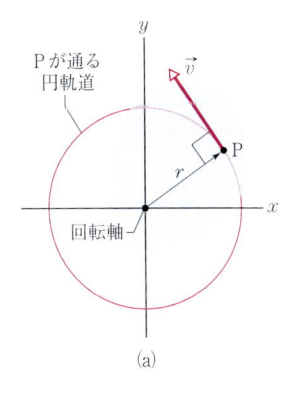

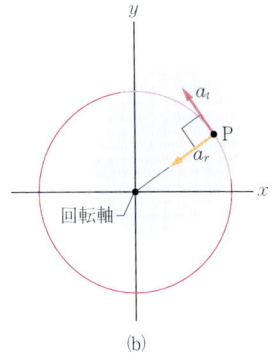

図 11-9 図11-2の剛体の回転を上から見た図．どの点(例えば点P)も回転軸のまわりに円運動をする．(a)各点の速度$\vec{v}$はその点の円軌道に接している．(b)各点の加速度$\vec{a}$は(一般に)2つの成分を持つ：接線成分a_tと動径成分a_r．

> ✓ **CHECKPOINT 3:** ゴキブリが，回転するメリーゴーラウンドの縁に乗っている。この系(メリーゴーラウンド＋ゴキブリ)の角速度が一定なら，ゴキブリは，(a)動径加速度，(b)接線加速度，をもつだろうか？ 角速度が減少しつつあるとき，ゴキブリは，(c)動径加速度，(d)接線加速度，をもつだろうか？

例題11-4

図11-10は宇宙飛行士の訓練生に大きな加速度を体験させるために用いる遠心装置(centrifuge)である。訓練飛行士がたどる円弧の半径 r は15mである。

(a) 訓練飛行士に $11g$ の加速度を与えるためには，どれだけの角速度で遠心装置を回転させたらよいだろうか。ただし角速度は一定とする。

解法： **Key Idea**：角速度が一定なので，角加速度 α ($=d\omega/dt$)はゼロ，したがって加速度の接線成分 ($a_t = \alpha r$)もゼロである。そこで，動径成分だけが問題になる。式(11-23) ($a_r = \omega^2 r$) より，$a_r = 11g$ を代入すると，

$$\omega = \sqrt{\frac{a_r}{r}} = \sqrt{\frac{(11)(9.8 \text{ m/s}^2)}{15 \text{ m}}}$$
$$= 2.68 \text{ rad/s} \approx 26 \text{ rev/min} \qquad (答)$$

図11-10 例題11-4。遠心装置は，打ち上げ時にかかる大きな加速度を宇宙飛行士に体験させるために用いられる。

(b) 遠心装置が静止状態から一定の割合で(a)の角速度まで120sで加速するとしたら，訓練飛行士の接線加速度はいくらか。

解法： **Key Idea**：接線加速度 a_t は円弧に沿っての加速度なので，式(11-22) ($a_t = \alpha r$)によって角加速度 α と関係づけられている。さらに，角加速度は一定なので，表11-1の式(11-12) ($\omega = \omega_0 + \alpha t$)を用いて，与えられる角速度から α を求めることができる。これらの2式を合わせて，

$$a_t = \alpha r = \frac{\omega - \omega_0}{t} r$$
$$= \frac{2.68 \text{ rad/s} - 0}{120 \text{ s}} (15 \text{ m})$$
$$= 0.34 \text{ m/s}^2 = 0.034g \qquad (答)$$

最終的な動径加速度 $a_r = 11g$ は大きい(そして驚くべき)ものだが，スピード上昇に伴う飛行士の接線加速度 a_t は大したことはない。

PROBLEM-SOLVING TACTICS

Tactic 1：回転変数の単位

式(11-1) ($\theta = s/r$)をはじめとして，回転変数と並進変数の両者を含んだ式を扱うときにはいつも回転変数をラジアンを用いて表すことにした；角変位は rad，角速度は rad/s や rad/min，角加速度は rad/s^2 や rad/min^2 で表す。式(11-17)，(11-18)，(11-20)，(11-22)，(11-23)では，そのことの注意を喚起した。このルールに対する唯一の例外は，回転変数のみが含まれる式の場合である(例えば，表11-1の一覧表にある角度の公式)。その場合は，回転変数に対して好きな単位を自由に使ってよい。一貫性がある限り，ラジアン(rad)，度，回転数(rev)などのどれを使ってもよい。

ラジアン単位を使わなければいけない場合，ラジアン(rad)の単位を代数的にきっちりと追いかける必要はない。状況に応じてそれをつけたり取ったりすることができる。例題11-4(a)では，答の段階で角度の単位を挿入し，例題11-4(b)では，答の段階で角度の単位を除去した。

11-6 回転の運動エネルギー

高速で回転する丸のこぎりの刃は，その回転に伴う運動エネルギーをもっている。そのエネルギーをどのように表したらよいだろうか。なじみの公式 $K = \frac{1}{2}mv^2$ を，のこぎり全体に対して適用することはできない。この公式は，のこぎりの質量中心の運動エネルギー（この場合ゼロ）を与えるものである。

そこで，回転のこぎりを（他の回転する任意の剛体も）異なる速さをもつたくさんの粒子の集合体とみなす。このすべての粒子の運動エネルギーを加え合わせると，物体全体の運動エネルギーが次のように得られる；

$$K = \frac{1}{2}m_1v_1^2 + \frac{1}{2}m_2v_2^2 + \frac{1}{2}m_3v_3^2 + \cdots$$

$$= \sum \frac{1}{2}m_iv_i^2 \qquad (11\text{-}24)$$

m_i は i 番目の粒子の質量であり，v_i はその速さである。和は物体中のすべての粒子に対してとる。

式 (11-24) の問題点は，v_i がすべての粒子について同じでないということであるが，この問題は式 (11-18) ($v = \omega r$) の v を代入することによって解決できる；

$$K = \sum \frac{1}{2}m_i(\omega r_i)^2 = \frac{1}{2}\left(\sum m_i r_i^2\right)\omega^2 \qquad (11\text{-}25)$$

ここで，ω がすべての粒子について同じであることを用いた。

式 (11-25) の右辺の括弧の中の量は，回転する物体の質量がその回転軸のまわりにどのように分布しているかを表している。この量を回転軸のまわりの物体の**慣性モーメント** (moment of inertia)，または回転慣性 (rotational inertia) とよび，I と記す。特定の物体に対して特定の回転軸をとれば，慣性モーメントは一定の値をもつ（どの軸に対するものかを指定しないと I の値は意味をなさない）。

慣性モーメントは次のように表される；

$$I = \sum m_i r_i^2 \qquad (11\text{-}26)$$

これを式 (11-25) に代入すると，求めていた表式が得られる；

$$K = \frac{1}{2}I\omega^2 \qquad (11\text{-}27)$$

式 (11-27) を導く際に，関係式 $v = \omega r$ を用いたので ω はラジアンによって表さなければならない。I の SI 単位は，kg·m^2 である。

式 (11-27) は，単純回転運動をする剛体の運動エネルギーを表している。この式は単純並進運動をする剛体の運動エネルギーを表す式 $K = \frac{1}{2}Mv_\text{com}^2$ に対応している。どちらの式にも因子 (1/2) がつき，質量 M の代わりに I（質量とその分布が関係する）が現れる。そしてどちらの式もスピード（速さまたは角速度の大きさ）の 2 乗の因子を含む。並進と回転の運動エネルギーは，別々の種類のエネルギーというわけではない。これらはともに運動エネルギーであり，それぞれ扱っている運動を適切に表現したものにな

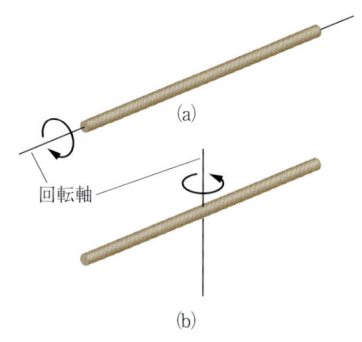

図11-11 長い棒を回転させるときは，(a)の棒に沿った軸のまわりに回転させる方が，(b)の棒の中心を通り棒に垂直な軸のまわりに回転させるときより，楽に回転させることができる．なぜなら，(a)の方が質量が回転軸の近くに分布しているから．

っている．

　回転する物体の慣性モーメントは，その質量だけでなく，それがどう分布するかにも関係することに注意しよう．実感できる例として，長くて比較的重い棒（さおや，板材などのようなもの）を2つの異なる方法で回転させることを考える．まず，その中心軸（長軸）のまわりに回転させ（図11-11a），次に，棒の中心を通り棒に垂直な軸のまわりに回転させてみよう（図11-11b）．どちらも全く同じ質量が関係しているにもかかわらず，前者の回転の方が後者の回転より容易である．その理由は，長軸まわりの回転では質量が回転軸の近くに分布しているからである．その結果，図11-11aの場合の方が図11-11bの場合より，慣性モーメントははるかに小さくなる．一般に慣性モーメントが小さい方が容易に回転できる．

✓ **CHECKPOINT 4：** 図は，3つの小球が鉛直軸のまわりに回転するところを示している．軸と各球の間の垂直距離が与えられている．この3つの球を，その慣性モーメントの大きなものから順に並べよ．

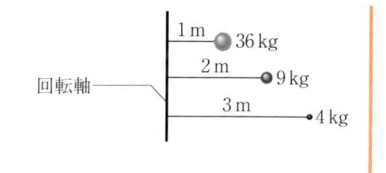

11-7　慣性モーメントの計算

剛体が少数の粒子で作られているならば，与えられた回転軸のまわりのその剛体の慣性モーメントは，式(11-26) ($I = \sum m_i r_i^2$)によって計算することができる；各粒子に対して積 mr^2 を求めてそれらを足しあげればよい（r は，与えられた回転軸から粒子までの垂直距離であることを思い出そう）．

　剛体が無数の粒子群で作られている場合（フリスビーのように連続的な分布の場合）は，式(11-26)を計算するにはコンピュータが必要になる．そこで，式(11-26)の和を積分に置き換え，物体の慣性モーメントを次のように定義することにする；

$$I = \int r^2 \, dm \quad \text{（連続物体の慣性モーメント）} \tag{11-28}$$

よくある物体の形に対して，回転軸を指定した9種類の場合の積分の結果を表11-2に示す．

平行軸の定理

質量 M の物体について，特定の軸のまわりの慣性モーメントを求めることを考えよう．原理的には，式(11-28)の積分によって，いつでも I を求めることができる．しかし，その軸に平行で，物体の質量中心を通るような軸のまわりの慣性モーメント I_{com} が既にわかっているならば，より簡単な計算方法がある．与えられた軸と質量中心を通る軸との間の距離を h とする（これらの2軸は平行であることに注意しよう）．このとき，与えられた軸のまわりの慣性モーメント I は，

$$I = I_{\text{com}} + Mh^2 \quad \text{（平行軸の定理）} \tag{11-29}$$

表 11-2 いろいろな物体の慣性モーメント。（　）内に回転軸を示す。

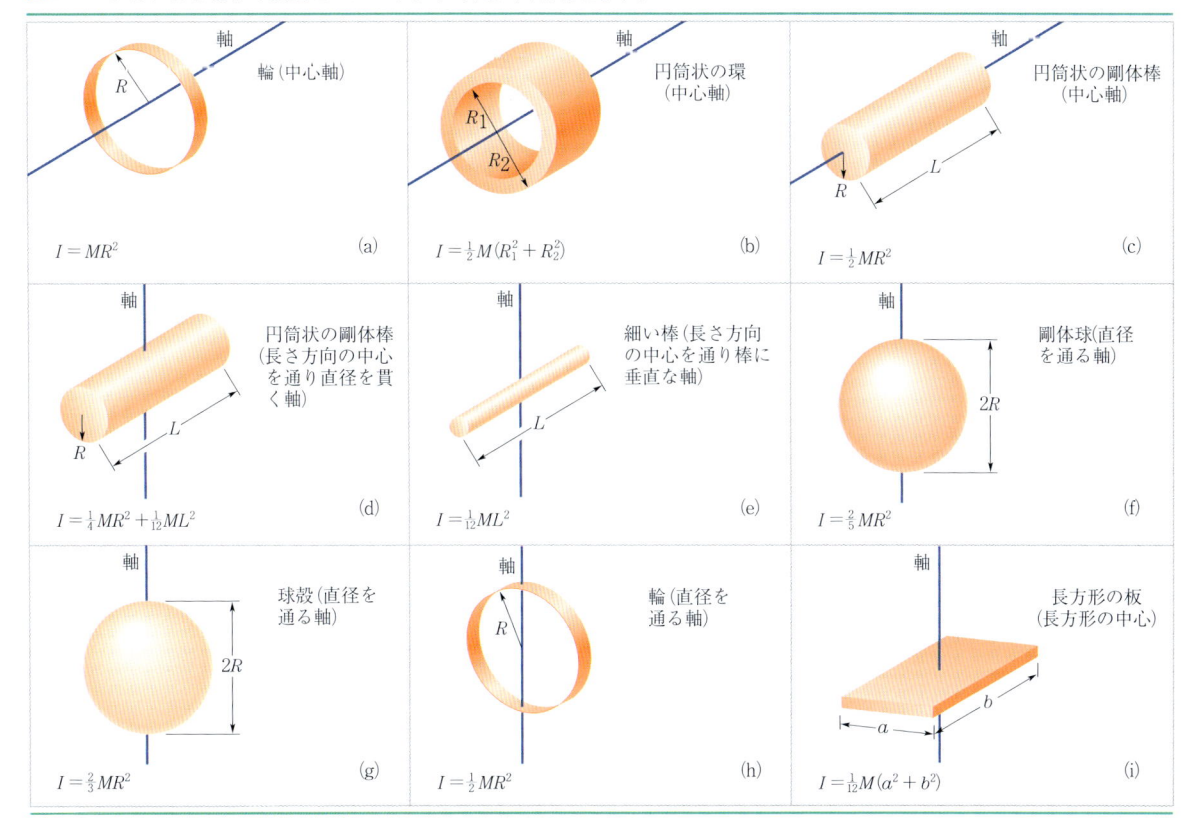

輪（中心軸） $I = MR^2$ (a)	円筒状の環（中心軸） $I = \frac{1}{2}M(R_1^2 + R_2^2)$ (b)	円筒状の剛体棒（中心軸） $I = \frac{1}{2}MR^2$ (c)
円筒状の剛体棒（長さ方向の中心を通り直径を貫く軸） $I = \frac{1}{4}MR^2 + \frac{1}{12}ML^2$ (d)	細い棒（長さ方向の中心を通り棒に垂直な軸） $I = \frac{1}{12}ML^2$ (e)	剛体球（直径を通る軸） $I = \frac{2}{5}MR^2$ (f)
球殻（直径を通る軸） $I = \frac{2}{3}MR^2$ (g)	輪（直径を通る軸） $I = \frac{1}{2}MR^2$ (h)	長方形の板（長方形の中心） $I = \frac{1}{12}M(a^2+b^2)$ (i)

この式は，**平行軸の定理**（parallel-axis theorem）として知られている．以下でこの定理を証明し，CHECKPOINT 5 と例題 11-5 でそれを応用する．

平行軸の定理の証明

図 11-12 に断面が描かれている任意の物体の質量中心を O とする．O を通り紙面に垂直な軸と，それに平行で点 P を通るもうひとつの軸を考える．P の x 座標と y 座標をそれぞれ a, b とする．

dm を座標 x, y における質量要素とすると，P を通る軸のまわりの物体の慣性モーメントは，式（11-28）より

$$I = \int r^2 \, dm = \int [(x-a)^2 + (y-b)^2] \, dm$$

これを組み換えると，

$$I = \int (x^2 + y^2) \, dm - 2a \int x \, dm - 2b \int y \, dm + \int (a^2 + b^2) \, dm \tag{11-30}$$

質量中心の定義（式 9-9）より，式（11-30）の中の 2 項は質量中心の座標（に定数をかけたもの）を表しているのでゼロとなる．O から dm への距離を R とすると $x^2 + y^2$ は R^2 に等しいので，1 番目の積分は物体の質量中心を通る軸のまわりの慣性モーメント I_{com} になっている．物体の全質量は M だ

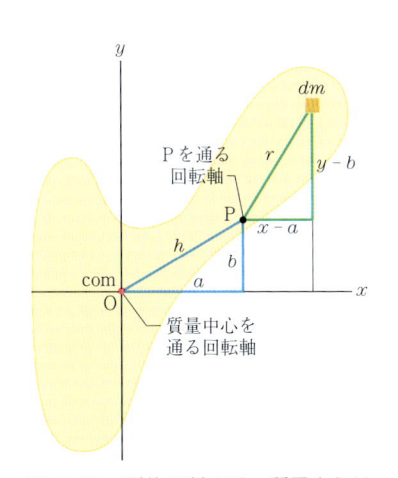

図 11-12 剛体の断面図．質量中心は点 O．平行軸の定理（式 11-29）は，点 O を通る回転軸のまわりの慣性モーメントと，この軸と平行で点 O から距離 h 離れた点 P を通る軸のまわりの慣性モーメントを関係づける．どちらの軸も図の面に垂直である．

から，図11-12をよく見れば，式(11-30)の最後の項は Mh^2 に他ならないことがわかる．したがって，式(11-30)は，式(11-29)に帰着する．これが証明したかった関係式である．

> ✓ **CHECKPOINT 5**: 図は，書籍状の物体(一方の辺が他方の辺より長い)であり，物体の面に垂直な4つの回転軸が示されている．これらの軸を，その軸のまわりの物体の慣性モーメントが大きなものから順に並べよ．

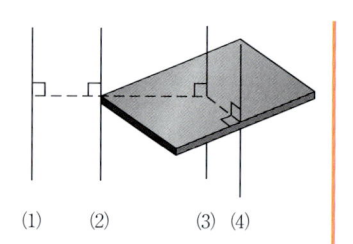

例題 11-5

図11-13aは，質量 m の2つの粒子が，質量の無視できる長さ L の棒で結合されている剛体を示している．

(a) 図のように質量中心を通り，棒に垂直な軸のまわりの慣性モーメント I_{com} はいくらか．

解法: **Key Idea**: 質量をもった粒子が2つしかないので，物体の慣性モーメント I_{com} は積分ではなく式(11-26)を用いて求めることができる．回転軸からの垂直距離が $(1/2)L$ の2つの粒子に対して計算すると，

$$I = \sum m_i r_i^2 = (m)\left(\frac{1}{2}L\right)^2 + (m)\left(\frac{1}{2}L\right)^2 = \frac{1}{2}mL^2 \quad (答)$$

(b) 棒の左端を通り前問の軸と平行な軸のまわりの慣性モーメントはいくらか(図11-13b)．

解法: この場合，2つの **Key Idea** のどちらを使っても，簡単に I を求めることができる．**Key Idea 1**: 前問(a)でやったのと同様である．先程との違いは，左側の粒子に対しては，粒子から軸への垂直距離 r_i がゼロであり，右側の粒子に対しては L となる点だけである．したがって，式(11-26)より

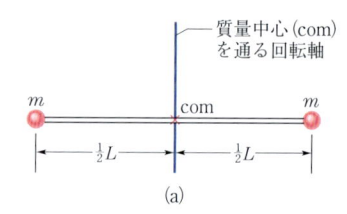

図 11-13 例題 11-5．質量を無視できる棒で結ばれた質量 m の2粒子で構成された剛体．

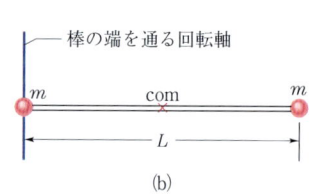

$$I = m(0)^2 + mL^2 = mL^2 \quad (答)$$

Key Idea 2: 強力な手法である．既に質量中心に関する慣性モーメント I_{com} を知っており，今考えている軸は先程の "質量中心軸" と平行である．平行軸の定理(式11-29)を適用して，

$$I = I_{\text{com}} + Mh^2 = \frac{1}{2}mL^2 + (2m)\left(\frac{1}{2}L\right)^2$$
$$= mL^2 \quad (答)$$

例題 11-6

長時間にわたり高速回転をすることになる大型機械の部品は，破壊に備えて初めに "高速回転試験装置" (spin test system)で試験される．この装置では，鋼鉄製の容器内に個々の部品を収容し，容器の内壁に沿ってレンガ状の鉛塊と保護用の敷物を円筒状に並べ，蓋をネジでしっかりと固定した上で，"スピンアップ"(高速の回転状態に)する．回転によって部品がこなごなに破壊されると，柔らかい鉛レンガが破片を受け止めるので，破壊の様子を解析することが可能になる．

1985年初め，Test Devices 社(www.testdevices.com)は，質量 $M = 272$ kg，半径 $R = 38.0$ cm の鋼鉄の回転体(円盤)を試料としてスピンテストを行っていた．試料の回転スピード ω が 14000 rev/min に達したとき，試験技師たちは階下の一部屋隣にあったテストシステムからのにぶい強打音を聞いた．調べてみると，鉛レンガがあちこち飛び散って試験室へ通じる通路にまで飛び出していた．試験室の扉のひとつは隣接する駐車場まで飛ばされ，鉛レンガのひとつは，さらに隣家の台所の壁を突き破った．試験室がある建物の梁は破損し，スピン容器の下のコンクリート床は 0.5 cm も押し下げられ，900 kg あ

る蓋は上に吹き飛んで天井を貫いた上，試験機上に落下して粉砕した（図11-14）。幸いにも試験技師たちのいた部屋だけは飛び散った破片の直撃を免れた。

この回転体の爆発で，どのぐらいのエネルギーが開放されたのだろうか。

解法： **Key Idea：** 開放されたエネルギーは角速度が14000 rev/min に達したときの回転の運動エネルギー K に等しい。式 (11-27) ($K = \frac{1}{2} I \omega^2$) を用いて K を求めることができる。しかし，そのためにはまず慣性モーメント I の表式を知る必要がある。回転体はメリーゴーラウンドのように回転する円盤状のものなので，I は表11-2c ($= \frac{1}{2} MR^2$) で与えられる：

$$I = \frac{1}{2} MR^2 = \frac{1}{2} (272\,\text{kg})(0.38\,\text{m})^2 = 19.64\,\text{kg} \cdot \text{m}^2$$

回転体の角速度の大きさは，

$$\omega = (14000\,\text{rev/min})(2\pi\,\text{rad/rev})\left(\frac{1\,\text{min}}{60\,\text{s}}\right)$$
$$= 1.466 \times 10^3\,\text{rad/s}$$

式 (11-27) を用いると，

図 11-14 例題 11-6。高速回転する鋼鉄製円盤による破壊。

$$K = \frac{1}{2} I \omega^2 = \frac{1}{2} (19.64\,\text{kg} \cdot \text{m}^2)(1.466 \times 10^3\,\text{rad/s})^2$$
$$= 2.1 \times 10^7\,\text{J} \quad\quad\quad (答)$$

この爆発の近くにいることは，炸裂する爆弾の近くにいるようなものであった。

11-8 トルク

ドアの把手が，ドアの蝶番からできるだけ遠い位置に取り付けられているのには理由がある。重いドアを開けるとき，力を加えなければならないのは当然である；しかしそれだけでは十分でない。どこに力を加えるか，そしてどの方向に力を加えるかも重要である。ドアを動かすのに，蝶番の縁に近いところに力を加えたり，ドア面に対して斜めに力を加えると，ドア面に垂直な力をドアの把手に加えるときに比べてずっと大きな力が必要となる。

図 11-15a に断面が示される物体は，O を通って紙面に垂直な軸のまわりに自由に回転できる。力 $\vec{F}$ が点 P に働いている。点 P の位置は O からの相対位置を表すベクトル $\vec{r}$ で表される。この2つのベクトル $\vec{F}$ と $\vec{r}$ の向きは，互いに角 ϕ をなしている（簡単のため，力は回転軸に平行な成分をもたないとする；$\vec{F}$ は紙面内のベクトルである）。

$\vec{F}$ の働きによって回転軸のまわりの物体の回転に何が起こるかを決めるには，$\vec{F}$ を2つの成分に分解する必要がある（図 11-15b）。そのひとつは，動径成分 F_r と呼ばれ，$\vec{r}$ の方向を向く。この成分は，O を通る直線にそった向きなので回転へは寄与しない（ドア面に平行に引っ張っても，ドアを回転させることはできない）。$\vec{F}$ のもうひとつの成分は，接線成分 F_t と呼ばれ，$\vec{r}$ に垂直な向きと $F_t = F \sin \phi$ の大きさをもっている。この成分が回転をもたらす（ドア面に垂直に引っ張れば，ドアを回転させることができる）。

$\vec{F}$ が物体を回転させる能力は，その接線成分 F_t の大きさだけではなく，この力が O からのどのぐらい離れた場所に加えられているかにも依存する。

この両方の要素を含めるには，2つの要素の積である**トルク**（torque）とよばれる量τを定義する：

$$\tau = (r)(F\sin\phi) \tag{11-31}$$

トルクを計算するには2つの等価な方法がある；

$$\tau = (r)(F\sin\phi) = rF_t \tag{11-32}$$

または

$$\tau = (r\sin\phi)(F) = r_\perp F \tag{11-33}$$

$r_\perp$はOを通る回転軸とベクトル$\vec{F}$を延長した直線との垂直距離である（図11-15c）。この延長した直線のことを$\vec{F}$の**作用線**（line of action），$r_\perp$を$\vec{F}$の**モーメントの腕**（moment arm）と呼ぶ。図11-15bは，$\vec{r}$の大きさr自身を力の成分F_tのモーメントの腕とみなせることを表している。

トルクという言葉は，ラテン語で"ねじる"（twist）を意味する語に由来しており，力$\vec{F}$による回転やねじりの作用を表している。物体を回転させるために（ネジまわしやトルクレンチなどを使って）力を加えるとき，実はトルクを加えているのである。

トルクのSI単位は，ニュートン・メートル（N·m）である。*注意*：ニュートン・メートルは仕事の単位でもあるが，トルクと仕事は全く異なる量であり混同してはならない。仕事の単位にはジュール（1 J = 1 N·m）を用いることが多いが，決してトルクをジュールでは表すことはない。

次の章では，一般的な見地からトルクをベクトルとして扱うことにする。しかしここでは，特定の軸のまわりの回転のみを考えるので，ベクトル記法は必要ない。その代わり，トルクは静止物体に与えられる回転の向きによって，正や負の値をとる。物体が反時計回りに回るならトルクは正であり，時計回りに回ればトルクは負である（第11-2節で述べた"時計は負"は，ここでも通用する）。

トルクに対しても，力に対して第5章で議論したのと同様に重ね合わせの原理が成り立つ。複数のトルクが1つの物体に働くとき，**正味のトルク**（net torque）または**合トルク**（resultant torque）は個々のトルクの和である。正味のトルクは記号τ_netと記される。

✓ **CHECKPOINT 6：** 図は，20（20 cmを表す）の印の位置を中心に回転できるような物差しを上から見たところである。物差しに働いている5つの水平な力はどれも同じ大きさである。これらの力を，それが及ぼすトルクの大きさにしたがって，大きいものから順に並べよ。

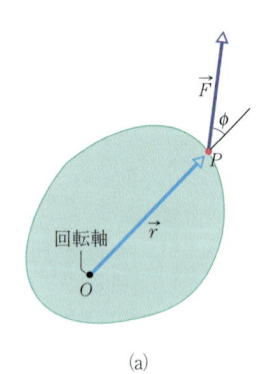

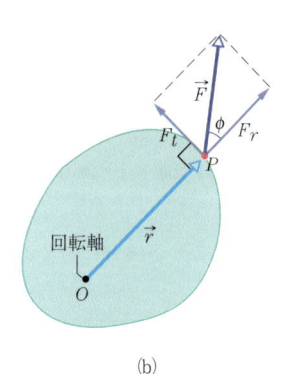

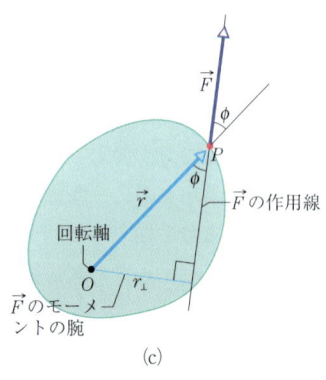

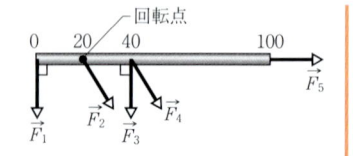

図11-15 (a)点Oを通る軸のまわりに自由に回転する剛体の点Pに力$\vec{F}$が作用している；軸は断面に垂直である。(b)力によるトルクは$(r)(F\sin\phi)$，または$\vec{F}$の接線成分をF_tとしてrF_tで表すこともできる。(c) $\vec{F}$のモーメントの腕を$r_\perp$とすると，トルクは$r_\perp F$と表すこともできる。

11-9　回転に関するニュートンの第2法則

トルクには剛体を回転させる働きがある。例えば，ドアにトルクを加えるとドアは回転する。ここでは剛体に働く正味のトルクτ_netと，それが引き

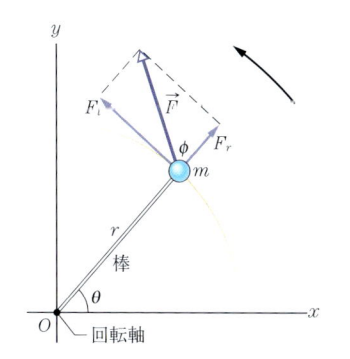

11-9 回転に関するニュートンの第2法則　**201**

起こす回転軸のまわりの角加速度 α とを関係づけたい。質量 m の物体に正味の力 F_{net} が働くときの加速度に関するニュートンの第2法則（$F_{net} = ma$）を元に類推してみよう。F_{net} を τ_{net} に置き換え，m を I に，さらに a を α に置き換えると，

$$\tau_{net} = I\alpha \quad \text{（回転に関するニュートンの第2法則）} \tag{11-34}$$

ただし，α はラジアンを用いて測ること。

図 11-16 点 O を通る軸のまわりに回転する単純な剛体（質量 m の粒子が質量を無視できる長さ r の棒の端に固定されている）。力 $\vec{F}$ が働いて粒子を回転させる。

式 (11-34) の証明

式 (11-34) を証明するために，まず図 11-16 に示された簡単な場合を考えよう。この剛体は，質量 m の粒子が，質量のない長さ r の棒の一端に固定されているものである。棒にとって可能な運動は，反対側の端を中心に回転することだけである。この回転軸は紙面に垂直であり，粒子はこの回転軸を中心とする円弧状の経路のみを運動することができる。

力 $\vec{F}$ が粒子に働くと，粒子は円弧状の経路に沿ってのみ動くことができるので，力の接線成分 F_t（円弧状経路に接する成分）のみが粒子を経路に沿って加速することができる。ニュートンの第2法則により，F_t を粒子の経路に沿った接線加速度 a_t と関係づけることができる；

$$F_t = ma_t$$

粒子に働くトルクは，式 (11-32) より，

$$\tau = F_t r = ma_t r$$

式 (11-22)（$a_t = \alpha r$）を使って書き直すと，

$$\tau = m(\alpha r)r = (mr^2)\alpha \tag{11-35}$$

式 (11-35) の右辺の括弧内の量は，回転軸のまわりの粒子の慣性モーメントに他ならない（式 (11-26) を参照）から，式 (11-35) は次のように書ける；

$$\tau = I\alpha \quad \text{（ラジアンで測る）} \tag{11-36}$$

複数の力が粒子に働くときは，式 (11-36) を一般化して，

$$\tau_{net} = I\alpha \quad \text{（ラジアンで測る）} \tag{11-37}$$

これが証明したかった式である。どんな物体も粒子の集合体として取り扱うことができるので，この式は固定軸のまわりに回転する任意の剛体に拡張することができる。

> ✓ **CHECKPOINT 7:** 図は，指定した点を軸として回転できるようにした物差しを上からみた図である。回転軸の位置は，物差しの中心より左側にある。2つの水平な力，$\vec{F_1}$ と $\vec{F_2}$ がこの物差しに働くものとする。$\vec{F_1}$ のみが図示されている。力 $\vec{F_2}$ は物差しに垂直であり右端に働く。もし物差しが回転しないならば，(a) $\vec{F_2}$ の向きはどうなるか。また，(b) F_2 は F_1 に比べて大きいか，小さいか，それとも等しいか。

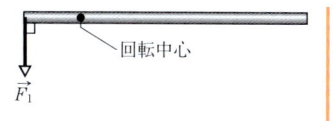

例題 11-7

図 11-17 a は，質量 $M = 2.5\,\text{kg}$，半径 $R = 20\,\text{cm}$ の一様な円盤が，水平に固定された中心軸に取り付けられているようすを示している．質量 $m = 1.2\,\text{kg}$ のブロックが，円盤の周縁に巻き付いた質量の無視できるひもで吊り下げられている．落下するブロックの加速度，円盤の角加速度，ひもの張力を求めよ．ひもは滑らず，中心軸には摩擦が働かないものとする．

図 11-17 例題 11-7 と例題 11-9．(a) 落下するブロックが円盤を回転させる．(b) ブロックの力の作用図．(c) 円盤の不完全な力の作用図．

解法： **Key Idea**：ブロックをひとつの系とみなすと，ブロックの加速度 a とブロックに働く全ての力との間の関係は，ニュートンの第 2 法則 ($\vec{F}_{\text{net}} = m\vec{a}$) によって与えられる．ブロックに働く力は，図 11-17 b の力の作用図に示される通りで，ひもからの張力 $\vec{T}$ と大きさが mg の重力 $\vec{F}_g$ である．鉛直な y 成分に関するニュートンの第 2 法則 ($F_{\text{net},y} = ma_y$) を書き表すと，

$$T - mg = ma \tag{11-38}$$

この式には未知数 T が含まれているので，加速度 a を直ちに得ることはできない．

以前，y 軸だけでうまくいかないときは x 軸の方に目を転じるとよい場合があった．ここでは円盤の回転に目を転じる．**Key Idea**：円盤をひとつの系とみなすと，回転に関するニュートンの第 2 法則 ($\tau_{\text{net}} = I\alpha$) を用いて，円盤の角加速度 α を円盤に働くトルクと関係づけることができる．トルクと慣性モーメントを計算するには，円盤の中心 O を通り，円盤に垂直な回転軸を取ればよい (図 11-17 c)．

トルクは，式 (11-32) ($\tau = rF_t$) によって与えられる．円盤に働く重力と中心軸から円盤に働く力は，どちらも円盤の中心に働く (距離 $r = 0$) のでトルクはゼロとなる．ひもから円盤に働く力 $\vec{T}$ は，$r = R$ の距離のところで円盤の周縁に接する方向に働くので，トルクは $-RT$ である．負となるのは，静止した円盤を時計まわりに回すように働くからである．表 11-2 c より，円盤の慣性モーメントは $\frac{1}{2}MR^2$ であるから，$\tau_{\text{net}} = I\alpha$ は，

$$-RT = \frac{1}{2}MR^2\alpha \tag{11-39}$$

この式は，2 つの未知数 α と T を含んでいるが，どちらも肝心の a ではないので，一見役に立たないように見える．しかし，次の Key Idea によってこれを有用なものとしよう．**Key Idea**：ひもは滑らないので，ブロックの加速度 a と円盤の周縁における (接線方向の) 加速度 a_t とは等しい．式 (11-22) ($a_t = \alpha r$) より，$\alpha = a/R$ となることがわかる．これを式 (11-39) に代入すると，

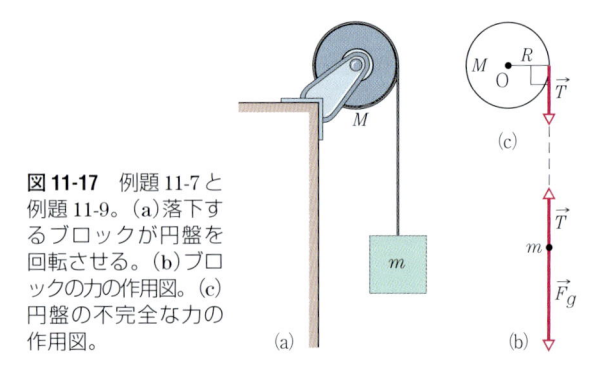

$$T = -\frac{1}{2}Ma \tag{11-40}$$

式 (11-38) と式 (11-40) を連立させると

$$\begin{aligned}a &= -g\frac{2m}{M+2m}\\&= -(9.8\,\text{m/s}^2)\frac{(2)(1.2\,\text{kg})}{2.5\,\text{kg}+(2)(1.2\,\text{kg})}\\&= -4.8\,\text{m/s}^2 \qquad \text{(答)}\end{aligned}$$

これより式 (11-40) を用いて T を求めると，

$$\begin{aligned}T &= -\frac{1}{2}Ma = -\frac{1}{2}(2.5\,\text{kg})(-4.8\,\text{m/s}^2)\\&= 6.0\,\text{N} \qquad \text{(答)}\end{aligned}$$

期待されるように，落下するブロックの加速度は g より小さい．またひもの張力 ($= 6.0\,\text{N}$) は，吊り下げられたブロックに働く重力 ($= mg = 11.8\,\text{N}$) よりも小さい．ブロックの加速度と張力は円盤の質量に依存するが，その半径には依存しないことがわかる．チェックのため，上で導いた関係式は，質量のない円盤 ($M = 0$) の場合，$a = -g$ と $T = 0$ に帰着することを確認しよう．これは期待される通りである；ブロックは，自由落下物体として後ろにひもを引きずって落下する．

式 (11-22) より円盤の角加速度は

$$\alpha = \frac{a}{R} = \frac{-4.8\,\text{m/s}^2}{0.20\,\text{m}} = -24\,\text{rad/s}^2 \qquad \text{(答)}$$

例題 11-8

80 kg の相手を柔道の基本的な腰技のひとつである"大腰"で投げるために，右腰の支点 (回転軸) からのモーメントの腕が $d_1 = 0.30\,\text{m}$ の位置で相手の柔道着に手をかけて力 $\vec{F}$ で引っ張る (図 11-18)．あなたは支点のまわりに $-6.0\,\text{rad/s}^2$ の角加速度で相手を回転させたい；図の時計回りに加速して回転させたい．相手の支点のまわりの慣性モーメント I は $15\,\text{kg}\cdot\text{m}^2$ とする．

(a) 投げに入る前に相手の上体を前に傾けさせて，その質量中心をあなたの腰の真上にのせるようにしたとする

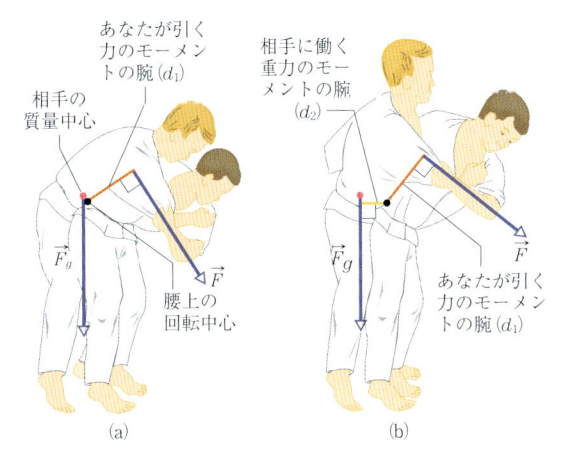

図 11-18 例題 11-8。柔道の大腰。(a) 上手にかけられた技。(b) 下手にかけられた技。

と，必要な力 $\vec{F}$ の大きさはいくらになるだろうか？

解法： **Key Idea**：あなたの引き手の力 $\vec{F}$ と要求される角加速度 α とを，ニュートンの第 2 法則 ($\tau_{net} = I\alpha$) によって関係づける。相手の足が床から離れたとき，彼には 3 つの力のみが働くと仮定することができる。それは，あなたの引き手の力 $\vec{F}$，支点のところであなたから相手に働く力 $\vec{N}$ (この力は図 11-18 には記入されていない)，それに重力 $\vec{F}_g$ である。$\tau_{net} = I\alpha$ を用いるには，支点のまわりのそれぞれの力に対応したトルクを知ることが必要である。

式 (11-33) ($\tau = r_\perp F$) より，あなたの引き手の力 $\vec{F}$ によるトルクは $-d_1 F$ である。d_1 はモーメントの腕 $r_\perp$ であり，負符号はこのトルクが引き起こそうとする回転が時計回りであることを反映している。一方，$\vec{N}$ は支点に働くのでモーメントの腕は $r_\perp = 0$，したがって $\vec{N}$ によるトルクはゼロとなる。

$\vec{F}_g$ によるトルクを計算するために，第 9 章の **Key Idea** の 1 つを用いる必要がある。つまり，$\vec{F}_g$ は相手の質量中心に働くと仮定することができる。その質量中心を支点の真上に持ってきていれば，$\vec{F}_g$ のモーメントの腕は $r_\perp = 0$，したがって $\vec{F}_g$ によるトルクはゼロになる。相手にかかるトルクは，あなたの引き手の力 $\vec{F}$ だけとなり，$\tau_{net} = I\alpha$ は

$$-d_1 F = I\alpha$$

これより，

$$F = \frac{-I\alpha}{d_1} = \frac{-(15\,\text{kg}\cdot\text{m}^2)(-6.0\,\text{rad/s}^2)}{0.30\,\text{m}}$$
$$= 300\,\text{N} \quad\quad (\text{答})$$

(b) 投げに入る前の相手の体勢が直立したままであり，$\vec{F}_g$ の支点からのモーメントの腕が $d_2 = 0.12\,\text{m}$ だったとすると，必要な力 $\vec{F}$ の大きさはいくらになるだろうか？

解法： **Key Idea**：(a) におけるのとほぼ同様だが 1 点だけ違いがある。すなわち，$\vec{F}_g$ のモーメントの腕はもはやゼロではなく，$\vec{F}_g$ によるトルクは $d_2 mg$ である。このトルクは，反時計回りの回転をもたらそうとするので正である。$\tau_{net} = I\alpha$ は次のように書ける；

$$-d_1 F + d_2 mg = I\alpha$$

これより，

$$F = \frac{-I\alpha}{d_1} + \frac{d_2 mg}{d_1}$$

(a) の結果から，右辺の第 1 項が 300 N に等しいことがわかっている。これを代入し，与えられた他の数値を用いると，

$$F = 300\,\text{N} + \frac{(0.12\,\text{m})(80\,\text{kg})(9.8\,\text{m/s}^2)}{0.30\,\text{m}}$$
$$= 613.6\,\text{N} \approx 610\,\text{N} \quad\quad (\text{答})$$

この結果は，初めに相手の上体を前に傾けさせてその質量中心をあなたの腰の真上に乗せるようにしなかったときには，引き手の力をずっと強くしなければならないことを示している。上手な柔道選手は，この物理からの教訓を知っているのである (柔道と合気道の物理の分析は，J. Walker, *Scientific American*, July 1980, Vol. 243, pp. 150-161, "The Amateur Scientist" でなされている)。

11-10 　仕事と回転運動エネルギー

第 7 章で議論したように，力 F が質量 m の剛体に働いてこの物体を加速させるとき，力がこの物体に対してなす仕事 W により，物体の運動エネルギー ($K = \frac{1}{2}mv^2$) は変化する。この物体に関するエネルギーの中で，変化するのは運動エネルギーだけだとしよう。この場合，運動エネルギーの変化 ΔK と仕事 W は，仕事-運動エネルギーの定理 (式 7-10) によって次のように関係づけられる。

$$\Delta K = K_f - K_i = \frac{1}{2}mv_f^2 - \frac{1}{2}mv_i^2 = W \quad (\text{仕事-運動エネルギー定理}) \quad (11\text{-}41)$$

x 軸に束縛された運動では，このときの仕事は式(7-32)で計算することができる。

$$W = \int_{x_i}^{x_f} F\, dx \quad \text{(仕事, 1次元運動)} \tag{11-42}$$

この式は F が一定で物体の変位が d のとき $W = Fd$ になる。仕事がなされる時間的な割合が仕事率である。式(7-43)と式(7-48)より，仕事率は

$$P = \frac{dW}{dt} = Fv \quad \text{(仕事率, 1次元運動)} \tag{11-43}$$

次に，回転運動の場合に同様のことを考えよう。トルクが剛体を加速してある固定軸のまわりの回転を引き起こすとき，トルクはこの物体に仕事をするので，物体の回転運動エネルギー ($K = \frac{1}{2} I\omega^2$) は変化する。この物体に関するエネルギーの中で変化しうるのは回転運動エネルギーだけだとしよう。この場合，運動エネルギーの変化 ΔK と仕事 W を，やはり 仕事-運動エネルギー定理によって関係づけることができる。今度の運動エネルギーは回転の運動エネルギーである点が前と違う。

$$\Delta K = K_f - K_i = \frac{1}{2} I\omega_f^2 - \frac{1}{2} I\omega_i^2 = W \quad \text{(仕事-運動エネルギー定理)} \tag{11-44}$$

I は，固定軸のまわりの物体の慣性モーメント，ω_i と ω_f は，それぞれ仕事がなされる前後の物体の角速度の大きさである。

回転の場合の式(11-42)に対応する式を使って仕事を計算することができる；

$$W = \int_{\theta_i}^{\theta_f} \tau\, d\theta \quad \text{(仕事, 固定軸のまわりの回転)} \tag{11-45}$$

τ は仕事 W をなすトルク，θ_i と θ_f は，それぞれ仕事がなされる前後の回転角である。τ が一定のとき，式(11-45)は

$$W = \tau(\theta_f - \theta_i) \quad \text{(仕事, 一定トルク)} \tag{11-46}$$

仕事がなされる時間的な割合が仕事率である。回転の場合の式(11-43)に対応する式は

$$P = \frac{dW}{dt} = \tau\omega \quad \text{(仕事率, 固定軸のまわりの回転)} \tag{11-47}$$

表11-3は，剛体の固定軸のまわりの回転に適用される公式を，対応する

表11-3 並進運動と回転運動の対応

並進運動（固定方向）		回転運動（固定軸）	
位置	x	角度	θ
速度	$v = dx/dt$	角速度	$\omega = d\theta/dt$
加速度	$a = dv/dt$	角加速度	$\alpha = d\omega/dt$
質量	m	慣性モーメント	I
ニュートンの第2法則	$F_{net} = ma$	ニュートンの第2法則	$\tau_{net} = I\alpha$
仕事	$W = \int F\, dx$	仕事	$W = \int \tau\, d\theta$
運動エネルギー	$K = \frac{1}{2} mv^2$	運動エネルギー	$K = \frac{1}{2} I\omega^2$
仕事率（一定の力）	$P = Fv$	仕事率（一定のトルク）	$P = \tau\omega$
仕事-運動エネルギー定理	$W = \Delta K$	仕事-運動エネルギー定理	$W = \Delta K$

並進運動に関する公式とともにまとめてある．

式(11-44)から式(11-47)までの証明

再び図11-16に戻ろう．そこでは，質量 m の粒子が質量のない棒の先端に付いた剛体が力 $\vec{F}$ によって回転させられる状況を考えた．回転している間，力 $\vec{F}$ は物体に対して仕事をする．$\vec{F}$ によって変化しうる物体のエネルギーは運動エネルギーだけだと仮定しよう．そのとき，式(11-41)の仕事-運動エネルギー定理を適用できるので，

$$\Delta K = K_f - K_i = W \tag{11-48}$$

$K = \frac{1}{2}mv^2$ と式(11-18) ($v = \omega r$) を用いて，式(11-48)を書き直すと，

$$\Delta K = \frac{1}{2}mr^2\omega_f^2 - \frac{1}{2}mr^2\omega_i^2 = W \tag{11-49}$$

式(11-26)から，1粒子物体の慣性モーメントは $I = mr^2$ である．これを式(11-49)に代入すると，

$$\Delta K = \frac{1}{2}I\omega_f^2 - \frac{1}{2}I\omega_i^2 = W$$

これが式(11-44)である．この式は1粒子からなる剛体について導いたが，固定軸のまわりに回転する任意の剛体に対しても成り立つ．

次に，図11-16の物体になされる仕事 W と力 $\vec{F}$ によって物体が受けるトルクとを関係づけよう．物体が円弧状の経路に沿って距離 ds を動くとき，力の接線成分 F_t だけが粒子を経路に沿って加速できる．したがって，F_t のみが粒子に対して仕事をする．この仕事 dW を $F_t ds$ と書く．しかし，粒子が動く角度を $d\theta$ とすると，ds は，$r\,d\theta$ で置き換えることがことができるので

$$dW = F_t r\,d\theta \tag{11-50}$$

式(11-32)より，積 $F_t r$ はトルク τ に等しいので，式(11-50)を書き換えて，

$$dW = \tau\,d\theta \tag{11-51}$$

θ_i から θ_f までの有限の角変位の間になされる仕事は，

$$W = \int_{\theta_i}^{\theta_f} \tau\,d\theta$$

これは式(11-45)に他ならない．これは，固定軸のまわりに回転する任意の剛体に対して成り立つ．式(11-46)は式(11-45)から直ちに得られる．回転運動に関する仕事率 P は，式(11-51)より

$$P = \frac{dW}{dt} = \tau\frac{d\theta}{dt} = \tau\omega$$

これが式(11-47)である．

例題 11-9

例題 11-7 と図 11-17 の円盤が $t = 0$ に静止した状態から動きはじめたとする。$t = 2.5\,\text{s}$ における回転運動エネルギー K はいくらか？

解法：式(11-27)($K = \frac{1}{2}I\omega^2$) から K を求めることができる。I が $\frac{1}{2}MR^2$ に等しいことはわかっているが、$t = 2.5\,\text{s}$ における ω はまだわからない。**Key Idea**：角加速度 α は一定の値 $-24\,\text{rad/s}^2$ をとるので、表 11-1 の一定角加速度の場合の公式を適用できる。α と $\omega_0 (=0)$ がわかっており、ω を求めたいので、式(11-12) を用いて、
$$\omega = \omega_0 + \alpha t = 0 + \alpha t = \alpha t$$
$\omega = \alpha t$ と $I = \frac{1}{2}MR^2$ を式(11-27) に代入して、
$$K = \frac{1}{2}I\omega^2 = \frac{1}{2}\left(\frac{1}{2}MR^2\right)(\alpha t)^2 = \frac{1}{4}M(R\alpha t)^2$$
$$= \frac{1}{4}(2.5\,\text{kg})[(0.20\,\text{m})(-24\,\text{rad/s}^2)(2.5\,\text{s})]^2$$
$$= 90\,\text{J} \qquad\qquad (答)$$

この答をえるために、別の Key Idea を用いることもできる。**Key Idea**：円盤の運動エネルギーは円盤になされた仕事から求めることができる。まず、円盤の運動エネルギーの変化と円盤になされた正味の仕事の間の関係を、式(11-44) の仕事-運動エネルギー定理 ($K_f - K_i = W$) から得ることができる。K を K_f に、0 を K_i に代入することにより、

$$K = K_i + W = 0 + W = W \qquad (11\text{-}52)$$

次に、仕事 W を求めよう。式(11-45) と (11-46) により、W を円盤に働くトルクに関係づけることができる。角加速度を生じさせ、仕事をするのは、ひもから円盤に及ぼされる力 $\vec{T}$ によるトルクだけである。例題 11-7 より、このトルクは $-TR$ に等しい。**Key Idea**：α が一定なのでこのトルクも一定である。したがって、式(11-46) を用いて、

$$W = \tau(\theta_f - \theta_i) = -TR(\theta_f - \theta_i) \qquad (11\text{-}53)$$

さらにもう 1 つの **Key Idea**：α は一定なので、式(11-13) を用いて $\theta_f - \theta_i$ を求める。$\omega_i = 0$ とおくと

$$\theta_f - \theta_i = \omega_i t + \frac{1}{2}\alpha t^2 = 0 + \frac{1}{2}\alpha t^2 = \frac{1}{2}\alpha t^2$$

そこで、これを式(11-53) に代入し、その結果を式(11-52) に代入する。$T = 6.0\,\text{N}$、$\alpha = -24\,\text{rad/s}^2$(例題 11-7 より) とおけば、

$$K = W = -TR(\theta_f - \theta_i)$$
$$= -TR\left(\frac{1}{2}\alpha t^2\right) = -\frac{1}{2}TR\alpha t^2$$
$$= -\frac{1}{2}(6.0\,\text{N})(0.20\,\text{m})(-24\,\text{rad/s}^2)(2.5\,\text{s})^2$$
$$= 90\,\text{J} \qquad\qquad (答)$$

例題 11-10

細い輪 (質量 m、半径 $R = 0.15\,\text{m}$) と細い棒 (質量 m、長さ $L = 2.0R$) とで構成される剛体のオブジェが図 11-19 のように配置されている。このオブジェは、輪の中心を通り輪の面内にある水平軸のまわりに旋回できる。

(a) 回転軸のまわりのこのオブジェの慣性モーメントはどれだけか？ m と R をもちいて示せ。

解法：**Key Idea**：輪と棒のそれぞれの慣性モーメントを別々に求め、それらの和をとることによってオブジェ全体の慣性モーメントを求めることができる。表 11-2h より、輪の直径のまわりの慣性モーメントは $I_{\text{hoop}} = \frac{1}{2}mR^2$ である。表 11-2e より、棒の質量中心を通りオブジェの回転軸に平行な軸のまわりの、棒の慣性モーメントは $I_{\text{com}} = mL^2/12$ である。回転軸のまわりの棒の慣性モーメントを求めるには、式(11-29) の平行軸の定理を用いればよい：

$$I_{\text{rod}} = I_{\text{com}} + mh_{\text{com}}^2 = \frac{mL^2}{12} + m\left(R + \frac{L}{2}\right)^2$$
$$= 4.33\,mR^2$$

ここで、$L = 2.0R$ と、棒の質量中心と回転軸の間の垂直距離が $h = R + L/2$ であることを用いた。したがって、回転軸のまわりのオブジェの慣性モーメントは、

$$I = I_{\text{hoop}} + I_{\text{rod}} = \frac{1}{2}mR^2 + 4.33\,mR^2$$
$$= 4.83\,mR^2 \approx 4.8\,mR^2 \qquad (答)$$

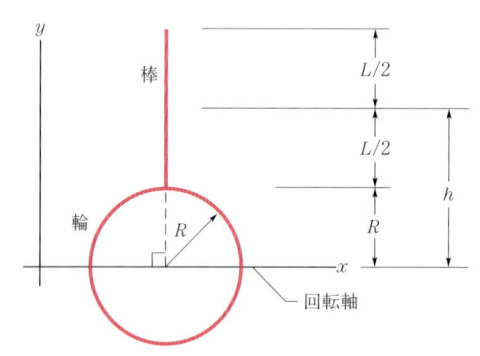

図 11-19 例題 11-10。輪と棒で構成される剛体オブジェは水平軸のまわりに回転できる。

(b) オブジェは、図 11-19 の直立した初期位置で静止し

た状態から回転軸のまわりに回転を始める。これが倒立したときの角速度の大きさ ω はいくらか？

解法：　ここでは3つのKey Ideaが必要になる。

Key Idea 1：オブジェの角速度の大きさ ω は，式(11-27) $(K = \frac{1}{2}I\omega^2)$ によって回転の運動エネルギー K と関係づけることができる。

Key Idea 2：オブジェが回転している間，オブジェの力学的エネルギー E は保存されるから，K を重力ポテンシャルエネルギー U と関係づけることができる。すなわち，回転する間にエネルギーは U から K に移動するが，E は変化しない（$\Delta E = 0$）。

Key Idea 3：重力ポテンシャルエネルギーに関しては，剛体であるオブジェは，その質量中心位置に集中した全質量が2mの粒子として扱うことができる。

力学的エネルギーの保存（$\Delta E = 0$）を次のように書く；

$$\Delta K + \Delta U = 0 \quad (11\text{-}54)$$

オブジェがその初期位置で静止した状態から，倒立して角速度の大きさが ω の状態へ変化するとき，運動エネルギーの変化は，

$$\Delta K = K_f - K_i = \frac{1}{2}I\omega^2 - 0 = \frac{1}{2}I\omega^2 \quad (11\text{-}55)$$

式(8-7)（$\Delta U = mg\,\Delta y$）より，これに対応する重力ポテンシャルエネルギーの変化 ΔU は，

$$\Delta U = (2m)g\,\Delta y_{\text{com}} \quad (11\text{-}56)$$

$2m$ はオブジェの質量，Δy_{com} は回転のさいの質量中心の変位である。

Δy_{com} を求めるために，まずはじめに図11-19での質量中心の初期位置 y_{com} を求める必要がある。輪（質量 m）の中心は $y = 0$ にある。棒（質量 m）の中心は $y = R + L/2$ である。式(9-5)より，オブジェの質量中心は

$$y_{\text{com}} = \frac{m(0) + m(R + L/2)}{2m} = \frac{0 + m(R + 2R/2)}{2m}$$
$$= R$$

オブジェが倒立したとき，その質量中心は回転軸から同じ距離 R で回転軸の下側の位置にくる。よって，初期位置から倒立位置への質量中心の垂直変位は，$\Delta y_{\text{com}} = -2R$ となる。

これらの結果をまとめよう。式(11-55)と(11-56)を式(11-54)に代入すると

$$\frac{1}{2}I\omega^2 + (2m)g\,\Delta y_{\text{com}} = 0$$

(a)で得られた $I = 4.83mR^2$ と，上の式で得られた $\Delta y_{\text{com}} = -2R$ を代入して，ω について解くと，

$$\omega = \sqrt{\frac{8g}{4.83R}} = \sqrt{\frac{(8)(9.8\,\text{m/s}^2)}{(4.83)(0.15\,\text{m})}}$$
$$= 10\,\text{rad/s} \quad (\text{答})$$

まとめ

回転角　剛体の，ある固定軸（**回転軸**と呼ぶ）のまわりの回転を記述するには，剛体に固定され，回転軸に垂直で，物体とともに回転する**基準線**を用いる。この基準線の**回転角** θ は，ある固定された方向から測る。θ を**ラジアン**を単位として測るとき

$$\theta = \frac{s}{r} \quad (\text{ラジアンで測る}) \quad (11\text{-}1)$$

s は半径 r，角度 θ の円弧状の経路の弧長である。

ラジアンは，回転や度での角度単位と次のような関係にある；

$$1\,\text{rev} = 360° = 2\pi\,\text{rad} \quad (11\text{-}2)$$

角変位　ある回転軸のまわりを回転角が θ_1 から θ_2 まで回転するとき，物体の角変位は，

$$\Delta\theta = \theta_2 - \theta_1 \quad (11\text{-}4)$$

$\Delta\theta$ は反時計まわりの回転のときに正，時計まわりの回転のとき負である。

角速度　ある物体が，時間 Δt の間に角変位 $\Delta\theta$ だけ回転するとしよう。そのときの**平均角速度**は

$$\omega_{\text{avg}} = \frac{\Delta\theta}{\Delta t} \quad (11\text{-}5)$$

物体の（**瞬間**）角速度 ω は，

$$\omega = \frac{d\theta}{dt} \quad (11\text{-}6)$$

ω_{avg} と ω はともにベクトルであり，図11-6の**右手のルール**によって決まる向きをもっている。それらは，反時計まわりの回転のときに正，時計まわりの回転のときに負である。

角加速度　回転する物体の角速度が時間 $\Delta t = t_2 - t_1$ の間に ω_1 から ω_2 に変化すると，物体の**平均角加速度**は

$$\alpha_{\text{avg}} = \frac{\omega_2 - \omega_1}{t_2 - t_1} = \frac{\Delta\omega}{\Delta t} \quad (11\text{-}7)$$

物体の（**瞬間**）角加速度 α は

$$\alpha = \frac{d\omega}{dt} \quad (11\text{-}8)$$

α_{avg} と α はともにベクトルである。

角加速度一定の運動に関する公式　角加速度一定（α =一定）は，回転運動における重要な特別の場合である。

この場合の適切な公式は，表11-1に与えられている通りである．

$$\omega = \omega_0 + \alpha t \quad (11\text{-}12)$$

$$\theta - \theta_0 = \omega_0 t + \frac{1}{2}\alpha t^2 \quad (11\text{-}13)$$

$$\omega^2 = \omega_0^2 + 2\alpha(\theta - \theta_0) \quad (11\text{-}14)$$

$$\theta - \theta_0 = \frac{1}{2}(\omega_0 + \omega)t \quad (11\text{-}15)$$

$$\theta - \theta_0 = \omega t - \frac{1}{2}\alpha t^2 \quad (11\text{-}16)$$

並進変数と回転変数との関係　回転軸からの垂直距離が r である剛体中の点は，半径 r の円上を運動する．剛体が角度 θ 回転したとすると，上記の点は，円弧に沿って次式の距離 s だけ進む；

$$s = \theta r \quad \text{(ラジアンで測る)} \quad (11\text{-}17)$$

θ の単位はラジアンで測ること．

剛体中にある点の速度 v は円弧に接する向きをもつ．その点の速さ v は

$$v = \omega r \quad \text{(ラジアンで測る)} \quad (11\text{-}18)$$

ω は剛体の角速度の大きさ(単位はラジアン毎秒)である．

剛体中にある点の加速度 a は，接線成分と動径成分の両方をもつ．接線成分は，

$$a_t = \alpha r \quad \text{(ラジアンで測る)} \quad (11\text{-}22)$$

α は剛体の角加速度(単位はラジアン毎秒毎秒)の大きさである．a の動径成分は

$$a_r = \frac{v^2}{r} = \omega^2 r \quad \text{(ラジアンで測る)} \quad (11\text{-}23)$$

剛体中の点が等速円運動を行うなら，その点と剛体の運動の周期はどちらも，

$$T = \frac{2\pi r}{v} = \frac{2\pi}{\omega} \quad \text{(ラジアンで測る)} \quad (11\text{-}19, 11\text{-}20)$$

回転の運動エネルギーと慣性モーメント(回転慣性)
固定軸のまわりの回転する剛体の運動エネルギー K は次式で与えられる；

$$K = \frac{1}{2}I\omega^2 \quad \text{(ラジアンで測る)} \quad (11\text{-}27)$$

I は剛体の慣性モーメント(または回転慣性)であり，次のように定義される；

$$I = \sum m_i r_i^2 \quad \text{(離散的な系)} \quad (11\text{-}26)$$

$$I = \int r^2 \, dm \quad \text{(連続的な系)} \quad (11\text{-}28)$$

平行軸の定理　平行軸の定理によって物体の任意の軸のまわりの慣性モーメント I と，それに平行な同じ物体の質量中心を通る軸のまわりの慣性モーメントを関係づけることができる．

$$I = I_{\text{com}} + Mh^2 \quad (11\text{-}29)$$

ただし，h は2つの軸の間の垂直距離である．

トルク　トルクとは，力 $\vec{F}$ によって物体をある回転軸のまわりに回転またはねじろうとする作用である．$\vec{F}$ が回転軸からの位置ベクトルが $\vec{r}$ で与えられる点に働くなら，このときのトルクの大きさは，

$$\tau = rF_t = r_\perp F = rF\sin\phi \quad (11\text{-}32, 11\text{-}33, 11\text{-}31)$$

F_t は $\vec{F}$ の $\vec{r}$ に垂直な成分であり，ϕ は $\vec{r}$ と $\vec{F}$ のなす角である．$r_\perp$ という量は，回転軸と $\vec{F}$ ベクトルを延長した直線との間の垂直距離である．この直線は $\vec{F}$ の**作用線**と呼ばれ，$r_\perp$ は力 $\vec{F}$ の**モーメントの腕**と呼ばれる．同様に，r は F_t のモーメントの腕である．

トルクのSI単位は，ニュートン・メートル(N·m)である．トルク τ は，静止する物体を反時計まわりに回転させようとするとき正であり，静止する物体を時計まわりに回転させようとするとき負である．

回転に関するニュートンの第2法則　ニュートンの第2法則の回転運動版は

$$\tau_{\text{net}} = I\alpha \quad (11\text{-}37)$$

τ_{net} は粒子もしくは剛体に働く正味のトルク，I はその粒子もしくは剛体の回転軸のまわりの慣性モーメントである．α はその結果得られる回転軸のまわりの角加速度である．

仕事と回転運動エネルギー　回転運動において仕事と仕事率を計算する公式は，並進運動における公式に対応しており，

$$W = \int_{\theta_i}^{\theta_f} \tau \, d\theta \quad (11\text{-}45)$$

$$P = \frac{dW}{dt} = \tau\omega \quad (11\text{-}47)$$

τ が一定のとき，式(11-45)は次式に帰着される；

$$W = \tau(\theta_f - \theta_i) \quad (11\text{-}46)$$

回転運動に対する仕事-運動エネルギー定理は，

$$\Delta K = K_f - K_i = \frac{1}{2}I\omega_f^2 - \frac{1}{2}I\omega_i^2 = W \quad (11\text{-}44)$$

問題

1. 図11-20bは，図11-20aの円盤が回転しているときの回転角のグラフである。円盤の角速度は正か，負か，ゼロか。それぞれ，(a) $t=1$ s，(b) $t=2$ s，(c) $t=3$ s，において答えよ。(d) 円盤の角加速度は正か負か？

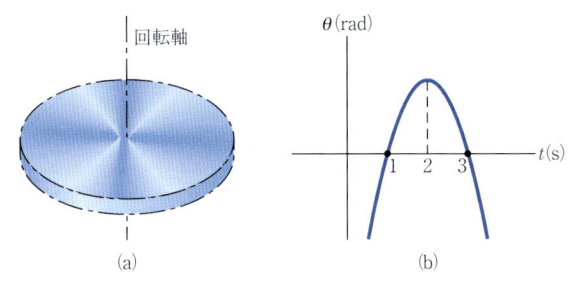

図 11-20 問題1

2. 図11-21は，図11-20aの円盤が回転しているときの角速度のグラフである。(a) 最初と，(b) 最後における回転の向きはそれぞれどうなっているか？(c) 円盤は一瞬止まるだろうか？(d) 角加速度は正か負か？(e) 角加速度は一定かそれとも変化しているか？

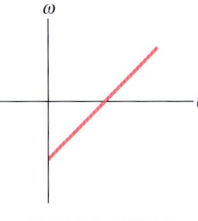

図 11-21 問題2

3. 右腕を下に降ろして手のひらを大腿に向けよ。手首を固定したまま，(1) 腕が水平になるまで前方に持ち上げよ。(2) 腕を水平に動かして右を向くまで回せ。(3) そして，腕をそのまま体の右側に下ろせ。あなたの手のひらは前方を向いている。もし，同じことを今度は逆の順番で行ったとき，あなたの手のひらは前方を向かないのはなぜだろうか。

4. 回転する物体の $\omega(t)$ に対する以下の表式のうち，表11-1の角度方程式が適用できるのはどれか？(a) $\omega=3$；(b) $\omega=4t^2+2t-6$；(c) $\omega=3t-4$；(d) $\omega=5t^2-3$。ここでは，いずれも ω はラジアン毎秒，t は秒の単位を用いるものとする。

5. 図11-22は，図11-20aの円盤が回転しているときの角速度の時間に対するグラフである。4つの時刻 a, b, c, d を，円盤の縁にある点のそれぞれの時刻における (a) 接線加速度と (b) 動径加速度の値の大きいものから順にそれぞれ並べよ。

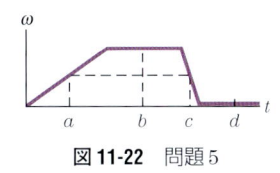

図 11-22 問題5

6. 図11-23の上から眺めた図は，反時計まわりにメリーゴーラウンドのように回転する円盤のスナップショットを示している。円盤の角速度の大きさ ω は減少している（円盤の反時計まわりの回転がよりゆっくりになっていく）。図には円盤の縁に乗っているゴキブリが示されている。このスナップショットの瞬間，このゴキブリの (a) 動径加速度と (b) 接線加速度の方向は，それぞれどうなるか？

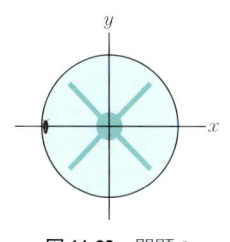

図 11-23 問題6

7. 図11-24は，同じ質量の3つの小球が，質量のない棒で結合された複合物体を示している。小球の間の間隔は図に示されている通りである。それぞれの小球に関するこの物体の慣性モーメントを考え，それが大きくなるものから順に小球を並べよ。

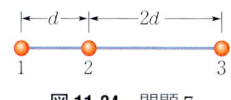

図 11-24 問題7

8. 図11-25aは，水平な棒を上から見た図で，棒は示された位置を支点にして旋回できるようになっている。2つの水平な力が棒に働いているが，棒は静止したままである。棒と力 $\vec{F}_2$ のなす角が初めの90°から減少したときに棒がまだ静止を保っていたとすると，$\vec{F}_2$ の大きさはより増大したか，より減少したか，それとも前と同じに保たれたままか？

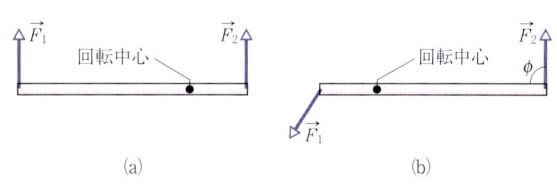

図 11-25 問題8と問題9

9. 図11-25bは，水平な棒を上から見た図で，棒はその両端に働く2つの水平な力 $\vec{F}_1$ と $\vec{F}_2$ によって支点のまわりに回転する。$\vec{F}_2$ の向きは，棒に対して ϕ の角度である。以下の ϕ の値について，対応する棒の角加速度の大きさの順に並べよ：90°, 70°, 110°。

10. 図11-26は，奇妙なメリーゴーラウンドに大きさの等しい5つの力が働く様子を上から見た図である。メリーゴーラウンドは，正

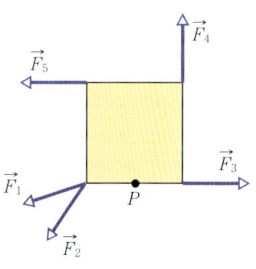

図 11-26 問題10

方形で，その一辺の中点 P のまわりに回転できる．5つの力を，その点 P に関するトルクの大きさの順になるように並べよ．

11. 図 11-27 は，メリーゴーラウンドのように，中心のまわりに回転する円盤に働く 2 つの力 $\vec{F_1}$ と $\vec{F_2}$ を示している．2 つの力は，回転の間，図に示すような角を保ち，円盤は反時計まわりに一定の速さで回転する．しかし，力 $\vec{F_1}$ の大きさを保ったまま $\vec{F_1}$ の角度 θ を変化させることになった．(a) 角速度の大きさを一定に保つには，力 $\vec{F_2}$ の大きさを増加させなければならないか，減少させなければならないか，それともそのままに保たなければならないか？ (b) 力 $\vec{F_1}$ と力 $\vec{F_2}$ は，円盤を時計まわりに回そうとするか，反時計まわりに回そうとするか？

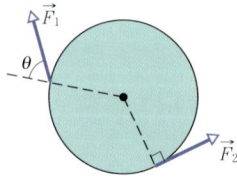

図 11-27 問題 11

12. 図 11-28 は，変動する外力を受けながら回転するメリーゴーラウンドの角速度 ω を時間 t に対して示している．区間 1, 3, 4, 6 におけるこの曲線の傾きの大きさは等しい．(a) これらの区間のうち，外力によってメリーゴーラウンドからエネルギーが移動するのはどのときか？ (b) それぞれの区間を外力によってなされる仕事の大きさの順に並べよ（より正の区間を最初に，より負の区間を最後にする）．(c) それぞれの区間を外力によってなされる仕事によるエネルギー移動率の大きさの順に並べよ（メリーゴーラウンドへの移動率が大きい区間を最初に，メリーゴーラウンドからの移動率が小さい区間を最後に）．メリーゴーラウンドに移動する割合の大きいものからメリーゴーラウンドから移動する割合の大きいものへという順番になるように，区間を並べよ．

図 11-28 問題 12

12 転がり，トルク，角運動量

1897年，ヨーロッパの曲芸師が，空中ブランコの演技で3回宙返りをして相棒の手に飛び移ることに初めて成功した．それから85年もの間，曲芸師達は4回宙返りを試み続けたが，観客の前で披露されたことはなかった．1982年，Ringling ブラザースと Barnum & Bailey サーカスの Miguel Vazquez は，彼の兄弟 Juan が彼を掴まえるまでの間に，ついに空中での4回転を成功させた．2人はこの成功に我を忘れた．

この妙技はなぜそれほど難しかったのだろうか．物理学のどの法則が（最終的に）これを可能にするのだろうか．

答えは本章で明らかになる．

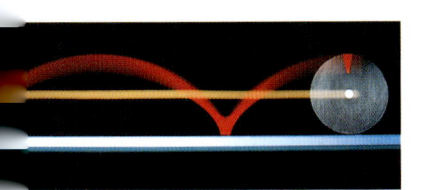

図 12-1 転がる円盤の長時間露出写真．小さな光源が，1つは中心に，他は縁に取り付けられている．後者はサイクロイドとよばれる曲線を描く．

12-1 転がり

自転車が道を真っ直ぐに進むとき，2つの車輪の中心は前方へ単純並進運動をする．しかし，車輪のリム（外輪）上の点は，図 12-1 に見られるように複雑な軌跡を描く．本節では，転がる車輪を，まずは単純並進と単純回転の合成として，次に単純回転だけとして解析する．

回転と並進の合成としての転がり

道路を（滑らずに）滑らかに回転しながら一定の速さで通り過ぎる自転車の車輪に注目しよう．図 12-2 で示されるように，車輪の質量中心 O は一定の速さ v_{com} で前方へ進む．車輪が道路と接している点 P も速さ v_{com} で前方へ進むので，点 P は常に O の真下にある．

時間 t の間に，O も P も距離 s だけ前へ進んだとしよう．自転車に乗っ

ている人から見ると，車輪は中心軸のまわりに角 θ だけ回転する．そのとき，最初地面に接していた点は円周上を長さ s だけ動く．R を車輪の半径とすると，式(11-17)より，長さ s は回転角 θ と関係づけられる；

$$s = \theta R \tag{12-1}$$

車輪の中心（一様な車輪の質量中心）の速さ (linear speed) v_{com} は ds/dt，車輪の中心軸のまわりの角速度の大きさ(angular speed) ω は $d\theta/dt$ である．式(12-1)を時間で微分すると（R は一定），

$$v_{com} = \omega R \quad \text{(滑らかな転がり運動)} \tag{12-2}$$

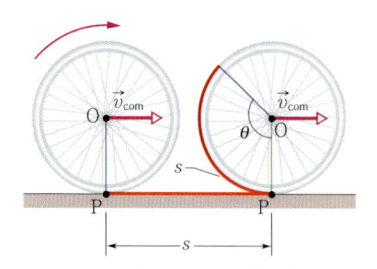

図 12-2 転がる車輪の質量中心 O は，速度 $\vec{v}_{com}$ で距離 s だけ進む．その間に，車輪が転がる面に接触している点 P も，距離 s だけ進む．

図12-3は，車輪の転がり運動が単純並進と単純回転の合成であることを示している．図12-3aは，（中心軸が静止している）単純回転運動を示している．車輪上の全ての点は中心軸のまわりに角速度 ω で回転している（この種の運動は第11章で考察した）．車輪の外縁上のすべての点は，式(12-2)で与えられる速さ v_{com} をもっている．図12-3bは，（車輪が全く回転していない）単純並進運動を示している．車輪上のすべての点は速さ v_{com} で右に動いている．

図12-3aと図12-3bを合成すると，図12-3cに示すような実際の転がり運動が得られる．この合成運動では，車輪の最下部（点P）は静止しており，最上部（点T）は車輪のどの部分よりも速く，速さ $2v_{com}$ で動いていることに注意しよう．この結果は図12-4の写真（遅いシャッタースピードで撮影したもの，time exposure）に明確に示されている．最上部のスポークが最下部よりぼやけているので，車輪の最上部付近が最下部付近より速く動いていることがわかる．

平面上を滑らかに転がる円形の物体の運動は，図12-3aと図12-3bのように，単純回転運動と単純並進運動に分解することができる．

単純回転としての転がり

図12-5は，車輪の転がり運動を考察する他の方法を示唆している；車輪の運動を，道路との接点を通る軸のまわりの単純回転とみなす．転がり運

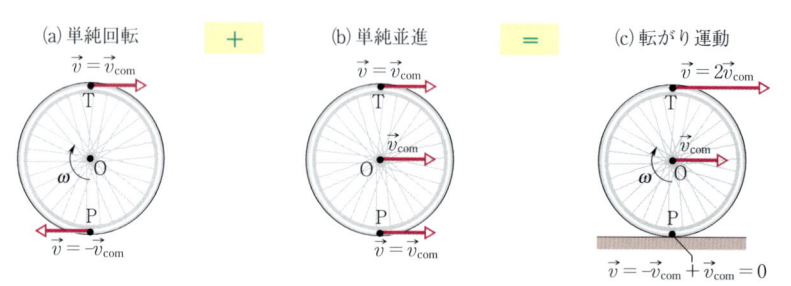

図 12-3 単純回転運動と単純並進運動の合成としての車輪の転がり運動．(a)単純回転運動：車輪のすべての点は，同じ角速度 ω で動く．車輪の外縁のすべての点は，同じ速さ $v = v_{com}$ で動く．そのような点の速度 $\vec{v}$ が最上部(T)と最下部(P)で示されている．(b)単純並進運動：車輪のすべての点は，中心と同じく，同じ速度 $\vec{v}_{com}$ で右に動く．(c)車輪の転がり運動は(a)と(b)の合成である．

動は，図12-3cの点Pを通り紙面に垂直な軸のまわりの単純回転と考えることができる．図12-5のベクトルは，転がる車輪上の点の瞬間速度を表している．

問：静止している観測者から見ると，転がる自転車の車輪は（この新しい軸のまわりに）どのような角速度をもつか．

答：自転車に乗っている人から見た，質量中心を通る軸のまわりの単純回転の角速度 ω と同じである．

この答を確かめるには，静止している観測者から見た，転がる車輪の最上部の速さを計算すればよい．最上部は図12-5のPから $2R$ だけ離れているので（車輪の半径を R とする），式(12-2)を用いると，頂上の速さは，

$$v_{\text{top}} = (\omega)(2R) = 2(\omega R) = 2v_{\text{com}}$$

図12-3cの状況とぴったり一致した．同様に，図12-3cの車輪の点OとPにおける速さも確かめることができる．

> ✓ **CHECKPOINT 1**: ピエロの自転車の後輪の半径は前輪の2倍ある．(a)自転車が動くとき，後輪の最上部の速さは，前輪よりも速いか，遅いか，それとも等しいか．(b)後輪の角速度の大きさは前輪よりも，速いか，遅いか，それとも等しいか．

図12-4 転がる自転車の車輪の写真．上部のスポークは下部のそれよりもぼやけている．図12-3cに示されているように，上部の方が速く動くからである．

12-2 転がりの運動エネルギー

静止している観測者から見た，転がる車輪の運動エネルギーを計算しよう．転がりを図12-5の点Pのまわりの単純回転とみなすと，式(11-27)より，

$$K = \frac{1}{2} I_P \omega^2 \tag{12-3}$$

ω は車輪の角速度，I_P はPを通る軸のまわりの車輪の慣性モーメントである．式(11-29)の平行軸の定理 ($I = I_{\text{com}} + Mh^2$) を使って，

$$I_P = I_{\text{com}} + MR^2 \tag{12-4}$$

M は車輪の質量，I_{com} は質量中心を通る軸のまわりの慣性モーメント，R（車輪の半径）は垂直距離 h である．式(12-4)を式(12-3)に代入して，

$$K = \frac{1}{2} I_{\text{com}} \omega^2 + \frac{1}{2} MR^2 \omega^2$$

$v_{\text{com}} = \omega R$ の関係を用いると，

$$K = \frac{1}{2} I_{\text{com}} \omega^2 + \frac{1}{2} M v_{\text{com}}^2 \tag{12-5}$$

$\frac{1}{2} I_{\text{com}} \omega^2$ は質量中心を通る軸のまわりの回転に関係した車輪の運動エネルギー（図12-3a），$\frac{1}{2} M v_{\text{com}}^2$ は質量中心の並進運動に関係した車輪の運動エネルギー（図12-3b）と解釈することができる．すなわち；

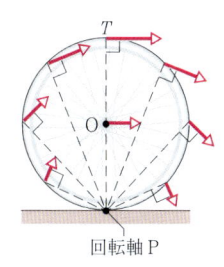

図12-5 転がりはPを通る軸のまわりの角速度 ω の単純回転と見ることができる．ベクトルは転がる車輪の各点の瞬間速度を示している．図12-3のような並進運動と回転運動を合成することにより，これらのベクトルを作ることができる．

> 転がる物体は2種類の運動エネルギーをもっている：質量中心のまわりの回転運動エネルギー ($\frac{1}{2}I_{\text{com}}\omega^2$) と質量中心の並進運動エネルギー ($\frac{1}{2}Mv_{\text{com}}^2$)。

例題 12-1

質量 1.4 kg，半径 8.5 cm の一様な固体円盤が，15 cm/s の速さで水平な机の上を滑らかに転がっている。運動エネルギー K を求めよ。

解法： 式 (12-5) は転がる物体の運動エネルギーを与える。しかし，これを用いるには次の3つの Key Idea が必要である。

Key Idea 1： 転がる物体の速さというときは質量中心の速さを意味する。ここでは，$v_{\text{com}} = 15$ cm/s である。

Key Idea 2： 式 (12-5) を用いるには，転がる物体の角速度の大きさ ω が必要である。これは式 (12-2) により v_{com} と $\omega = v_{\text{com}}/R$ のように関係づけられている。

Key Idea 3： 式 (12-5) を用いるには，物体の質量中心のまわりの慣性モーメント I_{com} も必要である。表 11-2c より，固体円盤については $I_{\text{com}} = \frac{1}{2}MR^2$ である。

式 (12-5) より，

$$\begin{aligned} K &= \frac{1}{2}I_{\text{com}}\omega^2 + \frac{1}{2}Mv_{\text{com}}^2 \\ &= \frac{1}{2}\left(\frac{1}{2}MR^2\right)(v_{\text{com}}/R)^2 + \frac{1}{2}Mv_{\text{com}}^2 = \frac{3}{4}Mv_{\text{com}}^2 \\ &= \frac{3}{4}(1.4\,\text{kg})(0.15\,\text{m/s})^2 \\ &= 0.024\,\text{J} = 24\,\text{mJ} \end{aligned} \qquad \text{(答)}$$

12-3 転がる物体に働く力

摩擦と転がり

図 12-2 のように車輪が一定の速さで転がるとき，車輪は接触点 P で滑ろうとしないので摩擦力は働かない。しかし，転がる車輪を加速（または減速）させるような力が作用すると，この力により進行方向に沿った質量中心の加速度 $\vec{a}_{\text{com}}$ を生じる。また，この力により車輪はより速く（または遅く）回転するので，質量中心のまわりに角加速度を生じる。これらの加速度は点 P で車輪を滑らそうとするから，これを妨げるように点 P において摩擦力が働くであろう。

車輪が滑らないとき，この力は静止摩擦力 $\vec{f}_s$ であり，車輪は滑らかな転がり運動をする。加速度 $\vec{a}_{\text{com}}$ と角加速度 α の関係は，式 (12-2) を時間について微分することによって得られる（R は一定）。左辺の dv_{com}/dt は a_{com}，右辺の $d\omega/dt$ は α である。こうして，滑らかな転がりについて次式が得られる；

$$a_{\text{com}} = \alpha R \qquad \text{（滑らかな転がり運動）} \tag{12-6}$$

力が作用して車輪が滑るときは，図 12-2 の点 P に作用する力は動摩擦力 $\vec{f}_k$ である。このときの車輪の運動は滑らかな転がりではないので，式 (12-6) を適用することはできない。本章では，滑らかな転がり運動だけを考える。

図 12-6 は，スタート直後の競技用自転車の車輪のように，平面を転がる車輪の回転が速くなる様子を表している。車輪がより速く回転しようとすると，車輪の底部は点 P で左に滑ろうとする。このとき点 P における右向きの摩擦力が滑ろうとするのを妨げる。車輪が滑らないとき，この摩擦

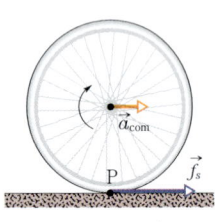

図 12-6 車輪が加速度 $\vec{a}_{\text{com}}$ を受けて，滑らずに水平に転がる。滑るのを妨げるように静摩擦力 $\vec{f}_s$ が車輪に働く。

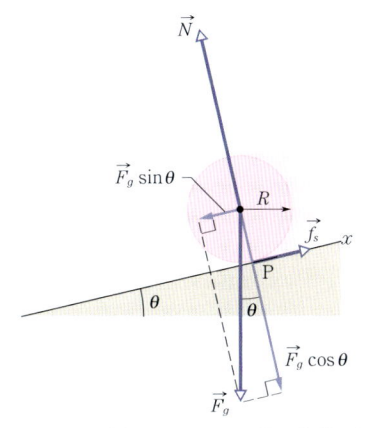

図 12-7 半径 R の円い一様な物体が斜面を転がり落ちる。物体に働く力は，重力 $\vec{F}_g$，垂直抗力 $\vec{N}$，斜面上向きの摩擦力 $\vec{f}_s$ である（わかりやすくするために，ベクトル $\vec{N}$ はその向きに，始点が物体の中心にくるまで移動してある）。

力は（図に示されているように）静止摩擦力 $\vec{f}_s$ である．運動は滑らかな転がりとなるので式 (12-6) を適用できる（摩擦がなければ自転車は止ったままになり，競技はまったくつまらないものになるであろう）．

自転車のスピードを落とすときのように，図 12-6 の車輪の回転が遅くなるときは，質量中心の加速度 $\vec{a}_{\text{com}}$ の向きと，点Pにおける摩擦力 $\vec{f}_s$ の向きが左を向くように，図を改めなければならない．

斜面の転がり運動

図 12-7 は，傾斜角 θ の斜面を x 軸に沿って滑らかに転がり落ちる質量 M，半径 R の一様な円形の物体を示している．斜面を落下する物体の加速度 $a_{\text{com},x}$ を求めたい．ニュートンの第 2 法則の並進版 ($F_{\text{net}} = Ma$) と回転版 ($\tau_{\text{net}} = I\alpha$) を用いる．

まず物体に作用する力を描いてみる（図 12-7）．

1. 物体に作用する重力 $\vec{F}_g$ は真下を向いている．ベクトルの始点は物体の質量中心におく．斜面に沿った成分 $F_g \sin\theta$ は $Mg \sin\theta$ に等しい．
2. 抗力 $\vec{N}$ は斜面に垂直である．これは接触点Pに作用するが，図 12-7 では，ベクトルの始点が物体の質量中心にくるように移動した．
3. 静止摩擦力 $\vec{f}_s$ は点Pで斜面上向きに作用する（なぜだろう．物体は点Pで斜面を滑り落ちようとするから，滑りに抗して摩擦力は上向きに働く）．

ニュートンの第 2 法則を図 12-7 の x 軸成分について書くと ($F_{\text{net},x} = ma_x$)，

$$f_s - Mg \sin\theta = Ma_{\text{com},x} \tag{12-7}$$

この式は 2 つの未知数 f_s と $a_{\text{com},x}$ を含んでいる（ここで f_s が最大摩擦力 $f_{s,\text{max}}$ であると仮定する必要はない．f_s は，物体が滑らずに滑らかに斜面を転がり落ちるような値をとる）．

次に，回転に対するニュートンの第 2 法則を質量中心のまわりの回転に適用する．まず式 (11-33) ($\tau = r_\perp F$) を用いて質量中心のまわりのトルクを求める．摩擦力 f_s のモーメントの腕の長さは R だから Rf_s のトルクが生じる．これは物体を反時計まわりに回転させようとするから正である．力 $\vec{F}_g$ と $\vec{N}$ はモーメントの腕の長さがゼロだからトルクを生じない．したがって，質量中心を通る軸のまわりの回転に対するニュートンの第 2 法則 ($\tau_{\text{net}} = I\alpha$) は次のように書ける；

$$Rf_s = I_{\text{com}} \alpha \tag{12-8}$$

この式は 2 つの未知数 f_s と α を含んでいる．

物体は滑らずに転がるから，式 (12-6) ($a_{\text{com}} = \alpha R$) を用いて未知数 $a_{\text{com},x}$ と α とを関係づけることができる．ただし，$a_{\text{com},x}$ は負（x 軸の負方向），α は正（反時計まわり）であることに注意して，式 (12-8) の α に $-a_{\text{com},x}/R$ を代入する．これを f_s について解くと，

$$f_s = -I_{\text{com}} \frac{a_{\text{com},x}}{R^2} \tag{12-9}$$

式 (12-9) の右辺を式 (12-7) の f_s に代入して，

$$a_{\text{com},x} = -\frac{g\sin\theta}{1 + I_{\text{com}}/MR^2} \qquad (12\text{-}10)$$

この式は，傾斜角 θ をもった斜面を転がり落ちる物体の並進加速度を求めるのに使うことができる。

✓ **CHECKPOINT 2：** 2つの同じ円盤AとBが同じ速さで床を転がっている。円盤Aは斜面を登り高さ h に達した。Bは傾きは同じだが摩擦のない斜面を登った。Bが到達する最高点は，h より高いか，低いか，それとも等しいか。

例題 12-2

質量 $M = 6.00\,\text{kg}$，半径 R の一様なボールが，傾斜角 $\theta = 30.0°$ の斜面を，静止状態から滑らかに転がり落ちた（図12-7）。

(a) ボールは鉛直距離 $h = 1.20\,\text{m}$ だけ滑り落ちて，斜面の最下点に達した。このときのボールの速さを求めよ。

解法： **Key Idea 1：** 最下点でのボールの速さは，そこでの運動エネルギー K_f と関係づけることができる。**Key Idea 2：** ボールが斜面を転がり落ちるとき，ボール－地球系の力学的エネルギーは保存される。なぜなら，ボールに仕事をする力は保存力である重力だけである。斜面がボールに及ぼす垂直抗力はボールの経路に垂直だから仕事をしない。斜面がボールに及ぼす摩擦力は，ボールが滑らない（滑らかに転がっている）ので，いかなるエネルギーも熱エネルギーに移動しない。

したがって，力学的エネルギーが保存される（$E_f = E_i$）；

$$K_f + U_f = K_i + U_i \qquad (12\text{-}11)$$

添字 f と i は（最下点における）最終値と，（静止しているときの）初期値を意味する。重力ポテンシャルエネルギーの初期値は $U_i = Mgh$（M はボールの質量），最終値は $U_f = 0$，運動エネルギーの初期値は $K_i = 0$ である。**Key Idea 3：** ボールが転がっているので運動エネルギーの最終値 K_f は並進と回転に関係する。したがって，式(12-5)の右辺を用いて両方を取り入れなければならない。これらを式(12-11)に代入すると，

$$\left(\tfrac{1}{2}I_{\text{com}}\omega^2 + \tfrac{1}{2}Mv_{\text{com}}^2\right) + 0 = 0 + Mgh \qquad (12\text{-}12)$$

I_{com} はボールの質量中心を通る軸のまわりの慣性モーメント，v_{com} は最下点における求めたい速さ，ω は最下点での角速度の大きさである。

ボールは滑らかに転がるので，式(12-2)を用いて ω を v_{com}/R で置き換えれば，式(12-12)の未知数を消去することができる。さらに，I_{com} に（表11-2fより）$\tfrac{2}{5}MR^2$ を代入し，v_{com} について解くと，

$$v_{\text{com}} = \sqrt{\left(\tfrac{10}{7}\right)gh} = \sqrt{\left(\tfrac{10}{7}\right)(9.8\,\text{m/s}^2)(1.2\,\text{m})}$$
$$= 4.1\,\text{m/s} \qquad \text{(答)}$$

得られた結果が質量 M と半径 R に依存しないことに注意しよう。

(b) ボールが斜面を転がり落ちるときの摩擦力の大きさと向きを求めよ。

解法： **Key Idea：** ボールは滑らかに転がり落ちるので，ボールに働く摩擦力は式(12-9)で与えられる。しかし，まず加速度 $a_{\text{com},x}$ を求める必要がある。式(12-10)より

$$a_{\text{com},x} = -\frac{g\sin\theta}{1 + I_{\text{com}}/MR^2} = -\frac{g\sin\theta}{1 + \tfrac{2}{5}MR^2/MR^2}$$
$$= -\frac{(9.8\,\text{m/s}^2)\sin 30.0°}{1 + \tfrac{2}{5}} = -3.50\,\text{m/s}^2$$

$a_{\text{com},x}$ を求めるのに，質量 M も半径 R も必要ないことに注意しよう。一様などんなボールでも，滑らかな30.0°の斜面を転がり落ちるときにはこの加速度をもつ。

この結果を式(12-9)に代入して，

$$f_s = -I_{\text{com}}\frac{a_{\text{com},x}}{R^2} = -\tfrac{2}{5}MR^2\frac{a_{\text{com},x}}{R^2} = -\tfrac{2}{5}Ma_{\text{com},x}$$
$$= -\tfrac{2}{5}(6.00\,\text{kg})(-3.50\,\text{m/s}^2)$$
$$= 8.40\,\text{N} \qquad \text{(答)}$$

ここでは，質量 M が必要となるが，半径 R は必要ないことに注意しよう。質量6.00 kgの一様なボールは，それがどんな大きさであっても，傾きが30.0°の斜面を滑らかに転がるときは8.40 Nの摩擦力を受ける。

12-4 ヨーヨー

ヨーヨーは，ポケットに納まる物理実験室である。ヨーヨーがひもに沿って転がり落ちるとき，ポテンシャルエネルギー mgh を失うが，並進 $\left(\frac{1}{2}Mv_{\text{com}}^2\right)$ と回転 $\left(\frac{1}{2}I_{\text{com}}\omega^2\right)$ の運動エネルギーを得る。ヨーヨーが上っていくときは，運動エネルギーを失い，ポテンシャルエネルギーを取り戻す。

最近のヨーヨーは，ひもが軸に結びつけられてなく，ひもの端を輪にして軸を通してあるだけである。ヨーヨーがひもの最下点に達すると，ひもから軸に上向きに力が働いて下降が止まる。ヨーヨーはひもの輪の中の軸を中心にまわり，回転運動エネルギーだけをもつ。ひもをぐいと引っ張って"眠りを覚ます"まで，ヨーヨーは回り続ける（"眠り続ける"）。ひもを引っ張ると，ひもは軸を捉えてヨーヨーは上がり始める。ヨーヨーを投げ下ろすと，静止状態から転がり落ちるときと違って，初速 v_{com} と ω をもって落下するので，ひもの最下点にいるとき（眠っているとき）のヨーヨーの運動エネルギーをかなり増やすことができる。

ヨーヨーがひもを転がり落ちるときの加速度 a_{com} を求めるために，図12-7 の斜面を転がり落ちる物体で行ったようにニュートンの第2法則を用いることができる。やり方は次の点を除いて同じである。

1. 傾斜角 θ の斜面の代わりに，ヨーヨーは水平と角 $\theta = 90°$ をなすひもを転がり落ちる。
2. 半径 R の外縁に沿って転がるのではなく，ヨーヨーは半径 R_0 の軸のまわりを転がる（図12-8a）。
3. 摩擦力 $\vec{f}_s$ によって減速させられるのではなく，ひもから加えられる力 $\vec{T}$ によって減速させられる（図12-8b）。

計算により再び式(12-10)が導かれる。記号を少し変え，$\theta = 90°$ とすると，加速度は，

$$a_{\text{com},x} = -\frac{g}{1 + I_{\text{com}}/MR_0^2} \tag{12-13}$$

I_{com} はヨーヨーの中心のまわりの慣性モーメント，M は質量である。ヨーヨーは上昇中も下降中と同じ加速度をもつ。なぜなら，どちらの場合も働いている力は図12-8b に示された力と同じだから。

12-5 トルク再考

第11章では，固定軸のまわりに回転する剛体に対するトルク τ を定義した。剛体を構成するすべての粒子は固定軸のまわりの円周上を運動をする。本節では，トルクの定義を拡張し，（固定軸ではなく）固定点のまわりに任意の経路をとって運動する個々の粒子に適用しよう。経路は円である必要はない。トルクは任意の方向を向くベクトル $\vec{\tau}$ で表される。

図12-9a は xy 平面上の点Aにある粒子を示している。平面内の力 $\vec{F}$ が粒子に作用しており，原点Oに対する粒子の位置は位置ベクトル $\vec{r}$ で表されている。固定点Oに対して粒子に作用するトルク $\vec{\tau}$ は次のように定義されるベクトル量である；

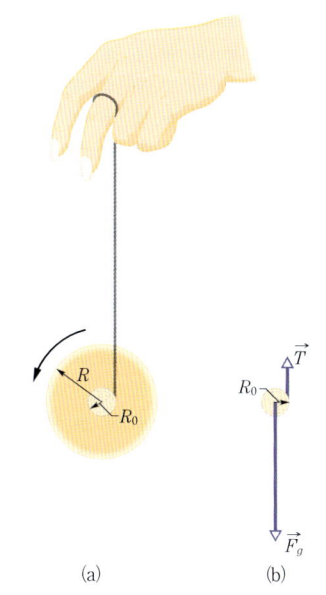

図 12-8 (a)ヨーヨーの断面。太さの無視できるひもは，半径 R_0 の軸に巻かれている。(b)自由落下するヨーヨーの図。軸だけが示されている。

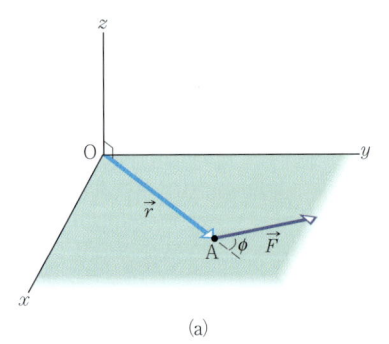

図 12-9 トルクの定義。(a) xy 面内にある力 $\vec{F}$ が，点 A にある粒子に働く。(b) この力は，原点 O のまわりに $\vec{\tau}(=\vec{r}\times\vec{F})$ のトルクを粒子におよぼす。ベクトル積に対する右手ルールから，トルクのベクトルは z 軸の正の向きを向く。大きさは (b) では $rF_\perp$，(c) では $r_\perp F$ で与えられる。

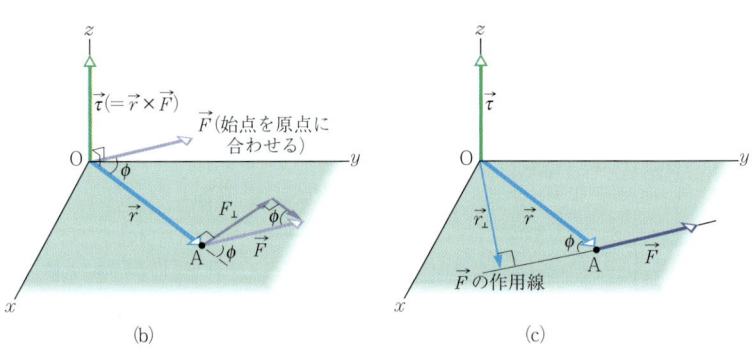

$$\vec{\tau} = \vec{r} \times \vec{F} \quad \text{(トルクの定義)} \tag{12-14}$$

この定義に現れたベクトル積（外積）は，3-7 節で与えられた計算規則を用いて計算する。$\vec{\tau}$ の向きを決めるために，まずベクトル $\vec{F}$ を（その向きを変えないで）始点が O にくるまで移動し（図 12-9b），ベクトル積を作る 2 つのベクトルの始点を一致させる。次に，図 3-20a のベクトル積に関する右手ルールを用いる。右手の指を $\vec{r}$（積の第 1 ベクトル）から $\vec{F}$（第 2 ベクトル）の方へ掃くようにまわす。そのとき伸ばした親指が $\vec{\tau}$ の向きを与える。図 12-9b では $\vec{\tau}$ の向きは z 軸の正の向きとなる。

一般に成り立つ式 (3-27) ($c = ab\sin\phi$) を用いて $\vec{\tau}$ の大きさを求める；

$$\tau = rF\sin\phi \tag{12-15}$$

ϕ は始点を一致させたときの $\vec{r}$ と $\vec{F}$ の間の角である。図 12-9b より，式 (12-15) を次のように書き換える；

$$\tau = rF_\perp \tag{12-16}$$

$F_\perp (= F\sin\phi)$ は $\vec{F}$ の $\vec{r}$ に垂直な成分である。また，図 12-9c より，式 (12-15) を次のように書き換えることもできる；

$$\tau = r_\perp F \tag{12-17}$$

$r_\perp (= r\sin\phi$ は $\vec{F}$ のモーメントの腕（O から $\vec{F}$ の作用線までの垂直距離）である。

例題 12-3

図 12-10a では，大きさ 2.0 N の 3 つの力が粒子に作用している。粒子は xz 面内の位置ベクトル $\vec{r}$ で表される点 A にあり，$r = 3.0$ m，$\theta = 30°$ である。力 $\vec{F_1}$ は x 軸に平行，力 $\vec{F_2}$ は z 軸に平行，力 $\vec{F_3}$ は y 軸に平行である。それぞれの力による原点 O のまわりのトルクを求めよ。

解法： **Key Idea**：3 つの力は同一平面内にはないから，第 11 章のようにしてトルクを求めることはできない。その代わりに，式 (12-15)（$\tau = rF\sin\phi$）を使って外積の大きさを求め，向きをベクトル積の右手ルールで求める。

原点 O のまわりのトルクを求めたいのだから，外積の計算に必要なベクトル $\vec{r}$ は与えられた位置ベクトルである。$\vec{r}$ の向きとそれぞれの力の向きとの間の角度を求めるために，図 12-10a の力ベクトルをその始点が原点に一致するように移動させる。図 12-10b, c, d は xz 面への投影図であり，それぞれ，移動した力ベクトル $\vec{F_1}, \vec{F_2}, \vec{F_3}$ を示している（角度が見やすくなることに注意）。図 12-10d では $\vec{r}$ と $\vec{F_3}$ の間の角度は 90° である。記号 ⊗ は $\vec{F_3}$ が紙面に対して向こう向きであることを示している。紙面から手前向きの場合は ⊙ で示す。

さて，式 (12-15) をそれぞれの力に適用すると，

図 12-10 例題 12-3。(a)Aにある粒子が座標軸に平行な3つの力を受けている。(トルクを求めるのに必要な)角は，$\vec{F_1}$に対しては(b)，$\vec{F_2}$に対しては(c)に示されている。(d)トルク$\vec{\tau_3}$は$\vec{r}$と$\vec{F_3}$の両方に垂直である(力$\vec{F_3}$は紙面の向こう側を向いている)。(e)粒子に働く(原点Oのまわりの)トルク。

$\tau_1 = rF_1 \sin\phi_1 = (3.0\,\text{m})(2.0\,\text{N})(\sin 150°)$
$= 3.0\,\text{N·m}$

$\tau_2 = rF_2 \sin\phi_2 = (3.0\,\text{m})(2.0\,\text{N})(\sin 120°)$
$= 5.2\,\text{N·m}$

$\tau_3 = rF_3 \sin\phi_3 = (3.0\,\text{m})(2.0\,\text{N})(\sin 90°)$
$= 6.0\,\text{N·m}$ （答）

3つのトルクの向きを求めるために，右手ルールを用いる。右手の指を$\vec{r}$と$\vec{F}$の間の2つの角のうちの小さい方にまわす。親指がトルクの向きを向く。こうして，$\vec{\tau_1}$は向こう向き（図12-10b），$\vec{\tau_2}$は手前向き（図12-10c），$\vec{\tau_3}$は図12-10dに示された向きを向く。すべてのトルクベクトルが図12-10eに描かれている。

✓ **CHECKPOINT 3:** 粒子の位置ベクトル$\vec{r}$がz軸の正の向きを向いている。粒子に働くトルクが(a)ゼロの場合，(b)x軸の負の向きの場合，(c)y軸の負の向きの場合，トルクをつくっている力はどの向きを向いているか。

PROBLEM-SOLVING TACTICS

Tactic 1: ベクトル積とトルク
トルクに関する式(12-15)において初めてベクトル積(外積)を適用した。読者は3-7節を復習するであろう。そこには，ベクトル積に関する規則が与えられている。PROBLEM-SOLVING TACTIC 5にはベクトル積の向きを決めるときよくやる間違いがあげられている。

トルクはある基準点に対して(のまわりに)計算されるということを忘れてはならない。基準点を決めなければトルクは意味をもたない。基準点を変えればトルクの大きさも向きも変化する。例題12-3では，3つの力による原点Oのまわりのトルクが計算された。点Aのまわりのトルクを計算すれば，同じ3つの力によるトルクは全部ゼロになるであろう。なぜなら，それぞれの力に対して$r=0$であるからである。

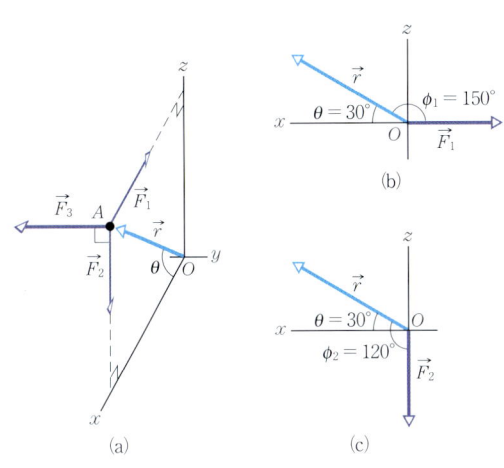

12-6　角運動量

運動量$\vec{p}$の概念と運動量保存則は，たいへん強力な道具であったことを思い出そう。例えば，2台の車の衝突の結果を，衝突の詳細を知らなくても予測することができる。ここでは$\vec{p}$の回転版について考えよう。本章の最後で回転に関する運動量保存則を考察する。

図12-11は，xy面内の点Aを，質量m，運動量$\vec{p}(=m\vec{v})$の粒子が通過するところを示している。この粒子の原点Oに対する**角運動量**(angular momentum)$\vec{l}$は，次式で定義されるベクトル量である；

$$\vec{l} = \vec{r} \times \vec{p} = m(\vec{r} \times \vec{v}) \quad \text{(角運動量の定義)} \quad (12\text{-}18)$$

$\vec{r}$ はOに対する粒子の位置ベクトルである。粒子がOに対して運動量 $\vec{p}$ ($= m\vec{v}$) の向きに運動すると，位置ベクトル $\vec{r}$ はOのまわりに回転する。Oのまわりの角運動量を求めるとき，粒子自身は必ずしもOのまわりを回転する必要はない。式(12-14)と式(12-18)を比べると，角運動量と運動量の関係は，トルクと力の関係と同じであることがわかる。SI単位系での角運動量の単位は，kg·m²/sであり，ジュール·秒(J·s)に対応している。

図12-11の角運動量 $\vec{l}$ の向きを決めるためには，ベクトル $\vec{p}$ をその始点が原点Oに一致するように移動し，指を $\vec{r}$ から $\vec{p}$ にまわして，ベクトル積に対する右手ルールを用いる。伸ばした親指の向きは $\vec{l}$ が図12-11の z 軸の正の向きを向いていることを示す。$\vec{l}$ の正の向きは，粒子の動きに伴って粒子の位置ベクトル r が z 軸まわりに反時計回りに回転することに対応している ($\vec{l}$ の負の向きは，$\vec{r}$ が z 軸のまわりに時計回りに回転することに対応する)。

$\vec{l}$ の大きさを求めるために，一般に成り立つ式(3-27)を用いると，

$$l = rmv \sin\phi \tag{12-19}$$

ϕ は $\vec{r}$ と $\vec{p}$ の始点を一致させたときの両者の間の角である。図12-11aより，式(12-19)は次のように書き換えられる；

$$l = rp_\perp = rmv_\perp \tag{12-20}$$

$p_\perp$ と $v_\perp$ は，それぞれ，$\vec{p}$ と $\vec{v}$ の $\vec{r}$ に垂直な成分である。図12-11bより，式(12-19)はまた次のように書くこともできる；

$$l = r_\perp p = r_\perp mv \tag{12-21}$$

$r_\perp$ は原点Oから $\vec{p}$ の延長線までの垂直距離である。

トルクのときと同じように，角運動量も特定の基準点に対してのみ意味をもつ。図12-11の粒子が xy 面内になければ，あるいは，粒子の運動量 $\vec{p}$ がその面内になければ，角運動量 $\vec{l}$ は z 軸に平行にはならない。角運動量ベクトルの向きは，常に位置ベクトル $\vec{r}$ と運動量ベクトル $\vec{p}$ が作る面に垂直である。

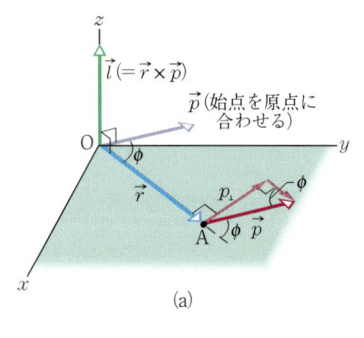

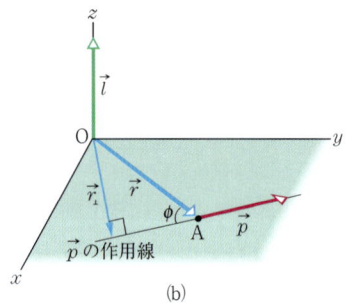

図 12-11 角運動量の定義。点Aを通る粒子が運動量 $\vec{p}(=m\vec{v})$ をもっている。ベクトル $\vec{p}$ は xy 面内にある。粒子は原点Oのまわりに角運動量 $\vec{l}(=\vec{r}\times\vec{p})$ をもっている。右手ルールより，角運動量ベクトルは z の正の向きを向く。(a) $\vec{l}$ の大きさは $l = rp_\perp = rmv_\perp$ で与えられる。(b) l の大きさは $l = r_\perp p = r_\perp mv$ でも与えられる。

✓ **CHECKPOINT 4:** 図(a)では，粒子1と2が点Oのまわりに，それぞれ，半径2mと4mの円を描いて互いに逆向きに回っている。図(b)では，粒子3と4が点Oからの垂直距離が，それぞれ，4mと2mの直線上を同じ向きに動いている。粒子5はOからまっすぐ離れていく。5つの粒子はすべて等しい質量と等しい速さをもつ。
(a) 粒子を点Oのまわりの角運動量の大きさの順に並べよ。
(b) 点Oのまわりの角運動量が負である粒子はどれか。

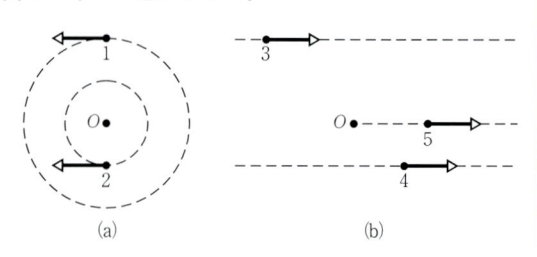

例題 12-4

図 12-12 は，一定の運動量で水平な経路を動く 2 つの粒子を上から見た図である．粒子 1 は運動量 $p_1 = 5.0\,\text{kg}\cdot\text{m/s}$, 位置ベクトル $\vec{r}_1$ をもち，点 O から垂直距離 2.0 m のところを通る．粒子 2 は運動量 $p_2 = 2.0\,\text{kg}\cdot\text{m/s}$, 位置ベクトル $\vec{r}_2$ をもち，点 O から垂直距離 4.0 m のところを通る．この 2 粒子系の点 O のまわりの全角運動量を $\vec{L}$ 求めよ．

図 12-12 例題 12-4, 2 つの粒子が点 O の近くを通る．

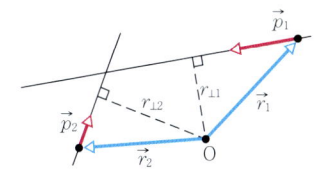

解法: **Key Idea**: $\vec{L}$ を求めるためには，まず，それぞれの角運動量 $\vec{l}_1$ と $\vec{l}_2$ を求めて，しかる後にこれらを足さなければならない．この大きさを求めるためには，式 (12-18) から式 (12-21) までのどの式を用いてもよい．しかし，垂直距離 $r_{1\perp}(=2.0\,\text{m})$, $r_{2\perp}(=4.0\,\text{m})$ と，運動量の大きさ p_1, p_2 が与えられているから，式 (12-21) を用いるのがもっとも都合がよい．ここでは他の式で必要な量が与えられていない．

粒子 1 に対して，式 (12-21) より，
$$l_1 = r_{1\perp} p_1 = (2.0\,\text{m})(5.0\,\text{kg}\cdot\text{m/s})$$
$$= 10.0\,\text{kg}\cdot\text{m}^2/\text{s}$$

ベクトル $\vec{l}_1$ の向きを求めるには，式 (12-18) とベクトル積に対する右手ルールを用いる．$\vec{r}_1 \times \vec{p}_1$ は図 12-12 の面に垂直で紙面から手前向きである．これは正の向きであり，粒子 1 の動きに伴って粒子の位置ベクトル $\vec{r}_1$ が O のまわりに反時計回りに回転することに相当している．したがって，粒子 1 の角運動量は，
$$l_1 = +10\,\text{kg}\cdot\text{m}^2/\text{s}$$

同様に $\vec{l}_2$ の大きさは，
$$l_2 = r_{\perp 2} p_2 = (4.0\,\text{m})(2.0\,\text{kg}\cdot\text{m/s})$$
$$= 8.0\,\text{kg}\cdot\text{m}^2/\text{s}$$

ベクトル積 $\vec{r}_2 \times \vec{p}_2$ は紙面から向こう向きである．これは負の向きであり，粒子 2 の動きに伴って粒子の位置ベクトル $\vec{r}_2$ が O のまわりに時計回りに回転することに相当している．したがって，粒子 2 の角運動量は，
$$l_2 = -8.0\,\text{kg}\cdot\text{m}^2/\text{s}$$

2 粒子系の全角運動量は，
$$L = l_1 + l_2 = 10\,\text{kg}\cdot\text{m}^2/\text{s} + (-8.0\,\text{kg}\cdot\text{m}^2/\text{s})$$
$$= +2.0\,\text{kg}\cdot\text{m}^2/\text{s} \qquad (答)$$

正の符号は O のまわりの系の全角運動量が紙面から手前向きであることを意味している．

12-7 回転に対するニュートンの第 2 法則

ニュートンの第 2 法則は，次のような形に書き表すと，粒子に働く力と運動量の緊密な関係がよくわかる；

$$\vec{F}_{\text{net}} = \frac{d\vec{p}}{dt} \quad \text{(1 粒子)} \qquad (12\text{-}22)$$

並進に関する量と回転に関する量は，みごとなほどに対応していたから，トルクと角運動量の間にも緊密な関係があるだろう．式 (12-22) より，その関係はまさに次のように推測される；

$$\vec{\tau}_{\text{net}} = \frac{d\vec{l}}{dt} \quad \text{(1 粒子)} \qquad (12\text{-}23)$$

式 (12-23) は確かに粒子の回転に対するニュートンの第 2 法則である．

▶ 粒子に作用するトルクの（ベクトル）和は，その粒子の角運動量の時間変化の割合に等しい．

式 (12-23) の証明

粒子の角運動量の定義である式 (12-18) から始めよう；

$$\vec{l} = m(\vec{r} \times \vec{v})$$

$\vec{r}$ は粒子の位置ベクトル，$\vec{v}$ は粒子の速度である．両辺を時間について微

分すると*，

$$\frac{d\vec{l}}{dt} = m\left(\vec{r} \times \frac{d\vec{v}}{dt} + \frac{d\vec{r}}{dt} \times \vec{v}\right) \qquad (12\text{-}24)$$

$d\vec{v}/dt$ は粒子の加速度 $\vec{a}$，$d\vec{r}/dt$ は粒子の速度 $\vec{v}$ だから，式(12-24)を書き換えて，

$$\frac{d\vec{l}}{dt} = m(\vec{r} \times \vec{a} + \vec{v} \times \vec{v})$$

ここで $\vec{v} \times \vec{v} = 0$ である（どんなベクトルでも自分自身とのベクトル積はゼロである，なぜなら同じベクトルの間の角は必然的にゼロだから）．これより，

$$\frac{d\vec{l}}{dt} = m(\vec{r} \times \vec{a}) = \vec{r} \times m\vec{a}$$

ニュートンの第2法則 ($\vec{F}_{\text{net}} = m\vec{a}$) を用いて，$m\vec{a}$ を等価な量，すなわち粒子に作用している力のベクトル和，で置き換えて，

$$\frac{d\vec{l}}{dt} = r \times \vec{F}_{\text{net}} = \sum (\vec{r} \times \vec{F}) \qquad (12\text{-}25)$$

記号 Σ は，すべての力についてベクトル積 $\vec{r} \times \vec{F}$ を足しあわせることを意味する．式(12-14)より，各ベクトル積はそれぞれの力によるトルクだから，式(12-25)は，

$$\vec{\tau}_{\text{net}} = \frac{d\vec{l}}{dt}$$

これが証明しようとした式(12-23)である．

> ✓ **CHECKPOINT 5:** 図はある瞬間の粒子の位置ベクトルと，粒子を加速させる力の向きを4通り示している．すべての力は xy 面内にある．
> (a) 粒子の点Oのまわりの角運動量の時間変化の割合 ($d\vec{l}/dt$) の大きさの順に並べよ．
> (b) どれがOのまわりに負の時間変化の割合を生じさせるか．

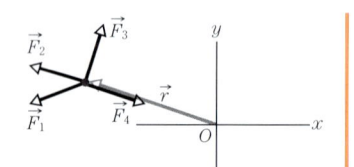

例題 12-5

図12-13は，点A（xyz 座標系の原点Oから水平距離 D だけ離れた点）に静止していた質量 m のペンギンが落ちていくようすを示している（z 軸の正の向きは紙面に垂直で手前を向いている）．

(a) 落ちていくペンギンのOのまわりの角運動量 $\vec{l}$ を求めよ．

解法： **Key Idea 1：** ペンギンを粒子と考えると，角運動量 $\vec{l}$ は式(12-18) ($\vec{l} = \vec{r} \times \vec{p}$) で与えられる．ここで，$\vec{r}$ は（Oからペンギンに伸ばした）ペンギンの位置ベクトル，$\vec{p}$ はペンギンの運動量である．**Key Idea 2：** ペンギンは直線に沿って運動するにもかかわらず，Oのまわりに角運動量をもっている．なぜなら，ペンギンが落ちるとき $\vec{r}$ はOのまわりに回転するからである．

$\vec{l}$ の大きさを求めるためには，式(12-18)から導かれた（式(12-19)～(12-21)）のどれを用いてもよい．ここで与えられた距離 D は，Oから $\vec{p}$ の延長線までの垂直距

---

*ベクトル積を微分するときは，その積を作っている2つの量（この場合は，$\vec{r}$ と $\vec{v}$）の順番を変えてはいけない．

離 $r_\perp$ だから,式(12-21) ($l = r_\perp mv$) を用いるのがもっとも都合がよい.

Key Idea 3: 以前学んだことだが,物体が静止状態から落下するときの t 秒後の速さは $v = gt$ である.与えられた量を式(12-21)に代入して,

$$l = r_\perp mv = Dmgt \quad \text{(答)}$$

$\vec{l}$ の向きを求めるために,ベクトル積 $\vec{r} \times \vec{p}$ に右手ルールを適用する.頭の中で始点が原点に一致するまで $\vec{p}$ を移動させる.次に,右手の指を使い $\vec{r}$ を $\vec{p}$ の方へ,2つのベクトルの間の角のうちの小さい方にまわす.親指は紙面に対して向こうを向くから,$\vec{r} \times \vec{p}$ つまり $\vec{l}$ は z 軸の負の向きを向く.$\vec{l}$ を O における記号 ⊗ で表す.ベクトル $\vec{l}$ はその向きを変えずに,時間とともに大きさだけを変える.

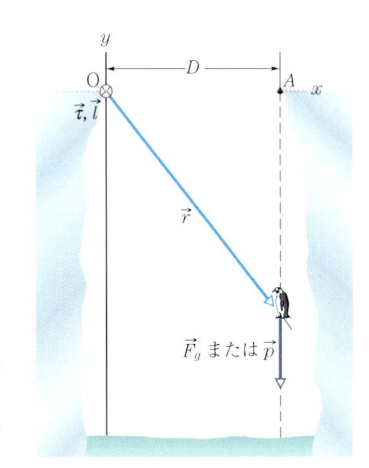

図 12-13 例題 12-5.ペンギンが点 A から鉛直に落ちる.落ちるペンギンの原点 O のまわりのトルク $\vec{\tau}$ と角運動量 $\vec{l}$ は,紙面の向こう側を向く.

(b) ペンギンに働いている(重力 $\vec{F_g}$ による O のまわりの)トルク $\vec{\tau}$ を求めよ.

解法: **Key Idea 1**: トルクは式(12-14) ($\vec{\tau} = \vec{r} \times \vec{F}$) で与えられ,力は $\vec{F_g}$ である.**Key Idea 2**: ペンギンは直線に沿って運動するにもかかわらず,$\vec{F_g}$ はペンギンにトルクを与える.なぜなら,ペンギンが動くとき $\vec{r}$ は O のまわりに回転するからである.

$\vec{\tau}$ の大きさを求めるためには,式(12-14) から導かれたスカラー式(式(12-15)〜(12-17))のどれを用いてもよい.ここで与えられた距離 D は,O から $\vec{F_g}$ の作用線までの垂直距離 $r_\perp$ だから,式(12-21) ($\tau = r_\perp F$) を用いるのがもっとも都合がよい.D を代入し $\vec{F_g}$ を mg で置き換えると,式(12-17) は,

$$\tau = DF_g = Dmg \quad \text{(答)}$$

式(12-14) のベクトル積 $\vec{r} \times \vec{F}$ に右手ルールを適用すると,$\vec{\tau}$ の向きは,$\vec{l}$ と同じく z 軸の負の向きである.

(a) と (b) で得られた結論は,式(12-23) ($\vec{\tau}_\text{net} = d\vec{l}/dt$) の回転に対するニュートンの第2法則と矛盾しないはずである.まず大きさを確かめよう;式(12-23) を z 成分について書き,結果 $l = Dmgt$ を代入すると,

$$\tau = \frac{dl}{dt} = \frac{d(Dmgt)}{dt} = Dmg$$

これは $\vec{\tau}$ に対して得た値と等しい.次に向きを確かめよう;$\vec{\tau}$ と $\vec{l}$ の向きは等しいという結果になったが,これは式(12-23) ($\vec{\tau}$ と $d\vec{l}/dt$ の向きが等しい)と矛盾しない.

12-8 粒子系の角運動量

さて,粒子系に話を移そう.ある原点に対する系の全角運動量 $\vec{L}$ は,各粒子の角運動量 $\vec{l}$ のベクトル和である:

$$\vec{L} = \vec{l}_1 + \vec{l}_2 + \vec{l}_3 \cdots + \vec{l}_n = \sum_{i=1}^{n} \vec{l}_i \quad (12\text{-}26)$$

$i (= 1, 2, 3, \cdots)$ は各粒子につけられた番号である.

個々の粒子の角運動量は,系内部(各粒子間)の相互作用や外部から系に作用する力によって時間とともに変化する.式(12-26)を時間について微分すると,$\vec{L}$ の時間変化は,

$$\frac{d\vec{L}}{dt} = \sum_{i=1}^{n} \frac{d\vec{l}_i}{dt} \quad (12\text{-}27)$$

式(12-23) より,$d\vec{l}_i/dt$ は,i 番目の粒子に作用する働く正味のトルク $\vec{\tau}_{\text{net},i}$ に等しいから,式(12-27) を書き換えて,

$$\frac{d\vec{L}}{dt} = \sum_{i=1}^{n} \vec{\tau}_{\text{net},i} \quad (12\text{-}28)$$

すなわち,系の角運動量 $\vec{L}$ の時間変化の割合は,個々の粒子に働くトル

クのベクトル和に等しい．トルクには，粒子間の力による内部トルクと，系外の物体から粒子が受ける力による外部トルクがある．しかし，粒子間の力は常に作用・反作用の関係になるから，それらの和はゼロになる．したがって，系の全角運動量 $\vec{L}$ を変化させるのは，系に働く外部トルクだけである．

$\vec{\tau}_{\text{net}}$ を系の粒子に働く正味の外部トルクのベクトル和とすると，式(12-28)は，

$$\vec{\tau}_{\text{net}} = \frac{d\vec{L}}{dt} \quad (粒子系) \tag{12-29}$$

この式は，粒子系の回転に対するニュートンの第2法則である．言葉で表現すると，

> 粒子系に働く正味の外部トルク $\vec{\tau}_{\text{net}}$ は，系の全角運動量 $\vec{L}$ の時間変化の割合に等しい．

式(12-29)は $\vec{F}_{\text{net}} = d\vec{P}/dt$ (式9-23)に似ているが，これには特別な注意が必要である：トルクと系の角運動量は，同じ原点に対して測られなければならない．系の質量中心が慣性系に対して加速されていないときには，この原点はどの点でもよい．しかし，系の質量中心が加速しているときは，原点として取ることができるのは系の質量中心だけである．例えば，車輪を粒子系と考えてみよう．車輪が地面に対して固定された軸のまわりを回転しているときは，式(12-29)を適用するための原点は，地面に対して静止しているどの点でもよい．しかし，(車輪が斜面を転がり落ちるときのように)車輪が加速している軸のまわりを回転しているときは，原点としてとりうるのは車輪の質量中心だけである．

12-9　固定軸のまわりを回転する剛体の角運動量

今度は，固定軸のまわりを回転する剛体を形づくっている粒子系の角運動量を計算しよう．図12-14aにはそのような物体が描かれている．z 軸が固定軸となり，物体はそのまわりを一定の角速度 ω で回転している．物体のこの軸のまわりの角運動量を求めよう．

このためには，物体の質量要素がもっている角運動量の z 成分を足し上げればよい．図12-14aでは，質量 Δm_i の質量要素が z 軸のまわりを円運動している．原点Oに対する質量要素の位置は，位置ベクトル $\vec{r}_i$ で表される．質量要素の円軌道の半径は，要素から z 軸までの垂直距離 $r_{\perp i}$ である．

式(12-19)より，この質量要素のOに対する角運動量 $\vec{l}_i$ の大きさは，

$$l_i = (r_i)(p_i)(\sin 90°) = (r_i)(\Delta m_i v_i)$$

p_i と v_i は，質量要素の運動量と速さであり，$90°$ は $\vec{r}_i$ と $\vec{p}_i$ の間の角である．図12-14aに示された質量要素がもつ角運動量ベクトル $\vec{l}_i$ は，図12-14bに示されており，その向きは $\vec{r}_i$ と $\vec{p}_i$ 両方の向きに垂直でなければならない．

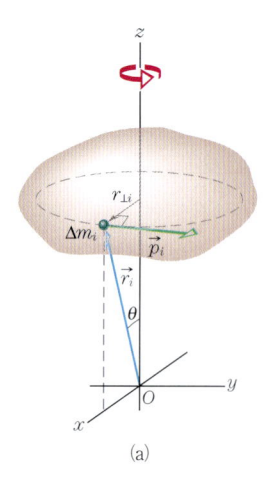

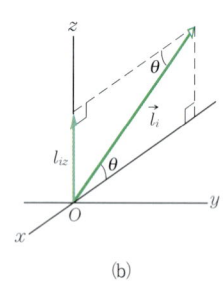

図12-14　(a)剛体が角速度 ω で z 軸のまわりを回転する．物体内の質量要素 (質量 Δm_i)は，z のまわりに半径 $r_{\perp i}$ の円を描いて運動する．質量要素は運動量 $\vec{p}$ をもち，原点Oに対して $\vec{r}$ で示される位置にある．ここでは，$r_{\perp i}$ が x 軸に平行になったときの質量要素が示されている．(b)質量要素のOのまわりの角運動量 $\vec{l}_i$ の z 成分 l_{iz} も示されている．

表 12-1 並進運動と回転運動の対応[a]

	並　進		回　転	
力	$\vec{F}$	トルク	$\vec{\tau}(=\vec{r}\times\vec{F})$	
運動量	$\vec{p}$	角運動量	$\vec{l}(=\vec{r}\times\vec{p})$	
運動量[b]	$\vec{P}(=\sum\vec{p}_i)$	角運動量[b]	$\vec{L}(=\sum\vec{l}_i)$	
運動量[b]	$\vec{P}=M\vec{v}_{\text{com}}$	角運動量[c]	$L=I\omega$	
ニュートンの第2法則[b]	$\vec{F}_{\text{net}}=\dfrac{d\vec{P}}{dt}$	ニュートンの第2法則[b]	$\vec{\tau}_{\text{net}}=\dfrac{d\vec{L}}{dt}$	
保存則[d]	$\vec{P}=$ 定数	保存則[d]	$\vec{L}=$ 定数	

a：表 11-3 も参照せよ。
b：粒子系（剛体を含む）。
c：固定軸まわりの剛体，L はこの軸のまわりの成分。
d：閉じた孤立系。

$\vec{l}_i$ の回転軸，ここでは z 軸，に平行な成分に着目しよう．この z 成分は，

$$l_{iz}=l_i\sin\theta=(r_i\sin\theta)(\Delta m_i v_i)=r_{\perp i}\Delta m_i v_i$$

回転する剛体の全体としての角運動量の z 成分は，剛体を構成している質量要素からの寄与を足しあわせれば求められる．$v=\omega r_\perp$ であることを使って，

$$L_z=\sum_{i=1}^n l_{iz}=\sum_{i=1}^n \Delta m_i v_i r_{\perp i}=\sum_{i=1}^n \Delta m_i(\omega r_{\perp i})r_{\perp i}$$

$$=\omega\left(\sum_{i=1}^n \Delta m_i r_{\perp i}^2\right) \tag{12-30}$$

ω は回転する剛体のすべての点で同じ値をもつから，和の外に出すことができる．

式 (12-30) の量 $\Sigma\Delta m_i r_{\perp i}^2$ は，固定軸まわりの物体の慣性モーメント I である（式 (11-26) を見よ）．したがって，式 (12-30) は簡略化することができる；

$$L=I\omega \quad\text{（剛体，固定軸）} \tag{12-31}$$

添字 z を省いたが，式 (12-31) で定義される角運動量は，回転軸まわりのものであることを忘れてはいけない．この式の I もまた同じ軸のまわりの慣性モーメントである．

表 12-1 は，表 11-3 の補足であり，対応する並進と回転の関係式の表を拡張したものである．

✓ **CHECKPOINT 6**：図では，円板，円輪，球が，それらに巻きつけたひもによって，その中心を通る軸のまわりに，（コマのように）回ることができるようになっている．ひもは3つの物体すべてに対して同じ一定の接線方向の力 $\vec{F}$ を与える．3つの物体は等しい質量と半径をもち，最初は静止していた．ひもをある時間の間引っ張ったとき，物体を次の量の大きさの順に並べよ．(a) 中心軸まわりの角運動量，(b) 角速度．

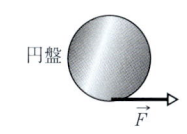

例題 12-6

Rensselaer工科大学 土木工学科の卒業生，George Washington Gale Ferris Jr. は，1893年のコロンビア万博のために，初めて大観覧車 (Ferris wheel) を建設した (図12-15)．当時の人々の度肝をぬく建造物であった大車輪には，それぞれに60人もの乗客を乗せることのできる木製のゴンドラが，半径38mの円周上に36個も配置された．ゴンドラひとつの質量は約 1.1×10^4 kg，大車輪部の質量は約 6.0×10^5 kg であり，その大部分は，ゴンドラをつり下げるための円形の骨組みであった．一度に6つのゴンドラに人を乗せることができ，36個のゴンドラが満員になると，大車輪は角速度 ω_F で約2分間で1回転した．

(a) 大車輪が ω_F で回転するとき，大車輪と乗客の角運動量の大きさ L を見積もりなさい．

解法: **Key Idea**: 大車輪，ゴンドラ，乗客を，大車輪の軸を回転軸として回転する剛体とみなすことができる．したがって，式(12-31)($L = I\omega$) がこの物体の角運動量の大きさを与える．この物体の慣性モーメント I と角速度 ω_F を求める必要がある．

I を求めるために，まず，人を乗せたゴンドラから始めよう．これらを回転軸から R にある粒子とみなすことができるから，全質量を M_{pc} とすると，式(11-26)より，これらの慣性モーメントは $I_{pc} = M_{pc} R^2$ である．36個のゴンドラが，質量70kgの乗客で満員であると仮定すると，これらの全質量は，

$$M_{pc} = 36[1.1 \times 10^4 \text{kg} + 60(70 \text{kg})]$$
$$= 5.47 \times 10^5 \text{kg}$$

慣性モーメントは，

$$I_{pc} = M_{pc} R^2 = (5.47 \times 10^5 \text{kg})(38 \text{m})^2$$
$$= 7.90 \times 10^8 \text{kg} \cdot \text{m}^2$$

次に，大車輪の構造を考えよう．大車輪の慣性モーメントの大部分は，ゴンドラをつり下げる円形の骨組みによるものと仮定する．さらに，この骨組みは，半径 R，質量 3×10^5 kg (大車輪の質量の半分) の円輪であると仮定しよう．表11-2(a)より，円輪の慣性モーメントは

$$I_{hoop} = M_{hoop} R^2 = (3.0 \times 10^5 \text{kg})(38 \text{m})^2$$
$$= 4.33 \times 10^8 \text{kg} \cdot \text{m}^2$$

ゴンドラ，乗客，円輪の慣性モーメントの和は，

$$I = I_{pc} = I_{hoop}$$
$$= 7.90 \times 10^8 \text{kg} \cdot \text{m}^2 + 4.33 \times 10^8 \text{kg} \cdot \text{m}^2$$
$$= 1.22 \times 10^9 \text{kg} \cdot \text{m}^2$$

図 12-15 例題12-6．1893年，シカゴ大学のそばに建設された最初の大観覧車．まわりのビルよりはるかに高い．

角速度 ω_F を求めるために，式(11-5) ($\omega_{avg} = \Delta\theta/\Delta t$) を用いる．大車輪は周期 $\Delta t = 2$ min で角 $\Delta\theta = 2\pi$ rad だけ回るので，

$$\omega_F = \frac{2\pi \text{ rad}}{(2 \text{min})(60 \text{s/min})} = 0.0524 \text{ rad/s}$$

式(12-31)を使うと，角運動量 L は，

$$L = I\omega_F = (1.22 \times 10^9 \text{kg} \cdot \text{m}^2)(0.0524 \text{ rad/s})$$
$$= 6.39 \times 10^7 \text{kg} \cdot \text{m}^2/\text{s}$$
$$\approx 6.4 \times 10^7 \text{kg} \cdot \text{m}^2/\text{s} \quad (答)$$

(b) 満員の大車輪が静止状態から，$\Delta t_1 = 5.0$ s 後に，角速度 ω_F で回転すると仮定しよう．Δt_1 の間に外部から加わえられたトルクの平均値 τ_{avg} を求めよ．

解法: **Key Idea**: 外部から加わえられたトルクの平均は，式(12-29) ($\vec{\tau}_{net} = d\vec{L}/dt$) より，大車輪の角運動量の変化 ΔL と関係づけられる．大車輪は時間 Δt_1 の間に，固定軸のまわりの角速度 ω_F の回転に達したから，式(12-29) を $\tau_{avg} = \Delta L/\Delta t_1$ と書き換えることができる．L はゼロから (a) の答まで変化した．これより，トルクの平均値は，

$$\tau_{avg} = \frac{\Delta L}{\Delta t_1} = \frac{6.39 \times 10^7 \text{kg} \cdot \text{m}^2/\text{s} - 0}{5.0 \text{s}}$$
$$\approx 1.3 \times 10^7 \text{N} \cdot \text{m} \quad (答)$$

12-10 角運動量の保存

これまでに，エネルギーの保存と運動量の保存という，2つのきわめて有用な保存則について考察した．本節では，これらと同じタイプの3番目の保存則，角運動量保存則に出会うことになる．回転に関するニュートンの第2法則，式(12-29) ($\vec{\tau}_{net} = d\vec{L}/dt$) から始めよう．もし系に外部から正味のトルクが働かなかったとすると，この式は $d\vec{L}/dt = 0$ と書ける：または

$$\vec{L} = \text{一定} \quad (\text{孤立系}) \qquad (12\text{-}32)$$

この結果は**角運動量保存則**(law of conservation of angular momentum)とよばれ，次のようにも書き表せる；

$$\begin{pmatrix} \text{ある時刻}\,t_i\,\text{における} \\ \text{全角運動量} \end{pmatrix} = \begin{pmatrix} \text{その後の}\,t_f\,\text{における} \\ \text{全角運動量} \end{pmatrix}$$

または

$$\vec{L}_i = \vec{L}_f \quad (\text{孤立系}) \qquad (12\text{-}33)$$

式(12-32)と(12-33)は次のことを表している：

▶ 外部から系に働く正味のトルクがゼロであれば，系の内部で何事が起ころうとも，系の角運動量 $\vec{L}$ は一定に保たれる．

式(12-32)と(12-33)はベクトルの等式であり，成分ごとの3つの等式と同等である．これらは，3つの互いに直交する方向の角運動量の保存に対応している．系に働くトルクによっては，系の角運動量は1つまたは2つの方向でのみ保存され，全方向では保存されないこともある：

▶ 外部から系に働く正味のトルクの成分が，ある軸に沿ってゼロであれば，系の内部で何事が起ころうとも，角運動量のその軸に沿った成分は変化しない．

この法則をz軸のまわりに回転する孤立した物体(図12-14)に適用することができる．最初剛体だったこの物体が，回転軸のまわりの質量分布を少し変えたとしよう．すなわち，この軸のまわりの慣性モーメントが変化したとする．式(12-32)と(12-33)によると，物体の角運動量は変化しない．(回転軸のまわりの角運動量に対する)式(12-31)を(12-33)に代入すると，この保存則を次のように書くことができる；

$$I_i \omega_i = I_f \omega_f \qquad (12\text{-}34)$$

添字を用いて質量再配置前後の慣性モーメントIと角速度ωを表す．

以前に考察した2つの保存則と同じように，式(12-32)と(12-33)も，ニュートン力学の範囲を超えて成り立っている．光の速さに近づくような粒子(それは特殊相対論に従う)についても成り立つし，原子を構成する粒子(それは量子論に従う)についても正しい．角運動量保存則に反するような例外は，今だかつて見つかっていない．

この法則に関する4つの例を考察しよう．

図 12-16 (a)学生は，回転軸に対して比較的大きな慣性モーメントと，比較的小さな角速度をもっている。(b)慣性モーメントを減らすことによって，学生の角速度の大きさは自動的に増加する。回転している系の角運動量 $\vec{L}$ は変化しない。

1. **ぐるぐる回る学生** 図 12-16 は，鉛直軸のまわりに自由に回転することができる椅子に座っている学生を示している。学生は伸ばした腕で 2 つのダンベルを持って，適当な角速度で回転を始める。彼の角運動量ベクトル $\vec{L}$ は，鉛直回転軸に沿って上向きである。

 教官が，学生に腕を縮めるように言った。この動作で学生はダンベルを回転軸に近づけるので，慣性モーメントは初期値 I_i からそれより小さい値 I_f に減少する。回転の速さは ω_i から ω_f に増加する。学生は，もう一度腕を伸ばすことによって，ゆっくりした回転に戻すことができる。

 学生，椅子，ダンベルから成る系に外部からのトルクは働いていないので，学生がどのようにダンベルを操作しようとも，回転軸のまわりの系の角運動量は一定に保たれる。図 12-16a では，学生の角速度 ω_i は相対的に遅く，慣性モーメント I_i は相対的に大きい。式 (12-34) より，図 12-16b における角速度の大きさは慣性モーメントの減少を補うように大きくなる。

2. **飛び板飛び込みの選手** 図 12-17 は，飛び込み選手が前方一回半宙返り飛び込みをしているところである。彼女の質量中心は予想通り放物線を描く。彼女は，彼女の質量中心を通る軸のまわりに，ある角運動量 $\vec{L}$ を持って飛び板を離れる。この角運動量は紙面に垂直で図 12-17 には向こう向きのベクトルで示されている。空中にいるとき，質量中心のまわりのトルクが外部から働かないので，質量中心のまわりの彼女の角運動量は変化しない。手足を縮めて屈身の姿勢をとると，この軸のまわりの慣性モーメントをかなり減少させることができ，式 (12-34) により，角速度の大きさをかなり増加させることができる。飛び込みの最後に屈身の姿勢から抜ける（伸身の姿勢になる）と，慣性モーメントは増加し，角速度の大きさは減少し，ほとんど水しぶきを上げることなく水に入ることができる。ひねりと宙返りを組み合わせたもっと複雑な飛び込みの場合でも，飛び込みの最中の角運動量は，その大きさも向きも保存される。

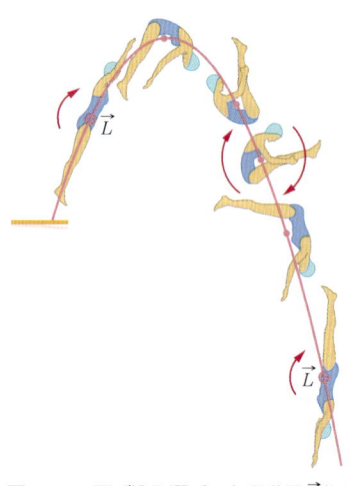

図 12-17 飛び込み選手の角運動量 $\vec{L}$（紙面に垂直，記号 ⊗ で表す）は飛び込みの間一定である。彼女の質量中心（点を見よ）は放物線を描くことに注意。

3. **宇宙船の方向転換** 図 12-18 は，フライホイール (flywheel) をしっかりと取り付けた宇宙船を表し，（大まかではあるが）方向制御の方法

を示している．宇宙船＋フライホイールは孤立系となっている．したがって，宇宙船とフライホイールがどちらも回転しないで系の全角運動量 $\vec{L}$ がゼロならば，系の全角運動量 $\vec{L}$ は（系が孤立している限り）ゼロのままである．

宇宙船の向きを変えるためにフライホイールを回転させる（図12-18a）．宇宙船は系の角運動量をゼロに保つように，逆向きに回転を始めるだろう．フライホイールを止めれば宇宙船も回転を止めるが，その向きは変わっている（図12-18b）．その間ずっと，宇宙船＋フライホイール系の角運動量はゼロのままである．

おもしろいことに，1986年に天王星に接近通過（flyby）しようとした宇宙船 Voyager 2号は，積まれたテープレコーダーが高速回転するたびに，そのフライホイール効果によって望まざる回転に見舞われた．NASA ジェット推進研究所の地上管制官は，制御用推進エンジンがテープレコーダーの動きに応じて宇宙船の向きを修正するよう，搭載コンピュータのプログラムを修正しなければならなかった．

4. 信じられないほど収縮する星　星の中心核での核反応が弱まると，星は収縮を始め内部の圧力が高まる．星の半径は太陽程度の半径から数キロメートルという信じられないくらい小さな値にまで減少し，星は中性子星になる——星を構成していた物質は，信じられないくらい高密度の中性子ガスに圧縮される．

この収縮過程において星は孤立系であり，その角運動量 $\vec{L}$ は変化しない．慣性モーメントが著しく減少するのに伴って角速度は著しく増加し，1秒間に600回から800回の自転をするようになる．典型的な星である太陽は1ヶ月に約1回転するだけである．

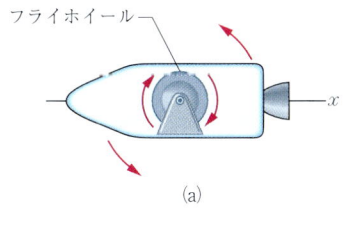

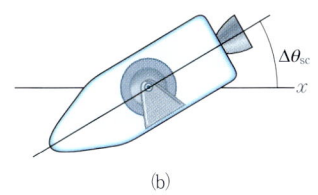

図 12-18　(a) フライホイールをもった宇宙船の模式図．図のようにフライホイールが時計回りに回転すると，宇宙船そのものは反時計回りに回転する．(b) フライホイールを止めようとブレーキをかけると，宇宙船も回転を止めるが，角 $\Delta\theta_{sc}$ だけその向きを変える．

> ✓ **CHECKPOINT 7:**　カブトムシが，メリーゴーランドのように回転する小さな円盤の縁に乗っている．カブトムシが円盤の中心に向かって這っていくとき，（中心軸まわりの）次の量は，増えるか，減るか，それとも変わらないか．(a) カブトムシ＋円盤の系の慣性モーメント，(b) 系の角運動量の大きさ，(c) カブトムシと円盤の角速度の大きさ．

例題 12-7

図12-19aは，鉛直軸のまわりに自由に回転する椅子に座っている学生を描いている．自転車の車輪（リムを鉛で重くしてあり，中心軸のまわりの慣性モーメントは $1.2\,\mathrm{kg \cdot m^2}$）を手に持った学生は最初静止している．車輪は毎秒3.9回の角速度 ω_{wh} で，上から見て反時計回りに回転している．車軸は鉛直で，車輪の角運動量 $\vec{L}_{wh}$ は鉛直上向きである．学生が車輪を反転させ（図12-19b），上から見て時計回りに回転するようした．車輪の角運動量は $-\vec{L}_{wh}$ となる．反転の結果，学生，椅子，車輪の中心は，剛体として椅子の回転軸のまわりに一緒にまわり出す．そのときの慣性モーメントは $I_b = 6.8\,\mathrm{kg \cdot m^2}$ である．（車輪がその中心のまわりに回転しているというこ

とは，剛体の質量分布に何ら影響を与えない；I_b は車輪の回転に関係なく同じ値をもつ）．車輪の反転後，この剛体の角速度の大きさ ω_b と回転の向きを求めよ．

解法：　Key Idea はいくつかある．

Key Idea 1：　求めようとする角速度の大きさ ω_b は，椅子の回転軸まわりの剛体の最後の角運動量 $\vec{L}_b$ と，式 (12-31)（$L = I\omega$）によって関係づけられる．

Key Idea 2：　車輪の初期角速度 ω_{wh} は，車輪の中心まわりの角運動量 $\vec{L}_{wh}$ と，同じ式で関係づけられる．

Key Idea 3：　学生＋椅子＋車輪系の全角運動量 $\vec{L}_{tot}$ は $\vec{L}_b$ と $\vec{L}_{wh}$ のベクトル和で与えられる．

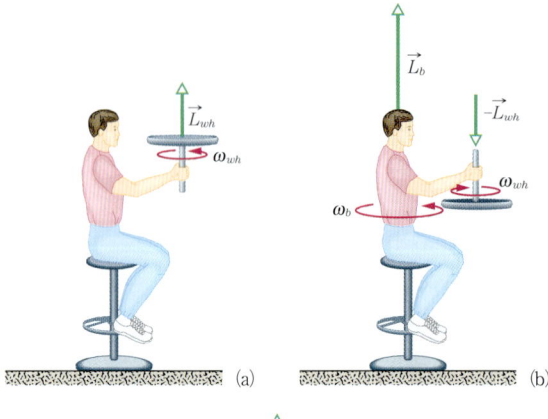

ていない.（学生が車輪を反転させたとき，学生と車輪の間に働く力によるトルクは，系の内部のものである.）したがって，鉛直軸まわりの系の全角運動量は保存される.

$\vec{L}_{tot}$の保存は図12-19cのベクトルで表されている.これを鉛直軸の成分について書くと，

$$L_{b,f} + L_{wh,f} = L_{b,i} + L_{wh,i} \quad (12\text{-}35)$$

添字iとfは，それぞれ，初期値（車輪の反転前）と最終値（反転後）を表す．車輪の反転によって車輪の回転の角運動量ベクトルも反転するから，$L_{wh,f}$に$-L_{wh,i}$を代入する．$L_{b,i}=0$とおけば（学生，椅子そして車輪の中心は最初静止していたから），

$$L_{b,f} = 2L_{wh,i}$$

式(12-31)を用いて，$L_{b,f}$に$I_b\omega_b$を，$L_{wh,i}$に$I_{wh}\omega_{wh}$を代入し，ω_bについて解くと，

$$\omega_b = \frac{2I_{wh}}{I_b}\omega_{wh}$$
$$= \frac{(2)(1.2\,\text{kg}\cdot\text{m}^2)(3.9\,\text{rev/s})}{6.8\,\text{kg}\cdot\text{m}^2}$$
$$= 1.4\,\text{rev/s} \quad\quad\quad (\text{答})$$

結果が正になったということは，上から見て，学生が椅子の軸のまわりに反時計まわりに回転しているということを意味する．学生が回転を止めようと思ったら，もう一度車輪を反転させるだけでよい．

図12-17 例題12-7.（a）学生が鉛直軸のまわりに回る自転車の車輪を持っている.（b）学生が車輪を反転させると自分自身が回転を始める.（c）系の全角運動量は反転にもかかわらず同じ値を保つ.

Key Idea 4: 車輪が反転したとき，鉛直軸まわりの$\vec{L}_{tot}$を変化させるような何らのトルクも外部からは加えられ

例題 12-8

空中ブランコの曲芸師が相棒に飛び移るとき，$t = 1.87\,\text{s}$の間に4回宙返りをする．最初と最後の4分の1回転では，図12-20にあるように伸身の姿勢になり，そのときの質量中心（点で示す）のまわりの慣性モーメントは$I_1 = 19.9\,\text{kg}\cdot\text{m}^2$である．飛行の他の部分では，曲芸師はしっかりと抱え込みの姿勢をとり，このときの慣性モーメントは$I_2 = 3.93\,\text{kg}\cdot\text{m}^2$である．彼の抱え込みの姿勢のときの質量中心のまわりの角速度の大きさω_2を求めよ．

解法: 言うまでもなく，彼は与えられた1.87sの間に十分速く回り，4回宙返りのための4回転を終えなければならない．そのために，抱え込みによって角速度をω_2にまで増加させる．**Key Idea 1**: 空中にいる間，外部から彼の質量中心のまわりの角運動量を変化させるようなトルクは働かないから，彼の質量中心のまわりの角運動量は保存される．角運動量保存（$L_1 = L_2$）を書き表すと，式(12-34)より，

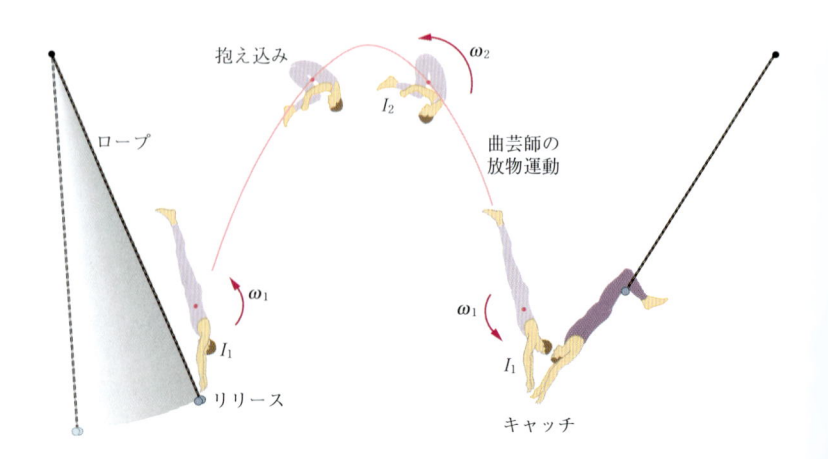

図12-20 例題12-8．相棒へ向かって複数回宙返りをする曲芸師．

または
$$I_1\omega_1 = I_2\omega_2$$

$$\omega_1 = \frac{I_2}{I_1}\omega_2 \quad (12\text{-}36)$$

Key Idea 2：これらの角速度は，回転角とそれに要する時間とに関係づけられる．始めと終わりに，彼は伸身の姿勢で角 $\theta_1 = 0.500$ 回転（2回の4分の1回転）だけ回らなければならない．これに要する時間を t_1 としよう．抱え込みの姿勢では $\theta_2 = 3.50$ 回転をしなければならない．これに要する時間を t_2 としよう．式 (11-5)（$\omega_{\text{avg}} = \Delta\theta/\Delta t$）より，

$$t_1 = \frac{\theta_1}{\omega_1}$$

および

$$t_2 = \frac{\theta_2}{\omega_2}$$

これらより，彼の全飛行時間は，

$$t = t_2 + t_2 = \frac{\theta_1}{\omega_1} + \frac{\theta_2}{\omega_2} \quad (12\text{-}37)$$

これが 1.87 s である．式 (12-36) の ω_1 を代入して，

$$t = \frac{\theta_1 I_1}{\omega_2 I_2} + \frac{\theta_2}{\omega_2} = \frac{1}{\omega_2}\left(\theta_1\frac{I_1}{I_2} + \theta_2\right)$$

与えられた数値を代入すると，

$$1.87\,\text{s} = \frac{1}{\omega_2}\left((0.500\,\text{rev})\,\frac{19.9\,\text{kg}\cdot\text{m}^2}{3.93\,\text{kg}\cdot\text{m}^2} + 3.50\,\text{rev}\right)$$

これより，

$$\omega_2 = 3.23\,\text{rev/s} \quad\quad\text{（答）}$$

この角速度は非常に大きいから，曲芸師は自分のまわりをはっきり見ることはできないし，抱え込みの姿勢を調整して回転を制御することもできない．4回半宙返りをするには，もっと大きい ω_2 が必要である．そのためにはもっとしっかりした抱え込みの姿勢によるもっと小さい I_2 が必要だから，その可能性はきわめて低いと思われる．

例題 12-9

（この章の最後の例題は，長くてかつ挑戦的である．しかし，この問題は第11章と第12章の多くの考え方の復習になるから大変役に立つ．）図12-21は，質量 M，長さ $d = 0.50$ m の細くて一様な4本の棒が，鉛直の支柱にしっかり固定され，回転扉になっている様子を上から見たものである．回転扉は支柱のまわりを時計回りに初期角速度 $\omega_i = -2.0$ rad/s で回転している．質量 $m = \frac{1}{3}M$ の泥ボールが，図の経路に沿って初速 $v_i = 12$ m/s で投げられ，1つの棒の先端に張り付いた．ボール-回転扉系の最終角速度 ω_f を求めよ．

解法： Key Idea を問答形式で述べよう．問：系には，衝突の間保存されるような量，または角速度に関係する量があるか．もしあれば ω_f について解くことができる．答：保存量の可能性を調べてみよう．

1. （ボールが張り付いてしまうので）衝突は完全に非弾性的だから全運動エネルギーは保存されない．運動エネルギーの一部は（熱エネルギーのような）他のエネルギーに移ってしまう．同じ理由で，全力学的エネルギーも保存されない．
2. 衝突の間に支柱と床との接触点で外力が働くから全運動量 $\vec{P}$ も保存されない（この力は，泥のボールが当たったとき，回転扉が床を滑って動かないように働く）．
3. 支柱のまわりの系の全角運動量 $\vec{L}$ を変化させるような外部からのトルクはないから，全角運動量 $\vec{L}$ は保存される（衝突の際の力は内部トルクしか生じない；外力は支柱の位置で回転扉に作用するので，垂直距離はゼロ，従って外部トルクも生じない）．

支柱のまわりの系の全角運動量の保存（$L_f = L_i$）を書き表すと，

$$L_{\text{ts},f} + L_{\text{ball},f} = L_{\text{ts},i} + L_{\text{ball},i} \quad (12\text{-}38)$$

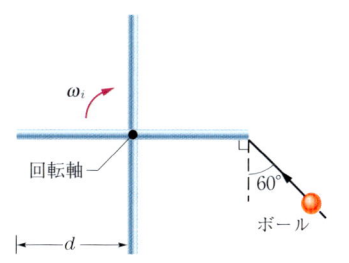

図12-21 例題12-9．心棒のまわりを自由に回転しているしっかりと結びつけられた4つの棒の平面図と，棒のひとつに貼り付くように投げられた泥ボールの軌跡．

ts は回転扉（turnstile）を意味する．最終角速度 ω_f は，最終角運動量 $L_{\text{ts},f}$ と $L_{\text{ball},f}$ に含まれている；これらの角運動量は回転扉とボールがどれだけ速く回転しているかによっている．ω_f を求めるために，まず回転扉を，次にボールを考察し，最後に式 (12-38) に戻ろう．

回転扉： **Key Idea**：回転扉は回転する剛体であるから，この角運動量は式 (12-31)（$L = I\omega$）で与えられる．最初と最後の角運動量を書き表すと，

$$L_{\text{ts},f} = I_{\text{ts}}\omega_f \quad \text{および} \quad L_{\text{ts},i} = I_{\text{ts}}\omega_i \quad (12\text{-}39)$$

回転扉は，先端を中心として回転する4本の棒からできているから，回転扉の慣性モーメント I_{ts} は，それぞれの棒の先端のまわりの慣性モーメント I_{rod} の4倍である．表11-2(e) より，棒の中心のまわりの慣性モーメント I_{com} は，M を棒の質量，d を棒の長さとすると $\frac{1}{12}Md^2$ である．I_{rod} を求めるために，平行軸の定理（$I = I_{\text{com}} + Mh^2$）を用いる．$h$ は垂直距離で $d/2$ である．これより，

$$I_{\text{rod}} = \frac{1}{12}Md^2 + M\left(\frac{d}{2}\right)^2 = \frac{1}{3}Md^2$$

4本の棒からなる回転扉については次のようになる；

$$I_{\text{ts}} = \frac{4}{3}Md^2 \quad (12\text{-}40)$$

ボール： 衝突の前，ボールは図12-11の直線上を動く粒子と同じ運動をするので，ボールの支柱のまわりの初期角運動量 $L_{\text{ball},i}$ を求めるためには，式 (12-18) から (12-21) のどれを使ってもかまわない．ここでは，式 (12-20) ($l = rmv_\perp$) が最も都合がよい．l は $L_{\text{ball},i}$ である．ボールが当たる直前の支柱からの距離 r は d，ボールの速度の r に垂直な成分 $v_\perp$ は $v_i \cos 60°$ である．

角運動量の符号を求めるために，心の中で回転扉からボールに至る位置ベクトルをひいてみよう．ボールが回転扉に近づくと，この位置ベクトルは支柱のまわりに反時計回りに回転するから，ボールの角運動量は正の量である．そこで $l = rmv_\perp$ を書き換えて；

$$L_{\text{ball},i} = mdv_i \cos 60° \quad (12\text{-}41)$$

衝突の後，ボールは半径 d の円を描いて回転する粒子と同じ運動をするから，式 (11-26) ($I = \Sigma m_i r_i^2$) より，$I_{\text{ball}} = md^2$ を得る．ボールの支柱のまわりの最終角運動量は，式 (12-31) ($L = I\omega$) より，

$$L_{\text{ball},f} = I_{\text{ball}}\omega_f = md^2\omega_f \quad (12\text{-}42)$$

式 (12-38) へ戻る： 式 (12-39) から式 (12-42) までを式 (12-38) に代入すると，

$$\frac{4}{3}Md^2\omega_f + md^2\omega_f = \frac{4}{3}Md^2\omega_i + mdv_i \cos 60°$$

$M = 3m$ を代入して ω_f について解くと，

$$\omega_f = \frac{1}{5d}(4d\omega_i + v_i \cos 60°)$$

$$= \frac{1}{5(0.50\,\text{m})}[4(0.50\,\text{m})(-2.0\,\text{rad/s})$$

$$+ (12\,\text{m/s})(\cos 60°)]$$

$$= 0.80\,\text{rad/s} \quad \text{(答)}$$

したがって，回転扉は相変わらず反時計回りに回っている．

まとめ

転がる物体 滑らかに（滑らずに）転がる半径 R の車輪について，v_{com} を車輪の中心の速さ，ω は車輪の中心のまわりの角速度の大きさとすると，

$$v_{\text{com}} = \omega R \quad (12\text{-}2)$$

車輪は，ある瞬間における道路との接点 P のまわりに回転していると見ることもできる．車輪のこの点のまわりの角速度の大きさは，中心のまわりの角速度の大きさに等しい．中心のまわりの車輪の慣性モーメントを I_{com}，車輪の質量を M とすると，転がる車輪の運動エネルギーは，

$$K = \frac{1}{2}I_{\text{com}}\omega^2 + \frac{1}{2}Mv_{\text{com}}^2 \quad (12\text{-}5)$$

車輪が加速度を受けながら滑らかに転がるとき，質量中心の加速度 $\vec{a}_{\text{com}}$ と中心のまわりの角加速度 α は次のように関係づけられる；

$$a_{\text{com}} = \alpha R \quad (12\text{-}6)$$

車輪が傾斜角 θ の斜面を滑らかに転がり落ちるとき，x 軸（斜面上向きを正にとる）に沿った加速度は，

$$a_{\text{com},x} = -\frac{g \sin \theta}{1 + I_{\text{com}}/MR^2} \quad (12\text{-}10)$$

ベクトルとしてのトルク $\vec{F}$ を粒子に働く力，$\vec{r}$ を固定点（普通は原点）に対する粒子の相対位置ベクトルとすると，固定点のまわりのトルク $\vec{\tau}$ は次のように定義されるベクトル量である；

$$\vec{\tau} = \vec{r} \times \vec{F} \quad (12\text{-}14)$$

$\vec{r}$ と $\vec{F}$ の間の角を ϕ，$\vec{F}$ の $\vec{r}$ に垂直な成分を $F_\perp$，$\vec{F}$ のモーメントの腕の長さを $r_\perp$ とすると，$\vec{\tau}$ の大きさは，

$$\tau = rF \sin \phi \quad (12\text{-}15)$$

$$= rF_\perp \quad (12\text{-}16)$$

$$= r_\perp F \quad (12\text{-}17)$$

$\vec{\tau}$ の向きは，ベクトル積の右手ルールで求められる．

粒子の角運動量 運動量 $\vec{p}$，質量 m，速度 $\vec{v}$ をもった粒子の固定点（普通は原点）のまわりの角運動量 $\vec{l}$ は次のように定義されるベクトル量である；

$$\vec{l} = \vec{r} \times \vec{p} = m(\vec{r} \times \vec{v}) \quad (12\text{-}18)$$

$\vec{r}$ と $\vec{p}$ の間の角を ϕ，$\vec{p}$ と $\vec{v}$ の $\vec{r}$ に垂直な成分をそれぞれ $p_\perp$ と $v_\perp$，固定点から $\vec{p}$ の延長線までの垂直距離を $r_\perp$ とすると，$\vec{l}$ の大きさは，

$$l = rmv \sin \phi \quad (12\text{-}19)$$

$$= rp_\perp = rmv_\perp \quad (12\text{-}20)$$

$$= r_\perp p = r_\perp mv \quad (12\text{-}21)$$

$\vec{l}$ の向きは，ベクトル積の右手ルールで求められる．

回転に対するニュートンの第 2 法則 粒子に働く正味のトルクを $\vec{\tau}_{\text{net}}$，粒子の角運動量を $\vec{l}$ とすると，粒子の回転に対するニュートンの第 2 法則は，

$$\vec{\tau}_{\text{net}} = \frac{d\vec{l}}{dt} \quad (12\text{-}23)$$

粒子系の角運動量　粒子系の角運動量 $\vec{L}$ は，個々の粒子の角運動量のベクトル和であり，

$$\vec{L} = \vec{l}_1 + \vec{l}_2 + \vec{l}_3 + \cdots + \vec{l}_n = \sum_{i=1}^{n} \vec{l}_i \quad (12\text{-}26)$$

角運動量の時間変化の割合は，系に働く外部トルク（系内の粒子と系外の粒子との間の相互作用によるトルクのベクトル和）に等しい；

$$\vec{\tau}_\text{net} = \frac{d\vec{L}}{dt} \quad \text{（粒子系）} \quad (12\text{-}29)$$

剛体の角運動量　固定点のまわりに回転している剛体の角運動量の，回転軸に平行な成分は，

$$L = I\omega \quad \text{（剛体，固定軸）} \quad (12\text{-}31)$$

角運動量の保存　系の角運動量 $\vec{L}$ は，系に働く正味の外部トルクがゼロであれば一定に保たれる；

$$\vec{L} = 定数 \quad \text{（孤立系）} \quad (12\text{-}32)$$

または

$$\vec{L}_i = \vec{L}_f \quad \text{（孤立系）} \quad (12\text{-}33)$$

これは**角運動量保存則**とよばれる。これは自然界の基本的な保存則のひとつであり，（高速の粒子や原子を構成する粒子のように）ニュートンの法則が適用できない状況においても正しいことが確かめられている。

問題

1. 図12-22では，傾斜角 θ の摩擦のない斜面を立方体がすべり降り，同じ斜面を球が滑らずに転がり落ちる。物体と球は等しい質量で，最初点Aに静止した状態から点Bを通って降下する。(a) この降下の間に，重力が立方体にする仕事は球にする仕事より大きいか，小さいか，それとも等しいか。(b) Bにおいて，並進運動エネルギーが大きいのはどちらか。(c) Bにおいて，斜面を落ちる速さはどちら大きいか。

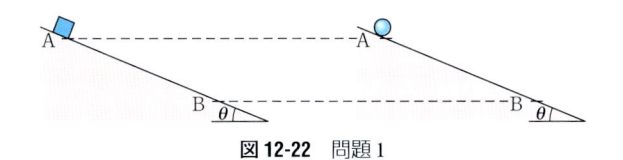

図 12-22　問題1

2. 砲弾が坂を滑らずに転がり落ちる。次に同じ高さで傾斜が緩やかな別の坂を転がり落ちるとき，(a) 坂の下まで達する時間は，初めの場合より長いか，短いか，それとも等しいか。(b) 坂の下における並進運動エネルギーは前者より大きいか，小さいか，それとも等しいか。

3. 図12-23では，女性が円柱状のドラム缶を，ドラム缶の上においた板を押して転がしている。ドラム缶が板の長さの半分 $L/2$ だけ動いた。ドラム缶は滑らず，飛び跳ねもせずに滑らかに転がり，板もドラム缶の上を滑らない。(a) 板はドラム缶の上でどれだけの長さ転がったか。(b) 女性はどれだけの長さを歩いたか。

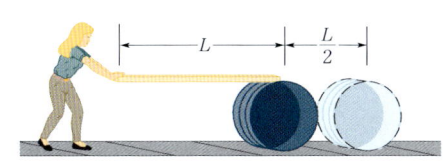

図 12-23　問題3

4. 粒子のある点に対する相対位置ベクトル $\vec{r}$ の大きさが $3\,\mathrm{m}$，この粒子に加わる力 $\vec{F}$ の大きさが $4\,\mathrm{N}$ である。この力によるトルクの大きさが，(a) ゼロのときと，(b) $12\,\mathrm{N \cdot m}$ のときの，$\vec{r}$ と $\vec{F}$ の間の角を求めよ。

5. 図12-24には，一定の速度 $\vec{v}$ で動く粒子と，xy 座標における5つの点が示されている。これらの点に対する粒子の角運動量の大きさの順に並べよ。

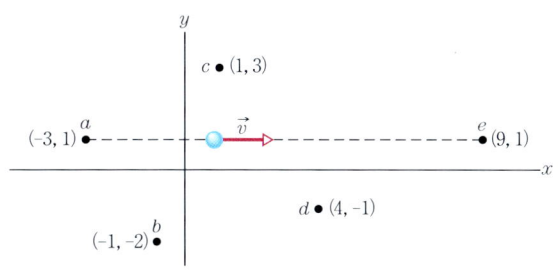

図 12-24　問題5

6. (a) CHECKPOINT 4において，粒子1と2が一定の速さで円運動をするとき，向心力による点Oのまわりのトルクはいくらか。(b) 粒子3，4，5が点Oの左から右へ動くとき，それぞれの角運動量は増えるか，減るか，それとも変わらないか。

7. 図12-25では，質量の等しい3つの粒子が，図の速度ベクトルで表されているように，一定の同じ速さで飛んでいる。点a, b, c, dは正方形を形づくり，その中心が点eである。3粒子系のこれらの点のまわりの全角運動量の大きさの順に並べよ。

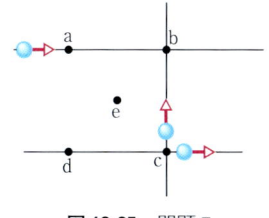

図 12-25　問題7

8. 3本の同じ長さの丈夫なひもを一箇所で結びつけ、その先に重い鉄球をつけたボーラ（bola，鉄球のついた投げ縄）がある．1つの鉄球を持って頭上で手首を回し，他の2つの鉄球が手を軸とする水平面で回転している．ボーラが手から離れた直後，鉄球の配置が急激に変化して，図12-26aから図12-26bのようになった．最初は手で持った鉄球を通る軸1のまわりの回転であり，投げられた後は質量中心を通る軸2のまわりの回転である．軸2のまわりの(a) 角運動量の大きさと(b) 角速度の大きさは，軸1のまわりのものより，大きいか，小さいか，それとも等しいか．

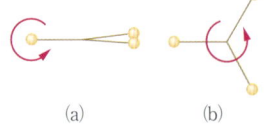

図 12-26　問題 8

9. クワガタムシが，反時計回りにメーリーゴーランドのように回転する水平な円盤の縁に乗っている．クワガタムシが回転の向きに縁を歩き始めた．次の量の大きさは増えるか，減るか，それとも変わらないか．(a) クワガタムシ＋円盤の系の角運動量，(b) クワガタムシの角運動量と角速度，(c) 円盤の角運動量と角速度．(d) クワガタムシが逆の向きに歩いたらどうなるか．

10. 図12-27は，中心Oのまわりにメーリーゴーランドのように回転することができる厚板を上から見た図である．静止している厚板に向かって投げられた風船ガムの7通りの経路も示されている（ガムの塊はすべて同じ速さと質量を持ち，厚板に貼り付く）．(a) 経路を，ガムが貼り付いた後の厚板（とガム）の角速度の大きさの順に並べよ．(b) 図12-27において，厚板（とガム）のOのまわりの角運動量が負になる経路はどれか．

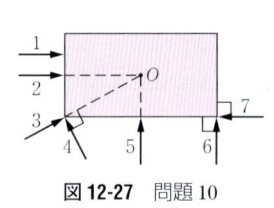

図 12-27　問題 10

11. 図12-28では，同じ大きさの3つの力が原点にある粒子に加えられている（F_1は紙面の向こう向きに働く）．これらの力を，(a) 点P_1，(b) 点P_2，(c) 点P_3のまわりのトルクの大きさの順に並べよ．

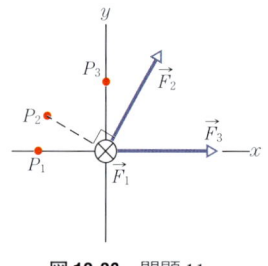

図 12-28　問題 11

12. 図12-29は，xyz座標の$(1m, 1m, 0)$と$(1m, 0, 1m)$にある粒子AとBを示している．それぞれの粒子には，3つの番号をつけられた，同じ大きさで座標軸に平行な力が働いている．(a) 原点のまわりのトルクがy軸に平行になる力はどれか．(b) 力を，粒子におよぼす原点のまわりのトルクの大きさの順に並べよ．

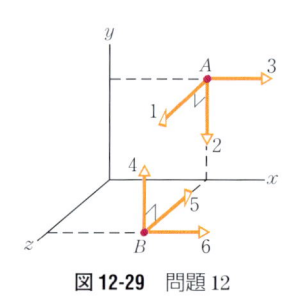

図 12-29　問題 12

13. 第11章の図11-24には，同じ質量の3つの小球が質量のない棒に取り付けられている複合物体が示されている．この複合物体は，球の1つを通り紙面に垂直な軸のまわりに，3.0 rad/sで回転している．もちろん，そのような軸の選び方は3通りある．これらの選び方を次の大きさの順に並べよ．(a) 選ばれた軸のまわりの複合物体の角運動量，(b) 回転運動エネルギー．

13 重力

天の川銀河（Milky Way）は，円盤状に分布した星間塵（ダスト），惑星，数十億個の恒星などの集まりで，太陽と太陽系もその中に含まれている。天の川銀河やその他の銀河がバラバラにならないように結びつけている力は，月を軌道上に，そしてあなたを地球に引きとめているのと同じ力——重力（万有引力）——である。この力はまた，自然界で最も不思議な天体のひとつブラックホール——自分自身の重さで完全につぶれてしまった星——の形成にも中心的な役割を果たす。ブラックホール近傍の重力は非常に強く，光さえもそこから出てくることはできない。

では，どうしたらブラックホールを検出できるのだろうか？

答えは本章で明らかになる。

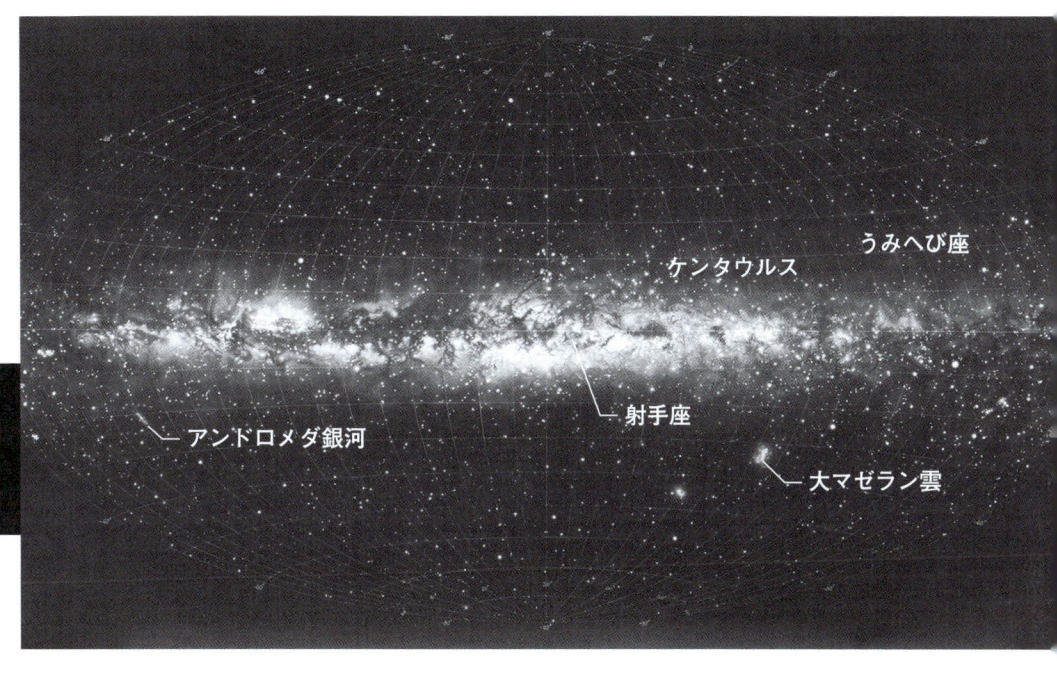

13-1 宇宙と重力

本章冒頭の図は，我々からみた天の川銀河である。我々は，この銀河円盤の端近く，中心から26,000光年（2.5×10^{20} m）の位置にいる。銀河中心は，射手座とよばれる星座の方向にある。我々の銀河は，局所銀河群の一員で，この中には，2.3×10^6 光年の距離にあるアンドロメダ銀河（図13-1）や，最初の図に示される大マゼラン星雲のような，より近くにあるいくつかの矮小銀河が含まれる。

この局所銀河群は，局所超銀河団の一部である。1980年以降の測定によれば，この局所超銀河団と，うみへび座銀河団やケンタウルス座銀河団からなる超銀河団は，どれもグレート・アトラクターと呼ばれる非常に大きい質量をもった領域に向かって動いている。この領域は，我々から見ると銀河系の反対側にあり，うみへび座とケンタウルス座の銀河団を超えて，約3億光年の彼方にある。

星から銀河，超銀河団へとしだいに大きくなる構造を束ねている力，そ

図13-1 アンドロメダ銀河。われわれから 2.3×10^6 光年の距離に位置し，裸眼でかすかに見える銀河で，われわれを宿している天の川銀河に非常によく似ている。

しておそらくこれらをグレート・アトラクターの方向に引き寄せている力が**重力**である．この力は，あなた方を地球につなぎとめているだけでなく，銀河と銀河の間の空間にまで及んでいる．

13-2 ニュートンの重力の法則

物理学者は，一見無関係にみえるものの間にもよく調べれば関係がある，ということを示すのが好きである．このような統一性の探求は何世紀もの間続いてきた．1665年に，当時23才だったアイザック・ニュートンは，月をその軌道につなぎとめている力が，りんごを落下させるのと同じ力であることを示して物理学の展開に重要な貢献をした．今日，我々は，このことをあまりにも当然と受けとめているので，地上の物体の運動と天界の物体の運動は異なる種類のもので別々の法則によって支配されている，という古い時代の信念を理解することは容易ではない．

ニュートンは，りんごや月を引きつけるのは地球だけではなく，宇宙にあるすべての物体は他のあらゆる物体を引きつけるのだと結論した．このように物体が互いの方向に向かって運動しようとする性質は**重力**(gravitation)と呼ばれる．我々になじみ深い地上の物体に対する地球の引力が，地上の物体間に働く引力に比べて圧倒的に大きいために，ニュートンの結論に慣れるのには少し時間がかかる．例えば，地球はりんごを0.8Nの大きさの力で引きつける．あなた自身も近くにあるりんごを（そしてりんごはあなたを）引きつけるが，その引力の大きさは，ひとかけらのほこりの重さよりも小さい．

定量的には，ニュートンは**ニュートンの重力の法則**(Newton's law of gravitation)と呼ばれる力の法則を提唱した：すべての粒子は他のあらゆる粒子を**重力**(gravitational force)で引きつけ，その大きさは次の式で与えられる；

$$F = G\frac{m_1 m_2}{r^2} \quad (\text{ニュートンの重力の法則}) \tag{13-1}$$

m_1 と m_2 は粒子の質量，r はそれらの距離である．G は**重力定数**(gravitational constant)で，現在次のような値をもつことがわかっている；

$$\begin{aligned} G &= 6.67 \times 10^{-11}\,\text{N}\cdot\text{m}^2/\text{kg}^2 \\ &= 6.67 \times 10^{-11}\,\text{m}^3/\text{kg}\cdot\text{s}^2 \end{aligned} \tag{13-2}$$

図13-2に示したように，粒子 m_2 は粒子 m_1 を粒子 m_2 に向かう重力 $\vec{F}$ で引きつけ，粒子 m_1 は粒子 m_2 を粒子 m_1 の方向に向かう重力 $-\vec{F}$ で引きつける．力 $\vec{F}$ と $-\vec{F}$ は作用・反作用の関係にあり，向きが反対で大きさは等しく，2粒子間の距離に依存するが，その位置には依存しない．また，力 $\vec{F}$ と $-\vec{F}$ は，たとえ他の物体が2粒子間に存在しても，その影響を受けない．

重力の強さ——ある質量の2つの粒子がある距離にあるとき，どの程度の強さで互いに引き合うか——は，重力定数 G の値によって決まる．G が——何かの奇跡によって——突然10倍になったとすると，あなたは地球の

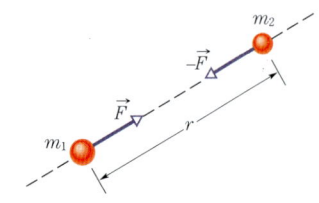

図 13-2 ニュートンの重力の法則(式13-1)によって互いに引き合う，質量が m_1 と m_2，距離 r の2粒子．引力は，$\vec{F}$ と $-\vec{F}$ で，大きさが等しく逆向きである．

引力によって床に押しつぶされるだろう。逆に G が10分の1なったとしたら，あなたがビルを飛び越えられるほど地球の重力は弱くなるだろう。

ニュートンの重力の法則は，粒子に対しては厳密に成り立つが，現実の物体に対しても，その大きさが物体間の距離に比べて小さければ適用できる。月と地球も，十分遠く離れているので，よい近似で粒子として扱うことができる。しかし，りんごと地球はどうであろうか？りんごから見ると，その下に地平線までひろがっている広く平らな地球は決して粒子には見えない。

ニュートンは，このりんごと地球の問題を *球殻定理* (shell theorem) と呼ばれる重要な定理を証明することによって解決した。球殻定理によれば，

> 一様な球殻状の物体は，その外にある粒子に対して，その球殻の全質量が球殻の中心に集中しているのと同じ引力を及ぼす。

地球はこのような球殻が重なり合ったものとみなすことができる。それぞれの球殻は，その球殻の質量が中心にある場合と同じ引力を，地球表面の外側にある粒子に及ぼしている。したがって，りんごから見ても，地球はそれと同じ質量をもった粒子が地球の中心にあるのと同じようにふるまうのである。

図13-3に示したように，地球が0.8 Nの大きさの力でひとつのりんごを引っ張っているとしよう。このりんごは，大きさ0.8 Nの力で地球を引きつけているはずで，その力は地球の中心に働いているとみなせる。これらの力の大きさは同じであるが，りんごが放たれた時に生じる加速度は異なる。りんごの加速度は約 $9.8\,\mathrm{m/s^2}$ で，よく知られた地表近くでの自由落下の加速度である。一方，りんご-地球系 の質量中心に対する地球の加速度は $1 \times 10^{-25}\,\mathrm{m/s^2}$ にすぎない。

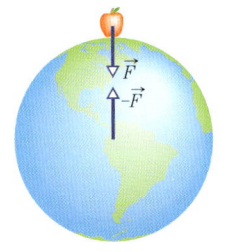

図 13-3 地球がりんごを下向きに引くのと同じ強さで，りんごは地球を上向きに引っ張る。

> ✓ CHECKPOINT 1: すべて同じ質量 m をもった4つの物体の外側に，ある粒子を順番に置くとする。これらの物体は，(1) 大きく一様な固体の球，(2) 大きく一様な球殻，(3) 小さく一様な固体の球，(4) 小さく一様な固体の球殻である。どの場合も，粒子と物体の中心間の距離は d である。これらの物体を，粒子に及ぼす重力の大きさの順に並べよ。

13-3 重力と重ね合わせの原理

粒子の集まりを考える。ある粒子が他のすべての粒子から受ける正味の重力（あるいは，重力の合力）は，**重ね合わせの原理** (principle of superposition) を用いて見いだすことができる。重ね合わせの原理は，正味の効果は個々の効果の和である，という一般的な原理である。この原理によれば，ある粒子に働く力を求めるには，他のすべての粒子から受ける重力をひとつひとつ順番に計算し，次にこれらの力をベクトルとして加算すればよい。

力を及ぼしあっている n 個の粒子に対して，重力に関する重ね合わせの原理を次のように書き表すことができる。

$$\vec{F}_{1,\text{net}} = \vec{F}_{12} + \vec{F}_{13} + \vec{F}_{14} + \vec{F}_{15} + \cdots + \vec{F}_{1n} \tag{13-3}$$

$\vec{F}_{1,\text{net}}$ は，粒子 1 に働く合力で，$\vec{F}_{13}$ は，粒子 3 から粒子 1 に働く力である。この式は，ベクトル和として次のように簡潔に表現することができる。

$$\vec{F}_{1,\text{net}} = \sum_{i=2}^{n} \vec{F}_{1i} \tag{13-4}$$

大きさをもった現実の物体から粒子に働く重力はどうなるだろうか。まずその物体を十分に細かく分割し，各部分が粒子とみなせるようにする。次に，式 (13-4) を用いて物体の各部分が粒子に及ぼす力のベクトル和を求める。物体を質量の微小部分 dm に分割する極限をとり，各微小部分が微小な力 $d\vec{F}$ を粒子に及ぼすと考える。このような極限では，式 (13-4) の和は積分となり，

$$\vec{F}_1 = \int d\vec{F} \tag{13-5}$$

積分はこの大きさをもった物体全体にわたって行うものとし，"net" という添え字は除いた。物体が一様な球か球殻である場合には，物体の質量が中心に集中しているとみなすことができるので，式 (13-5) の積分を行わずにすむ（式 (13-1) を用いればよい）。

例題 13-1

図 13-4a は，質量 $m_1 = 6.0\,\text{kg}$ の粒子 1 と，質量 $m_2 = m_3 = 4.0\,\text{kg}$ の粒子 2 と 3 の 3 粒子の配置を示している。距離は $a = 2.0\,\text{cm}$ である。他の粒子から粒子 1 に働く重力の合力 $\vec{F}_1$ はいくらか。

解法：　**Key Idea 1**：粒子 1 が他の粒子から受ける力の大きさは式 (13-1) ($F = Gm_1 m_2 / r^2$) で与えられる。したがって，粒子 2 から粒子 1 に働く力 $\vec{F}_{12}$ の大きさは，

$$F_{12} = \frac{Gm_1 m_2}{a^2}$$
$$= \frac{(6.67 \times 10^{-11}\,\text{m}^3/\text{kg}\cdot\text{s}^2)(6.0\,\text{kg})(4.0\,\text{kg})}{(0.020\,\text{m})^2}$$
$$= 4.00 \times 10^{-6}\,\text{N}$$

同様に，粒子 3 から粒子 1 に働く力 $\vec{F}_{13}$ の大きさは，

$$F_{13} = \frac{Gm_1 m_3}{(2a)^2}$$
$$= \frac{(6.67 \times 10^{-11}\,\text{m}^3/\text{kg}\cdot\text{s}^2)(6.0\,\text{kg})(4.0\,\text{kg})}{(0.040\,\text{m})^2}$$
$$= 1.00 \times 10^{-6}\,\text{N}$$

$\vec{F}_{12}$ と $\vec{F}_{13}$ の向きを決めるために，次の Key Idea を用いる。**Key Idea 2**：粒子 1 に働くそれぞれの力は，その力の原因となっている粒子の方向を向いている。$\vec{F}_{12}$ は y 軸正方向を向いており，y 成分 F_{12} のみをもつ（図 13-4b）。同様に，$\vec{F}_{13}$ は，x 軸負方向を向いており，x 成分 $-F_{13}$ のみをもつ。

粒子 1 に働く合力 $\vec{F}_{1,\text{net}}$ を求めるために，まず次の非

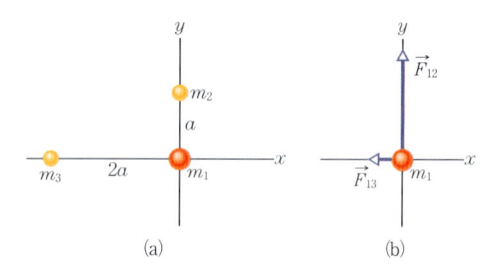

図 13-4　例題 13-1。(a) 3 粒子の配置。(b) 他の 2 粒子から質量 m_1 の粒子に働いている力。

常に重要な Key Idea を用いる。**Key Idea 3**：力が同一線上にはないので，その大きさあるいは成分を単純に足したり，引いたりして合力を求めることはできない。その代わり，それぞれの力をベクトルとして足し合わせる必要がある。

ベクトル演算機能付き電卓で計算することもできるが，ここでは，$-F_{13}$ と F_{12} が $\vec{F}_{1,\text{net}}$ の x, y 成分となることに着目しよう。式 (3-6) に従って，まず $\vec{F}_{1,\text{net}}$ の大きさを求め，それから向きを定めると大きさは次のようになる；

$$F_{1,\text{net}} = \sqrt{(F_{12})^2 + (-F_{13})^2}$$
$$= \sqrt{(4.00 \times 10^{-6}\,\text{N})^2 + (-1.00 \times 10^{-6}\,\text{N})^2}$$
$$= 4.1 \times 10^{-6}\,\text{N} \quad \text{（答）}$$

式 (3-6) より，$\vec{F}_{1,\text{net}}$ の向きは，x 軸の正方向に対して次

の角度で与えられる；

$$\theta = \tan^{-1} \frac{F_{12}}{-F_{13}}$$
$$= \tan^{-1} \frac{4.00 \times 10^{-6}\,\text{N}}{-1.00 \times 10^{-6}\,\text{N}}$$
$$= -76°$$

これはもっともらしい結果だろうか。いや、$\vec{F}_{1,\text{net}}$ の方向は、$\vec{F}_{12}$ と $\vec{F}_{13}$ の方向の間にあるべきである。第 3 章 (Tactic 3) でみたように、電卓は $\tan^{-1}$ の関数に対して、許される 2 つの答えのうち、一方のみを表示する。もうひとつの解は、180° を足して求められる；

$$-76° + 180° = 104° \qquad \text{(答)}$$

これは、$\vec{F}_{1,\text{net}}$ の方向としてもっともらしい。

✓ **CHECKPOINT 2:** 図は、同じ質量をもつ 3 つの粒子の、4 通りの配置を示している。(a) m と記された粒子に働く重力の合力の大きさの順に並べよ。(b) 配置 2 において、合力の向きは、長さ d の線に近いか、長さ D の線に近いか。

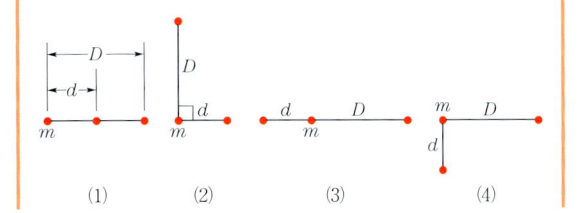

例題 13-2

図 13-5a は、質量が、$m_1 = 8.0\,\text{kg}$, $m_2 = m_3 = m_4 = m_5 = 2.0\,\text{kg}$ である 5 つの粒子の配置を示している。ただし、$a = 2.0\,\text{cm}$, $\theta = 30°$ である。粒子 1 に他の粒子から働く力の合力 $\vec{F}_{1,\text{net}}$ はいくらか。

解法： **Key Idea**：例題 13-1 の場合と同じである。しかし、この例題には、解答を簡単にするのに役立つ多くの対称性がある。

まず粒子 1 に働く力の大きさについて考える。粒子 2 と 4 は同じ質量をもち、粒子 1 からの距離も $r = 2a$ で等しいことに着目すると、式 (13-1) から、

$$F_{12} = F_{14} = \frac{Gm_1 m_2}{(2a)^2} \qquad (13\text{-}6)$$

同様に、粒子 3 と 5 は同じ質量をもち、ともに粒子 1 から距離 $r = a$ にあることから、

$$F_{13} = F_{15} = \frac{Gm_1 m_2}{a^2} \qquad (13\text{-}7)$$

これらの 2 式に、わかっている値を代入し、それぞれの力の大きさを求める。力の作用図 (図 13-5b) にそれぞれの力の向きを示した。次の 2 つの基本的な方法のいずれかを使って、合力を求めることができる；ベクトルを x, y 成分に分解し、x 成分、y 成分の合計を求めてベクトルとして加算する、あるいは、ベクトル演算機能付き電卓で直接足し合わせることもできる。

しかし、ここでは、この例題のもつ対称性をさらに利用してみよう。まず、$\vec{F}_{12}$ と $\vec{F}_{14}$ は、大きさが等しく、向きが逆であることに着目すると、これらの力は打ち消しあうことがわかる。図 13-5b と式 (13-7) をみると、$\vec{F}_{13}$ と $\vec{F}_{15}$ の x 成分もまた打ち消しあうこと、またこれらの y 成分は、大きさが等しく、ともに y の正方向に働いて

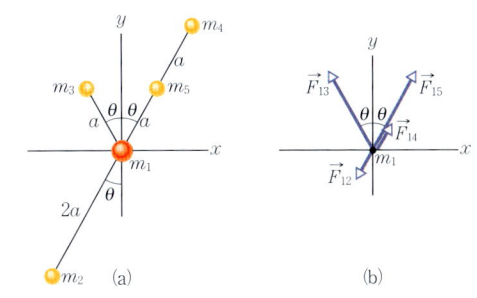

図 13-5 例題 13-2。(a) 5 つの粒子の配置。(b) 他の 4 粒子から質量 m_1 の粒子に働いている力。

いることがわかる。したがって、$\vec{F}_{1,\text{net}}$ も $+y$ 方向働き、大きさは $\vec{F}_{13}$ の y 成分の 2 倍となる；

$$F_{1,\text{net}} = 2F_{13} \cos\theta = 2\frac{Gm_1 m_3}{a^2} \cos\theta$$
$$= 2\frac{(6.67 \times 10^{-11}\,\text{m}^3/\text{kg}\cdot\text{s}^2)(8.0\,\text{kg})(2.0\,\text{kg})}{(0.020\,\text{m})^2} \cos 30°$$
$$= 4.6 \times 10^{-6}\,\text{N}$$

粒子 1 と 4 を結ぶ線上に粒子 5 があるが、これは、粒子 4 から粒子 1 に働く重力には影響しないことに注意して欲しい。

✓ **CHECKPOINT 3:** 図のように y 軸に関して対称に配置された質量 m の粒子から、質量 m_1 の粒子に働く重力の合力の向きはどうなるか。

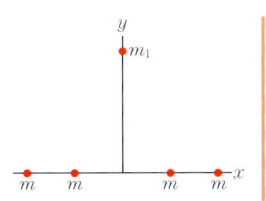

PROBLEM-SOLVING TACTICS

Tactic 1: 重力のベクトルを描く
図13-4aのような粒子の配置図を与えられて，そのうちのひとつの粒子に働く力の合力を求めようとするとき，通常は図13-4bのように，注目している粒子とそれに働く力のみを示す力の作用図を書くのがよい。そうではなく，もし最初に与えられた図で力のベクトルを重ね合わせようとするなら，力を受ける粒子の位置を，これらのベクトルの始点または終点とする（できれば始点のほうがよい）。他の場所にベクトルを描くと混乱をまねく。特に，力を及ぼしている方の粒子の場所に書くと必ず混乱する。

Tactic 2: 対称性を利用して力の和を簡単化する
例題13-2においては，配置の対称性を利用した。粒子2と4は粒子1に関して対称の位置にあり，$\vec{F}_{12}$と$\vec{F}_{14}$が打ち消し合うことに着目したので，これらの力を計算せずにすんだ。また，$\vec{F}_{13}$と$\vec{F}_{15}$の x 成分が打ち消し合うこと，及びこれらの y 成分が同じであることに着目して足し合わせれば，さらに計算を簡単化できる。

13-4 地表近くの重力

地球が質量 M をもつ一様な球であるとしよう。地球の外で地球中心から距離 r の位置にある質量 m の粒子が，地球から受ける重力の大きさは，式(13-1)より次のように与えられる；

$$F = G\frac{Mm}{r^2} \tag{13-8}$$

粒子を放すと，重力 $\vec{F}$ が働く結果，地球の中心に向かって**重力加速度** (gravitational acceleration) とよばれる加速度 $\vec{a}_g$ で落ちてゆく。ニュートンの第2法則によれば，F と a_g の大きさの間には次の関係がある；

$$F = ma_g \tag{13-9}$$

式(13-8)の F を式(13-9)に代入し，a_g について解くと，

$$a_g = \frac{Gm}{r^2} \tag{13-10}$$

表13-1は，地表からの様々な高さに対して計算された a_g の値を示す。

5-6節以降，地球の回転を無視して地球は慣性系であると仮定してきた。この単純化によって，粒子の自由落下の加速度 g は重力加速度（いま a_g と呼んでいる）に等しいと考えることができる。また，g は地球の表面全体にわたって一定の値 $9.8\,\mathrm{m/s^2}$ をもつと仮定した。しかし，実際に測定から得られる g の値は，式(13-10)から計算によって得られる a_g の値とは次の3つの理由で異なる：地球は，(1) 一様ではなく，(2) 完全な球ではなく，そして (3) 回転している。さらに，g が a_g と異なっているために，同じ3つの理由によって，実際に測定される粒子の重さ mg は，式(13-8)で与え

表 13-1 高度による a_g の変化

高度 (km)	a_g (m/s²)	場所
0	9.83	地表の平均
8.8	9.80	エベレスト山頂
36.6	9.71	人間を乗せた気球の最高高度
400	8.70	スペースシャトルの軌道
35700	0.225	通信衛星の軌道

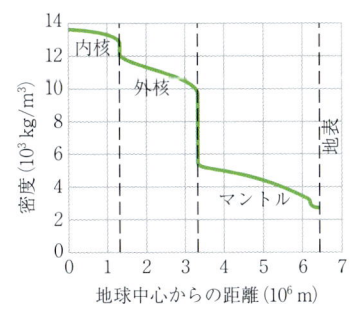

図 13-6 地球の密度を中心からの距離の関数として示した。固体の内核，ほぼ液体の外核，固体マントルの境界が示されているが，地殻は薄すぎてこの図でははっきり見えない。

られるような，その粒子に働く重力の大きさとは異なる。これらの理由を詳しく調べてみよう。

1. **地球は一様ではない**。地球の密度（単位体積あたりの質量）は，図13-6に示したように，半径に応じて変化し，地殻（あるいは，外層部）の密度は，地球表面の場所によっても変化する。したがって，g は，地表の領域ごとに異なる。

2. **地球は球ではない**。地球は，極の方向に扁平で，赤道方向にふくらんだ，回転楕円体に近い形をしている。赤道方向の半径は極方向の半径より 21 km 大きい。したがって，極にある点は，赤道上の点より，密度の高い地球の中心部に近い。これが海面高度での自由落下加速度 g が，赤道から極に向かうにつれて大きくなる理由のひとつである。

3. **地球は回転している**。その回転軸は地球の北極と南極を通っている。地球上のこれらの極以外のどのような場所にある物体も，その回転軸の周りに円を描いて回転しているために円の中心に向かって向心加速度をもっている。この向心加速度は，円の中心に向かう正味の向心力を必要とする。

地球の回転によって g が a_g とどのように異なるかをみるために，赤道上で質量 m の木箱が秤に載っているという簡単な状況を考えよう。図13-7a は北極上空の宇宙空間の一点からこれを見た図である。

図13-7b は，この木箱に対する力の作用図で，地球の中心から半径方向に木箱に働く 2 つの力を示している。秤から木箱に働く垂直抗力 $\vec{N}$ は，外向き（r 軸の正方向）である。重力はそれと同等な $m\vec{a}_g$ で表されており，内向きである。木箱は地球の回転に伴い地球中心の周りに円を描いて運動するので，内向きの向心加速度をもつ。ω を地球の角速度，R を円の半径（近似的に地球半径）とすると，この加速度は $\omega^2 R$ である（式11-23）。したがって，r 軸方向についてのニュートンの第 2 法則（$F_{\text{net},r} = ma_r$）を次のように書くことができる；

$$N - ma_g = m(-\omega^2 R) \tag{13-11}$$

垂直抗力の大きさ N は，秤の示す値 mg に等しい。式(13-11)で mg を N に代入すると，

$$mg = ma_g - m(\omega^2 R) \tag{13-12}$$

言葉で表すと，

（重さの測定値）＝（重力の大きさ）－（質量×向心加速度）

測定される重さは，地球の回転のために，重力の大きさよりも確かに小さくなる。

これに対応する g と a_g についての式を導くために，式(13-12)から m を消去して，

$$g = a_g - \omega^2 R \tag{13-13}$$

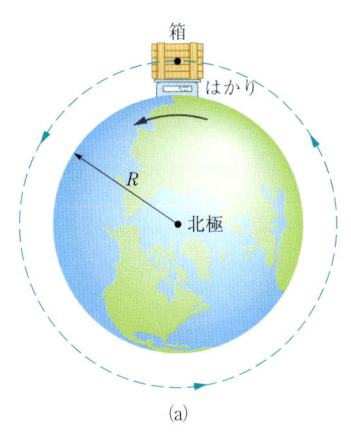

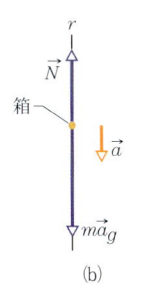

図 13-7 (a) 赤道上の秤にのっている木箱を地球自転軸に沿って北極上空から見ている。(b) 中心から外向きにとった r 軸上に示した木箱の力の作用図。木箱に働く重力が，それと同等な $m\vec{a}_g$ で示してある。秤から木箱に働く垂直抗力は $\vec{N}$ である。地球の自転のために，木箱は，地球中心に向かう向心加速度 $\vec{a}$ をもつ。

言葉で表すと，

(自由落下加速度) = (重力加速度) − (向心加速度)

測定される自由落下加速度は，地球の回転のために，重力加速度よりも確かに小さくなる。

加速度 g と a_g の差は $\omega^2 R$ に等しく，赤道上で最も大きい（理由のひとつは，木箱の回転半径が最大だから）。この差を求めるために，式(11-5) ($\omega = \Delta\theta/\Delta t$) と地球の半径 $R = 6.37 \times 10^6$ m を用いる。地球が一回転すると，$\Delta\theta$ は 2π rad で，時間 Δt はほぼ 24 h である。これらの値を用いると（時間を秒に換算して），g は a_g より（9.8 m/s^2 に対して）0.034 m/s^2 だけ小さいことがわかる。したがって，加速度 g と a_g の差を無視することは，多くの場合正当化される。同様に，重さと重力の大きさの差を無視することも，多くの場合正当化される。

例題 13-3

(a) 地球中心から距離 $r = 6.77 \times 10^6$ m の軌道にあるスペース・シャトルの中で，身長 h が 1.70 m の宇宙飛行士が"足を下にして"浮かんでいる。彼女の足の位置と頭の位置で重力加速度の違いはいくらか。

解法： **Key Idea 1**： 地球は質量 M_E をもつ一様な球と近似できる。このとき，式(13-10) より，地球中心から任意の距離 r の位置での重力加速度は，

$$a_g = \frac{GM_E}{r^2} \quad (13\text{-}14)$$

式(13-14)を，まず宇宙飛行士の足の位置 $r = 6.77 \times 10^6$ m について，次に，頭の位置 $r = 6.77 \times 10^6$ m + 1.70 m について，2度適用すればよい。しかし，h は r に比べて非常に小さいので，電卓で計算すると，2つの場合に同じ a_g の値を与え，差はゼロという結果になるかもしれない。**Key Idea 2**： 宇宙飛行士の足と頭の間の，r の差は微小量 dr であるから，式(13-14)を r について微分して次の式を得る；

$$da_g = -2\frac{GM_E}{r^3}dr \quad (13\text{-}15)$$

da_g は r の微小変化 dr に伴う重力加速度の微小変化である。この宇宙飛行士の場合，$dr = h$ で，$r = 6.77 \times 10^6$ m である。式(13-15)に数値を代入すると，

$$da_g = -2\frac{(6.67 \times 10^{-11}\,\text{m}^3/\text{kg}\cdot\text{s}^2)(5.98 \times 10^{24}\,\text{kg})}{(6.77 \times 10^6\,\text{m})^3}(1.70\,\text{m})$$
$$= -4.37 \times 10^{-6}\,\text{m/s}^2 \quad \text{(答)}$$

この結果は，宇宙飛行士の足の重力加速度が頭の重力加速度よりもわずかに大きいことを意味する。この加速度の違いは，体を引き伸ばそうとするが，この差が非常に小さいので，このような効果はほとんど感じられない。

(b) 宇宙飛行士が"足を下にして"同じ軌道半径 $r = 6.77 \times 10^6$ m で，質量 $M_h = 1.99 \times 10^{31}$ kg（太陽の質量の10倍）でブラックホールの周りを運動しているなら，彼女の足の位置と頭の位置で重力加速度の違いはいくらか。このブラックホールは，$R_h = 2.95 \times 10^4$ m に事象の地平面と呼ばれる"表面"をもっている。光を含めたいかなるものも，この表面，あるいはその内部から脱出することはできない。宇宙飛行士は，（賢明なことに）この表面より十分外側（$r = 229 R_h$）にいる。

解法： **Key Idea**： 宇宙飛行士の足と頭の間には，r の微小な差 dr があり，したがって式(13-15)をもう一度使うことができる。M_E を $M_h = 1.99 \times 10^{31}$ kg に置きかえると，

$$da_g = -2\frac{(6.67 \times 10^{-11}\,\text{m}^3/\text{kg}\cdot\text{s}^2)(1.99 \times 10^{31}\,\text{kg})}{(6.77 \times 10^6\,\text{m})^3}(1.70\,\text{m})$$
$$= -14.5\,\text{m/s}^2 \quad \text{(答)}$$

これは，宇宙飛行士の足がブラックホールに向かう重力加速度は，頭の加速度よりもかなり大きいことを意味する。この結果生じる，彼女の体を引き伸ばそうとする効果は，耐えることはできたとしてもかなり苦痛となるであろう。宇宙飛行士がさらにブラックホールに引き寄せられて行くと，この引き伸ばそうとする効果は急激に大きくなる。

13-5 地球内部の重力

ニュートンの球殻定理は，均一な球殻内部にある粒子にも適用することもできる：

▶ 一様な球殻の内部にある粒子に働く重力の合力はゼロとなる。

注意： これは，球殻上の各微小部分から粒子に働く重力が魔法のように消えてしまうということを意味するのではなく，各微小部分から粒子に働く力のベクトル和がゼロになるという意味である。

地球の密度が一様なら，粒子に働く重力は地球の表面で最大となり，粒子が外に向かって動くにつれて減少する。粒子が，例えば鉱山の立坑に沿って，地球内部に向かって動いたとすると，次の2つの理由で重力が変化する。(1) 粒子が地球中心に近づくので重力は増加する。(2) 粒子位置の半径より外側にある物質の層がしだいに厚くなるが，この外層からは正味の力が粒子に働かないので，重力は減少する。

地球が一様である場合，2番目の効果が支配的で，粒子に働く力は地球中心に近づくにつれて減少し，最後にはゼロとなる。しかし，現実の（一様でない）地球に対しては，粒子に働く力は粒子が降下するにつれて増加し，ある深さで最大となり，そこからさらに下がると減り始める。

例題 13-4

George Griffith の初期の SF 作品 *Pole to Pole* の中で，カプセルに乗り込んだ3人の探検家たちが，南極から北極へまっすぐに伸びた天然の（もちろん虚構の）トンネルを通って旅をする（図13-8）。この物語によると，冒険家たちに働く重力は，カプセルが地球の中心に近づくにつれ危険なほど強くなるが，地球中心で急に一瞬だけ消滅する。その後，カプセルはトンネルの後半を北極まで旅する。

質量 m のカプセルが地球中心から r の距離まで達したときに，カプセルに働く重力を求め，Griffith の記述をチェックせよ。地球は一様な密度 ρ（単位体積あたりの質量）をもった球と仮定する。

解法： ここではニュートンの球殻定理が3つの Key Idea を与えてくれる。

Key Idea 1： カプセルが地球中心から距離 r にあるとき，半径 r の球より外側の部分はこのカプセルに重力を及ぼさない。

Key Idea 2： この球の内側にある部分はこのカプセルに重力を及ぼす。

Key Idea 3： この球の内側の部分の質量 M_{ins} を，地球中心に置かれた粒子の質量として扱ってよい。

これらの3つの Key Idea から，このカプセルに働く重力について，式 (13-1) を次のように書くことができる；

$$F = \frac{GmM_{\text{ins}}}{r^2} \qquad (13\text{-}16)$$

M_{ins} を半径 r を用いて表すために，この質量を含む体積 V_{ins} が $\frac{4}{3}\pi r^3$ であることに注意する。密度は地球の密度 ρ である。これより，

$$M_{\text{ins}} = \rho V_{\text{ins}} = \rho \frac{4\pi r^3}{3} \qquad (13\text{-}17)$$

この式を式 (13-16) に代入すると，

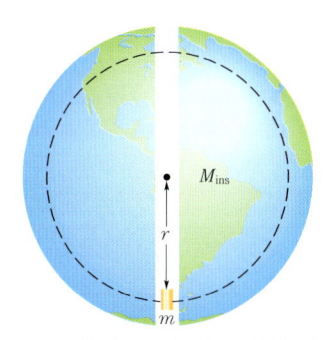

図 13-8 例題 13-4。質量 m のカプセルが静止した状態から，地球の南極と北極を結ぶトンネルの中を落下する。カプセルが地球の中心から距離 r にあるとき，その半径の球の内側に含まれる地球の質量が M_{ins} である。

$$F = \frac{4\pi Gm\rho}{3} r \qquad \text{(答)} \quad (13\text{-}18)$$

この式から，力の大きさ F は，カプセルの地球中心からの距離 r に比例していることがわかる．r が減少してゆくと，F もまた減少し (Griffith の記述とは逆)，やがて地球の中心ではゼロになる．少なくとも中心でゼロになるという点では Griffith は正しかった．

式 (13-18) は，力のベクトル $\vec{F}$ と，地球の中心から伸びる半径方向の軸に沿ったカプセルの位置ベクトル $\vec{r}$ を用いて書くこともできる．いくつかの定数からなる量 $4\pi Gm\rho/3$ を K と置こう．すると，式 (13-18) は次のようになる；

$$\vec{F} = -K\vec{r} \qquad (13\text{-}19)$$

$\vec{F}$ と $\vec{r}$ が逆符号であることを表すためにマイナスをつけた．式 (13-19) はフックの法則 (式 7-20) と同じ形をしている．したがって，この物語の理想的な状況では，カプセルはバネにつけた錘のように，地球中心を中心として振動する．カプセルは南極から地球の中心まで落下した後，(Griffith が言ったように) 今度は中心から北極へ向かい最後には地表に到達する．

13-6　重力ポテンシャルエネルギー

8-3 節で，粒子-地球系のポテンシャルエネルギーについて議論した．その際には，重力が一定であるとみなせるように，粒子は地球表面付近にとどまるとした．そして，系の基準配置を定め，そこでの重力ポテンシャルエネルギーをゼロとした．多くの場合，粒子が地表にある配置を基準として選んだ．粒子が地表にない場合は，粒子と地球の間隔が小さくなるにつれてポテンシャルエネルギーは減少した．

ここでは，より一般的に，質量 m と M をもち，距離 r 離れた 2 つの粒子の重力ポテンシャルエネルギーを考える．ここでも U がゼロとなるような基準配置を選ぶが，式が簡単になるように，2 粒子の間隔 r が十分大きく近似的に無限大と考えてよいような場合を基準にとる．前と同じように，間隔が小さくなるにつれて重力ポテンシャルエネルギーは減少する．$r = \infty$ で $U = 0$ となるので，間隔が有限の値のときは，ポテンシャルエネルギーは負であり，粒子が互いに近づくにつれてその絶対値は大きくなる．

これらのことを念頭において，2 粒子系の重力ポテンシャルエネルギーを次式で与える (後で証明する)；

$$U = -\frac{GMm}{r} \qquad \text{(重力ポテンシャルエネルギー)} \quad (13\text{-}20)$$

r が無限大に近づくにつれて，$U(r)$ はゼロに近づき，r が有限の値をとるときには常に $U(r)$ は負であることに注意してほしい．

式 (13-20) で与えられるポテンシャルエネルギーは，いずれかの粒子の単独の属性ではなくて，2 粒子系の属性である．このエネルギーを 2 つに分けて，これだけが一方の粒子のもので，残りがもう一方の粒子のものである，と言うことはできない．しかし，例えば質量 M の地球と質量 m の野球のボールのように，$M \gg m$ の場合には，しばしば "ボールのポテンシャルエネルギー" という言い方をする．こう言って問題ないのは，ボールが地球に近づくとき，地球の運動エネルギーの変化は測定できないほど小さく，ボール-地球系のポテンシャルエネルギーの変化は，ほとんどすべてボールの運動エネルギーの変化となって現れるからである．同様に，13-8 節では，地球を周る人工衛星の質量が地球の質量に比べて非常に小さいので，"人工衛星のポテンシャルエネルギー" と表現する．しかし，同

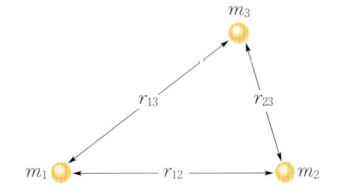

図 13-9 3つの粒子のつくる系(それぞれの粒子間の距離が,粒子を示す2つの添字付きで示されている)。この系の重力ポテンシャルエネルギーは,3通りの2粒子対の重力エネルギーを足し合わせたものである。

程度の質量をもった物体のポテンシャルエネルギーについて議論するときは,これらをひとつの系として扱うように注意しなければならない。

系が複数の粒子を含む場合には,2つずつの粒子の対を順番に考え,まず他の粒子を無視して各対の重力ポテンシャルエネルギーを式(13-20)を用いて計算した後,それらの結果を単純に足し合わせればよい。例えば,図13-9に示した3つの粒子に対しては,2粒子の対に式(13-20)を適用すると,この系のポテンシャルエネルギーは次のようになる;

$$U = -\left(\frac{Gm_1m_2}{r_{12}} + \frac{Gm_1m_3}{r_{13}} + \frac{Gm_2m_3}{r_{23}}\right) \quad (13\text{-}21)$$

式(13-20)の証明

図13-10に示した経路に沿って,野球のボールをまっすぐ地球から遠ざかるように打ち上げるとしよう。この経路上で,ボールが地球の中心から距離Rの位置Pにあるときの重力ポテンシャルエネルギーUの表式を考えてみよう。そのために,まず,ボールが位置Pから出発して地球からきわめて大きな(無限の)距離まで飛んでゆくときに,重力がボールにする仕事Wを考えてみる。重力$\vec{F}(r)$は変化する力なので(その大きさがrに依存する),仕事を計算するためには7-6節の方法を使わなくてはならない。ベクトルを用いて表すと,次のように書ける;

$$W = \int_R^\infty \vec{F}(r) \cdot d\vec{r} \quad (13\text{-}22)$$

この積分は,力$\vec{F}(r)$と微小変位ベクトル$d\vec{r}$のスカラー積(内積)を含んでいる。ϕを$\vec{F}(r)$と$d\vec{r}$の間の角とすると,この積は次のように展開できる;

$$\vec{F}(r) \cdot d\vec{r} = F(r) \, dr \cos\phi \quad (13\text{-}23)$$

Mを地球の質量,mをボールの質量とし,ϕに180°を,$F(r)$に式(13-1)を代入すると,式(13-23)は次のようになる;

$$\vec{F}(r) \cdot d\vec{r} = -\frac{GMm}{r^2} dr$$

これを式(13-22)に代入して積分すると,

$$W = -GMm \int_R^\infty \frac{1}{r^2} dr = \left[\frac{GMm}{r}\right]_R^\infty$$

$$= 0 - \frac{GMm}{R} = -\frac{GMm}{R} \quad (13\text{-}24)$$

式(13-24)の中のWは,ボールを(距離Rの)点Pから無限遠に移動するために必要な仕事である。式(8-1)($\Delta U = -W$)から,この仕事はポテンシャルエネルギーを用いて次のように表される;

$$U_\infty - U = -W$$

無限遠でのポテンシャルエネルギーU_∞はゼロで,UはPでのポテンシャルエネルギーである。したがって,Wに式(13-24)を代入すると,前の式は,

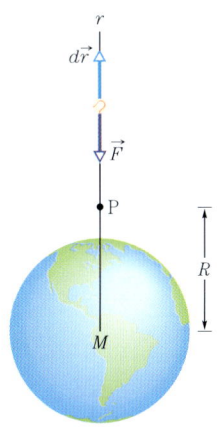

図 13-10 野球のボールが地球中心から距離Rの点Pで,地球からまっすぐに遠ざかる方向に打ち出される。ボールに働く重力$\vec{F}$と,微小変位ベクトル$d\vec{r}$が示されており,いずれも半径方向のr軸と平行である。

$$U = W = -\frac{GMm}{R}$$

R を r に置きかえると，証明すべき式 (13-20) が得られる。

経路によらないこと

図 13-11 では，野球のボールを点 A から点 G まで，3 つの半径方向の距離と，3 つの円弧からなる経路に沿って移動させる。ボールが A から G まで動くとき，地球の重力がボールにする仕事の合計 W を求めたい。力 $\vec{F}$ の方向が円弧に垂直なので，各円弧に沿った経路での仕事はゼロである。したがって，$\vec{F}$ によってなされる仕事は，3 つの半径方向の距離に沿ってなされる仕事のみで，仕事の合計 W はこれらの仕事の和である。

頭の中で弧の部分がゼロに縮んだと考えてみよう。すると，ボールは A から G までひとつの半径方向の距離に沿って真っ直ぐに動くことになる。これによって仕事 W は変化するだろうか。いや，変化しない。仕事は弧に沿ってはなされないから，これらを除いても仕事は変わらない。A から G への経路は明らかに変化したが，$\vec{F}$ によってなされる仕事は前と同じである。

このような結果については，8-2 節で一般的に議論した。重要な点は，重力は保存力であるということである。したがって，ある粒子が始点 i から終点 f まで動くときに，重力によって粒子になされる仕事は，これらの点の間の実際の経路にはよらない。式 (8-1) から，点 i から点 f に移動する際の重力ポテンシャルエネルギーの変化 ΔU は次のようになる；

$$\Delta U = U_f - U_i = -W \tag{13-25}$$

保存力によってなされる仕事 W は実際の経路によらないので，重力ポテンシャルエネルギーの変化 ΔU もまた，実際の経路によらない。

ポテンシャルエネルギーと力

式 (13-20) の証明では，ポテンシャルエネルギー関数 $U(r)$ を力の関数 $\vec{F}(r)$ から導いた。逆のこともできるはずである；ポテンシャルエネルギー関数から出発して，力の関数を導くのである。式 (8-20) を参考にして，次のように書くことができる；

$$F = -\frac{dU}{dr} = -\frac{d}{dr}\left(-\frac{GMm}{r}\right)$$
$$= -\frac{GMm}{r^2} \tag{13-26}$$

これは，ニュートンの重力の法則 (式 13-1) である。この負の符号は，質量 m に働く力が，質量 M に向かう半径に沿って内向きであることを示す。

脱出速度

物体を上に向かって発射すると，通常，物体は減速し，一瞬停止した後，地球に戻ってくるであろう。しかし，物体が永久に上向きの運動を続け，理論的には無限遠に至って初めて停止するような，ある最小の速度が存在

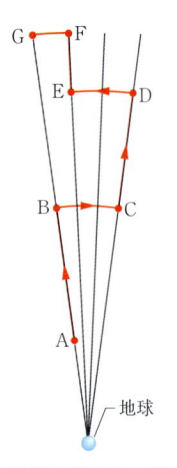

図 13-11 地球の近くで，野球のボールを点 A から点 G まで，3 つの半径方向の距離と，3 つの円弧からなる経路に沿って動かす。

するのである．この初速度は(地球)**脱出速度**(escape speed)とよばれる．

ある惑星(あるいは何か他の天体または系)の表面から脱出速度 v で飛び出す質量 m の物体を考えてみよう．それは，$\frac{1}{2}mv^2$ で与えられる運動エネルギー K と，次式(式13-20)で与えられるポテンシャルエネルギー U をもっている；

$$U = -\frac{GMm}{R}$$

M は惑星の質量，R はその半径である．

物体は無限遠に達すると停止し，そこでは運動エネルギーをもたない．また，無限遠をポテンシャルエネルギーがゼロとなる基準点としたので，ポテンシャルエネルギーももたない．エネルギー保存則から，惑星表面での全エネルギーもまたゼロでなくてはならず，

$$K + U = \frac{1}{2}mv^2 + \left(-\frac{GMm}{R}\right) = 0$$

これより，

$$v = \sqrt{\frac{2GM}{R}} \qquad (13\text{-}27)$$

脱出速度 v は，物体が惑星から発射される方向にはよらない．しかし，打ち上げ場所は惑星の自転にともなって動いているので，その方向に発射すれば，脱出速度をかせぐことができる．例えば，Cape Canaveral(訳注：スペースシャトルの打ち上げ基地であるケネディ宇宙センターがある場所)では，地球の自転による東向き1500km/hの速さを利用するために，ロケットは東に向けて発射される．

式(13-27)の M にその天体の質量を，R に半径を代入すれば，どのような天体からの脱出速度も計算できる．表13-2は，いろいろな天体からの脱出速度を示している．

表 13-2 脱出速度

天体	質量 (kg)	半径 (m)	脱出速度 (km/s)
セレス[a]	1.17×10^{21}	3.8×10^5	0.64
地球の月	7.36×10^{22}	1.74×10^6	2.38
地球	5.98×10^{24}	6.37×10^6	11.2
木星	1.90×10^{27}	7.15×10^7	59.5
太陽	1.99×10^{30}	6.96×10^8	618
シリウスB[b]	2×10^{30}	1×10^7	5200
中性子星[c]	2×10^{30}	1×10^4	2×10^5

a：最も質量の大きい小惑星．
b：明るい星シリウスの伴星である白色矮星(星の進化のひとつの最終段階)．
c：星が超新星として爆発した後に残る崩壊した星の中心核．

✓ **CHECKPOINT 4：** 質量 m のボールを質量 M の球から遠ざけるとき，(a)ボール-球の系の重力ポテンシャルエネルギーは増えるか，または減るか？ (b)ボールと球の間の重力によってなされる仕事は正か負か．

例題 13-5

地球中心から地球半径の10倍の距離にあり，速さ12 km/sで地球に向かって直進している小惑星が，地球表面に達するときの速度 v_f を求めよ。ただし，地球大気の影響を無視してよい。

解法： **Key Idea 1**： 小惑星に対する地球大気の効果を無視するのであるから，落下の過程で 小惑星-地球系 の力学的エネルギーは保存される。したがって，最終的な（小惑星が地球表面に達するときの）力学的エネルギーは，最初の力学的エネルギーに等しい。K を運動エネルギー，U を重力ポテンシャルエネルギーとすると，力学的エネルギーは次式で表される；

$$K_f + U_f = K_i + U_i \qquad (13\text{-}28)$$

Key Idea 2： 孤立系を仮定しているので，系の運動量は落下の過程を通じて保存される。したがって，小惑星と地球の運動量の変化は，大きさが同じで符号が逆になる。しかし，小惑星の質量に比べて地球の質量は非常に大きいので，小惑星の速度変化に比べて地球の速度変化は無視できる。このことから，式(13-28)の運動エネルギーは，小惑星の運動エネルギーと考えてよい。

小惑星の質量を m とし，地球の質量 (5.98×10^{24} kg) を M としよう。最初，小惑星は距離 $10R_E$ にあり，最終的に R_E に達する。ここで R_E は，地球の半径 (6.37×10^6 m) である。式(13-20)を U に，$\frac{1}{2}mv^2$ を K に代入すると，式(13-28)は次のように書きかえられる；

$$\frac{1}{2}mv_f^2 - \frac{GMm}{R_E} = \frac{1}{2}mv_i^2 - \frac{GMm}{10R_E}$$

わかっている値を代入し，整理すると，

$$\begin{aligned}
v_f^2 &= v_i^2 + \frac{2GM}{R_E}\left(1 - \frac{1}{10}\right) \\
&= (12 \times 10^3 \text{ m/s})^2 \\
&\quad + \frac{2(6.67 \times 10^{-11} \text{ m}^3/\text{kg} \cdot \text{s}^2)(5.98 \times 10^{24} \text{ kg})}{6.37 \times 10^6 \text{ m}} 0.9 \\
&= 2.567 \times 10^8 \text{ m}^2/\text{s}^2
\end{aligned}$$

これより，
$$v_f = 1.60 \times 10^4 \text{ m/s} = 16 \text{ km/s} \qquad (答)$$

小惑星がそれほど大きくなくても，この速さでは衝突時にかなりの被害が発生するであろう。例えば，大きさが5m程度でも，衝突の際には広島の原子爆弾の爆発と同程度のエネルギーが解放される。恐ろしいことに，この程度の大きさの小惑星は，地球の軌道付近に約5億個存在している。1994年にはそのうちのひとつが地球大気に突入し，南太平洋上空の高度20kmで爆発した（6つの軍事衛星が核爆発の警告を発した）。大きさ500mの小惑星（地球軌道付近に100万個程度あると考えられる）の衝突は，現代文明を終わらせ，世界中の人類をほぼ絶滅させるであろう。

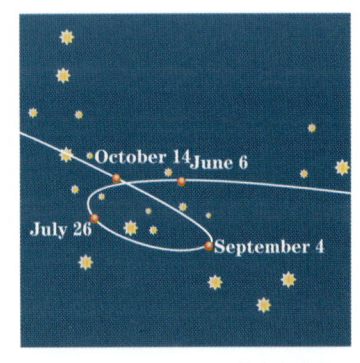

図 13-12 1971年の，山羊座を背景とした火星の移動経路。4つの日付と位置が示されている。地球と火星はともに太陽の周りを軌道運動しているので，火星の位置は，我々から見た相対位置である。この結果，火星の経路は，時としてループを描くように見える。

13-7 惑星と衛星：ケプラーの法則

恒星が織りなす背景の中をさまようように見える惑星の運行は，歴史の黎明期から人々を悩まし続けた。特に，図13-12の宙返りするような火星の動きは人々を当惑させた。ヨハネス・ケプラー(Johannes Kepler, 1571～1630)は生涯にわたる研究の結果，こうした運行についての経験則を見いだした。望遠鏡なしで天体観測を行った最後の偉大な天文学者であるチコ・ブラーエ(Tycho Brahe, 1546～1601)が大量の観測データをまとめ，それを用いてケプラーが（今日彼の名前がつけられている）惑星の運行に関する3つの法則を導いた。後にニュートン(1642～1727)は，彼の重力に関する法則からケプラーの法則が導かれることを示した。

この節では，ケプラーの3つの法則について順番に議論する。ここでは，この法則を太陽の周りをまわる惑星に適用するが，地球や他の大きな質量をもつ天体の周りをまわる，自然のあるいは人工の衛星に対しても同じように成立する。

▶ **1. 軌道の法則**：すべての惑星は，太陽を焦点のひとつとする楕円軌道を描いて運動する。

図13-13は，質量 m の惑星が質量 M の太陽の周りをまわる軌道を表して

いる。$M \gg m$ であると仮定するので，惑星-太陽系の質量中心は近似的に太陽の中心であるとしてよい。

図 13-13 の軌道は，**長半径**(semimajor axis) a と**離心率** e (eccentricity) を与えることによって記述される。離心率 e は，ea が楕円の中心から焦点 F または F′ までの距離となる値として定義される。離心率がゼロの場合は円に対応し，このとき 2 つの焦点は中心の一点で一致する。惑星軌道の離心率は小さく，軌道を描いてみるとほぼ円のようにみえる。図 13-13 の楕円は，わかりやすくするために誇張されており，その離心率は 0.74 である。地球の離心率は 0.0167 にすぎない。

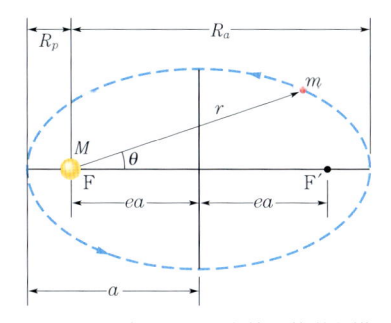

図 13-13 太陽の周りを楕円軌道を描いて運動する質量 m の惑星。質量 M の太陽は楕円の焦点のひとつ F に位置する。もうひとつの焦点は F′ で，そこには何もない。それぞれの焦点は，楕円の離心率を e として，楕円の中心から ea の距離にある。楕円の長半径 a, 近日点 (perihelion, 太陽に最も近い点)距離 R_p, 遠日点 (aphelion, 太陽から最も遠い点)距離 R_a も示されている。

▶ **2. 面積の法則**：惑星を太陽と結ぶ線は，惑星軌道の平面内で同じ時間に同じだけの面積を掃く：この線が面積 A を掃く割合 dA/dt は一定である。

定性的には，この第 2 法則から，惑星は太陽から最も離れたときに最も遅く，太陽に最も近いときに最も速く動くことがわかる。ケプラーの第 2 法則は，角運動量保存則と完全に等価であることを示すことができる。これを証明しよう。

図 13-14 a の影をつけたくさび型の部分の面積は，太陽と惑星を結ぶ線が時間 Δt の間に掃く面積に近似的に等しい。太陽と惑星の距離を r とすると，くさび型の面積 ΔA は，近似的に，底辺 $r\Delta\theta$, 高さ r の三角形の面積に等しい。三角形の面積は底辺かける高さの半分であるから，$\Delta A \approx \frac{1}{2}r^2\Delta\theta$ となる。ΔA に対するこの表現は，Δt が(すなわち $\Delta\theta$ が)ゼロに近づくにつれ，より正確なものになる。したがって，ω を太陽と惑星を結ぶ線の角速度の大きさとすると，掃かれる面積の瞬間的な割合は，

$$\frac{dA}{dt} = \frac{1}{2}r^2\frac{d\theta}{dt} = \frac{1}{2}r^2\omega \tag{13-29}$$

図 13-14 b は，惑星の運動量 $\vec{p}$ を，半径方向とそれに垂直な方向の成分に分解した図である。式 (12-20) ($L = rp_\perp$) から，太陽を回る惑星の角運動量 $\vec{L}$ の大きさは，r と $\vec{p}$ の r に垂直な成分 $p_\perp$ の積で与えられる。$v_\perp$ を ωr で置き換えると (式 11-18)，質量 m の惑星に対して，

$$L = rp_\perp = (r)(mv_\perp) = (r)(m\omega r)$$
$$= mr^2\omega \tag{13-30}$$

式 (13-29) と (13-30) から ωr を消去すると；

$$\frac{dA}{dt} = \frac{L}{2m} \tag{13-31}$$

もしケプラーが言ったように dA/dt が一定ならば，式 (13-31) より，L もまた一定でなければならない；角運動量は保存される。このように，ケプラーの第 2 法則は角運動量保存則と等価である。

▶ **3. 周期の法則**：任意の惑星に対して，周期の 2 乗は，軌道長半径の 3 乗に比例する。

これを確かめるために，図 13-15 に示した半径 r の円軌道を考えよう（円の半径は，楕円の長半径に相当する）。この軌道上を運動をする惑星にニ

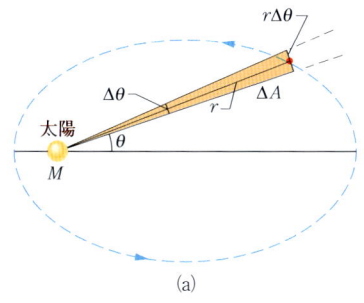

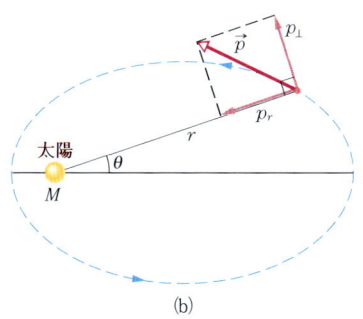

図 13-14 (a) 時間 Δt の間に，惑星と太陽(質量 M)を結ぶ線 r は，角度 $\Delta\theta$ 動いて，面積 ΔA (影をつけた部分)を掃く。(b)惑星の運動量 $\vec{p}$ とその成分。

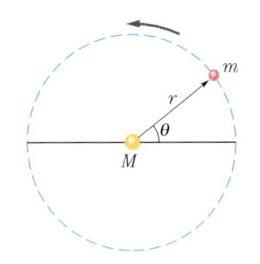

図 13-15 半径 r の円軌道を描いて太陽をまわる質量 m の惑星.

ュートンの第 2 法則 ($F = ma$) を適用すると，

$$\frac{GMm}{r^2} = (m)(\omega^2 r) \tag{13-32}$$

力の大きさ F には式 (13-1) を，向心加速度には $\omega^2 r$ を代入した (式 11-23)．式 (11-20) を用いて ω を $2\pi/T$ で置きかえれば，次のケプラーの第 3 法則を得る；

$$T^2 = \left(\frac{4\pi^2}{GM}\right) r^3 \quad \text{(周期の法則)} \tag{13-33}$$

括弧の中の量は，惑星がその周りを回転している中心天体の質量 M のみに依存する定数である．

r を楕円の長半径 a で置きかえれば，式 (13-33) は楕円軌道に対しても成り立つ．この法則は，大きな質量をもった天体の周りをまわるすべての惑星について比 T^2/a^3 が同じ値をもつことを予言する．表 13-3 は，太陽系の惑星の軌道についてこの関係がいかによく成り立っているかを示している．

表 13-3 太陽系に関するケプラーの周期の法則

惑星	長径 a (10^{10} m)	周期 T (y)	T^2/a^3 (10^{-34} y²/m³)
水星	5.79	0.241	2.99
金星	10.8	0.615	3.00
地球	15.0	1.00	2.96
火星	22.8	1.88	2.98
木星	77.8	11.9	3.01
土星	143	29.5	2.98
天王星	287	84.0	2.98
海王星	450	165	2.99
冥王星	590	248	2.99

✓ **CHECKPOINT 5:** 衛星 1 がある惑星の周りの円軌道上をまわっており，衛星 2 はこれより大きな円軌道上をまわっている．どちらの衛星が，(a) 長い周期をもつか？ (b) 大きな速さをもつか？

例題 13-6

ハレー彗星は太陽の周りを周期 76 年でまわっている．1986 年には，太陽に最も近い距離 8.9×10^{10} m，すなわち近日点距離 R_p に至った．表 13-3 から，これは水星と金星の軌道の間であることがわかる．

(a) この彗星の太陽から最も遠い距離，遠日点距離 R_a はいくらか．

解法： **Key Idea 1**： a をハレー彗星の長半径とすると，図 13-13 から $R_a + R_p = 2a$ であることがわかる．したがって，a がわかれば，R_a を求めることができる．

Key Idea 2：周期の法則 (式 13-33) を使い，r を長半径 a で置きかえれば，a について解くと，

$$a = \left(\frac{GMT^2}{4\pi^2}\right)^{1/3} \tag{13-34}$$

式 (13-34) に，太陽の質量 M として 1.99×10^{30} kg，彗星の周期 T として 76 年あるいは 2.4×10^9 s を代入すれば，$a = 2.7 \times 10^{12}$ m という結果を得る．これより，

$$\begin{aligned} R_a &= 2a - R_p \\ &= (2)(2.7 \times 10^{12} \text{ m}) - 8.9 \times 10^{10} \text{ m} \\ &= 5.3 \times 10^{12} \text{ m} \quad \text{(答)} \end{aligned}$$

表 13-3 から，この値は冥王星軌道の長半径よりわずか

に小さいことがわかる。したがって，この彗星は冥王星より遠くへは行かない。

(b) ハレー彗星の軌道の離心率 e はいくらか。

解法： **Key Idea 1**： 図 13-13 から $e, a,$ と R_p の関係が得られる。図から，$ea = a - R_p$，あるいは，

$$e = \frac{a - R_p}{a} = 1 - \frac{R_p}{a}$$

$$= 1 - \frac{8.9 \times 10^{10}\,\text{m}}{2.7 \times 10^{12}\,\text{m}} = 0.97 \quad \text{(答)}$$

この彗星の軌道は，1 に近い離心率を持つ長い偏平な楕円である。

例題 13-7

ブラックホールの探索。ある星からくる光を観測した結果，その星は連星系（2つの星からなる系）の一部であることがわかった。可視光で見えるこの星は，軌道速度 $v = 270$ km/s，軌道周期 $T = 1.70$ 日であり，その質量は，太陽質量 1.99×10^{30} kg を M_s とすると，$m_1 = 6M_s$ である。この見える星と，暗くて観測できないもう一方の星は，ともに図 13-16 の円軌道上を運動しているものとする。暗い方の星の質量 m_2 を近似的に求めよ。

解法： この非常に興味深い問題の Key Idea は；

Key Idea 1： この 2 つの星は，互いの周りでなく，2 つの星の系の質量中心の周りを円運動している。

Key Idea 2： 9-2 節の 2 粒子系の問題の場合と同様に，2 つの星の系の質量中心は，これらの星の中心を結ぶ線上－図 13-16 の点 O になければならない。見える方の星は半径 r_1 の軌道を，暗い方の星は半径 r_2 の軌道を運動している。

Key Idea 3： 太陽系とちがい，この系の質量中心は，大質量中心天体の中心近くにあるといった状況にはない。したがって，式 (13-33) の，ケプラーの周期に関する法則は成り立たず，これを用いて簡単に m_2 を求めるということはできない。

Key Idea 4： それぞれの星に円運動をさせている向心力は，もう一方の星からの重力である。この力の大きさは，2 つの星の中心間の距離を r とすると，Gm_1m_2/r^2 である。

Key Idea 5： 式 (13-32) から，見える星の向心加速度 a は，v^2/r_1 である。

これらのことから，見える方の星に関して，ニュートンの第 2 法則 ($F = ma$) を書くと，

$$\frac{Gm_1m_2}{r^2} = m_1 \frac{v^2}{r_1} \quad (13\text{-}35)$$

この式は，求める質量 m_2 を含んでいるが，その値を得るためには，r や r_1 の表式が必要である（m_1 は両辺で打ち消されてしまうことに注意せよ）。

まず，式 (9-1) を用いて，見える星に対する系の質量中心の相対位置を求めることにする。この星から，自分自身への距離はゼロ，系の質量中心までの距離は r_1，暗い方の星までの距離は r である。したがって，式 (9-2) は次のようになる；

$$r_1 = \frac{m_1(0) + m_2 r}{m_1 + m_2} \quad (13\text{-}36)$$

これより，

$$r = r_1 \frac{m_1 + m_2}{m_2} \quad (13\text{-}37)$$

r_1 の表式を得るために，見える星は，半径 r_1，速さ v，周期 T で円運動していることに着目する。すると，式 (4-33) から，$v = 2\pi r_1/T$，あるいは，

$$r_1 = \frac{vT}{2\pi} \quad (13\text{-}38)$$

これを，式 (13-37) の r_1 に代入して，

$$r = \frac{vT}{2\pi} \frac{m_1 + m_2}{m_2} \quad (13\text{-}39)$$

ここで，式 (13-35) に戻り，式 (13-39) を r に，式 (13-38) を r_1 に代入し，さらに与えられた質量 $6M_s$ を m_1 に代入する。これを整理して，わかっている値を代入すると，

$$\frac{m_2^3}{(6M_s + m_2)^2} = \frac{v^3 T}{2\pi G}$$

$$= \frac{(2.7 \times 10^5\,\text{m/s})^3 (1.70\,\text{days})(86400\,\text{s/day})}{(2\pi)(6.67 \times 10^{-11}\,\text{N} \cdot \text{m}^2/\text{kg}^2)}$$

$$= 6.90 \times 10^{30}\,\text{kg}$$

または

$$\frac{m_2^3}{(6M_s + m_2)^2} = 3.47 M_s \quad (13\text{-}40)$$

この 3 次方程式を，電卓の多項式処理機能を使って，m_2 について解くことができる。あるいは，近似的な値を求めればよいのであるから，m_2 に M_s の整数倍を順番

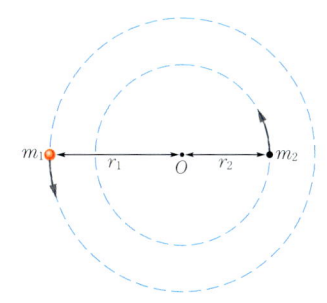

図 13-16 例題 13-7。質量 m_1 をもった，可視光で見える星と，質量 m_2 をもった，暗く見えない星が，2 つの星の系の質量中心 O を中心として回転している。

に代入してゆき，式(13-40)がほぼ満足されるものを近似的な解とすればよい．

$$m_2 \approx 9M_s \qquad \text{(答)}$$

この問題に示したデータは，大マゼラン雲（本章冒頭の図）にある連星系LMC X-3に関する値である．他の観測データから，この暗い天体は非常に小さいことがわかっており，自分自身の重力でつぶれて形成された中性子星かブラックホールである可能性がある．中性子星は，約$2M_s$より大きい質量をもつことができないので，上の結果 $m_2 \approx 9M_s$ は，この暗い天体がブラックホールであることを強く示唆している．

このように，ブラックホールが，質量，軌道速度，軌道周期の測定可能な可視光で見える星と連星系をなしている場合には，その存在を検出できる．

1984年の2月7日，ハワイ上空，高度102 km，速度29 000km/hで，Bruce McCandlessは，スペース・シャトルから（命綱なしで）宇宙空間に踏み出し，最初の人間衛星となった．

13-8 人工衛星：軌道とエネルギー

人工衛星が楕円軌道を描いて地球を周回するとき，運動エネルギーKを決定する速さと，重力ポテンシャルエネルギーUを決定する地球中心からの距離は，共に一定の周期で変動するが，衛星の力学的エネルギーEは一定である（衛星の質量は地球の質量に比べて非常に小さいので，地球-惑星系のUとEは衛星だけのものと考えることにする）．

この系のポテンシャルエネルギーは，式(13-20)から次のように与えられる（距離が無限大のとき$U=0$とする）；

$$U = -\frac{GMm}{r}$$

当面，軌道は円軌道であると仮定し，rをその半径，Mとmは，それぞれ地球と衛星の質量とする．

円軌道を描いて運動する衛星の運動エネルギーを計算するために，ニュートンの第2法則($F=ma$)を書くと，

$$\frac{GMm}{r^2} = m\frac{v^2}{r} \qquad (13\text{-}41)$$

v^2/rは衛星の向心加速度である．式(13-41)より，運動エネルギーは，

$$K = \frac{1}{2}mv^2 = \frac{GMm}{2r} \qquad (13\text{-}42)$$

これより，円軌道の衛星に対して次の結果を得る；

$$K = -\frac{U}{2} \qquad \text{(円軌道)} \qquad (13\text{-}43)$$

軌道運動する衛星の全力学的エネルギーは，

$$E = K + U = \frac{GMm}{2r} - \frac{GMm}{r}$$

あるいは，

$$E = -\frac{GMm}{2r} \qquad \text{(円軌道)} \qquad (13\text{-}44)$$

これより，円軌道上を運動する衛星に対して，全エネルギーEは運動エネルギーの符号を逆にしたものであることがわかる；

$$E = -K \qquad \text{(円軌道)} \qquad (13\text{-}45)$$

長半径aの楕円軌道をもつ衛星に対しては，式(13-44)のrをaで置きかえると，力学的エネルギーは，

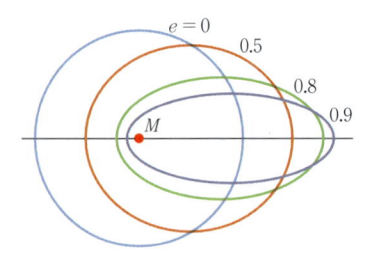

図13-17 質量Mの天体をまわる4つの軌道．4つの軌道は，すべて同じ長半径をもち，したがって，同じ力学的エネルギーをもつ．これらの軌道の離心率が示されている．

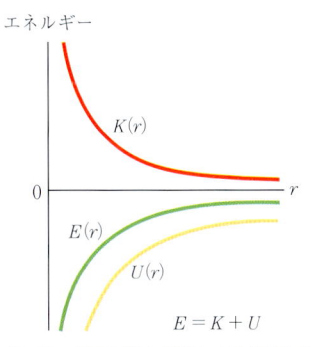

$$E = -\frac{GMm}{2a} \quad \text{(楕円軌道)} \quad (13\text{-}46)$$

式(13-46)から，軌道運動する衛星の全エネルギーは，その軌道の長半径のみに依存し，離心率eにはよらないことがわかる．例として，図13-17に長半径が等しい4つの軌道を示した．同じ人工衛星であれば，これら4つの軌道すべてに対して，同じ全力学的エネルギーをもつことになる．図13-18は，大きな質量をもった中心天体の周りを円軌道を描いて運動する衛星について，K，U，Eが，rとともにどう変化するかを示している．

図13-18 円軌道を運動する衛星の，運動エネルギーK，位置エネルギーU，および全エネルギーEの，半径rによる変化．どのようなrの値に対しても，UとEの値は負，Kの値は正で，$E = -K$となる．$R \to \infty$で，3つのエネルギーの曲線はいずれもゼロに近づく．

✓ **CHECKPOINT 6：** 図のように，スペースシャトルは最初地球をまわる半径rの円軌道にある．点Pで，パイロットは前向きのスラスター（制御用推進エンジン）を短時間点火し，シャトルの運動エネルギーKと力学的エネルギーEを減少させた．(a) このとき，シャトルは図に示した破線の楕円軌道のうちいずれをとるか？ (b) このとき，シャトルの軌道周期T（Pに戻るまでの時間）は，円軌道のときと比べて，大きいか，小さいか，等しいか？

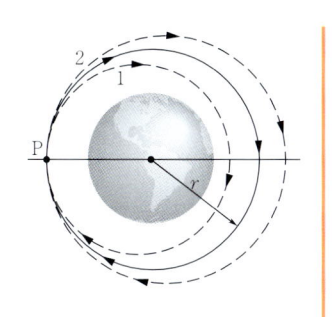

例題13-8

悪戯好きな宇宙飛行士が，質量$m = 7.2 \text{ kg}$のボウリングの玉を，地球をまわる高度350kmの軌道に放つ．

(a) この軌道で，ボウリングの玉がもつ力学的エネルギーEはいくらか．

解法： **Key Idea 1：** もし軌道半径rが求まれば，式(13-44) ($E = -GMm/2r$) を使って，軌道上の力学的エネルギーEを求めることができる．Rを地球半径とすると，この半径は，

$$r = R + h = 6370 \text{ km} + 350 \text{ km} = 6.72 \times 10^6 \text{ m}$$

このとき，式(13-44)から力学的エネルギーは，

$$\begin{aligned}
E &= -\frac{GMm}{2r} \\
&= -\frac{(6.67 \times 10^{-11} \text{ N} \cdot \text{m}^2/\text{kg}^2)(5.98 \times 10^{24} \text{ kg})(7.20 \text{ kg})}{(2)(6.72 \times 10^6 \text{ m})} \\
&= -2.14 \times 10^8 \text{ J} = -214 \text{ MJ} \quad \text{(答)}
\end{aligned}$$

(b) Cape Canaveralの発射台にあるとき，このボウリングの玉の力学的エネルギーE_0はいくらか．そこから上に述べた軌道に至るまでの，力学的エネルギーの変化ΔEはいくらか．

解法： **Key Idea：** 発射台では，玉は軌道運動をしていない．したがって，式(13-44)は使えない．その代わり，$E_0 = K_0 + U_0$を求めなければならない．K_0は玉の運動エネルギー，U_0は玉-地球系の重力ポテンシャルエネルギーである．U_0を求めるために，式(13-20)を使うと，

$$\begin{aligned}
U_0 &= -\frac{GMm}{2R} \\
&= -\frac{(6.67 \times 10^{-11} \text{ N} \cdot \text{m}^2/\text{kg}^2)(5.98 \times 10^{24} \text{ kg})(7.20 \text{ kg})}{6.37 \times 10^6 \text{ m}} \\
&= -4.51 \times 10^8 \text{ J} = -451 \text{ MJ}
\end{aligned}$$

この玉の運動エネルギーK_0は，地球の自転に伴う玉の運動による．K_0は，1MJ以下であることを示すことができるのでU_0に比べて無視できる．したがって，発射台にある玉の力学的エネルギーは，

$$E_0 = K_0 + U_0 \approx 0 - 451 \text{ MJ} = -451 \text{ MJ} \quad \text{(答)}$$

発射台から軌道にいたるまでのこの玉の力学的エネルギーの増加は，

$$\begin{aligned}
\Delta E &= E + E_0 = (-214 \text{ MJ}) - (-451 \text{ MJ}) \\
&= 237 \text{ MJ} \quad \text{(答)}
\end{aligned}$$

この程度のエネルギーは，電力会社から数ドルで買うことができる．物体を地球周回軌道にのせるのにかかる高い費用は，明らかに物体の獲得する力学的エネルギーによるものではない．

13-9 アインシュタインと重力

等価原理

アルバート・アインシュタインは，かつて次のように言った。「ベルンの特許事務所にいたとき，急に次のような考えが頭に浮かんだ。『もしある人が自由落下していたら，彼は自分の体重を感じないだろう。』私はびっくりした。この単純な思考が私に深い印象を与えたのだった。これによって，私は重力の理論へと駆り立てられることになった。」

アインシュタインは，**一般相対性理論**(general theory of relativity)を構築するに至った経緯をこのように語っている。重力（物体が互いに引き合うこと）に関するこの理論の基本的な仮定は，**等価原理**(principle of equivalence)とよばれ，重力と加速度は等価であるというものである。ある物理学者が，図13-19に示すような小さな箱に閉じ込められたとする。彼は，箱が地球上に静止して地球の重力のみの影響を受けているのか（図13-19a），あるいは星間空間にいて $9.8\,\mathrm{m/s^2}$ で加速しているのか（その加速度の源となる力の影響のみを受けて）いるのか（図13-19b），判別することはできないであろう。いずれの場合にも，彼は同じように感じ，体重計にのれば自分の体重について同じ値を得るであろう。さらに，もし落下する物体を見れば，その物体はいずれの場合にも彼に対して同じ加速度をもつであろう。

空間の曲がり

これまで，重力は質量の間に働く力によって生じると説明してきた。アインシュタインは，これに代えて，重力は質量によってつくられる空間の曲がり（または形）のために生じることを示した（本書で後に議論するが，空間と時間は互いに独立ではなく，アインシュタインの言った曲がりは，実際には，時間と空間を組み合わせた4次元時空の曲がりである）。

空間（たとえば真空）がどのように曲がるのかを絵に描いて示すことは難しいが，これに似た次のような状況を考えると理解の役にたつかもしれない。赤道上で20km離れた2隻の船が真南に向かって競争を始めるのを地球をまわる軌道から見ているとしよう（図13-20a）。船員にとっては船は平面上の平行な航路を進んでいく。しかし，時間とともに船は互いに近づいてゆき，やがて南極の近くで接触することになる。船員は，これを2隻の船の間に力が働いて近づいたと解釈するだろう。しかし，我々は，船が互いに近づいていくのは，単に地球表面の曲がりのためであると解釈する。

図13-20bは，同じような競争を描いている。水平に離れた場所にある2つのりんごが地球上の同じ高さから落とされる。りんごは平行な経路にそって落下してゆくように見えるかもしれないが，実際には2つとも地球の中心に向かって落ちるのだから互いに近づいていく。りんごの運動を，地球からりんごに働く重力という観点から解釈することができる。一方で，この運動を地球の質量によって生じる地球付近での空間の曲がりという観点から解釈することもできる。船の例では曲がった地球の"外"に出るこ

図 13-19 (a)地上に静止した箱の中にいる物理学者は，メロンが加速度 $a = 9.8\,\mathrm{m/s^2}$ で落下するのを見る。(b) もし，この物理学者と箱が，遠方の宇宙で加速度 $9.8\,\mathrm{m/s^2}$ で加速していれば，このメロンは彼に対して同じ加速度を持つ。この物理学者は，箱の中でどのような実験をしても，どちらの状況にあるのかを判別することはできない。例えば，彼ののっている体重計は，どちらの状況でも同じ値を示す。

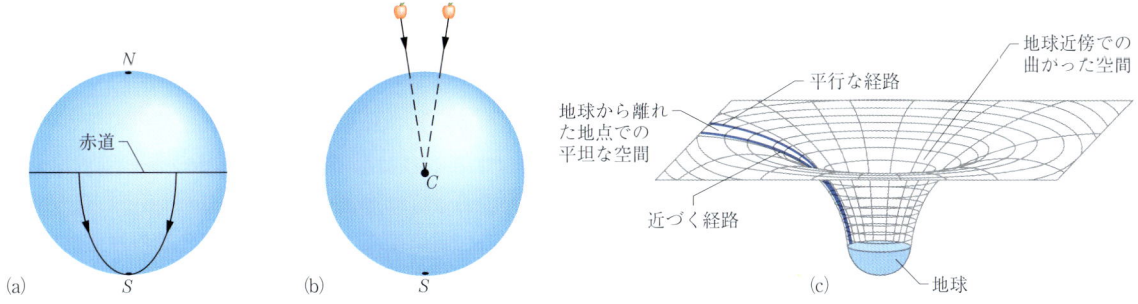

図 13-20 (a)子午線に沿って南極に向かって移動する2つの物体は，地球表面の曲がりのために，やがて一点で出会う。(b)地球の近くで自由落下する2つの物体は，地球付近の空間の曲がりのために，地球の中心で一点に収束する2本の直線に沿って運動する。(c)地球（および他の質量）から遠く離れた場所では，空間は平らで，平行な経路は平行なままである。地球の近くでは，地球の質量によって空間が曲がっているために，平行な経路は互いに近づき始める。

とができたが，今度は曲がった空間の"外"に出てみるということはできないので，この曲がりを見ることはできない。しかし，図13-20cのような図でこの曲がりを描くことはできる。この図では，地球の質量のために地球に向かって曲がっている面に沿ってりんごが運動するだろう。

光が地球の近くを通過するとき，その経路は空間の曲がりのためにわずかに曲げられる。この効果を*重力レンズ*（gravitational lensing）と呼ぶ。光が，大きな質量をもった銀河やブラックホールのように，もっと大きな質量をもった天体の近くを通過する場合には，経路はより大きく曲げられる。このような大きな質量をもった天体が我々とクェーサー（きわめて明るく，非常に遠方にある光源）の間にあったとしたなら，クェーサーからの光は，その大質量天体の付近で我々の方向に曲げられる（図13-21a）。この場合，光が天空上の少しずつ異なる様々な方向からやってくるように

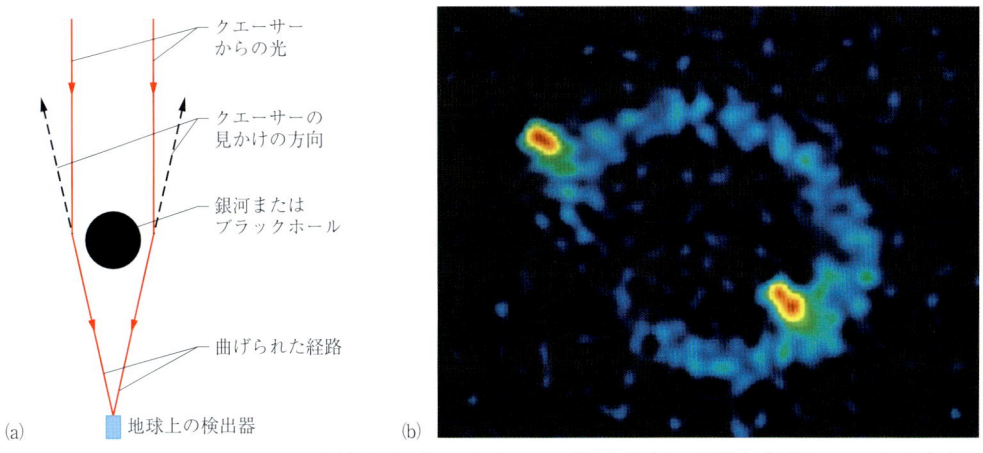

図 13-21 (a)銀河やブラックホールの質量は近くの空間を曲げる。このため遠方のクェーサーからの光は，銀河や大質量のブラックホールの近くを通る際，曲がった経路をたどる。(b)MG 1131 + 0456 として知られているアインシュタイン・リング。コンピューターで処理された望遠鏡の画像。光源（正確には目に見えない光の一形態である電波を発している）は，リングを作る大きな見えない銀河のはるか後方にある。光源の一部がリング上の2つの明るい点として見えてくる。

見えるので，ひとつのクェーサーがこれらの異なる方向に見える．ある条件が満たされると，このようなクェーサーが巨大な明るい弧を形作って見える．これはアインシュタイン・リングと呼ばれる（図13-21b）．

重力を，質量によって引き起こされる時空の曲がりに帰すべきであろうか，あるいは質量の間に生じる力と考えるべきであろうか．さらにまた，現代物理学の理論が推測するように，グラヴィトン（graviton，重力子）と呼ばれる素粒子のひとつの作用に帰すべきであろうか．その答えはまだわかっていない．

まとめ

重力の法則 宇宙に存在するあらゆる粒子は他の粒子を重力によって引きつける．重力の大きさは，

$$F = G\frac{m_1 m_2}{r^2} \quad \text{（ニュートンの重力の法則）} \quad (13\text{-}1)$$

m_1 と m_2 は粒子の質量で，r は距離，G（6.67×10^{-11} N·m²/kg²）は重力定数である．

一様な球殻の重力に関する性質 式(13-1)は粒子に対してのみ成り立つ．大きさをもった物体間の重力は，一般にはその物体内の個々の粒子間に働く力を足し合わせる（積分する）ことにより求められる．しかし，いずれかの物体が一様な球殻か，あるいは球対称であれば，それが外部にある物体に及ぼす正味の重力は，その物体の全質量が中心に集中しているとみなして計算すればよい．

重ね合わせ 重力は重ね合わせの原理に従う；n 個の粒子が相互作用するとき，粒子1に働く重力の合力 $\vec{F}_{1,\text{net}}$ は，他のすべての粒子からその粒子に働く個々の力の総和として次式で与えられる；

$$\vec{F}_{1,\text{net}} = \sum_{i=2}^{n} \vec{F}_{1i} \quad (13\text{-}4)$$

この総和は，粒子 $2, 3, \cdots, n$ から粒子1に働く力 $\vec{F}_{1i}$ のベクトル和である．広がりをもつ物体が粒子に及ぼす力 $\vec{F}_1$ を求めるには，まず，その物体を微小質量 dm の単位に細かく分割する．次に，各部分が粒子に及ぼす力 $d\vec{F}$ を積分すればよい；

$$\vec{F}_1 = \int d\vec{F} \quad (13\text{-}5)$$

重力加速度 粒子（質量 m）の重力加速度 a_g は，それに働く重力のみによってきまる．その粒子が質量 M をもつ一様で球形の物体の中心から r の距離にあるとき，その粒子に働く重力の大きさ F は，式(13-1)で与えられる．したがって，ニュートンの第2法則より，

$$F = ma_g \quad (13\text{-}9)$$

これより，

$$a_g = \frac{GM}{r^2} \quad (13\text{-}10)$$

自由落下加速度と重量 地球の近くにある粒子の，実際の自由落下の加速度は，重力加速度 a_g とはわずかに異なり，粒子の重さ（mg に等しい）も式(13-1)で計算される粒子に働く重力の大きさとは異なる．これは，地球が一様でも完全な球でもなく，また地球が自転していることによる．

球殻内の重力 一様な球殻は，その内部にある粒子に重力を及ぼさない．したがって，一様な固体球の内部で中心から r の位置に粒子がある場合，その粒子に働く重力には半径 r の球の内部にある質量 M_{ins} だけが寄与する．球の密度を ρ とすると，この質量は，次のように与えられる；

$$M_{\text{ins}} = \rho \frac{4\pi r^3}{3} \quad (13\text{-}17)$$

重力ポテンシャルエネルギー 質量が M と m であり，距離 r だけ離れた2粒子系の重力ポテンシャルエネルギー $U(r)$ は，2粒子間の距離を無限大（非常に大きい値）から r まで変化させるときに，いずれかの粒子の重力が他方の粒子に対してする仕事の符号を変えたものになる；

$$U = -\frac{GMm}{r} \quad \text{（重力のポテンシャルエネルギー）}$$
$$(13\text{-}20)$$

系のポテンシャルエネルギー 系が2つ以上の粒子を含むとき，その系の全重力ポテンシャルエネルギー U は，すべての2粒子の組に対するポテンシャルエネルギーの和となる．質量が m_1, m_2, m_3 の3粒子に対しては，

$$U = -\left(\frac{Gm_1 m_2}{r_{12}} + \frac{Gm_1 m_3}{r_{13}} + \frac{Gm_2 m_3}{r_{23}}\right) \quad (13\text{-}21)$$

脱出速度 質量 M，半径 r の天体の表面にある物体が，

次式で与えられる脱出速度以上の速度をもっていれば，その天体の重力の影響下から脱出することができる；

$$v = \sqrt{\frac{2GM}{R}} \qquad (13\text{-}27)$$

ケプラーの法則　太陽系がバラバラにならないのも，月や人工衛星が地球の周りをまわることができるのも，重力の引力による．このような運動は，惑星の運動に関するケプラーの3法則によって支配されており，この3法則はニュートンの運動の法則と重力の法則から直接導かれる．

1. **軌道の法則**　すべての惑星は太陽を焦点のひとつとする楕円軌道を運動する．
2. **面積の法則**　惑星が太陽の周りをまわるとき，惑星と太陽を結ぶ線は，一定時間内には一定の面積を掃く（このことは，角運動量保存則と等価である）．
3. **周期の法則**　太陽の周りをまわるどの惑星に対しても，周期Tの2乗は軌道の長半径aの3乗に比例する．半径rの円軌道に対しては，長半径aを半径rで置きかえて，次のように表される；

$$T^2 = \left(\frac{4\pi^2}{GM}\right)r^3 \quad (\text{周期の法則}) \qquad (13\text{-}33)$$

Mは引力を及ぼしている天体——太陽系の場合には太陽——の質量である．この式は，円軌道の半径rを長半径aで置きかえれば，惑星の楕円軌道に対して一般に成り立つ．

惑星運動のエネルギー　質量mの惑星または衛星が，半径rの円軌道を運動するとき，そのポテンシャルエネルギーと運動エネルギーは次の式で与えられる；

$$U = -\frac{GMm}{r} \quad \text{および} \quad K = \frac{GMm}{2r} \quad (13\text{-}20, 13\text{-}42)$$

このとき，力学的エネルギー$E = K + U$は，

$$E = -\frac{GMm}{2r} \qquad (13\text{-}44)$$

長半径aの楕円軌道に対しては，

$$E = -\frac{GMm}{2a} \qquad (13\text{-}46)$$

アインシュタインの重力理論　アインシュタインは，重力と加速度は等価であることを指摘した．アインシュタインは，この**等価原理**から，重力の効果を空間の曲がりによって説明する重力の理論（**一般相対性理論**）を導いた．

問　題

1. 図13-22に，質量がmと$2m$の2つの粒子が，ある軸の上に固定されている様子を示した．(a)これらの2つの粒子からの重力の合力がゼロになるように，軸上に質量$3m$をもった第3の粒子を置くには，どこに置けばよいか．最初の2粒子の左か，右か，2粒子の間のより重い粒子に近い位置か，より軽い粒子に近い位置か．(b)第3の粒子の質量が$16m$であったとしたなら，その答えは変わるか．(c)この軸上以外の点で，そこに置いた第3の粒子に働く重力の合力がゼロになる点はあるか．

図13-22　問題1

2. 図13-23で，中心の粒子は，半径rとR ($R > r$)の2つの円周上の粒子に囲まれている．すべての粒子は質量mをもつ．円周上の粒子から中心の粒子に働く重力の合力の大きさと向きはどうなるか．

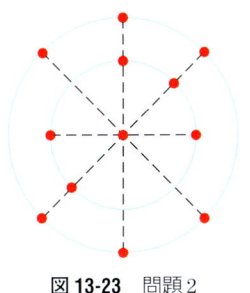

図13-23　問題2

3. 図13-24で，質量Mをもった中心の粒子が，dまたは$d/2$の間隔で正方形上に並んだ他の粒子に囲まれている．周囲の粒子から中心の粒子に働く重力の合力の大きさと向きはどうなるか．

図13-24　問題3

4. 図13-25は，質量mの粒子と，質量がMで長さLの一様な棒の，4通りの配置を示している．それぞれ

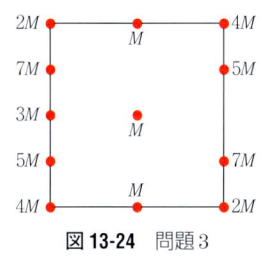

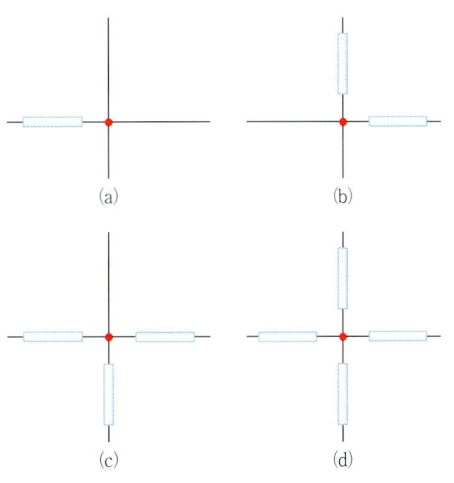

図13-25　問題4

の棒は中心の粒子から距離 d だけ離れている．これらの配置のうち，棒から粒子に働く重力の合力の大きさが大きい順に答えよ．

5. 図13-26は，4つの惑星（半径 R_1, R_2, R_3, R_4）の重力加速度 a_g を，惑星中心からの距離の関数（ただし惑星の外側）として示したものである．プロット1と2は，$r \geq R_2$ で，プロット3と4は，$r \geq R_4$ で一致する．4つの惑星について，(a) 質量と，(b) 密度の大きい順に答えよ．

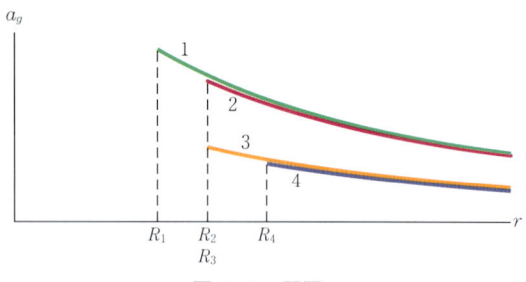

図13-26 問題5

6. 図13-27は，大きさと質量の等しい一様な球形の惑星を示している．図中に，惑星の自転周期 T と，6つの地点（a～f）が示されている——これらのうち，3点は惑星の赤道上にあり，3点は北極上にある．これらの点を，そこでの自由落下加速度 g の大きさの順に答えよ．

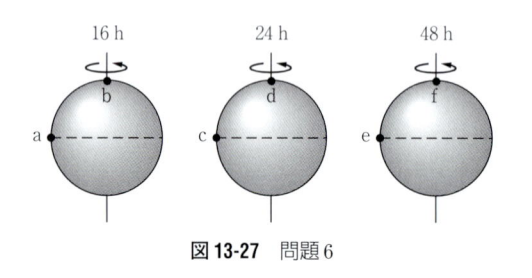

図13-27 問題6

7. 宇宙空間の慣性系から，互いの重力で近づいていく2つの全く同じ一様な球を観察する．2つの球の初期速度をゼロと近似し，このときの2つの球の系の重力ポテンシャルエネルギーを U_i とする．2つの球の距離が初めの半分になったとき，それぞれの球の運動エネルギーはいくらか．

8. CHECKPOINT 2に示した，同じ質量をもった粒子の4つの系について，重力ポテンシャルエネルギーの絶対値が大きい順に答えよ．

9. 図13-28は，月をまわるロケットが点 a から点 b まで移動する6つの経路を示している．これらの経路について，(a) ロケット-月系の重力ポテンシャルエネルギーの変化が，また，(b) 月の重力がロケットになす仕事の合計が大きい順に答えよ．

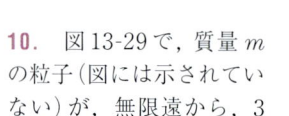

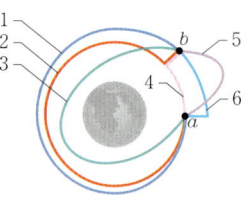

図13-28 問題9

10. 図13-29で，質量 m の粒子（図には示されていない）が，無限遠から，3つの位置 a, b, c に移動する．質量 m と $2m$ の他の2粒子の場所は固定されている．a, b, c の3つの位置について，固定された粒子が移動する粒子に及ぼす重力の合力によってなされる仕事が大きい順に答えよ．

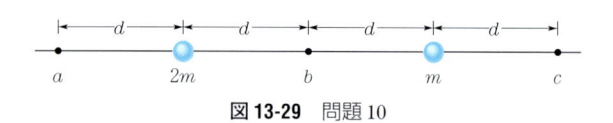

図13-29 問題10

11. 図13-30で，質量 m の粒子が，最初，ある一様な球の中心から距離 d，もうひとつの球の中心から距離 $4d$ の点Aにある．2つの球の質量はともに，$M \gg m$ である．この粒子を点Dまで動かした場合，次の量は正か，負か，ゼロか．(a) 粒子の重力ポテンシャルエネルギーの変化，(b) 粒子に働く重力の合力のなす仕事，(c) あなたの力でする仕事．(d) もし，移動が点Bから点Cまでであったなら，同じ問いに対する答えはどうなるか．

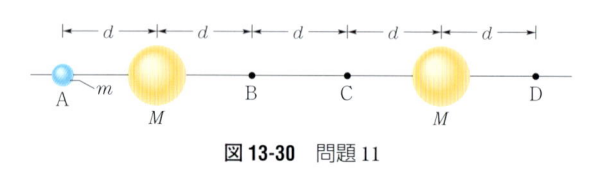

図13-30 問題11

12. 図13-31は，それぞれ連星系をなす3つの星の組の質量と距離を示している．(a) それぞれの星の組について軌道の中心の位置を示せ．(b) 星の向心加速度の大きさが大きい順に答えよ．

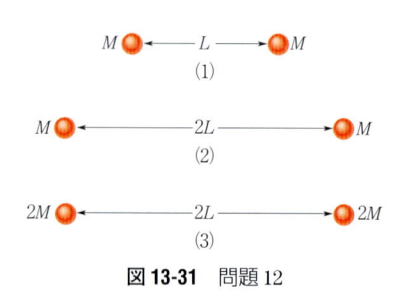

図13-31 問題12

付録 A　基礎物理定数

定数	記号	本書で用いる値	最も精度の高い値（1998年現在） 値[a]	相対誤差[b]
真空中の光速度	c	3.00×10^8 m/s	2.997 924 58	厳密な値
電気素量	e	1.60×10^{-19} C	1.602 176 462	0.039
重力定数	G	6.67×10^{-11} m^3/s$^2 \cdot$kg	6.673	1500
気体定数	R	8.31 J/mol$\cdot$K	8.314 472	1.7
アボガドロ定数	N_A	6.02×10^{23} mol^{-1}	6.022 141 99	0.079
ボルツマン定数	k	1.38×10^{-23} J/K	1.380 650 3	1.7
ステファン-ボルツマン定数	σ	5.67×10^{-8} W/m$^2 \cdot$K^4	5.670 400	7.0
理想気体1モルの体積 (STP)[d]	V_m	2.27×10^{-2} m^3/mol	2.271 098 1	1.7
真空の誘電率	ε_0	8.85×10^{-12} F/m	8.854 187 817 62	厳密な値
真空の透磁率	μ_0	1.26×10^{-6} H/m	1.256 637 061 43	厳密な値
プランク定数	h	6.63×10^{-34} J$\cdot$S	6.626 068 76	0.078
電子の質量[c]	m_e	9.11×10^{-31} kg	9.109 381 88	0.079
		5.49×10^{-4} u	5.485 799 110	0.0021
陽子の質量[c]	m_p	1.67×10^{-27} kg	1.672 621 58	0.079
		1.0073 u	1.007 276 466 88	1.3×10^{-4}
陽子と電子の質量比	m_p/m_e	1840	1836.152 667 5	0.0021
電子の比電荷	e/m_e	1.76×10^{11} C/kg	1.758 820 174	0.040
中性子の質量[c]	m_n	1.68×10^{-27} kg	1.674 927 16	0.079
		1.0087 u	1.008 664 915 78	5.4×10^{-4}
水素原子の質量[c]	$m_{^1H}$	1.0078 u	1.007 825 031 6	0.0005
重水素原子の質量[c]	$m_{^2H}$	2.0141 u	2.014 101 777 9	0.0005
ヘリウム原子の質量[c]	$m_{^4He}$	4.0026 u	4.002 603 2	0.067
ミューオンの質量	m_μ	1.88×10^{-28} kg	1.883 531 09	0.084
電子の磁気モーメント	μ_e	9.28×10^{-24} J/T	9.284 763 62	0.040
陽子の磁気モーメント	μ_p	1.41×10^{-26} J/T	1.410 606 663	0.041
ボーア磁子	μ_B	9.27×10^{-24} J/T	9.274 008 99	0.040
核磁子	μ_N	5.05×10^{-27} J/T	5.050 783 17	0.040
ボーア半径	r_B	5.29×10^{-11} m	5.291 772 083	0.0037
リドベリ定数	R	1.10×10^7 m^{-1}	1.097 373 156 854 8	7.6×10^{-6}
電子のコンプトン波長	λ_C	2.43×10^{-12} m	2.426 310 215	0.0073

a　本書で用いる値と同じ単位，同じ10の累乗が付く．
b　ppm（100万分の1）単位
c　uは原子質量単位を表す．1 u = $1.66053873 \times 10^{-27}$ kg
d　STP (standard temperature and pressure) は標準状態を意味する：0 ℃で1.0気圧 (0.1 MPa)．

付録 B　天文データ

地球からの距離

月*	3.82×10^8 m	銀河の中心	2.2×10^{20} m
太陽*	1.50×10^{11} m	アンドロメダ銀河	2.1×10^{22} m
最も近い恒星 (Proxima Centauri)	4.04×10^{16} m	観測可能な距離	$\sim 10^{26}$ m

＊平均距離

太陽，地球，月

特性	単位	太陽	地球	月
質量	kg	1.99×10^{30}	5.98×10^{24}	7.36×10^{22}
平均半径	m	6.96×10^8	6.37×10^6	1.74×10^6
平均密度	kg/m^3	1410	5520	3340
表面での自由落下加速度	m/s^2	274	9.81	1.67
脱出速度	km/s	618	11.2	2.38
自転周期[a]	—	37 d (極)[b]　26 d (赤道)[b]	23 h 56 min	27.3 d
放射強度[c]	W	3.90×10^{26}		

a　遠くの星に対して測る．
b　太陽はガス球であり剛体のようには回転しない．
c　地球の大気圏外で太陽に垂直な面が太陽エネルギーを受ける割合は 1340 W/m^2

恒　星

	水星 (Mercury)	金星 (Venus)	地球 (Earth)	火星 (Mars)	木星 (Jupiter)	土星 (Saturn)	天王星 (Uranus)	天王星 (Neptune)	冥王星 (Pluto)
太陽からの平均距離 (10^6 km)	57.9	108	150	228	778	1 430	2 870	4 500	5 900
公転周期 (年)	0.241	0.615	1.00	1.88	11.9	29.5	84.0	165	248
自転周期[a] (日)	58.7	-243[b]	0.997	1.03	0.409	0.426	-0.451[b]	0.658	6.39
軌道速度 (km/s)	47.9	35.0	29.8	24.1	13.1	9.64	6.81	5.43	4.74
赤道傾斜角	$<28°$	≈ 3	23.4°	25.0°	3.08°	26.7°	97.9°	29.6°	57.5°
地球公転面に対する軌道傾斜角	7.00°	3.39°		1.85°	1.30°	2.49°	0.77°	1.77°	17.2°
離心率	0.206	0.0068	0.0167	0.0934	0.0485	0.0556	0.0472	0.0086	0.250
赤道直径 (km)	4 880	12 100	12 800	6 790	143 000	120 000	51 800	49 500	2 300
質量 (地球=1)	0.0558	0.815	1.000	0.107	318	95.4	14.5	17.2	0.002
密度 (水=1)	5.60	5.20	5.52	3.95	1.31	0.704	1.21	1.67	2.03
表面での重力加速度 g[c] (m/s^2)	3.78	8.60	9.78	3.72	22.9	9.05	7.77	11.0	0.5
脱出速度 (km/s)	4.3	10.3	11.2	5.0	59.5	35.6	21.2	23.6	1.0
衛星の数	0	0	1	2	16 + ring	18 + rings	17 + rings	8 + rings	1

a　遠くの星に対して測る．
b　金星と天王星は公転と自転が逆向き．
c　惑星の赤道で測る重力加速度．

付録C　数学公式

幾何学
半径 r の円：円周 $= 2\pi r$ ；面積 $= \pi r^2$
半径 r の球：表面積 $= 4\pi r^2$ ；体積 $= \frac{4}{3}\pi r^3$
底面の半径 r ，高さ h の円柱：
　　　　表面積 $= 2\pi r^2 + 2\pi rh$ ；体積 $= \pi r^2 h$
底辺の長さ a ，高さ h の三角形：面積 $= \frac{1}{2}ah$

2次方程式
$$ax^2 + bx + c = 0 \text{ のとき } x = \frac{-b \pm \sqrt{b^2 - 4ac}}{2a}$$

三角比
$\sin\theta = \dfrac{y}{r}$ 　　$\cos\theta = \dfrac{x}{r}$ 　　$\tan\theta = \dfrac{y}{x}$

$\cot\theta = \dfrac{x}{y}$ 　　$\sec\theta = \dfrac{r}{x}$ 　　$\csc\theta = \dfrac{r}{y}$

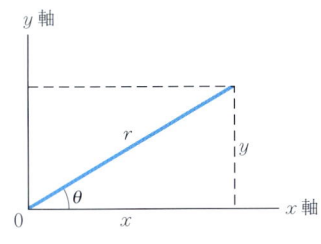

ピタゴラスの定理
右図のような直角三角形では，
$$a^2 + b^2 = c^2$$

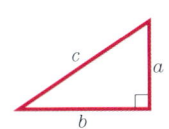

三角形
角 A, B, C の対辺をそれぞれ a, b, c とするとき，
$$A + B + C = 180°$$
$$\frac{\sin A}{a} = \frac{\sin B}{b} = \frac{\sin C}{c}$$
$$c^2 = a^2 + b^2 - 2ab\cos C$$
外角 $D = A + C$

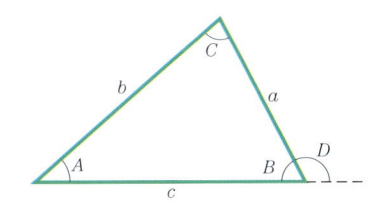

記号
$=$	等しい
$\approx$	ほぼ等しい
$\sim$	桁 (order of magnitude) が等しい
$\neq$	等しくない
$\equiv$	恒等式，定義する
$>$	より大きい（$\gg$ 非常に大きい）
$<$	より小さい（$\ll$ 非常に小さい）
$\geq$	大きいか等しい
$\leq$	小さいか等しい
$\pm$	正または負
$\propto$	比例する
Σ	総和を取る
x_{avg}	x の平均値

三角関数の公式
$\sin(90° - \theta) = \cos\theta$
$\cos(90° - \theta) = \sin\theta$
$\sin\theta / \cos\theta = \tan\theta$
$\sin^2\theta + \cos^2\theta = 1$
$\sec^2\theta - \tan^2\theta = 1$
$\csc^2\theta - \cot^2\theta = 1$
$\sin 2\theta = 2\sin\theta\cos\theta$
$\cos 2\theta = \cos^2\theta - \sin^2\theta$
　　　　$= 2\cos^2\theta - 1 = 1 - 2\sin^2\theta$
$\sin(\alpha \pm \beta) = \sin\alpha\cos\beta \pm \cos\alpha\sin\beta$
$\cos(\alpha \pm \beta) = \cos\alpha\cos\beta \mp \sin\alpha\sin\beta$
$\tan(\alpha \pm \beta) = \dfrac{\tan\alpha \pm \tan\beta}{1 \mp \tan\alpha\tan\beta}$
$\sin\alpha \pm \sin\beta = 2\sin\dfrac{\alpha \pm \beta}{2}\cos\dfrac{\alpha \mp \beta}{2}$
$\cos\alpha + \cos\beta = 2\cos\dfrac{\alpha + \beta}{2}\cos\dfrac{\alpha - \beta}{2}$
$\cos\alpha - \cos\beta = -2\sin\dfrac{\alpha + \beta}{2}\sin\dfrac{\alpha - \beta}{2}$

2項定理

$$(1+x)^n = 1 + \frac{nx}{1!} + \frac{n(n-1)x^2}{2!} + \cdots \quad (x^2 < 1)$$

指数関数の展開

$$e^x = 1 + x + \frac{x^2}{2!} + \frac{x^3}{3!} + \cdots$$

対数関数の展開

$$\ln(1+x) = x - \frac{1}{2}x^2 + \frac{1}{3}x^3 - \cdots \quad (|x| < 1)$$

三角関数の展開(θ はラジアンで測る)

$$\sin\theta = \theta - \frac{\theta^3}{3!} + \frac{\theta^5}{5!} - \cdots$$

$$\cos\theta = 1 - \frac{\theta^2}{2!} + \frac{\theta^4}{4!} - \cdots$$

$$\tan\theta = \theta + \frac{\theta^3}{3} + \frac{2\theta^5}{15} + \cdots$$

Cramer の公式

x と y を未知数とする連立方程式

$$a_1 x + b_1 y = c_1 \quad \text{および} \quad a_2 x + b_2 y = c_2$$

の解は

$$x = \frac{\begin{vmatrix} c_1 & b_1 \\ c_2 & b_2 \end{vmatrix}}{\begin{vmatrix} a_1 & b_1 \\ a_2 & b_2 \end{vmatrix}} = \frac{c_1 b_2 - c_2 b_1}{a_1 b_2 - a_2 b_1}$$

および

$$y = \frac{\begin{vmatrix} a_1 & c_1 \\ a_2 & c_2 \end{vmatrix}}{\begin{vmatrix} a_1 & b_1 \\ a_2 & b_2 \end{vmatrix}} = \frac{a_1 c_2 - a_2 c_1}{a_1 b_2 - a_2 b_1}$$

ベクトル積の公式

$\hat{i}, \hat{j}, \hat{k}$ をそれぞれ x, y, z 方向の単位ベクトルとする。

$$\hat{i}\cdot\hat{i} = \hat{j}\cdot\hat{j} = \hat{k}\cdot\hat{k} = 1 \quad \hat{i}\cdot\hat{j} = \hat{j}\cdot\hat{k} = \hat{k}\cdot\hat{i} = 0$$

$$\hat{i}\times\hat{i} = \hat{j}\times\hat{j} = \hat{k}\times\hat{k} = 0$$

$$\hat{i}\times\hat{j} = \hat{k} \quad \hat{j}\times\hat{k} = \hat{i} \quad \hat{k}\times\hat{i} = \hat{j}$$

任意のベクトル $\vec{a}$ は x, y, z 方向の成分 a_x, a_y, a_z を使って次のように表される:

$$\vec{a} = a_x \hat{i} + a_y \hat{j} + a_z \hat{k}$$

任意のベクトル $\vec{a}, \vec{b}, \vec{c}$ の大きさを a, b, c とするとき,

$$\vec{a}\times(\vec{b}+\vec{c}) = (\vec{a}\times\vec{b}) + (\vec{a}\times\vec{c})$$

$$(s\vec{a})\times\vec{b} = \vec{a}\times(s\vec{b}) = s(\vec{a}\times\vec{b}) \quad (s = \text{スカラー})$$

$\vec{a}$ と $\vec{b}$ の間の角のうち小さい方を θ とすると,

$$\vec{a}\cdot\vec{b} = \vec{b}\cdot\vec{a} = a_x b_x + a_y b_y + a_z b_z = ab\cos\theta$$

$$\vec{a}\times\vec{b} = -\vec{b}\times\vec{a} = \begin{vmatrix} \hat{i} & \hat{j} & \hat{k} \\ a_x & a_y & a_z \\ b_x & b_y & a_z \end{vmatrix}$$

$$= \hat{i}\begin{vmatrix} a_y & a_z \\ b_y & b_z \end{vmatrix} - \hat{j}\begin{vmatrix} a_x & a_z \\ b_x & b_z \end{vmatrix} + \hat{k}\begin{vmatrix} a_x & a_y \\ b_x & b_y \end{vmatrix}$$

$$= (a_y b_z - b_y a_z)\hat{i} + (a_z b_x - b_z a_x)\hat{j} + (a_x b_y - b_x a_y)\hat{k}$$

$$|\vec{a}\times\vec{b}| = ab\sin\theta$$

$$\vec{a}\cdot(\vec{b}\times\vec{c}) = \vec{b}\cdot(\vec{c}\times\vec{a}) = \vec{c}\cdot(\vec{a}\times\vec{b})$$

$$\vec{a}\times(\vec{b}\times\vec{c}) = (\vec{a}\cdot\vec{c})\vec{b} - (\vec{a}\cdot\vec{b})\vec{c}$$

付録C　数学公式

微分と積分

以下の関係式において u と v は x の関数であり，a と m は定数である。不定積分には任意の積分定数が付く。

1. $\dfrac{dx}{dx} = 1$

2. $\dfrac{d}{dx}(au) = a\dfrac{du}{dx}$

3. $\dfrac{d}{dx}(u+v) = \dfrac{du}{dx} + \dfrac{dv}{dx}$

4. $\dfrac{d}{dx}x^m = mx^{m-1}$

5. $\dfrac{d}{dx}\ln x = \dfrac{1}{x}$

6. $\dfrac{d}{dx}(uv) = u\dfrac{dv}{dx} + v\dfrac{du}{dx}$

7. $\dfrac{d}{dx}e^x = e^x$

8. $\dfrac{d}{dx}\sin x = \cos x$

9. $\dfrac{d}{dx}\cos x = -\sin x$

10. $\dfrac{d}{dx}\tan x = \sec^2 x$

11. $\dfrac{d}{dx}\cot x = -\csc^2 x$

12. $\dfrac{d}{dx}\sec x = \tan x \sec x$

13. $\dfrac{d}{dx}\csc x = -\cot x \csc x$

14. $\dfrac{d}{dx}e^u = e^u \dfrac{du}{dx}$

15. $\dfrac{d}{dx}\sin u = \cos u \dfrac{du}{dx}$

16. $\dfrac{d}{dx}\cos u = -\sin u \dfrac{du}{dx}$

1. $\int dx = x$

2. $\int au\,dx = a\int u\,dx$

3. $\int (u+v)\,dx = \int u\,dx + \int v\,dx$

4. $\int x^m\,dx = \dfrac{x^{m+1}}{m+1} \quad (m \neq -1)$

5. $\int \dfrac{dx}{x} = \ln|x|$

6. $\int u\dfrac{dv}{dx}\,dx = uv - \int v\dfrac{du}{dx}\,dx$

7. $\int e^x\,dx = e^x$

8. $\int \sin x\,dx = -\cos x$

9. $\int \cos x\,dx = \sin x$

10. $\int \tan x\,dx = \ln|\sec x|$

11. $\int \sin^2 x\,dx = \dfrac{1}{2}x - \dfrac{1}{4}\sin 2x$

12. $\int e^{-ax}\,dx = -\dfrac{1}{a}e^{-ax}$

13. $\int xe^{-ax}\,dx = -\dfrac{1}{a^2}(ax+1)e^{-ax}$

14. $\int x^2 e^{-ax}\,dx = -\dfrac{1}{a^3}(a^2x^2 + 2ax + 2)e^{-ax}$

15. $\int_0^\infty x^n e^{-ax}\,dx = \dfrac{n!}{a^{n+1}}$

16. $\int_0^\infty x^{2n} e^{-ax^2}\,dx = \dfrac{1\cdot 3\cdot 5\cdots(2n-1)}{2^{n+1}a^n}\sqrt{\dfrac{\pi}{a}}$

17. $\int \dfrac{dx}{\sqrt{x^2+a^2}} = \ln(x + \sqrt{x^2+a^2})$

18. $\int \dfrac{x\,dx}{(x^2+a^2)^{3/2}} = -\dfrac{1}{(x^2+a^2)^{1/2}}$

19. $\int \dfrac{dx}{(x^2+a^2)^{3/2}} = \dfrac{x}{a^2(x^2+a^2)^{1/2}}$

20. $\int_0^\infty x^{2n+1} e^{-ax^2}\,dx = \dfrac{n!}{2a^{n+1}} \quad (a > 0)$

21. $\int \dfrac{x\,dx}{x+d} = x - d\ln(x+d)$

付録 D　元素の特性

物理的特性は特記なき場合は1気圧での値。

元素		記号	原子番号 Z	モル質量 g/mol	密度 g/cm³ (20℃)	融点 ℃	沸点 ℃	比熱 J/(g·℃) (25℃)
Actinium	アクチニウム	Ac	89	(227)	10.06	1 323	(3 473)	0.092
Aluminum	アルミニウム	Al	13	26.9815	2.699	660	2 450	0.900
Americium	アメリシウム	Am	95	(243)	13.67	1 541	—	—
Antimony	アンチモン	Sb	51	121.75	6.691	630.5	1 380	0.205
Argon	アルゴン	Ar	18	39.948	1.6626×10^{-3}	−189.4	−185.8	0.523
Arsenic	砒素	As	33	74.9216	5.78	817 (28 atm)	613	0.331
Astatine	アスタチン	At	85	(210)	—	(302)	—	—
Barium	バリウム	Ba	56	137.34	3.594	729	1 640	0.205
Berkelium	バークリウム	Bk	97	(247)	14.79	—	—	—
Beryllium	ベリリウム	Be	4	9.0122	1.848	1 287	2 770	1.83
Bismuth	ビスマス	Bi	83	208.980	9.747	271.37	1 560	0.122
Bohrium	ボーリウム	Bh	107	262.12	—	—	—	—
Boron	硼素	B	5	10.811	2.34	2 030	—	1.11
Bromine	臭素	Br	35	79.909	3.12 (liquid)	−7.2	58	0.293
Cadmium	カドミウム	Cd	48	112.40	8.65	321.03	765	0.226
Calcium	カルシウム	Ca	20	40.08	1.55	838	1 440	0.624
Californium	カリホルニウム	Cf	98	(251)	—	—	—	—
Carbon	炭素	C	6	12.01115	2.26	3 727	4 830	0.691
Cerium	セリウム	Ce	58	140.12	6.768	804	3 470	0.188
Cesium	セシウム	Cs	55	132.905	1.873	28.40	690	0.243
Chlorine	塩素	Cl	17	35.453	$*3.214 \times 10^{-3}$	−101	−34.7	0.486
Chromium	クロム	Cr	24	51.996	7.19	1 857	2 665	0.448
Cobalt	コバルト	Co	27	58.9332	8.85	1 495	2 900	0.423
Copper	銅	Cu	29	63.54	8.96	1 083.40	2 595	0.385
Curium	キュリウム	Cm	96	(247)	13.3	—	—	—
Dubnium	ドブニウム	Db	105	262.114	—	—	—	—
Dysprosium	ジスプロシウム	Dy	66	162.50	8.55	1 409	2 330	0.172
Einsteinium	アインスタイニウム	Es	99	(254)	—	—	—	—
Erbium	エルビウム	Er	68	167.26	9.15	1 522	2 630	0.167
Europium	ユウロピウム	Eu	63	151.96	5.243	817	1 490	0.163
Fermium	フェルミウム	Fm	100	(237)	—	—	—	—
Fluorine	フッ素	F	9	18.9984	$*1.696 \times 10^{-3}$	−219.6	−188.2	0.753
Francium	フランシウム	Fr	87	(223)	—	(27)	—	—
Gadolinium	ガドリニウム	Gd	64	157.25	7.90	1 312	2 730	0.234
Gallium	ガリウム	Ga	31	69.72	5.907	29.75	2 237	0.377
Germanium	ゲルマニウム	Ge	32	72.59	5.323	937.25	2 830	0.322
Gold	金	Au	79	196.967	19.32	1 064.43	2 970	0.131
Hafnium	ハフニウム	Hf	72	178.49	13.31	2 227	5 400	0.144
Hassium	ハッシウム	Hs	108	(265)	—	—	—	—

付録D 元素の特性

元素		記号	原子番号 Z	モル質量 g/mol	密度 g/cm³ (20℃)	融点 ℃	沸点 ℃	比熱 J/(g・℃) (25℃)
Helium	ヘリウム	He	2	4.0026	0.16664×10^{-3}	−269.7	−268.9	5.23
Holmium	ホルミウム	Ho	67	164.930	8.79	1 470	2 330	0.165
Hydrogen	水素	H	1	1.00797	0.08375×10^{-3}	−259.19	−252.7	14.4
Indium	インジウム	In	49	114.82	7.31	156.634	2 000	0.233
Iodine	ヨウ素	I	53	126.9044	4.93	113.7	183	0.218
Iridium	イリジウム	Ir	77	192.2	22.5	2 447	(5 300)	0.130
Iron	鉄	Fe	26	55.847	7.874	1 536.5	3 000	0.447
Krypton	クリプトン	Kr	36	83.80	3.488×10^{-3}	−157.37	−152	0.247
Lanthanum	ランタン	La	57	138.91	6.189	920	3 470	0.195
Lawrencium	ローレンシウム	Lr	103	(257)	—	—	—	—
Lead	鉛	Pb	82	207.19	11.35	327.45	1 725	0.129
Lithium	リチウム	Li	3	6.939	0.534	180.55	1 300	3.58
Lutetium	ルテチウム	Lu	71	174.97	9.849	1 663	1 930	0.155
Magnesium	マグネシウム	Mg	12	24.312	1.738	650	1 107	1.03
Manganese	マンガン	Mn	25	54.9380	7.44	1 244	2 150	0.481
Meitnerium	マイトネリウム	Mt	109	(266)	—	—	—	—
Mendelevium	メンデレビウム	Md	101	(256)	—	—	—	—
Mercury	水銀	Hg	80	200.59	13.55	−38.87	357	0.138
Molybdenum	モリブデン	Mo	42	95.94	10.22	2 617	5 560	0.251
Neodymium	ネオジム	Nd	60	144.24	7.007	1 016	3 180	0.188
Neon	ネオン	Ne	10	20.183	0.8387×10^{-3}	−248.597	−246.0	1.03
Neptunium	ネプツニウム	Np	93	(237)	20.25	637	—	1.26
Nickel	ニッケル	Ni	28	58.71	8.902	1 453	2 730	0.444
Niobium	ニオブ	Nb	41	92.906	8.57	2 468	4 927	0.264
Nitrogen	窒素	N	7	14.0067	1.1649×10^{-3}	−210	−195.8	1.03
Nobelium	ノーベリウム	No	102	(255)	—	—	—	—
Osmium	オスミウム	Os	76	190.2	22.59	3 027	5 500	0.130
Oxygen	酸素	O	8	15.9994	1.3318×10^{-3}	−218.80	−183.0	0.913
Palladium	パラジウム	Pd	46	106.4	12.02	1 552	3 980	0.243
Phosphorus	リン	P	15	30.9738	1.83	44.25	280	0.741
Platinum	白金	Pt	78	195.09	21.45	1 769	4 530	0.134
Plutonium	プルトニウム	Pu	94	(244)	19.8	640	3 235	0.130
Polonium	ポロニウム	Po	84	(210)	9.32	254	—	—
Potassium	カリウム	K	19	39.102	0.862	63.20	760	0.758
Praseodymium	プラセオジム	Pr	59	140.907	6.773	931	3 020	0.197
Promethium	プロメチウム	Pm	61	(145)	7.22	(1 769)	—	—
Protactinium	プロトアクチニウム	Pa	91	(231)	15.37 (推定値)	(1 230)	—	—
Radium	ラジウム	Ra	88	(226)	5.0	700	—	—
Radon	ラドン	Rn	86	(222)	$*9.96 \times 10^{-3}$	(−71)	−61.8	0.092
Rhenium	レニウム	Re	75	186.2	21.02	3 180	5 900	0.134
Rhodium	ロジウム	Rh	45	102.905	12.41	1 963	4 500	0.243
Rubidium	ルビジウム	Rb	37	85.47	1.532	39.49	688	0.364
Ruthnium	ルテニウム	Ru	44	101.107	12.37	2 250	4 900	0.239
Rutherfordium	ラザホージウム	Rf	104	261.11	—	—	—	—
Samarium	サマリウム	Sm	62	150.35	7.52	1 072	1 630	0.197

元素		記号	原子番号 Z	モル質量 g/mol	密度 g/cm³ (20°C)	融点 °C	沸点 °C	比熱 J/(g·°C) (25°C)
Scandium	スカンジウム	Sc	21	44.956	2.99	1 539	2 730	0.569
Seaborgium	シーボーギウム	Sg	106	263.118	—	—	—	—
Selenium	セレン	Se	34	78.96	4.79	221	685	0.318
Silicon	珪素	Si	14	28.086	2.33	1 412	2 680	0.712
Silver	銀	Ag	47	107.870	10.49	960.8	2 210	0.234
Sodium	ナトリウム	Na	11	22.9898	0.9712	97.85	892	1.23
Strontium	ストロンチウム	Sr	38	87.62	2.54	768	1 380	0.737
Sulfur	硫黄	S	16	32.064	2.07	119.0	444.6	0.707
Tantalum	タンタル	Ta	73	180.948	16.6	3 014	5 425	0.138
Technetium	テクネチウム	Tc	43	(99)	11.46	2 200	—	0.209
Tellurium	テルル	Te	52	127.60	6.24	449.5	990	0.201
Terbium	テルビウム	Tb	65	158.924	8.229	1 357	2 530	0.180
Thallium	タリウム	Tl	81	204.37	11.85	304	1 457	0.130
Thorium	トリウム	Th	90	(232)	11.72	1 755	(3 850)	1.117
Thulium	ツリウム	Tm	69	168.934	9.32	1 545	1 720	0.159
Tin	錫	Sn	50	118.69	7.2984	231.868	2 270	0.226
Titanium	チタニウム	Ti	22	47.90	4.54	1 670	3 260	0.523
Tungsten	タングステン	W	74	183.85	19.3	3 380	5 930	0.134
Un-named	名称未設定	Uun	110	(269)	—	—	—	—
Un-named	〃	Uuu	111	(272)	—	—	—	—
Un-named	〃	Uub	112	(264)	—	—	—	—
Un-named	〃	Uut	113	—	—	—	—	—
Un-named	〃	Uuq	114	(285)	—	—	—	—
Un-named	〃	Uup	115	—	—	—	—	—
Un-named	〃	Uuh	116	(289)	—	—	—	—
Un-named	〃	Uus	117	—	—	—	—	—
Un-named	〃	Uuo	118	(293)	—	—	—	—
Uranium	ウラニウム	U	92	(238)	18.95	1 132	3 818	0.117
Vanadium	バナジウム	V	23	50.942	6.11	1 902	3 400	0.490
Xenon	キセノン	Xe	54	131.30	5.495×10^{-3}	-111.79	-108	0.159
Ytterbium	イッテルビウム	Yb	70	173.04	6.965	824	1 530	0.155
Yttrium	イットリウム	Y	39	88.905	4.469	1 526	3 030	0.297
Zinc	亜鉛	Zn	30	65.37	7.133	419.58	906	0.389
Zirconium	ジルコニウム	Zr	40	91.22	6.506	1 852	3 580	0.276

モル質量の欄の括弧内の数値は長寿命の同位体の値。
融点と沸点の欄の括弧内の数値は不確かである。
気体に関するデータは通常の分子状態 (H_2, He, O_2, Ne 等) のときに正しい。気体の比熱は定圧比熱。
出典：J. Emsley, *The Elements*, 3rd ed., 1998, Clarendon Press, Oxford.
密度欄の＊は0°Cでの値。

解　答

CHECKPOINTS

第2章
1. bとc
2. ゼロ（全行程の変位はゼロ）
3. （導関数 dx/dt を調べること）(a) 1と4；(b) 2と3
4. （Tactic 5を参照）(a) 正；(b) 負；(c) 負；(d) 正
5. 1と4（$a = d^2x/dt^2$ が定数となる）
6. (a) 正（y 軸上で上向きの変位）；(b) 負（y 軸上で下向きの変位）；(c) $a = -g = -9.8\,\text{m/s}^2$

第3章
1. (a) 7 m（$\vec{a}$ と $\vec{b}$ は同じ向き）；(b) 1 m（$\vec{a}$ と $\vec{b}$ は反対向き）
2. 図(c), (d), (f)（成分はhead-to-tailで結ぶ；$\vec{a}$ は一方の成分の始点からもう一方の成分の終点へ伸びる）
3. (a) +, +；(b) +, −；(c) +, +（ベクトルは $\vec{d}_1$ の始点から $\vec{d}_2$ の終点に伸びる）
4. (a) 90°；(b) 0°（2つのベクトルは平行で同じ向き）；(c) 180°（2つのベクトルは反平行，逆向き）
5. (a) 0° または 180°；(b) 90°

第4章
1. (a) $(8\,\text{m})\hat{i} - (6\,\text{m})\hat{j}$；(b) はい，$xy$ 面（z 成分はない）
2. $\vec{v}$ の始点は経路上にあり経路に接する。(a) 第1象限；(b) 第3象限
3. 時間に関する2階導関数を計算する。(1)と(3)：a_x, a_y はどちらも一定なので $\vec{a}$ は一定；(2)と(4)：a_y は一定だが，a_x は一定ではないので $\vec{a}$ は一定ではない
4. $4\,\text{m/s}^3$, $-2\,\text{m/s}$, $3\,\text{m}$
5. (a) v_x は一定；(b) v_y は初め正で，ゼロにまで減少し，その後もっと負になる；(c) 常に $a_x = 0$，(d) 常に $a_y = -g$
6. (a) $-(4\,\text{m/s})\hat{i}$；(b) $-(8\,\text{m/s}^2)\hat{j}$
7. (a) 0, 距離は変化しない；(b) +70 km/h, 距離は広がる；(c) +80 km/h, 距離は縮まる
8. (a)〜(c)はすべて増える

第5章
1. 図(c)と(d)と(e)（$\vec{F}_1$ と $\vec{F}_2$ をhead-to-tailで結ぶ，$\vec{F}_{\text{net}}$ は一方の点から他方の終点へ伸びる）
2. (a)と(b)どちらも2 N, 左向き（加速度はどちらもゼロ）
3. (a)と(b)どちらも 1, 4, 3, 2
4. (a) 等しい；(b) 大きい（加速度は上向きなので正味の力は上向き）
5. (a) 等しい；(b) 大きい；(c) 小さい
6. (a) 増える；(b) はい；(c) 同じ；(d) はい
7. (a) $F\sin\theta$；(b) 増える
8. 0 ($a = -g$)

第6章
1. (a) ゼロ（滑ろうとしないから）；(b) 5 N；(c) いいえ；(d) はい；(e) 8 N
2. (a) 同じ（10 N）；(b) 減る；(c) 減る（N が減るから）
3. 大きい（例題6-5より，v_t は $\sqrt{R}$ に依存する）
4. ($\vec{a}$ は円軌道の中心を向く) (a) $\vec{a}$ は下向き，$\vec{N}$ は上向き；(b) $\vec{a}$ と $\vec{N}$ はどちらも上向き
5. (a) 同じ（乗客に働く重力に等しい）；(b) 増える（$N = mv^2/R$）；(c) 増える（$f_{s\max} = \mu_s N$）
6. (a) $4R_1$；(b) $4R_1$

第7章
1. (a) 減る；(b) 同じ；(c) 負とゼロ
2. d, c, b, a
3. (a) 同じ；(b) 小さい
4. (a) 正；(b) 負；(c) ゼロ
5. ゼロ

第8章
1. いいえ
2. 3, 1, 2
3. (a) 皆同じ；(b) 皆同じ
4. (a) CD, AB, BC (0)；(b) x の正の向き
5. 皆同じ

第9章
1. (a) 原点；(b) 第4象限；(c) y 軸上原点より下；(d) 原点；(e) 第3象限；(f) 原点
2. (a)〜(c) 質量中心（原点）（力は系の内力なので質量中心は動かない）
3. (a) 1, 3, 2と4が同じ（ゼロ）；(b) 3
4. (a) 0；(b) いいえ；(c) 負
5. (a) 500 km/h；(b) 2600 km/h；(c) 1600 km/h
6. (a) はい；(b) いいえ

第10章
1. (a) 変化しない；(b) 変化しない；(c) 減る
2. (a) ゼロ；(b) 正；(c) y の正の向き
3. (a) 10 kg·m/s；(b) 14 kg·m/s；(c) 6 kg·m/s
4. (a) 4 kg·m/s；(b) 8 kg·m/s；(c) 3 J
5. (a) 2 kg·m/s；(b) 3 kg·m/s

第11章
1. bとc
2. aとd
3. (a) はい；(b) いいえ；(c) はい；(d) はい
4. 皆同じ

5. 1, 2, 4, 3
6. 1と3が同じ，4，2と5が同じ(ゼロ)
7. (a) 図の下向き；(b) 小さい

第12章

1. (a) 同じ；(b) 遅い
2. 低い
3. (a) $\pm z$；(b) $+y$；(c) $-x$
4. (a) 1と3が同じ，2と4が同じ，5(ゼロ)；(b) 2と3
5. (a) 3, 1, 2と4が同じ(ゼロ)；(b) 3
6. (a) 皆同じ(同じr，同じt，したがって同じΔL)；(b) 球，円盤，輪(Iと逆順)
7. (a) 減る；(b) 同じ；(c) 増える

第13章

1. 皆同じ
2. (a) 1, 2と4が同じ，3；(b) 線分d
3. yの負の向き
4. (a) 増える；(b) 負
5. (a) 2；(b) 1
6. (a) 経路1[Eが減ると(絶対値は増える)aも減る]；(b) 小さい(aが減るとTも減る)

問　題

第2章

1. (a) 皆同じ；(b) 4, 1と2が同じ，3
2. (a) xの負の向き；(b) xの正の向き；(c) はい(グラフが$t=0$と交わる所)；(d) 正；(e) 一定
3. E
4. (a) 2, 3；(b) 1, 3；(c) 4
5. aとc
6. 60 km/h，ゼロではない
7. $x = t^2$ と $x = 8(t-2) + (1.5)(t-2)^2$
8. (a) 3, 2, 1；(b) 1, 2, 3；(c) 皆同じ；(d) 1, 2, 3
9. 等しい

第3章

1. $\vec{A}$ と $\vec{B}$
2. (a)〜(c) はい (例：$5\hat{i}$と$-2\hat{i} - 2\hat{j}$)
3. いいえ，ただし$\vec{a}$と$-\vec{b}$は交換可能：$\vec{a} + (-\vec{b}) = (-\vec{b}) + \vec{a}$
4. (a) はい；(b) はい；(c) いいえ
5. (a) $\vec{a}$と$\vec{b}$は平行；(b) $\vec{b} = 0$；(c) $\vec{a}$と$\vec{b}$は垂直
6. (a)〜(d) 負
7. (e)を除くすべて
8. いいえ(向きが異なる場合がある)
9. (a) 0 (ベクトルは平行)；(b) 0 (ベクトルは反平行)
10. (a) $\vec{B}$と$\vec{C}$，$\vec{D}$と$\vec{E}$；(b) $\vec{D}$と$\vec{E}$

第4章

1. (a) $(7\mathrm{m})\hat{i} + (1\mathrm{m})\hat{j} + (-2\mathrm{m})\hat{k}$；(b) $(5\mathrm{m})\hat{i} + (-3\mathrm{m})\hat{j} + (1\mathrm{m})\hat{k}$；(c) $(-2\mathrm{m})\hat{i}$
2. (a) 1と3：a_yは一定だがa_xは一定ではない，したがって$\vec{a}$も一定ではない；2：a_xは一定だがa_yは一定ではない，したがって$\vec{a}$も一定ではない；4：a_xとa_yはどちらも一定だから$\vec{a}$も一定；(b) $-2\mathrm{m/s^2}$, $-3\mathrm{m/s}$
3. a, b, c
4. はい($\vec{v}$の鉛直成分は下向き)
5. (a) 皆同じ；(b) 1と2が同じ(ロケットは上向きに打ち上げられる)，3と4が同じ(ロケットは地面に向かって打ち込まれる！)
6. $(2\mathrm{m/s})\hat{i} - (4\mathrm{m/s})\hat{j}$
7. (a) 3, 2, 1；(b) 1, 2, 3；(c) 皆同じ；(d) 6, 5, 4
8. (a) 0；(b) 350 km/h；(c) 350 km/h；(d) 同じ(鉛直運動は変わらない)
9. (a) 少ない；(b) 解答不能；(c) 等しい；(d) 解答不能
10. (a) 皆同じ；(b) 皆同じ；(c) 3, 2, 1；(d) 3, 2, 1
11. (a) 2；(b) 3；(c) 1；(d) 2；(e) 3；(f) 1
12. 2, 1と4が同じ，3
13. (a) はい；(b) いいえ；(c) はい

第5章

1. (a) 5；(b) 7；(c) $(2\mathrm{N})\hat{i}$；(d) $(-6\mathrm{N})\hat{j}$；(e) 第4象限；(f) 第4象限
2. (a) 2と3；(b) 2
3. (a) 2と4；(b) 2と4
4. 増やす
5. (a) 2, 3, 4；(b) 1, 3, 4；(c) 1, $+y$；2, $+x$；3, 第4象限；4, 第3象限
6. 1, グラフaとe；2, グラフbとd；3, グラフbとf；4, グラフcとf
7. (a) 小さい；(b) 大きい
8. (a) 初期値mgから増える；(b) 初期値mgからゼロまで減る(その後ブロックは床から離れる)
9. (a) 20 kg；(b) 18 kg；(c) 10 kg；(d) 皆同じ；(e) 3, 2, 1
10. (a) 17 kg；(b) 12 kg；(c) 10 kg；(d) 皆同じ；(e) $\vec{F}$, $\vec{F}_{21}$, $\vec{F}_{32}$
11. (a) 4または5, 4を選ぶ；(b) 2；(c) 1；(d) 4または5, 5を選ぶ；(e) 3；(f) 6；(g) 3と6；1と2と5；(h) 3と6；(i) 1と2と5

12. (a) 増える；(b) 増える；(c) 減る；(d) 減る；
    (e) a と b, 3；c と d, 2

第 6 章

1. (a) F_1, F_2, F_3；(b) 皆同じ
2. (a) 右向き；(b) 左向き；(c) 減る；(d) 左向き；
   (e) 右向き；(f) 増える；(g) いいえ
3. (a) 同じ；(b) 増える；(c) 増える；(d) いいえ
4. (a) 上向き；(b) 水平であなたに向かう；(c) 変化なし；(d) 増える；(e) 増える
5. (a) 減る；(b) 減る；(c) 増える；(d) 増える；
   (e) 増える
6. (a) 減る；(b) 減る；(c) 減る；(d) 減る；(e) 減る
7. (a) ブロックの質量 m；(b) 等しい（作用・反作用対）；(c) 板に働く摩擦は加えた力の向き；ブロックに働く摩擦は反対向き；(d) 板の質量 M
8. (a) 同じ；(b) 小さい
9. 4, 3, 1 と 2 と 5 が同じ
10. (a) 皆同じ；(b) 皆同じ；(c) 2, 3, 1

第 7 章

1. 皆同じ
2. (a) 正；(b) 負；(c) 負
3. (a) 正；(b) ゼロ；(c) 負；(d) 負；(e) ゼロ；
   (f) 正
4. (a) 3m；(b) 3m；(c) 0 と 6m；(d) x の負の向き
5. (a) A, B, C；(b) C, B, A；(c) C, B, A；
   (d) A, 2；B, 3；C, 1
6. b（仕事は正），a（仕事はゼロ），c（仕事は負），d（仕事はより負）
7. 皆同じ
8. (a)～(c) はい；(d) と (e) いいえ
9. c, d, a と b が同じ, f, e
10. (a) A；(b) B
11. (a) $2F_1$；(b) $2W_1$
12. (a) 3 と 6；(b) 1, 4, 2 と 5 が同じ（ゼロ），6, 3；
    (c) 1 と 4 が同じ，2 と 5 が同じ（ゼロ），6, 3
13. B, C, A

第 8 章

1. (a) 12 J；(b) -2 J
2. c と d が同じ, a と b が同じ
3. (a) 皆同じ；(b) 皆同じ
4. (a) と (b) 皆同じ（高さの差が同じ）
5. (a) 4；(b) 出発点に戻り運動を繰り返す；(c) 1；
   (d) 1
6. (a) AB, CD, BC と DE が同じ（力はゼロ）；(b) 5 J；
   (c) 5 J；(d) 6 J；(e) FG；(f) DE
7. (a) fL；(b) 0.50；(c) 1.25；(d) 2.25；(e) b, 真ん中；c, 右；d, 左
8. (a) 小さい；(b) 等しい
9. (a) 増える；(b) 減る；(c) 減る；(d) AB と BC で一定，CD で減る

第 9 章

1. (a)～(b) 中心
2. 同じ（止まって見えるのは，上手に素早くボールを手から手へ移すので錯覚するから；したがってジャンプも普通より長く見える；腕や足をあげて身体の動きを平らにすると，図 9-6 のようにますます錯覚を生じる）
3. (a) ソリの中心；(b) $L/4$, 右へ；(c) 動かない（正味の力が働いていない）；(d) $L/4$, 左へ；(e) L；
   (f) $L/2$；(g) $L/2$
4. (a) 小さい；(b) 大きい
5. (a) ac, cd, bc；(b) bc；(c) bd と ad
6. (a) 2 N, 右向き；(b) 2 N, 右向き；(c) 2 N より大きい，右向き
7. c, d, a と b が同じ
8. (a) a と d と f；(b) 2；(c) d, f, a
9. b, c, a

第 10 章

1. 皆同じ
2. 1B, $p_x = -2$ kg·m/s, $p_y = 4$ kg·m/s；2C, $p_y = 1$ kg·m/s；2D, $p_x = 11$ kg·m/s；3E, $p_y = -2$ kg·m/s, $p_x = 4$ kg·m/s
3. b と c
4. (a) 正；(b) 正；(c) 2 と 3
5. (a) 右向き；(b) 右向き；(c) 小さい
6. a, 入射物体の運動量は増えない，標的は x の負の向きには動かない；
   b, 入射物体の運動量は増えない，全運動量が保存されていない；
   e, 標的は x の負の向きには動かない，全運動量が保存されていない；
   h, 全運動量が保存されていない；
   i, 標的は x の負の向きには動かない，全運動量が保存されていない
7. (a) ひとつは静止している；(b) 2；(c) 5；(d) 同じ（ビリヤードの玉の結果）
8. (a) 低い（ほとんどゼロ）；(b) 高い（野球のボールは天井にぶつかるかもしれない）
9. (a) 2；(b) 1；(c) 3；(d) はい；(e) いいえ
10. c

第 11 章

1. (a) 正；(b) ゼロ；(c) 負；(d) 負
2. (a) 時計回り；(b) 反時計回り；(c) はい；(d) 正；
   (e) 一定
3. 有限の角変位は交換可能でない
4. a と c
5. (a) c, a, b と d が同じ；(b) b, a と c が同じ, d
6. (a) $+x$；(b) $+y$
7. 3, 1, 2
8. 大きい
9. 90°, 70° と 110° が同じ
10. $\vec{F}_5, \vec{F}_4, \vec{F}_2, \vec{F}_1, \vec{F}_3$（ゼロ）

11. (a) 減る；(b) 時計回り；(c) 反時計回り
12. (a) 3と6；(b) 1, 4, 2と5が同じ(ゼロ), 6, 3；
    (c) 1と4が同じ, 2と5が同じ(ゼロ), 6, 3

第12章

1. (a) 同じ；(b) ブロック；(c) ブロック
2. (a) 大きい；(b) 同じ
3. (a) L；(b) $1.5L$
4. (a) $0°$ または $180°$；(b) $90°$
5. b, c と d が同じ, a と e が同じ(ゼロ)
6. (a) 0 ($\vec{r}$ と $\vec{F}$ はどちらも動径方向)；(b) 同じ
7. a, b と c が同じ, e, d (ゼロ)
8. (a) 同じ；(b) 大きい(慣性モーメントが小さい)
9. (a) 同じ；(b) 増える；(c) 減る；(d) 同じ, 減る, 増える
10. (a) 4, 6, 7, 1, 2 と 3 と 5 が同じ(ゼロ)；(b) 1 と 4 と 7
11. (a) 1, 2, 3 (ゼロ)；(b) 1 と 2 が同じ, 3；(c) 1 と 3 が同じ, 2
12. (a) 5 と 6；(b) 1 と 4 が同じ, 残り(ゼロ)
13. (a) 3, 1, 2；(b) 3, 1, 2

第13章

1. (a) 間, 質量の小さな方に近い；(b) いいえ；(c) いいえ(無限遠を除く)
2. Gm^2/r^2, 上向き
3. $3GM^2/d^2$, 左向き
4. b, a と c が同じ, d
5. (a) 1 と 2 が同じ, 3 と 4 が同じ；(b) 1, 2, 3, 4
6. b と d と f が同じ, a, c, e
7. $U_i/4$
8. 1, 2 と 4 が同じ, 3
9. (a) 皆同じ；(b) 皆同じ
10. b, a, c
11. (a)〜(d) ゼロ
12. (a) 系の質量中心, 2つの星の中間点；(b) 1, 3, 2

索　引

あ 行

アインシュタイン
　　アルバート・—— 254
　　——・リング 255

位置 10, 40
　　——ベクトル 40
一般相対性理論 254

運動エネルギー 102, 124, 141, 172
　　回転の—— 195
　　系の全—— 176
　　剛体の—— 195
　　転がりの—— 213
　　仕事と—— 103
　　——関数 135

運動学 9
運動量 154, 168, 172
　　系の全—— 176
　　閉じた孤立系の—— 172
　　粒子系の—— 155
　　——の時間変化率 155
　　——の変化 169
　　——の保存 156, 159
　　——保存の法則 156
運動量の保存則 173

エネルギー 101
　　運動—— 102, 125
　　全—— 140, 141
　　内的な——移動 162
　　内部—— 140, 141
　　内部——変化 162
　　熱—— 125, 140, 141
　　ポテンシャル—— 123
　　力学的—— 130, 140
　　——移動 123, 124, 125, 130, 163
　　——保存則 140
エネルギー移動 137
エネルギー保存則 140

か 行

order of magnitude 5
重さ 70, 71
　　見かけの—— 71

回転 184
　　単純—— 184, 211
　　——変数 189, 192
回転運動エネルギー 204, 214
回転角 185, 189
　　基準—— 185
回転慣性 195
回転軸 185, 189
　　——までの垂直距離 192
回転周期 53
回転に関するニュートンの第2法則 201
回転変数 192
外力 67
角運動量 154, 219
　　剛体の—— 224
　　粒子系の—— 223
　　——の定義 219
　　——の保存 227
　　——保存則 227
角加速度 187, 189
　　瞬間—— 187
　　平均—— 187
　　——一定の回転 190
　　——ベクトル 189
角速度 186, 189, 192
　　瞬間—— 186
　　平均—— 186
　　——の大きさ 187, 192
　　——ベクトル 189
角変位 186, 190
隠れた変数 18
重ね合わせの原理 237
加速度 14, 45, 62
　　向心—— 94, 242
　　自由落下の—— 20, 240, 242
　　重力—— 242
　　瞬間—— 14, 44
　　平均—— 14, 44
　　——一定の運動 190

——の接線成分 193
——の動径成分 193
——ベクトル 25
慣性系 63
　　非—— 64
慣性モーメント 195, 196
　　連続物体の—— 196

基準回転角 186
基準系 54, 55, 56, 63
　　慣性—— 63
基準線 185, 186
基準配置 128
軌道 49
　　——の方程式 49
軌道とエネルギー 252
基本量 2
球殻定理 237
巨大石像の移動 139
銀河 235
　　天の川—— 235

空間の曲がり 254
グラヴィトン 256

系 37, 124
　　——に働く外力の合力 151
　　——は閉じている 151
計量研究所 6
ケプラーの法則 248
　　角運動量保存則 249
　　軌道の法則 248
　　ケプラーの第2法則 249
　　ケプラーの第3法則 250
　　周期の法則 249
　　面積の法則 249
　　惑星軌道 249
原器
　　キログラム—— 7, 62
　　2次—— 4
　　メートル—— 4
原子質量単位 7
原子時計 6
原点 10

271

向心加速度　53, 94
向心力　94
光速　4
剛体　148, 184, 192
合力　63
国際度量衡局　4, 7
国際度量衡総会　2, 4, 6
固定軸　184
孤立系　130, 141
　　　閉じた——　159, 176
孤立した系　172
転がり　211
転がり運動　212
　　　斜面の——　215
　　　滑らかな——　214

さ　行

座標系　34
　　　直交——　28
　　　右手——　31
　　　——の選び方　34
　　　——の回転軸　34
　　　——の原点　34
座標軸　10, 34
　　　——への射影　28
作用線　200
作用・反作用　75
　　　——の関係　236
　　　——の力　75
　　　——の力の対　75
　　　——の対　153, 168
三角関数　30
　　　逆——　31

時間　2, 5
次元　19
時刻　5
仕事　103, 104
　　　外力が系に対してする——
　　　137
　　　外力がする——　113
　　　重力による——　107
　　　正味の——　105
　　　ばねの力がする——　111
　　　物体の上下移動に伴う——
　　　108
　　　——-運動エネルギーの
　　　定理　105, 116
　　　——と運動エネルギー　103
　　　——と回転運動エネルギー
　　　203

　　　——の単位　105
　　　——の表式　103
　　　——の符号　104
仕事-運動エネルギーの定理
　　　105, 116, 203, 204, 205
　　　変化する力がする——　114
仕事率　117, 142, 204
　　　瞬間的な——　117, 142
　　　平均の——　117, 142
　　　——のSI単位　117
質量　2, 7, 64, 65
　　　——が変化する系　159
　　　——と重さの関係　71
質量中心　146, 147, 151
　　　——の位置　148
　　　——の位置ベクトル　153
　　　——の加速度　152, 153
　　　——の速度　152, 153, 174
周期　53
　　　運動の——　193
終端速度　92
自由落下の加速度　240
重量　70
重力　70, 123, 236
　　　加速度——　240
　　　地球内部の——　243
　　　ニュートンの——の法則
　　　236
　　　——ポテンシャルエネルギー
　　　123, 125, 244
重力定数　236
重力ポテンシャルエネルギー
　　　123, 125, 244, 246
　　　2粒子系の——　244
重力レンズ　255
ジュール　102
瞬間加速度　45
瞬間スピード　13
瞬間速度　13, 43
衝突　167
　　　1次元の——　173
　　　1次元の弾性——　176
　　　完全非弾性——　172
　　　多数回の——　170
　　　単一の——　168
　　　弾性——　172
　　　2次元の——　179
　　　非弾性——　172
　　　連続的な——　170
　　　——頻度　170

垂直抗力　72, 74
水平到達距離　49
推力　161
スカラー　25
　　　——成分　32
スカラー積　35
　　　——の内積　35
　　　——量　25
スピード　13
　　　瞬間——　13
　　　平均——　10, 11
静止摩擦力　214, 215
相対運動　54
　　　1次元の——　54
　　　2次元の——　56
相対速度　55
速度　13, 43
　　　終端——　91
　　　瞬間——　13, 43
　　　平均——　10, 11, 42
　　　——ベクトル　25, 43

た　行

楕円軌道　248
　　　——遠日点　249
　　　——近日点　249
　　　——長半径　249
　　　——離心率　249
脱出速度　246, 247
単位　1, 12
　　　SI——の接頭辞　2
　　　SI誘導——　2
　　　基本——　2
　　　国際——系　2
単位ベクトル　31
単純回転　212
単純並進　212
弾性体　123
弾性ポテンシャルエネルギー
　　　123, 125, 128
弾道振り子　174
力　61, 62
　　　いろいろな——　70
　　　正味の——　63
　　　ばねの——　111
　　　——の重ね合わせの原理　63
　　　——の作用図　67, 240
力の作用図　67, 240

索　引

地球の半径　6
チコ・ブラーエ　248
張力　73
直線運動　9

低温接合　86
抵抗係数　91
抵抗力　91
転回点　135, 136

等価原理　254
等加速度運動　17, 18, 19
動径方向　95
等速円運動　53, 94
動摩擦力　214
特殊相対性理論　62
閉じた系　172
トルク　199, 200, 217
　　合――　200
　　正味の――　200
　　ベクトル積と――　219
　　――の定義　218

な　行

ナイアガラ瀑布のカプセル　21
内力　67
長さ　2, 4

入射物体　173
ニュートン　61, 248
　　アイザック・――　61
　　――の重力の法則　236, 246
　　――の第1法則　62, 63
　　――の第2法則　65, 155, 168, 215
　　――の第3法則　74, 75
　　――力学　61
ニュートン（N）　63
ニュートンの第1法則　62, 63
ニュートンの第2法則　65, 155, 168, 215
　　回転に関する――　200
　　回転に対する――　221
　　粒子系に対する――　151, 156
ニュートンの第3法則　74, 75

粘性力　125
燃料消費率　161

は　行

ばね　111
　　――定数　111
　　――の自然長　111
　　――の力　111
　　――の力がする仕事　112
　　――復元力　111
速さ　13
馬力　117
半径方向　95

非弾性衝突　173
　　完全――　173
非保存力　142
標準値　1
標的　173, 176
　　動く――　178
　　静止――　176
フック　111
フックの法則　111, 134
物理量　1
ブラックホール　235, 242, 251

平均加速度　44
平均スピード　10, 11
平均速度　10, 11, 42
平行軸の定理　196, 197
　　――の証明　197
平衡状態　136
　　安定な――　136
　　中立な――　136
平衡状態
　　不安定な――　136
平衡点　136
並進　184
　　単純――　184
　　単純――　211
　　単純――運動　211
　　――変数　192
並進運動エネルギー　214
ベクトル　25
　　単位――　31
　　――成分　32
　　――積　35, 36
　　――と物理法則　34
　　――の大きさ-角表記　29
　　――の外積　35
　　――の加法（幾何学的方法）　26

　　――の結合法則　27
　　――の減法　27
　　――の交換法則　26
　　――の乗法　34
　　――のスカラー倍　34
　　――の成分　28
　　――の成分表記　29
　　――の足し算　32
　　――の平行移動　26
　　――量　25
　　――和　26
　　――を分解　28
ベクトル積　218
ベクトル量　10
変位　10, 40, 41
　　――ベクトル　25, 43

放物運動　46, 48
放物線　49
放物体　46
保存力　124, 125, 127, 130, 131
　　非――　124, 125
　　――の経路への非依存性　125
ポテンシャルエネルギー　123, 127, 141
　　仕事と――　124
　　重力――　123, 124, 128, 141, 244, 246
　　弾性――　123, 125, 128
　　――関数　134, 135
　　――曲線　134, 135
　　――の基準点　128

ま　行

摩擦　73, 85, 137
　　――のない面　62
摩擦係数　87
　　静止――　87
　　動――　88
摩擦力　73, 85, 94, 125
　　静止――　86, 87
　　動――　86, 87

右手
　　――系　31
　　――ルール　36, 189

無重力　95

メートル原器　4

モーメントの腕　200

や 行
有効数字　3
有効断面積　91

ヨハネス・ケプラー　248
ヨーヨー　217

ら 行
ラジアン　30, 185

力学的エネルギー　130, 135, 141, 142
　——の保存　130
　——の保存則　131, 132
力積　168, 169
　——-運動量の定理　169
粒子　9
粒子系　146, 147
　——に対するニュートンの第2法則　151, 156
流体　91
量子力学　62
力
　外——　67
　合——　63
　内——　67
連鎖変換法　2
ロケット　159
　——方程式のその1　161
　——方程式その2　161

わ 行
ワット　117

監訳者略歴

野　﨑　光　昭
(の　ざき　みつ　あき)

1977年　東京大学理学部物理学科卒
1982年　東京大学大学院博士課程修了,
　　　　理学博士
1982年　東京大学理学部助手
1991年　神戸大学理学部助教授
1996年　神戸大学理学部教授
2006年　高エネルギー加速器研究機構
　　　　素粒子原子核研究所教授

Ⓒ　培　風　館　2002

2002年 2 月12日　初　版　発　行
2025年 3 月 5 日　初版第18刷発行

物理学の基礎 1

力　　　学

原著者　D. ハリディ
　　　　R. レスニック
　　　　J. ウォーカー
監訳者　野﨑光昭
発行者　山本　格

発行所　株式会社　培風館
東京都千代田区九段南 4-3-12・郵便番号102-8260
電話(03)3262-5256(代表)・振替00140-7-44725

中央印刷・牧 製本

PRINTED IN JAPAN

ISBN978-4-563-02255-6　C3042